海港工程构筑物腐蚀控制技术及应用

马化雄　主编

科学出版社

北京

内 容 简 介

本书共 9 章，主要包括四部分内容，即海洋腐蚀与防护理论、海港工程构筑物材料、腐蚀控制技术及典型工程案例。第 1 章介绍我国港口码头行业的发展状况、海港工程构筑物腐蚀的基本理论、特点及腐蚀控制要点。第 2 章介绍了海港工程建设和防腐过程中的常用材料。第 3～8 章详细介绍了常用腐蚀控制技术的原理、材料、实施要点、验收和维护管理等。第 9 章结合作者多年海港工程构筑物腐蚀控制技术的研究和实践经验，介绍 10 个典型工程案例，内容涉及腐蚀防护、监测、检测及维护管理等方面。

本书包括理论、技术、实践和案例等内容，适用于大专院校、科研院所的研究生及防腐领域的科技工作者，也可作为防腐工程领域技术和管理人员开展设计、施工、检测、维护管理等工作的参考书。

图书在版编目（CIP）数据

海港工程构筑物腐蚀控制技术及应用 / 马化雄主编. —北京：科学出版社，2018.3

ISBN 978-7-03-056996-7

Ⅰ.①海… Ⅱ.①马… Ⅲ.①海上构筑物-海水腐蚀-控制 Ⅳ.①TE951

中国版本图书馆 CIP 数据核字（2018）第 051673 号

责任编辑：李明楠 李丽娇 / 责任校对：杜子昂
责任印制：张 伟 / 封面设计：铭轩堂

科 学 出 版 社 出版
北京东黄城根北街 16 号
邮政编码：100717
http://www.sciencep.com

北京中石油彩色印刷有限责任公司 印刷
科学出版社发行 各地新华书店经销
*
2018 年 3 月第 一 版 开本：B5（720×1000）
2018 年 3 月第一次印刷 印张：20 5/8
字数：416 000
定价：128.00 元
（如有印装质量问题，我社负责调换）

本书编委会

顾　　问：赵冲久　李一勇　王玉兴

主　　编：马化雄

副 主 编：张文锋　李增军

委　　员（按姓氏拼音排序）：

陈　韬　李云飞　刘　凯　马　悦　秦铁男

唐　聪　唐军务　王　峰　杨太年　赵金山

前　言

　　港口是货物运输和进出口贸易的主要通道，是"一带一路"的枢纽门户，对促进海洋经济发展、助推经济全球化起着至关重要的作用。海港工程构筑物作为港口的重要基础设施，是保障港口正常、安全运营的基础，然而，严酷的海洋环境是海港工程构筑物服役和建设过程中必须面临的问题。据统计，2014年我国腐蚀总成本约占当年GDP的3.34%，总额超过2.1万亿元。海港工程遭受严重的腐蚀破坏，不仅造成巨大的经济损失，而且涉及人身安全、资源浪费、环境污染等重大问题。在明确海港工程构筑物腐蚀机理的基础上，加强海港工程构筑物的腐蚀控制，选择适当的防腐技术，合理的设计、科学的施工及适度的维护管理，不仅是确保海港工程构筑物安全、耐久的重要举措，也是实现节约型社会、可持续发展和循环经济的必然要求，具有显著的经济、战略价值和重要的社会、环境效益。

　　本书作者团队所在单位中交天津港湾工程研究院有限公司和中交第一航务工程局有限公司长期致力于海港工程构筑物防腐蚀科研、设计、检测、施工等方面的工作，自20世纪80年代以来承担了数百项国内外相关项目，其中包括港珠澳大桥、杭州湾大桥、天津港、营口港、丹东港、曹妃甸港、盘锦港、锦州港、毛里塔尼亚友谊港等的大型防腐工程，并主编和参编多项行业标准规范，有关成果获得多项专利授权和国家、省部级科技奖励。

　　本书综合了作者多年来在海港工程构筑物腐蚀与防护方面的经验和成果，重点突出、内容全面、数据丰富、可读性和实用性强，既可作为海港工程构筑物腐蚀与防护方面的科普读物，也可为海港工程构筑物防腐科研、设计、施工、检测、维护和管理等提供参考。在本书所述的工程内容中，中国科学院海洋研究所侯保荣院士团队提供了关键数据，并与作者共同参与了多个防腐示范工程项目，特别是在港口码头钢桩包覆等方面提供了大量技术和人力、物力支持，为本书的撰写提供了重要的帮助。本书包括理论、技术、实践和案例等内容，适用于大专院校、科研院所的研究生及防腐领域的科技工作者，也可作为防腐工程领域技术和管理人员开展设计、施工、检测、维护管理等工作的参考书。

　　诚挚感谢侯保荣院士和李晓刚教授在百忙之中对本书进行审阅！在本书撰写过程中，作者得到了中国科学院海洋研究所的大力支持和无私帮助，还得到了许多同行和同事的关心支持，在此表示由衷谢意！中交第一航务工程局有限公司和中交天津港湾工程研究院有限公司为本书的完成提供了全面的保障和丰富的素材，在此表示衷心感谢。科学出版社为本书的出版付出了辛勤劳动，在此一并表示感谢。特别感谢国家重点研发计划的资助（项目编号：2017YFB0309902）

由于作者水平有限，书中不足之处在所难免，恳请各位读者批评指正！为方便读者反馈意见和建议，特公布本书联系邮箱如下：tpeicorr@163.com。

马化雄

2018 年 2 月

目　　录

第1章 海港工程构筑物腐蚀与防护

1.1 概　　述

海洋是生命的摇篮、资源的宝库、经济的纽带、国防的前哨,是我国实现可持续发展的动力源泉。经过多年发展,我国已成为依赖海洋通道的外向型经济大国。海洋强国战略是保障国家安全、维护海洋权益和促进我国经济发展,实现中华民族伟大复兴中国梦的重要举措。随着我国对外贸易的飞速发展,我国现已成为世界港口大国和强国。自2003年以来,我国港口货物吞吐量和集装箱吞吐量连续14年蝉联世界第一位。2016年,在全球排名前10名的亿吨大港中,我国占了7个。随着国家经济形势的变化,我国经济正进入发展新常态,我国港口行业的发展也进入了稳定增长期。"一带一路"倡议、亚洲基础设施投资银行(简称"亚投行")的逐步落实和发展,以及全球经济的复苏,为我国港口的持续发展注入了新的活力。

2015年3月,国务院有关部门发布的《推动共建丝绸之路经济带和21世纪海上丝绸之路的愿景与行动》明确指出21世纪海上丝绸之路的重点方向是从中国沿海港口过南海到印度洋,延伸至欧洲;从中国沿海港口过南海到南太平洋,并重点强调要加强上海、天津、宁波-舟山、广州等15个沿海港口的建设。经过多年发展,我国在港口建设和运营方面积累了丰富的经验,具备了"走出去"的基本条件。与此同时,"一带一路"倡议的实施、亚投行的建立及"21世纪海上丝绸之路"沿线国家建设大港口的强烈需求,为我国港口建设和运营"走出去"提供了新的契机。

海港作为出海口岸,是货物运输和进出口贸易的主要通道,是"一带一路"的枢纽门户,对促进海洋经济、推动国民经济发展、助推经济全球化等起着至关重要的作用。海港工程是在沿海兴建水陆交通枢纽和河口兴建海河联运枢纽所建造的各种基础设施,如码头、防波堤、船坞、航道、导航等。海港工程作为港口的重要基础设施,是保障港口正常运营的基础,其安全性、使用性和耐久性直接关系到国民经济的发展及人民的生命财产安全。自新中国成立以来,我国海港工程建设取得了突飞猛进的发展。截至2016年,我国共拥有生产用码头泊位30388个,其中沿海港口生产用泊位5887个;我国共拥有万吨级及以上泊位2317个,其中沿海万吨级及以上泊位1894个。

如前所述，随着我国经济的飞速发展，海港工程建设事业蓬勃发展，我国拥有大量的在役海港工程构筑物。可以预见，随着"一带一路"倡议及我国港口建设运营"走出去"，海港工程建设还将呈现新的增长趋势。海港工程结构形式多样，但按所使用的材料划分，主要可分为钢结构、钢筋混凝土结构和组合结构。海港工程处在严酷的海洋环境中，其主体钢结构和钢筋混凝土结构不可避免地会遭受海洋环境的腐蚀破坏，严重影响整体结构的耐久性和安全性。据统计，2014 年我国腐蚀总成本约占当年 GDP 的 3.34%，总额超过 2.1 万亿元。可见，海港工程遭受严重的腐蚀破坏，不仅造成巨大的经济损失，而且涉及人身安全、资源浪费、环境污染等重大问题。

随着防腐意识的不断加强，新建海港工程基本都会采取相应的防腐措施。随着服役年限延长，早期建成的海港工程已陆续进入维修期，亟待延寿处理。其中，更新或维修防腐系统就是延寿处理的重要组成部分。总的来说，在明确海港工程构筑物腐蚀机理的基础上，加强海港工程构筑物的腐蚀控制，选择适当的防腐技术、合理的设计、科学的施工及适度的维护管理，不仅是保障海港工程构筑物安全性和耐久性的重要措施，而且也是有效节约资源、保护环境，实现循环经济、节约型社会和可持续性发展的重要举措，具有重要的社会、环境效益和显著的经济、战略价值。

1.2 我国港口行业的发展状况

1.2.1 我国港口行业的发展历史

自中华人民共和国成立以来，我国的港口建设和货物吞吐量都取得了突飞猛进的发展，先后经历了五个不同的发展时期。

第一阶段：20 世纪 50 年代～70 年代初。这一阶段港口的发展以技术改造、恢复利用为主，交通运输主要依靠铁路和公路，海运事业发展缓慢。全国港口完成生产资料所有制改造，建立了"集中统一、分级管理、政企合一"的水运管理体制，以国家为主导有计划、有重点地建设和管理港口。1949～1972 年全国主要港口从仅有泊位 161 个增加到 617 个。其中沿海港口深水泊位数增加到 92 个，全国港口货物吞吐量从 1949 年的 1100 万吨增加到 1972 年的 1.5 亿 t，其中沿海港口货物吞吐量达到 1 亿 t，沿海港口货物中的外贸货物吞吐量达到 2547 万 t。

第二阶段：20 世纪 70 年代初～70 年代末。在此阶段我国港口发展以提高港口吞吐能力及改善港口功能为主。随着我国对外关系的发展，对外贸易迅速扩大，外贸海运量猛增，沿海港口货物通过能力不足，船舶压港、压货、压车情况日趋严重。周恩来总理于 1973 年年初发出了"三年改变港口面貌"的号召，开始了第一次建港高潮。到 1978 年年底，全国主要港口泊位数增加到 735 个，其中沿海港口深水泊位达到 133 个。6 年的时间全国新增港口吞吐能力超过 1 亿 t，全国港口货物吞吐量达到 2.8 亿 t，其中沿海港口货物吞吐量 1.9 亿 t，外贸货物吞吐量 0.595 亿 t。

第三阶段：20 世纪 80 年代初～80 年代末。在此期间我国经历了"六五""七五"经济发展新阶段，我国港口也经历了第二次建港高潮，沿海港口的建设步入高速发展阶段，同时确定了继续建设长江等内河港口工程，明确了全国枢纽港布局，以及重点建设煤炭、集装箱、客货三大运输体系。我国政府在"六五"计划中将港口列为国民经济建设的战略重点，期间沿海港口共完成投资 107 亿元，开工建设深水泊位 132 个，建成投产 54 个，新增吞吐能力接近 1 亿 t。经过 5 年建设，我国拥有万吨级泊位的港口由 1980 年的 11 个增加到 1985 年的 15 个，沿海主要港口生产用泊位增加到 373 个，其中万吨级泊位 173 个，1985 年沿海主要港口完成吞吐量 3.1 亿 t，其中外贸货物 1.3 亿 t。"七五"期间沿海港口共完成建设投资 143 亿元，新（扩）改建泊位 223 个，其中深水泊位 91 个，新增吞吐能力 1.2 亿 t，比自中华人民共和国成立起 30 年建成的总和还多。共建成煤炭泊位 18 个，集装箱码头 3 个及矿石、化肥等具有当今世界水平的大型泊位；拥有深水泊位的港口发展到了 20 多个，年吞吐量超过 1000 万 t 的港口有 9 个。沿海主要港口吞吐量达到 4.8 亿 t，外贸货物 1.7 亿 t。至 1990 年年底，沿海主要港口生产性泊位 1990 年达到 967 个，其中万吨级以上泊位达到 284 个。

第四阶段：20 世纪 90 年代初～90 年代末。交通部在 90 年代初制定了"三主一支持"，即以建设公路主骨架、水运主通道、港站主枢纽和支持保障系统为主要内容的交通基础设施长远发展规划，港口开始注重深水化、专业化建设。通过"八五""九五"计划，重点建设了我国海上主通道的枢纽港及煤炭、集装箱、客货滚装等 3 大运输系统的码头，基本形成了以大连、秦皇岛、天津、青岛、上海、深圳等 20 个主枢纽港为骨干，以地区性重要港口为补充，中小港适当发展的分层次布局框架。与此同时，与港、航相配套的各种设施、集疏运系统、修造船工业、航务工程、通信导航、船舶检验、救助打捞系统基本备齐，我国港口已发展成为综合运输体系的重要枢纽，为国家能源、外贸物资和重要原材料的运输提供有力支撑。到 2000 年，全国共有港口 1400 多个，生产用码头泊位 3.3 万个，其中万吨级及以上泊位 784 个，全国港口货物吞吐量达到 22 亿 t，完成集装箱吞吐量 2348 万标准箱，其中沿海港口货物吞吐量 12.9 亿 t，沿海港口货物中的外贸货物吞吐量 5.23 亿 t。

第五阶段：21 世纪初至今。贸易自由化和国际运输一体化逐渐发展，现代信息技术及网络技术也伴随着经济的全球化高速发展，现代物流业已在全球范围内迅速成长为一个充满生机活力并具有无限潜力和发展空间的新兴产业。现代化的港口将不再是一个简单的货物交换场所，而是国际物流链上的一个重要环节。进入 21 世纪以来，经济全球化进程加快，科技革命迅猛发展、产业结构不断优化升级、综合国力竞争日益加剧。为适应国际形势变化和国民经济快速发展的需要，在激烈的竞争中立于不败之地，全国各大港口都在积极开展港口发展战略研究，开发建设港口信息系统，并投入大量资金进行大型深水化、专业化泊位建设，掀起了又一轮港口建设高潮。截至 2016 年，全国港口拥有生产用码头泊位 30388 个，其中万吨级及以上泊位 2317 个，全年全国港口完成货物吞吐量 132.01 亿 t。

1.2.2　我国港口行业的现状

1. 港口行业基础设施建设现状

1）全国港口万吨级及以上码头数量继续增加

2016 年年末，全国港口拥有生产用码头泊位 30388 个，比上年减少 871 个。其中，沿海港口生产用码头泊位 5887 个，比上年减少 12 个；内河港口生产用码头泊位 24501 个，比上年减少 859 个。2016 年年末，全国港口拥有万吨级及以上泊位 2317 个，比上年增加 96 个。其中，沿海港口万吨级及以上泊位 1894 个，比上年增加 87 个；内河港口万吨级及以上泊位 423 个，比上年增加 9 个。全国万吨级及以上泊位中，专业化泊位 1223 个，比上年增加 50 个；通用散货泊位 506 个，增加 33 个；通用件杂货泊位 381 个，增加 10 个。随着沿海港口产能规模的跃升，应对运输需求波动的能力进一步增强。表 1-1 为 2016 年全国生产用码头泊位的数量。

表 1-1　2016 年全国生产用码头泊位的数量

类别	2016 年/个	2015 年/个	2016 年比 2015 年增减/个	2016 年与 2015 年数量比/%
港口生产用码头泊位	30388	31259	−871	97.21
沿海	5887	5899	−12	99.80
内河	24501	25360	−859	96.61
万吨级及以上码头泊位	2317	2221	＋96	104.32

2）沿海新增泊位持续上升

2016 年，沿海港口新建及改（扩）建码头泊位 171 个，新增通过能力 22487 万 t，其中万吨级及以上泊位新增通过能力 21019 万 t。沿海万吨级以上泊位中，1 万～3 万 t 级（不含 3 万）泊位 637 个，3 万～5 万 t 级（不含 5 万）泊位 279 个，5 万～10 万 t 级（不含 10 万）泊位 628 个，10 万 t 级及以上泊位 350 个。表 1-2 为 2016 年全国港口万吨级及以上泊位数量。

表 1-2　2016 年全国港口万吨级及以上泊位数量（个）

泊位吨级	全国港口	比上年末增加	沿海港口	比上年末增加	内河港口	比上年末增加
合计	2317	96	1894	87	423	9
1 万～3 万 t 级（不含 3 万 t）	814	21	637	18	177	3
3 万～5 万 t 级（不含 5 万 t）	384	15	279	13	105	2
5 万～10 万 t 级（不含 10 万 t）	757	29	628	28	129	1
10 万 t 级及以上	362	31	350	28	12	3

3）内河港口万吨级及以上泊位建设继续加快

2016 年，全国完成水运建设投资 1417.37 亿元，比上年下降 2.7%。其中，内河建设完成投资 552.15 亿元，增长 1.0%，内河港口新建及改（扩）建码头泊位 173 个，新增通过能力 13335 万 t，其中万吨级及以上泊位新增通过能力 3989 万 t，全年新增及改善内河航道里程 750 km。沿海建设完成投资 865.23 亿元，下降 5.0%。图 1-1 为 2011～2016 年水运建设投资额。

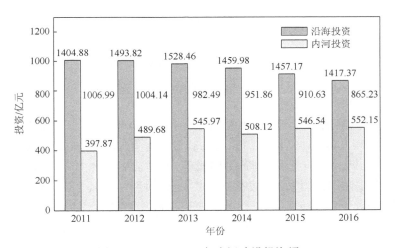

图 1-1　2011～2016 年水运建设投资额

4）专业化码头泊位持续增加

2016 年，全国万吨级及以上泊位中，专业化泊位 1223 个，比上年增加 50 个。其中，集装箱泊位 329 个，增加 4 个；煤炭泊位 246 个，增加 8 个；金属矿石泊位 83 个，增加 3 个；原油泊位 74 个，增加 1 个；成品油泊位 132 个，减少 1 个；液体化工泊位 200 个，增加 16 个；散装粮食泊位 39 个，增加 1 个。

2. 港口行业生产现状

(1)全国港口吞吐总量增速放缓。2016 年,全国港口完成货物吞吐量 132.01

亿 t，比上年增长 3.5%。其中，沿海港口完成 84.55 亿 t，内河港口完成 47.46 亿 t，分别增长 3.8%和 3.1%。图 1-2 为 2011～2016 年全国港口货物吞吐量。

图 1-2　2011～2016 年全国港口货物吞吐量

（2）全国港口外贸吞吐量继续保持增长。2016 年，全国港口完成外贸货物吞吐量 38.51 亿 t，比上年增长 5.1%。其中，沿海港口完成 34.53 亿 t，增长 4.6%；内河港口完成 3.98 亿 t，增长 9.7%。

（3）港口集装箱吞吐量继续保持增长。2016 年，全国港口完成集装箱吞吐量 2.20 亿 TEU，比上年增长 4.0%。其中，沿海港口完成 1.96 亿 TEU，增长 3.6%；内河港口完成 2415 万 TEU，增长 7.4%。

（4）港口旅客吞吐量下降。2016 年，全国港口完成旅客吞吐量 1.85 亿人，比上年下降 0.3%。其中，沿海港口完成 0.82 亿人，增长 0.5%；内河港口完成 1.03 亿人，减少 0.9%。全年全国港口共接待国际邮轮旅客 218 万人，增长 79%。

（5）全国规模以上港口完成货物吞吐量继续增长。2016 年，全国规模以上港口完成货物吞吐量 118.89 亿 t，比上年增长 3.7%。其中，完成煤炭及制品吞吐量 21.51 亿 t，增长 3.8%；石油、天然气及制品吞吐量 9.30 亿 t，增长 9.0%；金属矿石吞吐量 19.13 亿 t，增长 4.7%。

1.2.3　港口行业的发展前景

中华人民共和国成立 60 多年来，我国水路运输与经济社会同步发展，取得了令世人瞩目的成就，有力地保障了国民经济和对外贸易的快速发展。水运基础设施经历了中华人民共和国成立初期的恢复阶段、20 世纪 70 年代"三年大建港"、改革开放初期建设和近 20 年的跨越式发展，交通运输面貌发生了历史性变化。改革开放以来，水运基础设施建设得到了迅猛发展，由 1978 年全国港口生产性泊位仅 735 个，沿海万吨级及以上泊位 133 个，港口货物吞吐量仅为 2.8 亿 t，1979 年集装箱吞吐量仅为 2521 标准箱，发展到 2016 年我国港口年货物吞吐量达到

132.01 亿 t，集装箱吞吐量达到 2.20 亿标准箱，沿海港口万吨级及以上泊位达 1894 个。港口建设取得的巨大成就为国民经济发展提供了重要支撑。同时也付出了极大的代价，造成岸线资源的空前紧张，导致可持续发展的动力减弱。

交通运输部根据当前面临的形势，提出"转变发展方式、加快发展现代交通运输业，关键是继续推进'三个转变'。要更加注重优化运输组织和提高服务效率，更加注重统筹建设、养护、运营、管理协调发展，更加注重发挥科技创新和信息化建设的支撑引领作用，使交通运输发展建立在优化结构、提高效益、强化管理、提升服务的基础上，增强发展的平衡性、协调性和可持续性"。

1.2.4　港口航运在国民经济建设中的意义

港口是一个国家或地区对外开放的窗口和桥梁，是区域经济参与国际分工、合作与竞争的重要依托。在经济全球化趋势下经济和对外贸易的快速发展，港口成为区域经济发展的增长极。港口是交通的枢纽，是各种交通工具转换的中心，大量的货物聚集在这里，拉动经济的发展。同时，港口周边地区又发展加工工业，带动了工业的发展，促进国际贸易的发展，是全球资源配置的枢纽。当前全球化的趋势日益显著，资源在全球范围内的流动与资源在全球范围内的共享，都要靠海运来支撑，因为海运的运量最大、效率最高、成本最低。在港口周围就变成了资源配置的枢纽。因此，在国民经济建设中，港口对整合各种生产要素、发展各种产业集群具有非常重要的意义。

1.2.5　港口码头的主要结构形式

1. 码头的组成及功能

码头是供船舶系靠、停泊、进行货物装卸作业和供旅客上下等使用的，它由主体结构和码头设备两部分组成。主体结构通常包括上部结构、下部结构和基础。上部结构的功能是：将下部结构的构件连成整体；直接承受船舶作用力和地面使用载荷，并将其传给下部结构；此外，还供安装码头附属设备使用。下部结构的功能是：使码头形成一个直立墙身，并将作用在上部结构和自身上的作用力传递到基础。基础是码头建筑物的底座，它承受下部结构传下来的作用力，并扩散到较大范围的地基上。码头设备是指供船舶停靠和装卸作业时所需要的设备，包括系船设备、缓冲设备、安全设备、工艺设备和路面等。

2. 码头建筑物的分类

码头的种类很多，也存在很多的分类方法。按其功能可分为综合码头和专业码头。按其位置可分为沿海码头和内河码头。按其与岸线的关系，可分为近岸码头和离岸码头。按其平面布置，可分为顺岸码头、突堤码头、岛式码头等。按其断面形状，可分为直立式码头、斜坡式码头、半直立式码头、半斜坡式码头等。按其结构形式，可分为高桩码头、板桩码头、重力式码头、混合式码头等。目前，按结构形式分类是海港工程上最普遍的分类方法，以下重点介绍最常用的三种结构形式，即高桩码头、板桩码头和重力式码头。

　　高桩码头主要由上部结构、基桩、接岸结构、岸坡和码头设备等部分组成。上部结构构成码头地面，并把基础桩连成整体，它直接承受作用在码头上的荷载和外力，并通过桩基传给地基。接岸结构的功能是连接桩台与港区陆域。高桩码头按上部结构形式又可细分为承台式、无梁板式、梁板式和桁架式四种。高桩码头的优点是结构简单，能承载较大荷载，砂、石料用量省等；缺点是构件易损坏且较难修复，抗震性能较差等。图 1-3 为高桩码头的结构示意图。

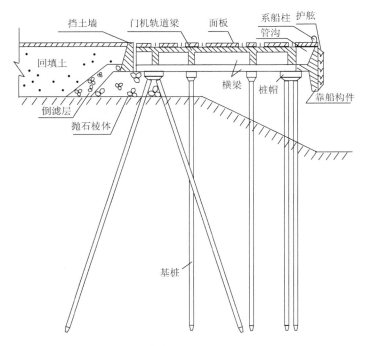

图 1-3　高桩码头的结构示意图

　　板桩码头主要由板桩墙、拉杆、锚碇结构、导梁、帽梁和码头设备等组成。板桩码头靠打入地基中一系列连续的板桩形成板的桩墙来挡土，所以受到很大的土压力。为了减少板桩墙的上部位移和板桩承受的弯矩，在板桩上部通常用拉杆拉住，拉杆将拉力传给靠后面的锚碇结构。板桩码头的优点是结构简单、用料省、施工方便等。板桩码头适用对复杂地质条件适用性强，但由于板桩墙是薄壁结构，且承受较大的土压力，因此常用在中、小型码头。图 1-4 为板桩码头的结构示意图。

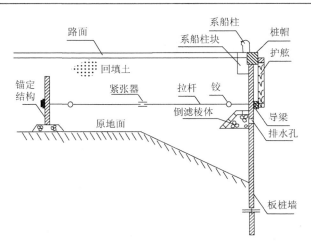

图 1-4　板桩码头的结构示意图

重力式码头主要由墙身、胸墙、基础、墙后回填土、码头设备等部分组成，主要依靠结构自重来保证其滑动和倾倒稳定性。墙身和胸墙是重力式码头的主体结构。基础将墙身传下来的外力分布到地基上，并保护地基免受波浪和水流淘刷。因重力式码头的自重较大，所以适用于土质较好的地基。由于重力式码头的墙体多为实体结构，因此其耐久性好。图 1-5 为重力式码头的结构示意图。

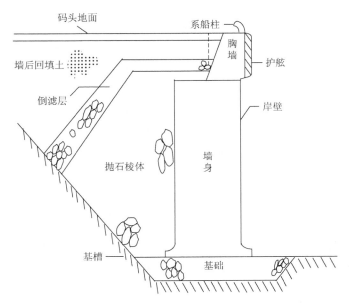

图 1-5　重力式码头的结构示意图

1.3 海港工程构筑物腐蚀的基本理论和特点

1.3.1 金属腐蚀原理

1. 金属在海洋环境中的腐蚀

金属在海洋大气、海水和土壤等自然环境及钢筋在混凝土中发生的腐蚀均属于电化学腐蚀。下面以钢铁为例，介绍电化学腐蚀的基本原理。

钢铁在冶炼过程中常常要加入碳元素及其他一些合金元素。由于基体铁元素和其他合金元素各自的标准电极电位不同，就会形成发生腐蚀的微电池的两极。在自然环境中，会有水、氧气等吸附在钢铁表面，这样就使得钢铁上发生电化学腐蚀的两极相互导通。例如，碳钢在海洋大气中腐蚀时，在阳极区铁被氧化为 Fe^{2+}，所放出的电子自阳极（Fe）流至钢中的阴极（Fe_3C）上与溶于海水中的 O_2 反应生成 OH^-。阳极产物铁离子与阴极产物氢氧根离子相结合，生成初步的腐蚀产物氢氧化亚铁而沉淀，并进一步氧化至铁锈（$Fe_2O_3 \cdot xH_2O$）。碳钢表面上的铁锈是疏松的无定形物质，氧气和水分可透过铁锈扩散至钢铁表面，不断加深腐蚀作用。图 1-6 为碳钢在海洋大气中腐蚀的示意图。碳钢在海洋大气中腐蚀的基本过程如下：

（1）阳极反应过程：$Fe - 2e^- \longrightarrow Fe^{2+}$；

（2）电子传输过程；

（3）阴极反应过程：$O_2 + 2H_2O + 4e^- \longrightarrow 4OH^-$；

（4）腐蚀产物生成过程：$Fe^{2+} + 2OH^- \longrightarrow Fe(OH)_2$，$4Fe(OH)_2 + O_2 + 2H_2O \longrightarrow 4Fe(OH)_3$，$2Fe(OH)_3 \longrightarrow Fe_2O_3 + 3H_2O$，$6Fe(OH)_2 + O_2 \longrightarrow 2Fe_3O_4 + 6H_2O$。

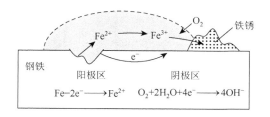

图 1-6 碳钢在海洋大气中腐蚀的示意图

钢筋在混凝土中腐蚀的基本原理与钢材在自然环境中腐蚀的原理基本相同，但混凝土保护层的存在，使得钢筋混凝土的腐蚀破坏过程有所不同。

2. 混凝土中钢筋的腐蚀及破坏过程

表层海水是富含氯化物和硫酸盐的强电解质，受风浪、对流等因素的影响，其氧气的溶解度呈饱和状态，加之干湿交替、氯离子侵蚀、冻融和碳化作用等因素的联合作用，海洋环境严重威胁混凝土结构的耐久性。随着钢筋混凝土在海洋环境下的长期服役，水、氧气、氯离子及二氧化碳等腐蚀介质通过毛细吸收、扩散及渗透等侵入方式逐渐渗透到钢筋表面，导致混凝土结构内部的 pH 降低或游离氯离子达到钢筋腐蚀的临界氯离子浓度，破坏了钢筋表面钝化膜的热力学稳定状态，导致混凝土内部的受力钢筋处于活化状态，当腐蚀介质进一步渗透到钢筋表面时钢筋发生电化学腐蚀。钢筋腐蚀后，体积膨胀 2～6 倍，导致混凝土内部开裂，甚至保护层剥落，使腐蚀介质更易进入，从而促使腐蚀加速发展。根据改进的 Tutti 模型，钢筋混凝土的使用寿命按其损伤程度的不同可分为三个阶段，如图 1-7 所示。

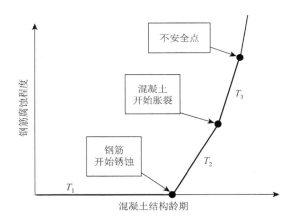

图 1-7　混凝土中钢筋腐蚀过程示意图

（1）腐蚀诱导阶段 T_1：从混凝土结构开始使用到钢筋脱钝（锈蚀始发）的时间，该阶段时间长短，主要受到氯离子侵蚀和混凝土碳化等过程的影响。该阶段物理化学变化过程缓慢，此时结构承载力和使用性基本未受影响，尚未出现破损现象。这段时间在结构的服役寿命期内相对较长，占寿命期的 70%以上。一般情况下，混凝土密实性越高、保护层厚度越大，钢筋开始腐蚀的时间越长。

（2）腐蚀发展期 T_2：从钢筋脱钝开始锈蚀，当钢筋锈蚀产物达到一定量时，膨胀性的钢筋锈蚀产物将导致混凝土开裂，该阶段主要受到钢筋腐蚀速率、混凝土强度、保护层厚度与钢筋直径的比值等因素的影响。此时出现锈蚀裂缝，但钢筋锈蚀截面损失率较低，尚未影响结构的承载力和使用性。一般情况下，混凝土强度、保护层厚度与钢筋直径的比值、混凝土电阻率越大，保护层开裂所需的时间也就越长。

（3）腐蚀破坏期 T_3：当钢筋锈蚀导致混凝土开裂后，外部的水分、氧气、氯离子等腐蚀介质迅速到达钢筋表面，使钢筋锈蚀速率加快，导致混凝土保护层更快损坏。一般而言，当锈蚀钢筋截面积损失率小于 5%时，钢筋延伸率、屈服强度、抗拉强度等性能指标尚无明显变化；当损失率在 5%～10%之间时，由于钢筋的不均匀腐蚀，钢筋延伸率、屈服强度、抗拉强度等性能指标开始下降；当损失率超过 10%时，钢筋的屈服点已不明显，各项性能指标严重下降，结构承载已不满足相关要求，严重影响结构安全性，需要进行大修。

1.3.2　海港工程钢结构的腐蚀类型及影响因素

1. 海港工程钢结构的腐蚀类型

海洋工程钢结构的腐蚀类型主要有均匀腐蚀和局部腐蚀。均匀腐蚀是指在金属表面上几乎以相同的速率所进行的腐蚀，一般发生在阳极区和阴极区难以区分的部位。利用均匀腐蚀可有效地进行腐蚀速率的控制，也可较准确地估算腐蚀余量。局部腐蚀指发生在金属表面上个别部位的腐蚀破坏，其危害性比均匀腐蚀更大，往往会在没有任何预兆的情况下导致结构的突然破坏。局部腐蚀包括点蚀、缝隙腐蚀、电偶腐蚀、冲击腐蚀、空泡腐蚀等。

1）点蚀

金属材料在某些环境介质中经过一定时间后，大部分表面不腐蚀或腐蚀很轻微，但在表面上个别的点或微小区域内，出现蚀孔或麻点，而且随着时间的延长，蚀孔不断向纵深方向发展，形成小孔状腐蚀坑，这种现象称为点蚀。点蚀是一种由"大阴极小阳极"腐蚀电池引起的阳极区高度集中的局部腐蚀形态。点蚀孔的深度一般大于孔的直径，严重的点蚀可以将金属基体锈穿。点蚀的分布在宏观上有一定的随机性，但在微观上又有一定的必然性。海洋大气中分散的盐粒或大气污染物通常会引起金属材料的点蚀。此外，靠氧维持钝态的材料在海水中通常有较大的点蚀敏感性，例如，在海洋环境中服役的不锈钢和铝合金常以点蚀为主要的腐蚀形式。

2）缝隙腐蚀

缝隙腐蚀通常发生在金属/非金属表面或沉积物之间形成的缝隙中。在腐蚀介质中，这些缝隙容易形成闭塞电池，电解质一旦进入缝隙就会长期存在，由于氧供应困难，易形成氧浓差电池或难以形成钝化膜，易造成连续、长期的电化学腐蚀。由于缝隙下阳极面积很小，常会使腐蚀速率加快。缝隙腐蚀在各类电解质溶液中都会发生，易钝化的金属如不锈钢、铝合金等对缝隙腐蚀的敏感性较大。

3）电偶腐蚀

当两种电极电位不同的金属在电解质溶液中接触时，电位较负的金属腐蚀加速，而电位较正的金属腐蚀却因得到保护反而减慢。这种金属由于同电极电位较高的另一种金属接触而引起腐蚀速率增大的现象称为电偶腐蚀。电偶腐蚀必须具备三个条件：①相互接触的金属具有不同的电极电位；②处于共同的电解液中；③形成通电回路。在海洋大气中，电偶腐蚀仅局限在距两种金属连接处较短的距离内。在水下区，电连接的两种金属间会在较大的距离内产生明显的电偶腐蚀。

4）空泡腐蚀

空泡腐蚀是指腐蚀介质在高速流动时，由于气泡的产生和破裂，对所接触的结构材料产生水锤作用，其瞬时压力可达数千大气压，能将金属表面的保护膜破除，使之不断暴露新鲜表面而造成的腐蚀破坏。海水中的空泡腐蚀既对金属造成机械损伤，又使其腐蚀损坏，腐蚀后的金属表面多呈蜂窝状。

5）冲击腐蚀

钢、铜等金属对海水的流速很敏感，当流速超过一定值时，便会发生快速的侵蚀。在湍流情况下，通常有空气泡被卷入海水中。当夹带气泡的高流速海水冲击金属表面时，保护膜可能被破坏，从而导致局部腐蚀。金属表面的沉积物会促进局部湍流。当海水中有泥、沙等悬浮物时，磨蚀和腐蚀所产生的交互作用，比磨蚀与腐蚀单独作用的总和更严重。有时金属的冲击腐蚀损坏和空泡腐蚀损坏很难分清，在某些情况下，两者常同时存在。

2. 海港工程钢结构腐蚀影响因素

1）钢材的材质及表面状况

不同材质的钢材耐蚀性不同，而影响其材质的因素有冶炼质量、钢材成分、加工质量、热处理、表面状况等。因此，上述影响因素的控制可改善或保障钢材的防腐性能。例如，夹渣、缩孔、偏析等缺陷会引起局部腐蚀，通过控制冶炼质量减少上述缺陷，可保障钢材的质量；在普通钢材中添加铜、镍等金属可改善钢材的防腐性能；相同成分的钢材，表面状态不同腐蚀状况也不同，表面粗糙的钢材比表面光滑的钢材更容易腐蚀。

2）主要环境因素

（1）大气因素。影响海洋大气腐蚀的主要环境因素有大气成分、湿度、温度等。在海洋大气环境中以盐尘、盐雾的影响最大，沿海大气中有许多海水微粒，经进一步蒸发，使得海洋大气中含有海盐粒子，它们混积在钢结构表面上产生吸湿潮解作用，使结构物表面液膜的电导增大，加之氯离子本身具有很强的侵蚀性，因而加剧腐蚀。此外，在靠近城市和工业区的港口，大气中常含有的固体尘粒，其组成复杂，也能加速腐蚀。例如，铵盐颗粒本身具有腐蚀性；炭粒又能吸附 SO_2 和水汽造成一定腐蚀性；有的尘粒虽本身无腐蚀性（如沙粒），但它落在金属表面会形成附着物而凝聚水分，造成氧浓差的局部腐蚀条件，发生沉积腐蚀。

（2）海水因素。海水具有较高的含盐量、导电性、生物活性，是一种复杂的天然平衡体系。影响海水腐蚀的主要因素有含盐量、pH、温度、溶解氧含量、流速及海生物等。

表层海水中 O_2 和 CO_2 接近饱和，pH 为 8.2 左右。海水中盐分的总量为 35‰～37‰，主要由 $NaCl$、$MgCl_2$、$MgSO_4$ 等盐类组成。大量盐类的存在使海水成为导电性良好的电解液，特别是其中氯离子含量很大，会破坏金属表面的钝化膜，使金属在海水中遭到严重腐蚀。

海水温度一般在−2～35℃之间，海水温度变化对腐蚀有较大的影响，通常表现为温度越高，腐蚀速率越大，大约为温度每升高 10℃，腐蚀速率将增加一倍。

在极低流速的海水中，海水流速比较均匀，由于氧的扩散速度慢，所以腐蚀速率也小；当海水流速提高时，氧扩散速度也提高，因此腐蚀速率加快。

藤壶、牡蛎、海葵等海生物经常会附生在构筑物上，与金属表面形成缝隙，造成缝隙腐蚀，从而生成较深的蚀坑。海生物死亡、腐烂产生的酸性物质，往往也会加速腐蚀。另外，海生物污损层的渗透性差，以及外污损层中嗜氧菌的呼吸作用，使碳钢表面形成缺氧环境，有利于硫酸盐还原菌等厌氧菌的繁殖生长，从而促使碳钢等金属材料产生腐蚀。

（3）海泥因素。海泥由于受到地质条件及回淤条件的影响，不同海域、不同深度的海泥差别较大，如浮淤泥、砂质回淤泥、砂质黏土等，其自身的性质也有很大的差别，如电导率、含氧量、含盐量、pH 及微生物与细菌腐蚀等。海泥与海水电导率的差别及不同海泥层电导率的差别会导致金属材料发生氧浓差极化、盐浓差极化腐蚀。如果所处海域存在较多的植物或有机物，海泥中则含有丰富的无机物或有机物，将有利于微生物及菌类生物繁殖和生长，改变海泥环境中的含氧量、酸碱度等，从而影响海泥的腐蚀环境。

1.3.3　海港工程混凝土结构的腐蚀类型及影响因素

1. 海港工程混凝土结构的腐蚀类型

受海洋腐蚀环境的影响，海港工程混凝土结构会形成多种腐蚀类型，按腐蚀机理可分为物理作用、化学腐蚀和微生物腐蚀三类。

物理作用是指在无化学反应发生时，混凝土内的某些成分在各种环境因素的影响下，发生溶解或膨胀，引起混凝土强度降低，导致结构受到破坏。常见的物理作用有冻融循环、干湿交替等。

化学腐蚀是指混凝土中的某些成分与外部环境中腐蚀性介质（如酸、碱、盐等）发生化学反应生成新的化学物质而引起混凝土结构的破坏。常见的化学腐蚀有硫酸盐腐蚀、碱-骨料反应、碳化、氯离子侵蚀等。

微生物腐蚀有相当的普遍性，凡与水、土壤或潮湿空气相接触的设施，都可能遭受到微生物的腐蚀。生物对混凝土的腐蚀大致有两种形式：①生物力学作用。生长在基础设施周围的植物的根茎会钻入混凝土的孔隙中，破坏其密实度。②类似于混凝土的化学腐蚀。例如，硫化细菌在其生命过程中，能把环境中的硫元素转化成硫酸。

2. 海港工程混凝土结构腐蚀影响因素

海港工程混凝土结构腐蚀的影响因素可分为内部因素和外部因素。内部因素包括混凝土密实性、水灰比、保护层厚度、混凝土强度等。外部因素包括温度、湿度、侵蚀介质（碳化、氯离子等）等环境条件。

1）氯离子侵蚀

氯离子侵蚀是导致海港工程混凝土结构发生钢筋锈蚀最直接、最严重和最普遍的原因。引起钢筋腐蚀的氯离子主要来源于：①在混凝土拌和和浇筑时，使用海砂、含氯离子的拌和水、含氯外加剂等原材料所带入的氯离子，其含量不随时间变化；②海洋环境、含氯除冰盐等环境下渗入的氯离子，这部分氯离子含量随结构服役时间的延长而增加。进入混凝土内部的氯离子可分为两类：一类为溶解于混凝土孔隙液中的游离态氯离子，称为自由氯离子；另一类为通过物理或化学作用被水泥水化产物吸附或结合的氯离子，称为结合氯离子。

当钢筋表面的游离态氯离子含量达到某一临界值时，会导致钢筋钝化膜脱钝，一旦氧供给充足，钢筋就会发生腐蚀，引起混凝土结构耐久性降低，此临界值即为混凝土钢筋腐蚀的临界氯离子浓度。临界氯离子浓度取决于很多因素，包括混凝土掺合料的种类、混凝土质量、暴露环境及钢筋表面状况等。为防止钢筋锈蚀，各国规范均对混凝土中氯离子含量进行了限定，如英国标准（BS 8110-2-1985）和欧洲标准（ENV 206-1992）规定钢筋混凝土结构中氯离子的总含量不允许超过水泥质量的 0.4%。美国规范 ACI 318 和 ACI 201 则规定混凝土中自由氯离子的含量不允许超过水泥质量的 0.15%。我国交通部行业标准 JTS 153《水运工程结构耐久性设计标准》规定，预应力混凝土、钢筋混凝土、素混凝土拌和物中的氯离子占凝胶材料质量的最高限值为 0.06%、0.10% 和 1.3%。

2）混凝土碳化

混凝土碳化是指大气中 CO_2 等酸性气体渗入混凝土内部，与其中的碱性物质发生中和反应，生成碳酸盐或其他物质，从而导致混凝土内部碱性降低及混凝土材料化学成分改变。混凝土中可碳化的物质主要是氢氧化钙，还有水化硅酸钙（$3CaO \cdot SiO_2 \cdot 3H_2O$）。此外，未发生水化的硅酸三钙和硅酸二钙在有水分的条件下也能参与碳化反应。

混凝土碳化的直接后果就是碱度和碱含量降低，当 pH 降至 10 以下时，钢筋表面钝化膜脱钝，钢筋锈蚀。混凝土碳化还会加剧混凝土收缩，引起混凝土开裂和结构破坏，严重影响结构耐久性。混凝土碳化速度取决于材料渗透性及空气中的 CO_2 浓度，大体符合 Fick 扩散定律。混凝土单一碳化深度与时间的经验关系如下

$$x = k\sqrt{t} \tag{1-1}$$

式中，x 为碳化深度；k 为碳化系数；t 为碳化时间。由上式可知，碳化深度是碳化时间的函数，且是增函数，即混凝土碳化深度随着碳化时间的延长而加深。

混凝土的渗透性及其碱性物质的总含量是影响混凝土碳化的主要因素。混凝土孔隙率越小、渗透性越低、密实性越高、$Ca(OH)_2$ 含量越大，则混凝土的抗碳化性能越好；反之，则越差。具体而言，影响混凝土碳化的因素分为材料因素、环境因素和施工因素三大类。材料因素有混凝土水灰比、水泥品种及其用量、混凝土强度等级、骨料级配及外加剂等；环境因素有环境相对湿度、温度、压力及 CO_2 气体浓度等；施工因素有混凝土搅拌、振捣和养护条件等。

3）硫酸盐侵蚀

海水中的硫酸盐会与水泥中的氢氧化钙及水化铝酸钙（$3CaO \cdot Al_2O_3 \cdot 12H_2O$）发生反应，生成石膏和硫铝酸钙（$3CaO \cdot Al_2O_3 \cdot 3CaSO_4 \cdot 30\sim32H_2O$）等产物，使体积膨胀，造成混凝土开裂。硫酸盐还会引起水化产物 $Ca(OH)_2$ 和 C-S-H 凝胶的溶出和分解，从而导致混凝土的强度下降。

4）冻融循环

冻融循环是一种物理与力学的综合作用，会导致混凝土强度降低，影响结构安全使用。因此，混凝土抗冻性是混凝土耐久性的重要指标。海港工程混凝土结构受海水、潮湿及拌和水等因素的影响，毛细孔内通常处于饱水状态。当温度降低时，混凝土孔隙中的水结冰膨胀，产生冻胀压力作用；当温度升高后，混凝土孔隙内的冰融化，体积收缩，冻胀压力作用消失，即混凝土冻融。随着混凝土结构服役期的延长，夏冬交替，冻融作用循环往复地作用于混凝土结构上。当冻胀压力超过混凝土抗拉强度时，就会出现局部开裂或剥落；即使冻胀压力低于混凝土抗拉强度，经过多次反复冻融循环后，混凝土表层也会出现疲劳裂纹。裂缝、开裂、剥落等缺陷的生成，会增加混凝土的渗透性，削弱混凝土保护层的保护作用，使得氯离子渗透至钢筋表面的速度加快，从而加速钢筋的腐蚀。

5）湿度

当混凝土极为干燥时，混凝土内部缺少钢筋腐蚀发生所必需的水分，因此腐蚀难以进行。当混凝土极为湿润时，混凝土内部的孔隙填满了水，在水中氧是以溶解态存在的，因此水的扩散速度相对较慢，这使得氧气的供给受到限制，从而导致钢筋腐蚀速率较低。例如，处于水下区和泥下区的钢筋混凝土结构，钢筋不易发生腐蚀。当处于干湿交替状态时，混凝土内部的干燥和湿润程度适中，使得

氧供应相对充裕，导致钢筋腐蚀速率较高。例如，处于浪溅区和水位变动区的钢筋混凝土结构，钢筋特别容易腐蚀。

　　6）混凝土电阻率

　　混凝土电阻率对钢筋腐蚀的影响主要有以下两个方面：一方面是混凝土电阻率通过影响产物离子离开电极表面的难易程度来影响电极的极化阻力，继而间接影响钢筋的腐蚀速率；另一方面是混凝土电阻率通过影响宏观腐蚀中的电子或离子传输的阻力来改变整个钢筋腐蚀回路的电阻。混凝土的电阻率是评价钢筋腐蚀破损的最有效的参数，特别是对于氯离子诱导的钢筋腐蚀。现行国标 GB/T 50344 给出了混凝土电阻率与钢筋腐蚀状态的关系，见表 1-3。

表 1-3　混凝土电阻率与混凝土钢筋腐蚀速率的关系

混凝土电阻率/(kΩ·cm)	钢筋腐蚀速率
>100	钢筋不会锈蚀
50~100	低锈蚀速率
10~50	钢筋活化时，可出现中高锈蚀速率
<10	电阻率不是锈蚀的控制因素

　　影响混凝土电阻率的影响因素主要有水泥水化程度、混凝土孔隙率及孔隙结构、氯离子含量、环境温度及相对湿度等。概括地说，混凝土电阻率与混凝土内部的孔隙结构和外部环境条件密切相关。

　　对于混凝土内部的孔隙结构，混凝土内部垂直于保护层方向的贯通毛细孔越多，混凝土电阻率越低，反之如果混凝土内部主要以封闭不贯通的气孔为主，则混凝土电阻率会更高。而影响混凝土孔隙率大小及孔隙结构的主要是水泥品种、掺合料（品种、用量、掺杂）及水灰比。

　　混凝土中氯离子的含量也是影响混凝土电阻率的重要因素，混凝土拌和过程中添加的及服役期间环境介质中渗透进混凝土中的自由氯离子都会显著增加混凝土的电阻率，自由氯离子含量越高，混凝土中孔隙液电导率越高。

　　外部环境中的相对湿度和温度也直接影响着混凝土孔隙中的水饱和程度和电阻值。通常情况下，认为外部环境中的相对湿度越大，混凝土电阻率越低；温度越高，则混凝土电阻率越低。但当外部环境中复杂的影响因素相互耦合作用时，混凝土电阻率往往又会有更为复杂的变化规律。

　　混凝土电阻率能较好地反映混凝土孔隙结构及孔隙率，同时它也是混凝土孔溶液离子浓度的函数，钢筋混凝土受海水或盐水腐蚀损伤过程是混凝土孔隙结构劣化和孔溶液离子浓度增加的过程，通过评价混凝土电阻率的高低能较好地反映混凝土结构的损伤过程，因此混凝土电阻率对于混凝土结构的损伤评估及寿命预测都是关键的影响因素。

7）混凝土碱骨料反应

混凝土碱骨料反应是指混凝土骨料中某些活性矿物与混凝土微孔中的碱溶液发生化学反应，生成碱-硅酸凝胶并吸水产生膨胀压力，致使混凝土开裂。碱主要来源于水泥熟料、外加剂，骨料中的活性材料主要是 SiO_2、硅酸盐、碳酸盐等。碱骨料反应可分为碱硅酸反应、碱碳酸盐反应、碱硅酸盐反应 3 类，其中碱硅酸反应是发生最早、最多的一种碱骨料反应。

混凝土结构发生碱骨料反应破坏必须具备三个条件：①配制混凝土时由水泥、骨料、外加剂和拌和水带进混凝土中一定数量的碱，或者混凝土处于有碱渗入的环境中；②有一定数量的碱活性集料存在；③所处潮湿环境可以供应反应物吸水膨胀时所需的水分。三者缺一不可，前两者为混凝土发生碱骨料反应的内因，后者为外因。我国海港工程领域相关规范对混凝土活性骨料的使用具有明确规定，因此该类破坏形式在实际工程中较为罕见。然而，碱骨料反应一旦发生会对材料自身的抗渗性及结构承载力造成显著影响，因此应对于混凝土碱骨料反应给予足够重视。

8）混凝土裂缝

裂缝是混凝土结构不可避免的，特别在大体积混凝土结构中较为常见。导致裂缝产生的原因较多，主要包括收缩裂缝、温差裂缝及安定性裂缝等。收缩裂缝产生的原因是混凝土逐渐散热和硬化过程引起的收缩会产生很大的收缩应力，如果产生的收缩应力超过当时混凝土的极限抗拉强度，就会在混凝土中产生收缩裂缝。温差裂缝是由于混凝土内部和外部的温差过大而产生的裂缝。温差裂缝在海港工程等大体积混凝土结构中较为常见。安定性裂缝主要表现为龟裂，主要是因为水泥安定性不合格引起的。混凝土结构表面一旦产生裂缝，不仅会影响整体结构的稳定性，而且会使外界腐蚀介质沿着裂缝快速渗透至钢筋表面，导致钢筋严重腐蚀。

深度较浅裂缝的产生为水分、氧气等腐蚀介质渗入混凝土增加了通道，缩短了钢筋脱钝和锈蚀的发生时间。而深度较深的裂缝则为氯离子渗透、碳化作用等提供直接通道，加速钢筋的锈蚀过程。若裂缝开裂至钢筋表面，那么混凝土保护层、混凝土阻锈剂、混凝土涂层等保护手段将全部失效，裂缝处的钢筋将直接暴露在腐蚀介质中，表面碱环境丧失，从而发生严重腐蚀。

总的来说，裂缝的出现既会影响混凝土结构的外观，又会降低混凝土保护层的保护效果。然而，海港工程混凝土结构建设过程中裂缝是难以避免的，因此必须严格控制宽度以尽量减少对耐久性的危害。现行行业标准 JTS 153 规定预应力混凝土构件不得出现裂缝，海洋环境下钢筋混凝土构件最大裂缝宽度限值为大气区 0.20 mm、浪溅区 0.20 mm、水位变动区 0.20 mm、水下区 0.30 mm。

9）混凝土水灰比及密实性

混凝土水胶比对混凝土密实性影响很大，降低水胶比可有效提高混凝土的密实性，使内部毛细通道及孔隙变小，有利于抑制水、氧等腐蚀介质的渗入，从而提高钢筋混凝土结构的抗腐蚀性能。反之，混凝土的水胶比越大，孔隙率及毛细通道也越大，混凝土的密实性也越差。环境介质中的氧气、水、氯离子、二氧化碳等腐蚀介质渗透到钢筋表面的路径越多，时间越短，钢筋越容易腐蚀。

10）保护层厚度

混凝土保护层厚度也是影响钢筋混凝土腐蚀的主要因素。保护层在受力计算时是不考虑的，即混凝土保护层的存在主要是利用混凝土自身的抗渗性对外界的腐蚀介质起到物理隔绝的作用。那么，同等混凝土抗渗性的条件下，混凝土保护层的厚度越厚，腐蚀介质渗透到钢筋表面的速度越慢，钢筋发生腐蚀的初始时间越长，从而提高了钢筋混凝土结构的耐久性。但为了控制混凝土的裂缝，保护层厚度也不宜过大。在海港工程混凝土结构设计中，往往需要综合考虑混凝土碳化、氯离子的渗透作用及混凝土的抗裂性来确定合理的混凝土保护层厚度。JTS 153-3 规定了海洋环境下受力钢筋和预应力筋的混凝土保护层的最小厚度。

表 1-4 为海洋环境下受力钢筋的混凝土保护层最小厚度。当箍筋直径大于 6 mm 时，混凝土保护层厚度应按表中的规定增加 5 mm。水位变动区、浪溅区现浇混凝土构件的保护层厚度应按表中的规定增加 10～15 mm。浪溅区细薄构件的混凝土保护层厚度可取 50 mm。南方指历年最冷月月平均温度高于 0℃的地区。

表 1-4　海洋环境下钢筋的混凝土保护层最小厚度（mm）

结构所在地区	大气区	浪溅区	水位变动区	水下区
北方	50	60	50	40
南方	50	65	50	40

对于预应力筋的混凝土保护层最小厚度，当构件厚度大于或等于 0.5 m 时，应符合表 1-4 的规定。当构件厚度小于 0.5 m 时，预应力筋的混凝土保护层最小厚度应不小于 2.5 倍预应力筋直径，且不得小于 50 mm。构件厚度是指规定保护层最小厚度方向上的构件尺寸。后张法预应力筋的混凝土保护层厚度指预留孔道壁至构件表面的最小距离。当采用特殊工艺制作的构件时，经充分技术论证，对钢筋的防腐蚀作用确有保证时，保护层厚度可适当减小。有效预应力小于 400 MPa 的预应力筋的混凝土保护层厚度可按表 1-5 执行。表 1-5 为海洋环境下预应力筋的混凝土保护层最小厚度（构件厚度≥0.5 m）。

表 1-5　海洋环境下预应力筋的混凝土保护层最小厚度（构件厚度≥0.5 m）

所在部位	大气区	浪溅区	水位变动区	水下区
保护层厚度	50	60	50	40

11）杂散电流腐蚀

杂散电流指未按照规定路径流动的未做功电流，会在土壤、海水、混凝土等介质中无规律流动，且与被保护结构的阴极保护系统无关。当杂散电流遇到环境中的金属结构时，会沿流动电阻最小的路径，从金属构件的某一部位（阴极区）流入，再从另一部位（阳极区）流出，并造成电流流出处的金属发生溶解而造成局部腐蚀。根据电流源的特征，杂散电流分为杂散直流电和杂散交流电两种。在电流大小相同的情况下，杂散直流电对金属构件所造成的腐蚀危害一般大于杂散交流电。

海港工程混凝土结构具备发生杂散电流腐蚀的条件。例如，港口电力设施的接地与漏电、暴露在海水中的金属结构所采用的外加电流阴极保护系统所产生的额外电流、大型船舶靠泊码头期间其外加电流阴极保护系统所产生的额外电流等，在特定的条件下都可能对其周围的混凝土结构中的钢筋造成杂散电流腐蚀。

当钢筋处于阳极区时，发生阳极腐蚀，造成体积膨胀，从而使混凝土开裂。当钢筋处于阴极区时，若阴极电流较小，一般不腐蚀；若阴极电流过大，会造成钢筋表面过度碱化，甚至大量氢气析出，破坏钢筋与混凝土的黏结力，使混凝土开裂，并增大钢筋氢脆的风险。

1.3.4　海洋腐蚀环境及其腐蚀破坏特征

由于海洋环境的复杂性，不同海域、不同深度会表现出不同的环境特点，从而影响其腐蚀破坏特征。根据环境条件及腐蚀破坏特征，海洋环境可分为海洋大气区、浪溅区、海洋潮差区、海洋全浸区和海底泥土区五个腐蚀区带。图 1-8 为不同腐蚀区带腐蚀倾向示意图。海港工程构筑物也划分为上述五个区带，但名称略有不同，分别为大气区、浪溅区、水位变动区、水下区和泥下区，具体部位划分见表 1-6。海港工程混凝土结构与钢结构的部位划分略有不同，混凝土结构一般考虑海泥区。对钢结构而言，由于泥下区腐蚀速率比水下区轻，因此在水下区之下划分了泥下区。下文介绍海港工程构筑物不同部位的腐蚀特点。

1. 大气区

大气区是浪溅区以上不直接接触海水的部位，其腐蚀受海盐颗粒的多少、距海面的高度、风速、风向、降露周期、雨量、温度、太阳照射、尘埃、季节和污染等众多因素的影响。

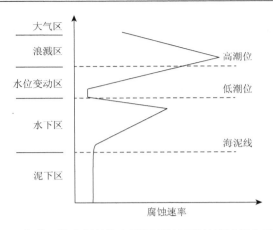

图 1-8　海洋环境中钢结构在不同腐蚀区带的腐蚀倾向示意图

表 1-6　海港工程构筑物的部位划分

掩护条件	划分类别	大气区	浪溅区	水位变动区	水下区	泥下区
有掩护条件	港工设计水位	设计高水位加 1.5 m 以上	大气区下界至设计高水位减 1.0 m 之间	浪溅区下界至设计低水位减 1.0 m 之间	水位变动区下界至海泥面	海泥面以下
无掩护条件	港工设计水位	设计高水位加 $(\eta_0 + 1.0\ m)$ 以上	大气区下界至设计高水位减 η_0 之间	浪溅区下界至设计低水位减 1.0 m 之间	水位变动区下界至海泥面	海泥面以下
	天文潮位	最高天文潮位加 0.7 倍百年一遇有效波高 $(H_{1/3})$ 以上	大气区下界至最高天文潮汐减百年一遇有效波高 $(H_{1/3})$ 之间	浪溅区下界至最低天文潮位减 0.2 倍百年一遇有效波高 $(H_{1/3})$ 之间	水位变动区下界至海泥面	海泥面以下

注：（1）海港工程混凝土结构的部位中未划分泥下区。
　　（2）η_0 值为设计高水位时的重现期 50 年的 $H_{1\%}$（波列累积频率为 1% 的波高）静水面以上的波峰面高度（m）。
　　（3）当无掩护条件的海港工程构筑物无法按有关规范计算设计水位时，可按天文潮位确定构筑物的部位划分。
　　（4）当浪溅区上界计算值低于码头面板顶面高程时，应取码头面板顶面高程为浪溅区上界。

　　与内陆地区相比，海洋大气区的表面富含海盐颗粒，使得该部位腐蚀比内陆严重很多。特别是氯化钙和氯化镁等海盐颗粒是吸湿性的，容易在金属表面形成湿膜，当昼夜或季节气候变化大时，尤为明显。海盐的附着和积聚与风浪条件、距离海面的高度和在空气中暴露的时间等因素密切有关。通常深入内陆时，大气中的含盐粒子量迅速下降，无强烈风暴时，大致在深入 2 km 的内陆，含盐量即趋近于零。
　　表面水分也会显著影响金属材料在海洋大气区的腐蚀速率和过程。在非常干燥的大气环境中，金属材料的腐蚀是非常轻微的。相反，在表面产生结露的潮湿环境中腐蚀速率变得比较大。海洋大气区湿度较内陆大气区大，因此其腐蚀更严重。

太阳辐射促进铁、铜等金属表面的光敏腐蚀反应及真菌之类的生物活性，后者会助长腐蚀性水粒和尘埃的积存。在热带地区，珊瑚尘和海盐在一起时腐蚀性特别大。长期的太阳辐射，会加速涂层的老化失效，对涂层不利。

降雨量对大气腐蚀也有重要的影响。大量的雨水会冲刷掉金属表面所沉积的盐类，从而减轻金属的腐蚀。另外，与朝向阳光的一面相比，背向太阳面的金属材料尽管避开太阳光的直射、温度较低，但其表面尘埃和空气中的海盐及污染物未被及时冲洗掉，湿润程度较高，因此其腐蚀更为严重。

在海洋大气区，受大气中氯盐颗粒、二氧化碳、水汽、氧等腐蚀介质的影响，钢筋混凝土通常遭受较严重的腐蚀。

2. 浪溅区

在浪溅区，海浪飞沫能溅到构筑物表面上，但涨潮时不能被海水长期浸没。浪溅区除海盐含量、湿度、温度等海洋大气区的腐蚀因素外，还会受到海水飞沫和海浪的冲击，且浪溅区下部还会受到海水的短期浸泡。处于浪溅区的构筑物长期遭受海水飞沫和海浪的作用，加之干湿交替频繁、供氧充分、日照充足、含盐颗粒量大等，腐蚀破坏最为严重。另外，海水中的气泡对材料表面的保护膜和涂层也具有较大的破坏作用，涂层在浪溅区通常老化最快。对于海港工程钢结构和混凝土结构而言，浪溅区是所有腐蚀区带中腐蚀最严重的部位，也是腐蚀控制的重点部位。

3. 水位变动区

在水位变动区，涨潮时被海水浸没，退潮时暴露在空气中，呈现出周期性干湿交替的特点。该区带氧扩散速度比浪溅区慢，构筑物表面温度受空气温度和海水温度的双重影响，但通常更接近海水温度。在这一区带，构筑物在海水涨潮时被饱氧海水浸没，产生海水腐蚀，退潮时又暴露在空气中，发生类似海洋大气区的腐蚀。此外，较大的潮流运动会造成物理冲刷及高速水流，从而引发空泡腐蚀或冲刷腐蚀，使腐蚀加剧。

对于预埋件、紧固件等孤立钢构件而言，当其处于水位变动区时，由于干湿交替、冲刷或空泡腐蚀等众多因素的影响，腐蚀破坏严重。然而，对于钢管桩、钢板桩等连续钢结构而言，由于水位变动区和水下区之间的供氧差异，形成了氧浓差电池。水位变动区由于供氧充分成为浓差电池的阴极区，水下区则由于供氧稍差成为浓差电池的阳极区。由于阳极区会向阴极区提供保护电流，因此连续钢结构水位变动区的腐蚀反而减轻了。

在水位变动区，受到盐颗粒、干湿交替、海水冲刷等因素的影响，海港工程混凝土结构也会受到严重的腐蚀，但一般比浪溅区的腐蚀程度轻。

4. 水下区

水下区是常年被海水浸泡的部位。海港工程构筑物基本处在表层海水范围内（深度 30 m 以内）。通常情况下，与深海相比，表层海水具有溶解氧接近饱和、温度较高、流速较大、存在近海化学和泥沙污染、海生物活跃等特点，因此表层海水的腐蚀性较深海更强。

由钢结构腐蚀机理可知，海水中钢结构的腐蚀受氧还原反应的控制，因此溶解氧对钢结构腐蚀起主导作用。海水溶解氧的含量越多，钢材的腐蚀速率越快。海水中盐类的影响作用分为两类：一类是海水中的强腐蚀性离子 Cl^-，Cl^- 会破坏金属钝化膜，使金属遭受严重的腐蚀；另一类是海水中的 Ca^{2+} 和 Mg^{2+}，能够在金属表面析出碳酸钙和氢氧化镁沉淀，对金属有一定的保护作用。海水的 pH 和盐度一般变化较小，对腐蚀的影响较小。

海水相对钢材的流速增大时，溶解氧向阴极扩散得更快，使钢材的腐蚀速率增加，若海水中同时还存在泥沙等颗粒物，则将进一步加剧腐蚀。温度升高，海水的腐蚀性也会增强。一般而言，由于海生物（如贝壳类）附着会降低海水流速，并阻碍氧的扩散，因此海生物附着会降低钢结构平均腐蚀速率，但是对于钝性金属容易生成孔蚀。在河口区附近，当海水被稀释时，碳酸钙和氢氧化镁可能变得不饱和，因而阻止了保护性矿物质膜的形成，从而加速了腐蚀。此外，沿岸排放的硫化物、重金属离子、氨等污染物会增强海水的腐蚀性。

就混凝土结构而言，当处于水下区时，引起钢筋腐蚀的氯离子临界浓度在饱水条件下较高，而且由于水中氧含量较低钢筋受到的腐蚀威胁相对较小，因此在水下区的混凝土结构通常不用采取防腐措施。

5. 泥下区

泥下区是指海泥面以下的部位，其主要环境是海底沉积物。海底沉积物的物理性质、化学性质和生物特性随着海域及海水深度的不同而不同，都对其腐蚀性有着重要影响。泥下区是一种比较复杂的腐蚀环境，既有土壤的腐蚀特点，又有海水的腐蚀特性。该区含盐度高、电阻率低，但供氧不足，因此腐蚀性较其他区带更低。然而，海底沉积物中通常含有细菌，例如，硫酸盐还原菌会在缺氧的环境下生长繁殖，并生成腐蚀性的硫化物，从而加速钢材的腐蚀。就海港工程混凝土结构而言，由于海泥中的氧含量很小，因此划分腐蚀区域时一般不考虑。

1.3.5　典型码头结构在海洋环境中的腐蚀破坏特点

高桩码头的典型腐蚀破坏如下：①梁、板等混凝土构件出现裂缝、露筋、剥落等缺陷；②混凝土构件因碳化、氯离子侵蚀等造成钢筋腐蚀；③钢桩因水流冲刷、海洋环境因素、外力破坏等，出现涂层老化及破损、阴极保护系统失效、包覆系统破损、钢桩腐蚀等现象；④码头的附属设施出现腐蚀或防腐措施失效等现象，如护舷的螺栓、螺母发生腐蚀，系船柱涂层破损并腐蚀等。

板桩码头的典型腐蚀破坏如下：①钢板桩锈蚀，壁厚不均匀损失，局部有出现坑蚀等现象；②钢板桩的拉杆出现不同程度的锈蚀，并发生截面损失；③钢板桩锁口出现腐蚀；④胸墙受水流的浸泡和冲刷，混凝土表面出现麻面、露石、钢筋外露、钢筋腐蚀、局部混凝土破损严重等；⑤钢板桩的防腐措施如涂层、阴极保护等出现局部失效；⑥码头的附属设施出现腐蚀或防腐措施失效等现象。

重力式码头的典型腐蚀破坏如下：①墙身和胸墙受水流的浸泡和冲刷，出现麻面、露石、局部混凝土破损严重、钢筋外露及腐蚀等；②岸壁混凝土受海水浸泡发生腐蚀，导致混凝土抗压强度降低；③码头的防腐措施如硅烷浸渍、涂层等出现局部失效；④码头的附属设施出现腐蚀或防腐措施失效等现象。

1.4　海港工程构筑物腐蚀控制要点

海港工程构筑物腐蚀控制是复杂的系统工程，因此在勘察、规划、设计、施工、使用等各个阶段都应对所涉及的防腐蚀问题进行细致的分析和处理。海港工程构筑物所处环境复杂，各部位腐蚀速率有很大差别，适用的防腐蚀措施也各不相同。综合考虑结构特征、所处环境、保护年限、施工条件、维护管理、安全要求和技术经济效益等因素，选择适宜的防腐措施，才能做到先进、经济、实用。下文将从环境调查、合理选用材料、结构形式和构造、严格控制施工质量、防腐措施、维护管理等方面介绍海港工程构筑物腐蚀控制的要点。

1.4.1　环境调查

海洋环境的腐蚀作用是海港工程构筑物结构或构件材料劣化、性能退化和腐蚀破坏的主要原因。环境不同、腐蚀作用机理不同所采用的防腐措施就不同。即使处在相同的环境中，腐蚀参数也可能不同，此时所采用的设计技术参数也会有所不同。因此，有必要在防腐设计前对构筑物所处的水文、气象、氯离子含量、pH、盐度、电阻率、水污染情况、周边其他侵蚀介质等环境参数进行调查，以便使防腐设计更合理、更可靠。

1.4.2　合理选用材料

材料是形成结构和构件的基础，环境腐蚀首先从材料劣化开始，因此材料的质量和性能直接影响结构的耐久性。提高材料本身的质量和耐久性是腐蚀控制的最基本措施。在选择海港工程建筑用材时，除应满足设计受力要求外，还需根据使用的环境、部位、耐久性要求、全寿命成本等因素合理选用材料，如金属材料、筋材、水泥、骨料、拌和水、水灰比、掺和料、外加剂等。

1.4.3　结构形式及构造

海港工程构筑物所处海洋环境恶劣，腐蚀性强，结构复杂，施工难度大、维护条件差，要求设计时尽量采取腐蚀危害较小的结构形式及细部构造，并从便于施工质量控制和使用阶段检查维护的角度采取有利于耐久性的措施。

1. 海港工程钢结构

钢结构设计需考虑电偶腐蚀、应力腐蚀、缝隙腐蚀及焊缝腐蚀等问题，应尽量避免因素设计不当产生造成腐蚀。为达到更好的防腐效果，需注意以下事项。

（1）海港工程钢结构的施工条件差、成本高且防腐施工质量控制难度较大，结构表面积越大，所耗费的人力物力也就越多。因此，尽量减少结构的表面积，并采用有利于防腐施工的形式和构造，对技术性和经济性均有利。

（2）钢结构缝隙通常是各种防腐措施的死角，会影响结构的整体防腐效果。因此，结构设计时应尽量避免形成狭窄的缝隙。采用连续焊接和双面焊接进行接头焊接，能有效避免狭长缝隙的出现，因此焊接接头宜采用连续焊接和双面焊接。螺栓及铆接连接的构件也存在缝隙，影响防腐效果，因此浪溅区及以下不宜采用。

（3）大气区、浪溅区和水位变动区采用 E 形、K 形等复杂结构形式，会增加防腐施工难度和成本，且容易造成积水，延长表面潮湿时间而加速腐蚀。因此，这些腐蚀区域应采用管形构件等简单结构形式，并尽量避免采用易积水的结构形式。

（4）将各个钢桩电连接，保证保护电流回路的整体通畅，有助于得到均匀的阴极保护电位。因此，应在混凝土浇筑前，将需埋于混凝土桩帽、墩台或胸墙中的钢桩进行电连接。

（5）当预埋钢构件设置于浪溅区时，腐蚀严重且无法实施阴极保护，因此应尽量避免将预埋钢构件埋设在浪溅区。将设置在水位变动区及以下区的预埋钢构件或辅助构件，与实施阴极保护的钢结构电连接，这些构件也会受到相应的阴极保护。因此，推荐使用上述措施，但阴极保护设计时，需考虑这部分保护电流。

（6）阴极保护时，一般不考虑临时钢构件的保护面积。当临时钢结构与主构件相连时，也会受到阴极保护，从而消耗保护电流，影响主构件的防腐效果。因此，工程完工后，应当拆除与主构件临时相连的钢构件，并做好相应部位的防腐。

（7）密闭钢结构内氧气不能得到有效补充，腐蚀过程不可能连续进行，因此密闭的钢结构内壁无须考虑防腐蚀措施。

（8）不同材质的钢材在海水中会因腐蚀电位的不同而造成电偶腐蚀。因此，在位变动区以下部位应避免使用不同钢种，消除电偶腐蚀的影响。

2. 海港工程混凝土结构

混凝土结构形式和构造的选择应综合考虑结构功能、环境条件、施工条件和建设成本等因素，并尽量采用有利于耐久性的结构形式和构造，注意事项如下。

1）海港工程混凝土结构的结构形式

（1）在工厂集中预制混凝土构件，有利于控制生产和管理的各个环节，保证混凝土的质量。在海洋环境现浇混凝土构件存在如下问题：①由于水上施工作业条件较差，混凝土质量控制难度较大；②现浇构件早期即暴露于海水环境，氯离子容易在混凝土还不够密实的情况下，以较快的速度侵入混凝土，不利于混凝土耐久性。因此，钢筋混凝土构件和预应力混凝土构件应尽量采用工厂预制。

（2）水是氯离子、二氧化碳、氧等有害物质的载体，当含有有害物质的水侵蚀至混凝土内部时，会引起结构腐蚀破坏。另外，水的存在会降低混凝土的电阻率，使钢筋腐蚀速率加快。因此，在结构设计时需考虑上述因素，具体措施如下：①结构表面应有利于排水，应避免水和有害物质在结构的表面聚集，不宜在接缝或止水处排水；②结构布置应有利于通风，避免过高的局部潮湿和水汽聚积。对水汽易于聚积、通风条件较差的混凝土构件宜采用设置透气孔等措施。

（3）复杂的结构形式使混凝土暴露面积增大，不仅施工不便，而且不利于结构防腐。因此，采用的构件截面几何形状应简单、平顺，尽量减少棱角和突变，避免应力集中，并应便于施工，易于成型，各部位形状、尺寸和钢筋位置等不得由于施工工艺而难以保证。

（4）维护是保障结构安全性、耐久性和使用性的重要举措。结构形式便于维护，并设置合适的维护通道，做到可达、可检、可修，有利于及时发现问题，排除隐患，节省后期维护成本。因此，结构形式应便于对关键部位进行维护，并尽量设置检查、检测、维修的通道。

（5）对腐蚀较严重部位的构件，在结构设计上应考虑其易于更换，无法更换时应适当提高耐久性裕量。

2）海港工程混凝土结构的构造

（1）磨损、撞击等外力作用会使混凝土结构过早破坏，影响其耐久性和外观质量。因此，对于漂流物、流冰撞击或水流冲击异常剧烈的部位，宜采取必要的耐久性和耐磨性措施。例如，采取使用耐冲击、耐磨损材料，配制加强钢筋，增加保护层厚度等措施以提高结构的抗冲击性。

（2）预应力筋腐蚀导致的预应力下降，严重影响结构的安全。因此，与普通钢筋相比，预应力筋的耐久性要求更高。根据结构的腐蚀特点可知，构件接缝、端头、预应力筋孔道等部位的预应力筋腐蚀往往比较严重。因此，混凝土结构宜采用整体构件，避免薄弱环节的出现。当采用节段拼装或预应力筋连接构件时，应采用可靠的措施以保证预应力筋的密封和防腐性能。另外，对于孔道中的预应力筋也应根据具体情况采用表面保护、孔道灌浆等防护措施，以保障预应力筋的耐久性。

（3）混凝土预埋件与钢筋的材质可能有所不同，当两者接触时，会产生电偶腐蚀，加速钢筋或预埋件的腐蚀。另外，预埋件暴露在外部的腐蚀产物会沿着接触缝隙向混凝土内部扩展，降低混凝土保护层的保护效果。因此，混凝土构件施工期设置的吊环、紧固件或连接件在安装结束后应割除并作表面保护，以免腐蚀产物向内扩展。浇筑在混凝土中并长期暴露的金属部件应采取必要的防腐措施，并与结构钢筋绝缘，避免电偶腐蚀。

（4）依托主体结构的接地钢筋应独立设置，直接将接地电流导入大地，避免与混凝土中钢筋或金属件产生电池腐蚀。

（5）由于结构变形、不均匀沉降、混凝土收缩或温度效应等因素引起的应力会造成开裂或变形，从而影响保护层对钢筋的防护效果。因此，应通过合理选择结构体系和支座、合理设置分缝及配置适量钢筋等措施将应力控制在允许范围内。

（6）施工缝、伸缩缝等接缝处容易积聚水、盐等有害物质，往往是腐蚀较严重的区域。然而，随着时间的推移，接缝处的渗漏难免发生，因此设计时宜避开环境作用不利的部位。当不能避开时，应采用有效的保护措施。

（7）配筋直接影响混凝土构件的受力和裂缝控制。配置钢筋尽量布置在主筋外侧，使用小直径钢筋、小间距和均匀的配筋方式，都有助于控制混凝土裂缝，并使混凝土受力均匀。

（8）混凝土保护层厚度越大，氯离子侵蚀入内的时间越长，越有利于结构耐久性。然而，为了控制混凝土裂缝，保护层厚度也不宜过大。因此，应根据具体情况合理地确定混凝土保护层厚度。

（9）裂缝的出现不仅影响混凝土结构的外观，而且在一定程度上会降低混凝土保护层对钢筋的保护效果。然而，混凝土裂缝难以避免，因此应限制其宽度以尽量减少对耐久性的危害。

1.4.4　严格控制施工质量

严格控制施工质量，减少施工缺陷，避免施工对耐久性及防腐措施的不利影响（如撞击损坏涂层、混凝土中混入氯盐等），确保结构具有良好的基本性能，对于保障结构耐久性有着积极作用。钢结构施工中产生的残余应力、微裂纹、焊缝缺陷等都会影响钢结构的耐久性，应当严格控制施工质量尽量避免。钢筋混凝土由钢筋、水泥、骨料等多种材料组成，是一个复杂的综合体体系。相对金属材料而言，钢筋混凝土质量的影响因素更多，对耐久性的影响也更复杂。通过正确的设计、严格的混凝土质量控制，最大限度提高混凝土本身的抗渗性，以限制腐蚀介质的侵蚀，是保障混凝土耐久性最经济合理、最有效的基本措施。

1.4.5　防腐蚀措施

海洋环境对海港工程构筑物具有很强的腐蚀性，构筑物受腐蚀后的物理、机械等性能下降，会影响工程结构的耐久性、使用性、安全性和外观。除合理的结构设计和工程选材外，还必须采用有效的防腐措施才能满足相应的耐久性要求。具体采用何种防腐蚀措施应根据结构的部位、保护年限、施工、维护管理、安全要求和技术经济效益等因素综合确定。

海港工程钢结构防腐蚀关键在于：采取各种有效措施，尽可能提高钢结构的防腐性能或采取措施抑制、减缓钢结构腐蚀。海港工程混凝土结构防腐关键在于：采取各种措施最大限度阻碍腐蚀介质的侵入混凝土，或提高钢筋抵抗锈蚀的能力及当钢筋锈蚀后尽量降低锈蚀速率。

防腐蚀措施可分为基本防腐措施和附加防腐措施两类。基本防腐措施是指通过自身性能的调节或控制来满足结构的耐久性要求。附加防腐措施是指通过附加补充措施来满足结构的耐久性要求。下文将具体介绍海港工程构筑物的防腐措施。

1. 海港工程钢结构

1）基本防腐措施

海港工程钢结构的基本防腐措施是腐蚀裕量。腐蚀裕量是指设计金属构件时，考虑使用期内可能产生的腐蚀损耗而增加的相应厚度。采用涂层或阴极保护时，结构设计通常会留有适当的腐蚀裕量，钢结构不同部位的单面腐蚀裕量可按式（1-2）计算：

$$\Delta\delta = K[(1-P)t_1 + (t-t_1)] \qquad (1\text{-}2)$$

式中，$\Delta\delta$ 为钢结构单面腐蚀裕量，mm；K 为钢结构单面平均腐蚀速率，mm/a，碳钢和低合金单面平均腐蚀速率可按表 1-7 选取，必要时可现场实测；P 为保护度，%，采用涂层的设计使用年限，保护度可取 50%～95%，当采用阴极保护时，其保护度可按表 1-8 取值；当采用涂层与阴极保护联合保护措施时，保护度可取85%～95%；t_1 为防腐蚀措施的设计使用年限，a；t 为钢结构的设计使用年限，a。

表 1-7　钢结构的单面平均腐蚀速率（mm/a）

部位	大气区	浪溅区		水位变动区、水下区	泥下区
		有掩护条件	无掩护条件		
平均腐蚀速率	0.05～0.10	0.20～0.30	0.40～0.50	0.12	0.05

注：（1）表中平均腐蚀速率适用于 pH＝4～10 的环境条件，对有严重污染的环境，应适当增大。

（2）对水质含盐量层次分明的河口区或年平均气温高、波浪、流速大的环境，应适当增大。

（3）钢板桩岸侧可参照泥下区取值。

表 1-8　阴极保护效率（%）

部位	P
水位变动区	$20 \leqslant P < 90$
水下区	$\geqslant 90$

需要注意的是，钢结构在海洋环境中的局部腐蚀速率远大于平均腐蚀速率，为平均速率的 5～10 倍。局部腐蚀会造成结构腐蚀穿孔或应力集中，成为结构的安全隐患。以平均腐蚀速率为计算依据的腐蚀裕量并不能完全弥补局部腐蚀造成的危害。因此，海港工程钢结构防腐蚀不宜单独采用腐蚀裕量法。密闭钢结构内氧气不能得到有效补充，腐蚀过程不会连续进行，因此密闭钢结构内壁可不考虑腐蚀裕量。

2）附加防腐措施

海洋工程钢结构常用的附加防腐措施有涂层保护、阴极保护、金属热喷涂、包覆防腐等，不同部位常采用不同的防腐措施，具体如下所示。

（1）大气区的防腐蚀常采用涂层保护或金属热喷涂。陆域结构形式复杂或厚度小于 1 mm 的薄壁钢结构可采用镀锌或渗锌加涂料保护。

（2）浪溅区和水位变动区的防腐蚀常采用重防腐涂层或金属热喷涂层加封闭涂层保护，也可采用树脂砂浆或包覆有机复合层等耐蚀材料保护。

（3）水下区的防腐蚀可采用阴极保护和涂层联合保护或单独采用阴极保护。当单独采用阴极保护时，应考虑施工期的防腐蚀措施。

（4）泥下区的防腐蚀常采用阴极保护。当牺牲阳极埋设于海泥中时，应选用适当的牺牲阳极材料，并应考虑其驱动电压和电流效率的下降。

（5）钢板桩岸侧、锚固桩及拉杆等海港埋地钢结构的防腐蚀常采用阴极保护和涂层联合保护。钢拉杆防腐蚀常采用阴极保护和包覆有机防腐蚀材料联合保护。

2. 海港工程混凝土结构

1）基本防腐措施

海港工程混凝土结构的基本防腐措施是通过正确的设计、施工最大限度提高混凝土的抗渗性以限制腐蚀介质的侵蚀。具体的基本措施，除上文所阐述的合理选用材料、选取有利结构形式和构造等措施外，还有：①通过限制骨料、外加剂、拌和水等原材料的氯离子含量，来控制混凝土拌和物中氯离子含量；②限制粗骨料的最大粒径，减小粗骨料与水泥砂浆界面的不利影响；③采取限制水灰比、掺加优质掺合料等措施，保证混凝土的密实性；④通过限制水灰比和水泥用量等措施，减少水泥水化热、温度应力及由此产生的混凝土裂缝，并确保混凝土具有较高的碱度；⑤采取措施保证钢筋保护层厚度等。

以大掺量活性矿物拌和料为特征的高性能混凝土，因孔结构得到明显改善，且活性掺合料可结合氯离子，具有很高的抗氯离子渗透性能（通常为普通混凝土的 3 倍），目前在海港工程混凝土结构中得到了广泛使用。尽管高性能混凝土具有很高的耐久性，但受施工质量、环境作用、荷载作用、外力作用等众多因素的影响，结构的实际耐久性存在一定的不确定性。

当结构耐久性要求较高（50 a 以上）时，基于安全考虑，对腐蚀最严重的浪溅区和水位变动区，除采用高性能混凝土外，还需采取必要的附加防腐措施，以保障结构的耐久性。当采取普通混凝土时，由于其抗渗性相对较差，要达到与高性能混凝土相当的耐久性，必须采取必要的附加防腐措施。

2）附加防腐措施

海港工程混凝土结构常用附加防腐措施有涂层保护、阴极保护、硅烷浸渍、钢筋阻锈剂、环氧涂层钢筋等，不同部位常采用不同的防腐措施。表 1-9 为海港工程混凝土结构不同部位的附加防腐措施。

表 1-9　海港工程混凝土结构附加防腐措施

结构所处部位	设计保护年限 20 a 及以下	设计保护年限 20 a 以上
大气区	涂层保护、硅烷浸渍	环氧涂层钢筋，外加电流阴极保护，环氧涂层钢筋或以上措施与涂层保护、硅烷浸渍联合保护
浪溅区	涂层保护、硅烷浸渍、钢筋阻锈剂	环氧涂层钢筋，外加电流阴极保护，环氧涂层钢筋或以上措施与涂层保护、硅烷浸渍联合保护
水位变动区	涂层保护、钢筋阻锈剂	环氧涂层钢筋，外加电流阴极保护，环氧涂层钢筋或以上措施与涂层保护联合保护
水下区	不需采用保护措施	不采用保护措施

1.4.6　维护管理

海港工程构筑物随外部环境的变化和材料自身的劣化，在服役期内常出现不同程度的腐蚀破坏。要保证海港工程结构物的腐蚀控制长期有效，不仅需要合理选材、合理设计及附加防腐措施，还需在构筑物的服役期定期对腐蚀与防护状况进行检/监测，及时处理发现的腐蚀问题，排除隐患，并对防腐蚀措施进行必要的维护。

1. 海港工程钢结构维护管理

海港工程钢结构耐久性和防腐措施日常检查的内容，需根据钢结构所处的环境及所采取的防腐蚀措施类型确定，通常包括：①钢结构锈蚀发生的位置、面积和分布情况；②由于外力作用而引起的损伤情况；③涂层的破损情况；④牺牲阳极阴极保护的保护电位；⑤外加电流阴极保护的保护电位，直流电源的输出电压和电流，辅助阳极的固定情况及电源、电缆等的状态。日常检查以外观目测为主，辅以敲击、尺量、摄像等方法记录缺陷和损伤情况，水下钢结构还需测试保护电位。日常检查的周期在设计文件中需明确列示。

海港工程钢结构防腐措施定期检测评估的内容如下：①钢结构耐久性：钢结构壁厚；②牺牲阳极阴极保护：保护电位、阳极实际尺寸及腐蚀产物表面溶解情况；③外加电流阴极保护：保护电位、电源及电缆状态。海港工程钢结构服役 10 a 以内时，定期检测周期为 5 a；服役 10 a 以上时，定期检测周期为 2～3 a。

针对日常检查和定期检测过程中发现的问题应及时采取处理措施，具体如下：①当未发生腐蚀，且防腐措施完好的钢结构时，可不采取处理措施；②当钢结构未发生腐蚀、防腐蚀措施出现尚不影响保护效果的局部缺陷时，应及时对防腐措施进行局部修复；③当钢结构发生轻微腐蚀，防腐措施出现损伤且已影响保护效果，且经评估采取维修措施可满足设计保护年限时，应及时对防腐措施进行修复或更换；④当钢结构发生严重腐蚀，防腐措施的损伤已严重影响保护效果，且经评估采取维修措施难以满足设计保护年限时，应进行防腐措施的再设计并立即采取全面修复或更换措施。

2. 海港工程混凝土结构维护管理

1）耐久性维护

海港工程混凝土结构耐久性日常检查内容通常包括：①混凝土表面蜂窝、麻面、露石等原始缺陷；②外力作用造成的裂缝、缺损、松动等；③钢筋锈蚀引起的构件表面锈迹、裂缝、剥落、露筋和空鼓等损伤；④冻融或腐蚀造成的表面麻面或脱皮、露石、棱角变圆、松顶等损伤。日常检查以外观目测为主，辅以敲击、尺量、摄像等方法记录缺陷和损伤情况，日常检查的周期在设计文件中需明确列示。

海港工程混凝土结构耐久性定期检测评估的内容如下：①耐久性检测包括钢筋锈蚀、冻融、化学侵蚀等劣化外观检测和专项检测；②根据耐久性检测和监测结果对剩余使用年限进行评估。耐久性定期检测评估的周期通常为：①船坞、船台、滑道、重力式码头、斜坡码头、浮码头、船闸、斜坡式防波堤与护岸等的周期为 5～10 a；②高桩码头、板桩码头和重力墩式码头的周期为 3～5 a。具体的检测评估周期可根据设计使用年限和结构的耐久性状况做适当调整。

海港工程混凝土结构耐久性出现问题时应及时处理，具体如下：①当结构状态完好、经检测评估其耐久性可达到设计使用年限时，一般不用采取维修措施；②对检测发现的破损构件应及时修补；③对已出现劣化，且经检测评估预测其耐久性不满足设计使用年限的结构，应进行耐久性再设计并采取耐久性维修措施。所采用的修补材料和防腐需根据所处的腐蚀环境确定。

2）附加防腐措施维护

海港工程混凝土附加防腐措施的日常检查内容通常包括：①混凝土裂缝、锈迹及其他损伤情况；②涂层的粉化、变色、裂纹、起泡和脱落等外观变化；③外加电流阴极保护措施的保护电位、直流电源的输出电压和电流、辅助阳极的输出电流以及电源、电缆等状态等。日常检查以外观目测为主，辅以敲击、尺量、摄像等方法记录缺陷和损伤情况，日常检查的周期在设计文件中需明确列示。

海港工程混凝土结构附加防腐措施耐久性定期检测评估的内容如下：①涂层保护：涂层外观、涂层干膜厚度及涂层黏结强度；②硅烷浸渍：混凝土中的氯离子渗透情况和碳化深度；③环氧涂层钢筋：钢筋腐蚀电位；④钢筋阻锈剂：钢筋腐蚀电位；⑤外加电流阴极保护：保护电位、电源及电缆状态。附加防腐措施的定期检测评估周期为：①使用 10 a 以内周期为 5 a；②使用 10 a 以上周期为 2~3 a。

海港工程混凝土结构附加防腐措施出现问题时应及时处理，具体如下：①当结构状态完好、经检测评估其耐久性可达到设计使用年限时，一般不用采取维修措施；②对检测发现的防腐措施局部损伤或防腐体系异常，经评估局部修复或更换可满足设计保护年限要求时，应及时采取修复措施；③对防腐措施损伤严重，且经评估即使采取修复措施也难以满足设计保护年限要求时，应进行防腐措施再设计并采取全面修复或更换措施。

3. 海港工程构筑物腐蚀与防护监测

传统人工定期检测会受到码头结构、天气状况、人为因素等影响，且工作量大，耗费人力物力。另外，由于人工的限制，定期检测在时间上存在不连续性。海港工程构筑物腐蚀与防护监测，克服了上述问题，实现了结构腐蚀与防护状况的实时获取，为及时发现腐蚀破坏、及早采取预防措施提供了有利条件。

然而，实时监测也存在着检测范围有限，传感器存活率及耐久性不确定等问题。另外，对于详细检查、特殊检查及具有法律效力的实验检测，主要还是采用人工检测方式。因此，具体采用何种方式来对结构进行定期检测，需根据结构或构件重要性、结构形式、环境条件、设计使用年限、腐蚀与防护监测的可行性及可靠性等综合考虑。建议采用人工定期检测与实时监测相结合方式进行维护管理，这样可发挥两者的优势，更有利于保障结构的耐久性、安全性和使用性。

1.4.7　海港工程构筑物腐蚀控制常用的标准规范

经过多年的研究和实践，我国港口行业已形成了相对完整的防腐蚀标准体系，其范围涵盖了腐蚀控制的设计、施工、实验检测及维护等，为海港工程构筑物的腐蚀控制奠定了良好的基础。表 1-10 为海港工程构筑物腐蚀控制常用的标准规范。

表 1-10　海港工程构筑物腐蚀控制常用的标准规范

项目	常用标准规范
设计	《海港工程钢结构防腐蚀技术规范》(JTS 153-3)、《水运工程结构耐久性设计标准》(JTS 153)、《海港工程混凝土防腐蚀技术规范》(JTJ 275)、《海港工程钢筋混凝土结构电化学防腐蚀技术规范》(JTS 153-2)
施工	《海港工程钢结构防腐蚀技术规范》(JTS 153-3)、《海港工程混凝土防腐蚀技术规范》(JTJ 275)、《海港工程钢筋混凝土结构电化学防腐蚀技术规范》(JTS 153-2)、《水运工程混凝土施工规范》(JTS 202)等
试验检测	《水运工程混凝土试验规程》(JTJ 218)、《水运工程水工建筑物原型观测技术规范》(JTJ 218)、《水运工程混凝土质量控制标准》(JTS 201-2)、《水运工程混凝土结构实体检测技术规程》(JTS 239)、《水运工程质量检验标准》(JTS 257)、《港口水工建筑物检测与评估技术规范》(JTJ 302)
维护	《海港工程钢结构防腐蚀技术规范》(JTS 153-3)、《海港工程混凝土防腐蚀技术规范》(JTJ 275)、《港口水工建筑物检测与评估技术规范》(JTJ 302)、《港口设施维护技术规范》(JTS 310)、《港口水工建筑物修补加固技术规范》(JTS 311)

参 考 文 献

侯保荣. 2011ᵃ. 海洋钢结构浪花飞溅区腐蚀控制技术[M]. 北京: 科学出版社.

侯保荣. 2011ᵇ. 海洋钢筋混凝土腐蚀与修复补强技术[M]. 北京: 科学出版社.

黄永昌, 张建旗. 2012. 现代材料腐蚀与防护[M]. 上海: 上海交通大学出版社.

交通运输部. [2017-04-17]. 2016 年交通运输行业发展统计公报[EB/OL]. http://zizhan.mot.gov.cn/zfxxgk/bnssj/zhghs/
　　201704/t20170417_2191106.html.

马化雄. [2015-12-07]. "十三五"将给海洋防腐领域提供更多机遇和挑战[EB/OL]. http://www.ecorr.org/zhuantilanmu
　　wenzhang/haiyang2/gdft/2015/1125/12557.html.

潘德强. 2003. 我国海港工程混凝土结构耐久性现状及对策[J]. 华南港工, (2): 3-13.

邱驹. 2002. 港工建筑物[M]. 天津: 天津大学出版社.

新华社. [2016-06-01]. 研究表明 2014 年我国腐蚀成本约占当年 GDP3.34%[EB/OL]. http://news. xinhuanet.com/2016-
　　06/01/c_1118973076.htm.

张洪军. 2009. 中国港口行业融资租赁业务发展研究[D]. 上海:复旦大学硕士学位论文.

JTS 153—2015. 水运工程结构耐久性设计标准[S].

JTS 153-3—2007. 海港工程钢结构防腐蚀技术规范[S].

JTS 310—2013. 港口设施维护技术规范技术[S].

第 2 章 海港工程构筑物材料

2.1 金 属 材 料

随着港口货物吞吐量的急速增长，码头向着大型化、专业化、深水化的方向发展，为适应港口发展的需要，近年来在新建工程中大量采用具有优良物理、机械、施工性能的钢结构材料，包括钢管桩和钢板桩等。海水是腐蚀性很强的电解质，金属材料在海水环境和腐蚀性大气环境中将受到腐蚀，导致物理、机械性能下降，局部应力集中，严重影响结构的安全性、使用功能和使用寿命等。为保证港口码头钢结构的安全并有效延长其使用寿命，研究钢结构在海洋环境中的腐蚀问题是非常必要的，而材料本身的性能即如何进行合理选材是首先要考虑的问题。下面介绍港口码头常用的金属材料及其在海洋环境中的腐蚀行为。

2.1.1 金属材料的分类

金属材料是由金属元素或以金属元素为主而组成的，并具有金属特性的工程材料。在工业上金属材料通常可分为有色金属和黑色金属两类。有色金属是指黑色金属以外的其他金属材料，如铜、铝等。黑色金属是以铁或以铁为主而形成的物质，如铸铁和钢。铸铁是碳的质量分数大于 2.11%的铸造铁碳硅合金材料。钢是以铁为主要元素，含碳量一般不大于 2.11%，并含有其他元素的铁碳合金材料。在上述金属材料中，钢以其优越的性能和适宜的成本被广泛用于海港工程的主体结构或主要钢构件，如码头钢管桩、钢板桩及拉杆、钢引桥、箱形轨道梁等。下面着重介绍钢的分类。

钢的分类方式较多，一般可按冶炼方式、浇注前脱氧程度、化学成分、品质、用途、制造加工形式等分类。按冶炼方式，钢可分为平炉钢、转炉钢和电炉钢。按浇注前的脱氧程度，钢可分为沸腾钢、镇静钢和特殊镇静钢。按化学成分，钢可分为碳素钢和合金钢。按照钢中有害杂质硫、磷的含量（品质），钢可分为普通钢（S 含量≤0.050%，P 含量≤0.045%）和优质碳素钢（S 含量≤0.035%，P 含量≤0.035%）。按照用途，钢可分为结构钢、工具钢和特殊性能钢。按照制作加工形式，钢可分为铸钢、锻钢、热轧钢、冷轧钢和冷拔钢。

钢材是由冶炼合格的钢经过一系列加工制成的型材。作为加工产品的钢材，可分为型钢、钢板、钢管和金属制品（钢丝、钢丝绳）四大类。

2.1.2　碳素钢及低合金钢

目前，海港工程中最常用的钢主要是碳素结构钢、低合金高强度结构钢和桥梁用结构钢等，其中又以 Q235 碳素结构钢、Q345 低合金高强度结构钢使用最为广泛。在使用结构钢时，其质量通常应符合现行国家标准《碳素结构钢》（GB/T 700）、《低合金高强度结构钢》（GB/T 1591）和《桥梁用结构钢》（GB/T 714）等。

1. 碳素钢

1）碳素钢分类及合金元素对其耐蚀性能的影响

碳素钢是指碳含量 w_C≤2.11%，并含有少量硅、锰、磷、硫等杂质元素的铁碳合金材料。按照钢的含碳量，碳素钢可分为低碳钢（w_C≤0.25%）、中碳钢（0.25%＜w_C≤0.60%）、高碳钢（w_C＞0.60%）三类。在海水环境中，碳对腐蚀的影响不大，主要受氧去极化过程控制，凡能阻止氧到达钢表面的因素，都可减缓腐蚀。硫对碳素钢的耐腐蚀性能不利，在大气和海水中，硫化物夹杂往往是局部腐蚀的诱发源，需要严格控制含量。碳素钢中的硅、锰含量一般不高，在规格范围内对腐蚀影响也较小。在海水或大气中，锰可抵消一些硫的不利作用，在一定程度上，锰含量的提高可改善碳素钢的耐腐蚀性能。磷可以改善碳素钢在海水和大气中耐腐蚀性能，但会使钢材的韧性下降，因此磷含量也应予以控制。另外，夹杂会破坏碳素钢的连续性、均匀性，诱发碳素钢的局部腐蚀，应当严格控制。

2）碳素结构钢及其主要性能

碳素结构钢的牌号由代表屈服强度的字母、屈服强度数值、质量等级符号、脱氧方法符号等 4 个部分按顺序组成，其分为 Q195、Q215、Q235、Q275 四种。其中，Q235 是《水运工程钢结构设计规范》（JTS 152）推荐的钢种，在海港工程中应用广泛。碳素结构钢按其冲击韧性和硫、磷等杂质的含量分为 A、B、C、D 四个质量等级。其中，A 级钢对冲击功无要求，而 B、C、D 级钢分别要求在 +20℃、0℃、-20℃时冲击功不小于 27 J。脱氧方法符号分别为沸腾钢（F）、镇静钢（Z）和特殊镇静钢（TZ），其中镇静钢和特殊镇静钢的符号 Z、TZ 在牌号中可以省略。如 Q235B 表示屈服强度为 235 N/mm² 的 B 级别镇静钢。表 2-1 为 Q235 钢的化学成分。表 2-2 为 Q235 钢的主要力学性能。需要注意的是，由于现行国标 GB/T 700 明确规定 A 级钢的碳含量不作为交货条件，因此从法律意义上讲，交货条件就不保证。然而，碳含量是决定焊接性能的重要参数，一般控制在 0.12%～0.2% 之间，超出该范围幅度越大，焊接性能越差。钢管桩一般是由钢板焊接制成的，因此钢管桩的钢材一般不采用 Q235A 钢。

表 2-1　Q235 钢的化学成分

牌号	统一数字代号	等级	脱氧方法	化学成分质量分数/%				
				C	Si	Mn	P	S
Q235	U12350	A	F	≤0.22	≤0.35	≤1.40	≤0.045	≤0.050
	U12352	A	Z					≤0.045
	U12353	B	F	≤0.20ᵃ				
	U12355	B	Z					
	U12358	C	Z	≤0.17			≤0.040	≤0.040
	U12359	D	TZ				≤0.035	≤0.035

a. 经需方同意，Q235B 的碳含量可不大于 0.22%。

表 2-2　Q235 钢的主要力学性能

牌号	屈服强度 R_{eL}/(N/mm²)				抗拉强度 R_m/(N/mm²)	断后伸长率 A/%		
	厚度或直径/mm					厚度或直径/mm		
	≤16	>16~40	>40~60	>60~100		≤40	>40~60	>60~100
Q235	≥235	≥225	≥215	≥215	375~500	≥26	≥25	≥24

2. 低合金钢

1）合金钢的分类及合金元素对其耐蚀性能的影响

合金钢是指为改善钢的性能，在冶炼碳素钢的基础上，加入一些合金元素而冶炼成的钢。常用的合金元素有 Cr、Si、Ni、Mo、V、Mn、Cu、Ti、W、B、Re 等。钢中的合金元素通过与铁、碳发生作用及通过合金元素间的相互作用来影响钢的组织和组织转变过程，从而使钢获得某种性能。根据钢中合金元素总含量的不同，合金钢可分为低合金钢、中合金钢和高合金钢。低合金钢的合金元素总含量（质量分数）≤5%；中合金钢的合金元素总含量（质量分数）在 5%~10% 之间；高合金的合金元素总含量（质量分数）>10%。

在合金元素中，能改善钢耐蚀性的元素有铜、磷、铬、镍、钼、硅和铈等。铜可促进钢表面锈层的致密性，并使其附着性提高，从而可显著改善钢在大气和海水的耐蚀性能，延缓腐蚀。磷同样可促使锈层更致密，是改善钢在大气中耐蚀性能的有效元素之一，与铜联合作用时效果更佳。然而，过量加入磷会使钢的低温脆性增大，因此磷的加入量一般控制在 0.06%~0.1%。铬是常用钝化元素，但在低合金钢中一般含量较低，尚不能形成钝化膜，主要作用仍是改善锈层结构，经常与铜同时使用，加入量一般为 0.5%~3%。镍的化学稳定性比铁高，加入量大于 3.5% 时有明显的抗大气腐蚀作用，当加入量在 1%~2% 时主要作用是改善锈层结构。在钢中加入 0.2%～0.5% 的钼也能提高锈层致密性和附着性，并促进耐蚀性良好非晶体锈层的产生。钼对改善浪溅区的点蚀很有效，当钼与硅共存时，可进一步提高钢的抗点蚀能力。少量的铈（0.1%～0.2%）与铜、磷、铬等元素配合加入钢中，可显著改善锈层的致密性和附着性。

2）低合金高强度结构钢及其主要性能

低合金高强度结构钢的牌号由代表屈服强度的字母、屈服强度数值、质量等级符号等 3 个部分按顺序组成。低合金高强度结构钢的牌号有 Q345、Q390、Q420、Q460、Q500、Q550、Q620、Q690 八种，前三个牌号有 A、B、C、D、E 五个质量等级，后五个牌号有 C、D、E 三个质量等级。当需方要求钢板具有厚度方向性能时，则在上述规定牌号后加上代表厚度方向（Z 向）性能级别的符号。例如，Q345DZ15 表示满足级别为 Z15 的厚度方向性能要求的 Q345D 钢。Q345 是《水运工程钢结构设计规范》（JTS 152）推荐的钢种，在海港工程中应用广泛。表 2-3 为 Q345 钢的化学成分。表 2-4 为 Q345 钢的主要力学性能。与 Q235A 类似，基于对 Q345A 碳含量交货条件的考虑，钢管桩的钢材一般也不采用 Q345A 钢。

表 2-3　Q345 钢的化学成分

质量等级	化学成分质量分数/%						
	C	Si	Mn	P	S	Nb	Al
A	≤0.2	≤0.50	≤1.70	≤0.035	≤0.035	≤0.07	—
B				≤0.035	≤0.035		
C				≤0.030	≤0.030		≥0.015
D	≤0.18			≤0.030	≤0.025		
E				≤0.025	≤0.020		

质量等级	化学成分质量分数/%						
	V	Ti	Cr	Ni	Cu	N	Mo
A	≤0.15	≤0.20	≤0.30	≤0.50	≤0.30	≤0.012	≤0.10
B							
C							
D							
E							

注：（1）型材及棒材 P、S 含量可提高 0.005%，其中 A 级钢上限可为 0.045%。
　　（2）当细化晶粒元素组合加入时，20（Nb + V + Ti）≤0.22%，20（Mo + Cr）≤0.30%。

表 2-4　Q345 钢的主要力学性能

质量等级	抗拉强度 R_m/MPa				屈服强度 R_{eL}/MPa	
	厚度或直径/mm				厚度或直径/mm	
	≤40	>40～63	>63～80	>80～100	≤16	>16～40
A、B、C、D、E	≥470～630		≥345		≥335	

质量等级	屈服强度 R_{eL}/MPa			断后伸长率 A/%		
	厚度或直径/mm			厚度或直径/mm		
	>40～63	>63～80	>80～100	≤40	>40～63	>63～100
A、B	≥325	≥315	≥305	≥20	≥19	≥19
C、D、E				≥21	≥20	≥20

3）耐海水腐蚀低合金钢

耐海水腐蚀低合金钢是在低合金强度钢的基础上突出耐海水腐蚀性能而开发出来的钢种，其成分设计首先保证低合金高强度钢的基本性能特点，然后再调整和添加有利于耐海水腐蚀性能要求的合金元素，使低合金高强度钢具有耐海水腐蚀特性。根据不同的海水腐蚀区带，在成分设计上也有所区别。

耐海洋大气腐蚀的有效合金元素有 Cu、P、Si、Al、Mo、Cr 等，其中效果最显著的元素为 P 和 Cu。提高钢在浪溅区和水位变动区耐腐蚀能力的有效合金元素有 P、Cu、Mo、Ni、Cr、Si、W、Ti 等，其中效果最显著的元素为 Cu、P 和 Mo。改善钢在水下区耐腐蚀性能的有效合金元素有 Cr、P、Al、Mo、Si 等，其中 Cr 是最值得关注的元素。在深海和泥下区，由于含氧量少，腐蚀速率较慢，合金元素的效果并不明显。

国外生产的耐海水腐蚀低合金钢按其成分系列分为 Ni-Cu-P 系、Cr-Nb 系、Cr-Cu 系、Cr-Al 系、Cr-Cu-Si 系、Cr-Cu-Al 系、Cr-Cu-Mo 系、Cr-Cu-P 系、Cr-Al-Mo 系等，其强度级别一般在 390～590 MPa，而大部分为 490 MPa 级。较为著名的钢号有美国的 Mariner 钢、法国的 APS Cr-Al 钢、日本的 Mariloy 钢等。我国研制的耐海水腐蚀试验钢近 200 种，包括铜系、磷钒系、磷铌稀土系和铬铝系等，其中效果较好的钢号有 12Cr2MoAlRE 钢、10CrMoAl 钢、10NiCuAs 钢、08PVRE 钢、10MnPNbRE 钢、09MnCuPTi 钢等。尽管耐海水腐蚀低合金钢具有一定的耐海水腐蚀性能，但由于种种原因，目前在海港工程中仍然使用较少。

我国的长期实海暴露试验显示，在水位变动区和水下区的环境下，耐海水用钢的耐蚀性并不优于碳素钢，因此在浅海的使用条件下，发展防腐保护技术，是提高钢结构寿命的经济、有效途径。在深海领域，主要从强度角度考虑，因此仍需要研制高强度的耐蚀海洋用钢。

3. 碳素钢和低合金钢在海洋环境中的腐蚀

碳素钢、低合金钢在海洋环境中形成的锈层疏松，对进一步的腐蚀保护作用有限。受组织结构、表面状态、海生物污损、合金元素富集等因素的影响，钢的腐蚀表面会出现宏观阳极区和阴极区，从而造成钢的不均匀腐蚀。钢基体的电位通常负于硫化物夹杂处的电位，因此钢的腐蚀首先在硫化物周围发生。海生物的污损，会引起钢表面氧浓度的差异，从而造成氧浓差电池腐蚀，使得腐蚀表面出现局部腐蚀。

碳钢、低合金钢在海水中的局部腐蚀形态属于不均匀性的全面腐蚀，局部呈现出一种凹凸不平型的局部腐蚀现象，而其余表面呈现均匀的全面腐蚀现象，与不锈钢、铝合金等钝态材料的局部腐蚀有本质区别。例如，不锈钢的局部腐蚀是局部的小孔腐蚀或缝隙腐蚀，其余表面几乎未被腐蚀。碳钢、低合金钢的局部腐蚀形貌，可分为斑状、麻点状、蜂窝状、坑状等。一般来说，钢在水下区的腐蚀坑直径较大，深度较浅，腐蚀坑呈斑状或溃疡状；在浪溅区的腐蚀坑直径较小，深度较大，腐蚀坑呈麻点状、蜂窝状或溃疡状。

碳钢、低合金钢在海水环境中的腐蚀通常分为三个阶段：①某些活性点（由一些不均匀因素所致）先产生锈点；②出现锈点聚集区和未侵蚀区；③钢表面被锈层全面覆盖并继续受腐蚀。锈点一般优先出现在钢的缺陷处，如夹杂物处。第二阶段产生的锈点聚集区属于宏观阳极区，而未侵蚀区属于宏观阴极区。在阴极区有于受阴极反应控制，所含微阳极点的活性低，因此主要进行氧的还原反应，钢受腐蚀较少；而阳极区受阳极溶解反应控制，所含微阳极点的活性高，因此阴极区以钢的溶解为主，从而出现两个腐蚀程度不同的区。低合金钢的上述现象比碳钢更明显。

碳钢、低合金钢在海水中的稳定腐蚀电位在 $-0.72 \sim -0.6$ V（*vs.* SCE），在海水中与铜合金、不锈钢等电连接，会发生严重的电偶腐蚀；当与镁、铝、锌及其合金电连接，则钢作为阴极受到保护。

2.1.3 不锈钢

1. 不锈钢的分类

不锈钢是以不锈、耐蚀性为主要特性，且铬含量至少为 10.5%，碳含量最大不超过 1.2%的钢。不锈钢可以按以下不同方式分类。按化学成分，不锈钢分为铬不锈钢、铬镍不锈钢、铬锰氮不锈钢和铬锰镍不锈钢等。按用途，不锈钢分为耐海水不锈钢、耐应力腐蚀破裂不锈钢、耐孔蚀不锈钢、高强不锈钢、易切削不锈钢和深冲用不锈钢等。按显微组织，不锈钢可分为马氏体不锈钢、奥氏体不锈钢、铁素体不锈钢、奥氏体-铁素体双相不锈钢和沉淀硬化不锈钢等。其中，最常用的分类方法是按显微组织分类。

1）奥氏体不锈钢

奥氏体不锈钢是基体以面心立方晶体结构的奥氏体组织（γ 相）为主，无磁性，主要通过冷加工使其强化（并可能导致一定的磁性）的不锈钢。奥氏体不锈钢含有较多的 Cr、Ni、Mn、N 等元素。奥氏体不锈钢具有耐蚀性强、塑性高、焊接性好、韧度和低温韧度好等优点。奥氏体不锈钢的主要成分是 Cr 和 Ni,其中 Cr 含量一般不小于 18%,Ni 含量一般不小于 8%。含碳量较低,一般小于 0.1%~0.2%。为了节约 Ni,某些钢中采用 Cr、N 来代替 Ni。在钢中加入 Ti、Nb 等可稳定碳化物,提高抗晶间腐蚀能力;加入 Mo 可增强不锈钢钝化作用,降低点蚀倾向;Si 可提高钢的抗应力腐蚀断裂能力。

　　2)马氏体不锈钢

　　马氏体不锈钢是基体为马氏体组织,有磁性,通过热处理可调整其力学性能的不锈钢。马氏体不锈钢属于铬不锈钢,Cr 含量为 12%~18%,还含有一定量的 C 和 Ni 等奥氏体形成元素。在加热时,有比较多的或完全的 γ 相。马氏体不锈钢含铬量较高,使其具有较好的耐蚀性。然而,这类钢含碳量较高,随着含碳量的增加,钢的硬度、强度、耐磨性及切削性能都得到改善,但耐蚀性能下降。马氏体不锈钢通常用于制造力学性能要求较高,但耐蚀性要求较低的零件或构件。在常用的马氏体不锈钢中,14Cr17Ni2 耐蚀性最佳,强度也最高,在海水中具有良好的耐蚀性。

　　3)铁素体不锈钢

　　铁素体不锈钢是基体以体心立方晶体结构的铁素体组织(α 相)为主,有磁性,一般不能通过热处理硬化,但冷却加工可使其轻微强化的不锈钢。铁素体不锈钢是含铬量在 13%~30%的高铬钢,随着铬含量增大,耐蚀性提高。这类钢的含碳量小于 0.25%,一般在 0.1%左右。为提高某些性能,可加入 Mo、Ti、Al、Cu 等元素。例如,加入 Ti 可提高钢的抗晶间腐蚀能力;加入 Mo、Cu 可提高钢在非氧化性介质中的耐蚀性;加入 Al 可细化组织等。这类钢的耐蚀性和抗氧化性均较好,特别是抗应力腐蚀性能高,但力学及工艺性能较差,多用于受力不大的耐酸及满足抗氧化要求的结构部件。

　　4)奥氏体-铁素体双相不锈钢

　　奥氏体-铁素体双相不锈钢是基体兼有奥氏体和铁素体两相组织(其中较少相的含量一般大于 15%),有磁性,可通过冷加工使其强化的不锈钢。双相不锈钢的成分在 Cr、Ni 当量相图的 A+F 区,Cr 含量占 18%~26%,Ni 含量占 4%~7%,往往会加入 Mo 等元素以提高耐蚀性。双相不锈钢中铁素体一般占 50%~70%,奥氏体占 30%~50%。奥氏体的存在可降低脆性、提高钢的冷热加工性和可焊性。铁素体的存在提高了钢的屈服强度和抗应力腐蚀能力。两相存在降低了晶粒长大的倾向和晶间腐蚀倾向。

　　5)沉淀硬化不锈钢

　　沉淀硬化不锈钢是基体为奥氏体或马氏体组织,并能通过沉淀硬化(又称时效硬化)处理使其硬(强)化的不锈钢。这类钢除耐蚀性以外,主要具有突出的力学性能、高硬度和高强度，其抗拉强度至少要达到 1.1 GPa，也称为超高强度不锈钢。沉淀硬化不锈钢在大气、水及一些介质中均具有耐蚀性，但由于价格昂贵，主要用于制作火箭和导弹的蒙皮材料。

2. 结构用不锈钢

结构用不锈钢材料，其质量应符合《不锈钢和耐热钢 牌号及化学成分》（GB/T 20878）、《不锈钢热轧钢板和钢带》（GB/T 4237）和《不锈钢冷轧钢板和钢带》（GB/T 3280)》等现行国家标准的规定。结构用不锈钢主要采用奥氏体不锈钢和双相不锈钢。常用的奥氏体不锈钢牌号有 06Cr19Ni10（S30408）、022Cr19Ni10（S30403）、06Cr17Ni12Mo12（S31608）、022Cr17Ni12Mo2（S31603）等。常用的双相不锈钢牌号有 022Cr23Ni5Mo3N（S22053）、022Cr22Ni5Mo3N（S22253）等。表 2-5 和表 2-6 分别为常用奥氏体不锈钢和双相不锈钢的化学成分和物理性能。

表 2-5 常用奥氏体不锈钢和双相不锈钢的化学成分（%）

统一数字代号	化学成分质量分数								
	C	Si	Mn	P	S	Ni	Cr	Mo	N
S30408	0.08	1.00	2.00	0.045	0.030	8.00～11.00	18.00～20.00	—	—
S30403	0.030	1.00	2.00	0.045	0.030	8.00～11.00	18.00～20.00	—	—
S31608	0.08	1.00	2.00	0.045	0.030	10.00～14.00	16.00～18.00	2.00～3.00	—
S31603	0.030	1.00	2.00	0.045	0.030	10.00～14.00	16.00～18.00	2.00～3.00	—
S22053	0.030	1.00	2.00	0.030	0.020	4.50～6.50	21.00～23.00	2.50～3.50	0.08～0.20
S22253	0.030	1.00	2.00	0.030	0.020	4.50～6.50	22.00～23.00	3.00～3.50	0.14～0.20

表 2-6 常用奥氏体不锈钢和双相不锈钢的物理性能

钢种	代号	初始弹性模量/(N/mm²)	名义屈服强度/(N/mm²)	抗拉极限强度/(N/mm²)	质量密度/(kg/m³)	线膨胀系数/(10⁻⁶ K⁻¹)	磁性
奥氏体	S30408	1.93×10⁵	205	515	7.93	17.3	无
	S30403		170	485	7.90		
	S31608		205	515	8.00	16.0	
	S31603		170	485	8.00		
双相	S22053	2.00×10⁵	450	620	7.80	1.30	有
	S22253		450	620	7.80		

3. 不锈钢在海洋环境中的腐蚀

不锈钢耐蚀性主要依靠其表面在腐蚀介质中形成的钝化膜。一般而言，随着

Cr 含量的提高,不锈钢钝化性能提高。不锈钢的"不锈"是相对的,取决于其表面钝化膜在所服役介质中的稳定性。在氧化性介质中不锈钢能稳定钝化,有良好耐蚀性;在还原性介质中,钝化膜不稳定,因而耐蚀性不好;在含有能破坏钝化膜的阴离子(如 F^-、Cl^-)的介质中,耐蚀性也不好。钝化膜的主要组成是铬的氧化物,厚度一般是几纳米。不锈钢使用过程中,化学溶解或机械损伤等原因使钝化膜发生局部破坏,就会产生局部区域的迅速腐蚀。不锈钢在海洋环境中的平均腐蚀率较小,但因孔蚀和缝隙腐蚀而受到严重的局部腐蚀破坏,因此不锈钢在海洋中的耐蚀性评价主要指耐局部腐蚀性的优劣。不锈钢腐蚀类型主要有孔蚀、缝隙腐蚀等,不锈钢的晶间腐蚀和应力腐蚀在海水中不常见。常见的腐蚀类型主要有以下几种。

1)孔蚀

海水中 Cl^- 的侵蚀作用会造成不锈钢表面钝化膜局部溶解,一旦这层钝化膜遭到破坏,又缺乏自钝化的条件或能力时,不锈钢就会发生腐蚀。如果腐蚀仅集中在不锈钢某些特定点域,并在这些点域形成向纵深发展的腐蚀小孔,则这种腐蚀形态称为孔蚀或点蚀。孔蚀一旦形成,孔内金属离子水解会使孔内溶液酸性增大,同时外部阴离子向孔内富集,会维持较高发展速度,严重时可洞穿金属,且不容易发现和预测,对不锈钢危害较大。当介质中卤素离子(如 Cl^-、Br^-)和氧化剂(如溶解氧)同时存在时,容易发生点腐蚀,因此不锈钢在海水中易发生孔蚀。钝化膜破坏点为阳极区,周围被阴极区包围,形成了"大阴极、小阳极"现象。此时,在阳极区内,金属快速溶解,Cl^- 含量增加,高浓度金属氯化物的水解,使孔内阳极液的 pH 不断下降,从而加速金属溶解。上述自催化过程使蚀点迅速向纵深发展形成蚀孔,这种腐蚀形态在海洋环境中很容易出现。

2)缝隙腐蚀

在不锈钢表面,受结构原因、异物附着、海生物污损、沉积物附着等因素的影响,会形成缝隙。缝隙内外的溶液不容易交换,随着缝隙内腐蚀过程的发展,氧含量逐渐降低,缝隙内金属离子水解使溶液酸化,阴离子则向缝隙内富集,最终使缝隙内区域表面不能持续钝化,发生活性溶解。在海水中,缝隙腐蚀主要是由缝隙内外氧浓度差造成的浓差电池引起的。缝隙腐蚀始发机制与孔蚀不同,但是扩展机制类似,两者均是自催化过程。在不锈钢表面形成缝隙的因素众多,且都可能引起缝隙腐蚀,因此在海洋环境中不锈钢的缝隙腐蚀比孔蚀更容易发生。Cr 含量较高、钝化性能强的钢种,抗缝隙腐蚀性能相对较强。

3)隧道腐蚀和沟槽腐蚀

在金属表皮下向某个方向形成的隧道状局部腐蚀,称为隧道腐蚀。隧道腐蚀是隐伏的,多半不露出表面,在基体内腐蚀,表面留下未受腐蚀的薄膜,除去薄膜即显示出腐蚀沟。而沟槽腐蚀的形貌是明显的蚀沟。这两种腐蚀都是由孔蚀或缝隙腐蚀为起点发展形成的。

2.2 混凝土材料

混凝土材料是现代使用最广泛的建筑材料,全世界每年大约有 50 亿 m^3 的混凝土被生产出来,是世界上仅次于水的第二大消耗品。随着我国海洋资源开发和海洋运输的不断发展,沿海地区基础交通设施的建设也方兴未艾,由于混凝土在海洋环境应用中展示出优异的抗海水腐蚀性能,被越来越多地应用于港口码头、潮汐电厂、跨海大桥和海底隧道等海洋工程结构中。混凝土的原材料主要包括水泥、粗细骨料、拌和水、外加剂和掺合料五大组分。

2.2.1 水泥

水泥是混凝土中最重要的组成材料之一,在混凝土原材料中水泥用量通常能占到混凝土总体积的 30%。按用途及性能水泥可分为通用水泥、专用水泥和特种水泥等。按水泥的主要水硬性物质分为硅酸盐水泥、铝酸盐水泥、硫铝酸盐水泥、铁铝酸盐水泥、氟铝酸盐水泥和以火山灰或其他活性材料为主要组分的水泥等。水泥按主要技术特征分为快硬性、水化热性、抗硫酸盐性、膨胀性和耐高温性水泥等。目前,海港工程中通常选用通用硅酸盐水泥。

通用硅酸盐水泥是以硅酸盐水泥熟料和适量的石膏及规定的混合材料制成的水硬性胶凝材料。按混合材料的品种和掺量的不同可分为硅酸盐水泥、普通硅酸盐水泥、矿渣硅酸盐水泥、火山灰质硅酸盐水泥、粉煤灰硅酸盐水泥和复合硅酸盐水泥。表 2-7 为通用硅酸盐水泥的组成和代号。硅酸盐水泥熟料是主要由含 CaO、SiO_2、Al_2O_3、Fe_2O_3 的原料,按一定比例磨成细粉烧至部分熔融所得的以硅酸钙为主要矿物成分的水硬性胶凝材料。其中,硅酸钙矿物含量(质量分数)不小于66%,氧化钙和氧化硅质量比不小于 2.0。

表 2-7 通用硅酸盐水泥的组成和代号

| 品种 | 代号 | 组分质量分数/% | | | | |
		熟料＋石膏	粒化高炉矿渣	火山灰质混合材料	粉煤灰	石灰石
硅酸盐水泥	P·Ⅰ	100	—	—	—	—
	P·Ⅱ	≥95	≤5	—	—	—
		≥95	—	—	—	≤5
普通硅酸盐水泥	P·O	≥80 且<95		>5 且≤20		—

品种	代号	组分质量分数/%				
		熟料＋石膏	粒化高炉矿渣	火山灰质混合材料	粉煤灰	石灰石
矿渣硅酸盐水泥	P·S·A	≥50 且＜80	＞20 且≤50	—	—	—
	P·S·B	≥30 且＜50	＞50 且≤70	—	—	—
火山灰质硅酸盐水泥	P·P	≥60 且＜80	—	＞20 且≤40	—	—
粉煤灰硅酸盐水泥	P·F	≥60 且＜80	—	—	＞20 且≤40	—
复合硅酸盐水泥	P·C	≥50 且＜80	—	—		＞20 且≤50

海港工程混凝土结构所用通用硅酸盐水泥的质量应当符合现行标准《通用硅酸盐水泥》（GB 175）的有关规定。普通硅酸盐水泥和硅酸盐水泥在熟料中铝酸三钙含量宜为 6%～12%。有抗冻要求的混凝土通常采用普通硅酸盐水泥或硅酸盐水泥，不宜采用火山灰质硅酸盐水泥。大体积混凝土一般采用矿渣硅酸盐水泥、粉煤灰硅酸盐水泥、复合硅酸盐水泥、火山灰质硅酸盐水泥和普通硅酸盐水泥。采用普通硅酸盐水泥时，宜掺入粉煤灰、粒化高炉矿渣等活性掺合料。高性能混凝土通常选用标准稠度用水量低的硅酸盐水泥、普通硅酸盐水泥，一般不采用矿渣硅酸盐水泥、粉煤灰硅酸盐水泥、复合硅酸盐水泥或火山灰质硅酸盐水泥。

2.2.2 粗细骨料

骨料是混凝土中的砂、卵石、碎石等起骨架和填充作用的颗粒状松散材料。骨料是混凝土的重要组成部分，其种类和性质对混凝土性能影响显著。按颗粒大小可分为粗骨料和细骨料，其中粒径在 150 μm～4.75 mm 的称为细骨料，粒径大于 4.75 mm 的称为粗骨料。细骨料主要有天然砂和人工砂，天然砂是岩石经长期风化形成的大小不等、由不同矿物颗粒组成的混合物，人工砂主要包括机械砂、混合砂和陶砂三种。常用粗骨料有碎石和卵石（统称石子），由天然岩石或卵石经破碎、筛分得到。由于活性碱骨料的危害性，海水环境严禁采用碱活性粗骨料。

1. 细骨料

海港工程混凝土结构的细骨料一般采用河沙、机制砂或混合砂，其所含杂质对混凝土质量有显著影响，应当予以控制。细骨料的杂质含量需满足表 2-8 的要求。总含泥量针对小于 0.08 mm 的颗粒，其中泥块含量是指大于 1.25 mm 的泥块颗粒。黏土、淤泥和粉尘，主要矿物为高岭石、水云母、蒙脱石、石英、难溶碳酸盐等，将阻碍水泥水化、减弱骨料与水泥石的黏结作用、增加需水量、影响体积稳定性等。云母呈薄片状，表面光滑，极易沿节理裂开，且吸水率高，与水泥石黏结性差，强度低。轻物质是指表观密度小于 2000 kg/m³ 的物质，其存在会影响混凝土的均匀性，且强度相对较低。硫铁矿（FeS_2）或生石膏（$CaSO_4·2H_2O$）等硫化物和硫酸盐可能与水泥水化产物反应生成硫铝酸钙，导致体积膨胀从而影响混凝土体积稳定性。有机物会阻碍水泥水化，并降低混凝土强度。比色法测定颜色较深时，由于不是所有有机物都对混凝土有害，且较深颜色可能是由于含铁矿物引起，比色法测定的有机物含量有无危害应通过对比实验确定。当多孔骨料吸水至临界值的水量时，容易受冻而破坏，因此可采用硫酸钠浸烘循环结晶评价其坚固性。

表 2-8　细骨料杂质含量限值

项次	项目	有抗冻性要求		无抗冻性要求		
		>C40	≤C40	>C55	C55～C30	<C30
1	总含泥量（按质量计）/%	≤2.0	≤3.0	≤2.0	≤3.0	≤5.0
	其中泥块含量（按质量计）/%	<0.5	<0.5	≤0.5	≤1.0	<2.0
2	云母含量（按质量计）/%	<1.0		≤2.0		
3	轻物质（按质量计）/%	≤1.0		≤1.0		
4	硫化物及硫酸盐含量（按 SO₃ 质量计）/%	≤1.0		≤1.0		
5	有机物含量（用比色法）	颜色不应深于标准色，当深于标准色时，应采用水泥胶砂法进行砂浆强度对比试验，相对抗压强度不应低于 95%				

注：有抗冻性要求和强度≥C30 的混凝土，对砂的坚固性有怀疑时，应采用硫酸钠法进行检验，经浸烘 5 次循环的失重率不应大于 8%。

颗粒级配即各级粒径颗粒的分配情况，既对混凝土和易性、经济性有显著影响，又对混凝土的强度、抗渗性和抗冻性有一定影响。良好的颗粒级配可在加较少水的情况下获得流动性好、离析泌水少的混合料，并能在相应成型条件下，得到均匀密实的混凝土，同时达到节约水泥的效果。细骨料颗粒级配分区应当符合现行行业标准《水运工程混凝土质量控制标准》（JTS 202-2）的有关要求。当细骨料颗粒级配不符合要求时，应采取相应的技术措施，经实验证明能确保工程质量后方可采用。

天然河沙由于资源有限，且可能会影响环境，因此使用机制砂或混合砂已逐步成为必然选择。当采用机制砂或混合砂时，应符合现行行业标准《普通混凝土用砂、石质量及检验方法标准》（JGJ 52）的有关要求。机制砂颗粒棱角多，表面粗糙，粉末含量较大，配制混凝土会增加用水量，所以须限制机制砂或混合砂中的石粉含量。机制砂和混合砂中石粉含量需满足表 2-9 的要求。亚甲蓝法对纯石粉的测定值变化不大，但当含有一定量黏土时，其测值有明显的变化，黏土含量与亚甲蓝 MB 值之间相关系数可达 0.99。

表 2-9　机制砂和混合砂中石粉含量限值

混凝土强度		>C55	C55~C30	<C30
石粉含量/%	亚甲蓝测定值 MB<1.4	≤5.0	≤7.0	≤10.0
	亚甲蓝测定值 MB≥1.4	≤2.0	≤3.0	≤5.0

  海砂中的氯离子会造成钢筋腐蚀，影响整体结构的耐久性。然而，由于河沙资源的日益匮乏，海砂在建筑工程中的使用呈增长趋势。当因条件限制不可使用海砂时，需采取有效措施，控制海砂中的氯离子含量，以保障结构耐久性。采用海砂时，对浪溅区、水位变动区的钢筋混凝土，海砂中氯离子含量以胶凝材料的质量分数计不应超过 0.07%；当含量超过限值时，应通过淋洗降至限值以下；当淋洗有困难时，在所拌制的混凝土中应掺入适量的钢筋阻锈剂。在碳素钢丝、钢绞线及钢筋有效预应力大于 400 MPa 的预应力混凝土中不宜采用海砂，当采用海砂时，海砂中氯离子含量以胶凝材料的质量百分数计不应超过 0.03%。高性能混凝土要求水胶比低、和性高，当使用细骨料时，宜采用细度模数为 2.6~3.2 的中粗砂，这样有助于降低混凝土用水量。

  混凝土中的具有碱活性的细骨料，有可能与碱（Na_2O 和 K_2O）发生反应，反应产物会使混凝土膨胀并引起混凝土开裂和破裂。当细骨料具有碱活性时，通常采用低碱水泥或限制混凝土中的碱总含量来防止发生碱-骨料反应。但对于海水环境而言，混凝土经常处于饱水或干湿交替状态，会使反应物产生较大膨胀，即使采用限制碱含量的措施，但由于海水可能不断提供新的碱，仍很难保证不发生碱-骨料反应。因此，为保证海港工程混凝土结构的耐久性，严禁使用碱活性细骨料。

  2. 粗骨料

  粗骨料应采用质地坚硬的碎石、卵石或碎石与卵石的混合物，其强度可用岩石抗压强度或压碎指标值进行检验。在选择采石场、对粗骨料强度有严格要求或对质量有争议时，宜用岩石立方体抗压强度进行检验。常用的石料质量控制可用压碎指标进行检验，强度值或压碎值见表 2-10。卵石的压碎值见表 2-11。沉积岩包括石灰岩、砂岩等；变质岩包括片麻岩、石英岩等；深成的火山岩包括花岗岩、正长石和橄榄岩等；喷出的火山岩包括玄武岩和辉绿岩等。

表 2-10　岩石立方体抗压强度或压碎值指标

岩石品种	混凝土强度等级	岩石立方体抗压强度/MPa	碎石压碎值指标/%
沉积岩	>C60	≥100	≤8
	C60~C50	≥80	≤10
	C35~C15	≥60	≤16

续表

岩石品种	混凝土强度等级	岩石立方体抗压强度/MPa	碎石压碎值指标/%
变质岩或深成的火山岩	>C60	≥120	≤10
	C60～C50	≥100	≤12
	C35～C15	≥60	≤20
喷出的火山岩	>C60	≥140	≤11
	C60～C50	≥120	≤13
	C35～C15	≥80	≤25

表 2-11 卵石的压碎值指标

混凝土等级	>C60	C60～C40	C35～C15
压碎值指标/%	≤8	≤12	≤16

粗骨料的物理性能见表 2-12。针片状颗粒是指颗粒的长度大于该颗粒所属粒级的平均粒径 2.4 倍的颗粒；片状颗粒是指颗粒的厚度小于平均粒径 0.4 倍的颗粒。平均粒径是指该粒径级上、下限粒径的平均值。山皮水锈颗粒是指风化面积超过 1/4 的颗粒。用卵石或卵石与碎石混合物配制受拉、受弯构件的混凝土时，应进行混凝土的抗压强度实验；实验结果不合格时，应采取相应措施提高其抗拉强度。对粗骨料的坚固性有怀疑时，应采用硫酸钠溶液法进行检验，经浸烘 5 次循环后的失重率，有抗冻要求的混凝土应不大于 3%，强度等级大于等于 C30 的混凝土应不大于 5%。

表 2-12 粗骨料的物理性能

指标名称	有抗冻要求			无抗冻要求		
	>C60	C60～C30	<C30	>C60	C60～C30	<C30
针片状颗粒含量（按质量计）/%	≤10	≤15	≤25	≤10	≤15	≤25
山皮水锈颗粒含量（按质量计）/%	≤25			≤30		
颗粒密度/(kg/m³)	≥2300			≥2300		

粗骨料中含泥量、泥块含量、硫酸盐及硫化物和有机物等杂质含量，会影响混凝土和易性、水泥水化和降低混凝土性能。表 2-13 为粗骨料的杂质含量限值。煅烧过的石灰石块、白云石块在混凝土硬化后会继续发生化学反应，导致体积膨胀从而引起混凝土开裂，因此粗骨料不得混入煅烧过的石灰石和白云石块，且表

面不宜附有黏土薄膜。含泥基本是非黏土质的石粉时，对无抗冻性要求的混凝土所用粗骨料的总含泥量可由 1.0%和 2.0%分别提高到 1.5%和 3.0%。

表 2-13　粗骨料杂质含量限值

项次	项目	有抗冻性要求		无抗冻性要求		
		＞C40	≤C40	＞C55	C55～C30	＜C30
1	总含泥量（按质量计）/%	≤0.5	≤0.7	≤0.5	≤1.0	≤2.0
2	泥块含量（按质量计）/%	≤0.2	≤0.2	≤0.2	≤0.5	≤0.7
3	水溶性硫化物及硫酸盐（按质量计）/%	≤0.5		≤1.0		
4	有机物含量（用比色法）	颜色不应深于标准色,当深于标准色时,应进行混凝土对比实验, 其抗压强度降低率不应大于 5%				

考虑满足浇筑成型混凝土的密实性、均匀性及混凝土拌和物顺利通过管道等要求，粗骨料的最大粒径应当满足下列要求：①不大于 80 mm；②不大于构件截面最小尺寸的 1/4；③不大于钢筋最小净距的 3/4；④海水环境不大于混凝土保护层厚度的 4/5，在南方地区浪溅区不大于混凝土保护层厚度的 2/3；⑤水下混凝土粗骨料的最大粒径不大于导管内径的 1/6、混凝土输送管内径的 1/3 和钢筋最小净距的 1/4，同时不大于 40 mm。

粗骨料连续级配有利于混凝土通过掺加引气剂形成直径小、间距小、分布均匀的气泡，满足提高混凝土抗冻性的要求。因此，有抗冻要求的混凝土宜选用连续级配的粗骨料。当多孔粗骨料吸水至临界值的水量时，容易受冻而破坏，因此需采用硫酸钠浸烘循环结晶评价其坚固性。粗骨料连续级配应满足现行行业标准《水运工程混凝土质量控制标准》（JTS 202-2）的有关要求。

骨料与水泥石界面是硬化混凝土组成结构中的薄弱环节，颗粒较小的粗骨料，总比表面积较大，因此采用粒径较小的粗骨料有利于提高骨料与水泥石界面的黏结强度。同时，粒径小的粗骨料表面积较小，与粒径大的粗骨料相比，其与水泥石之间的界面对抵御氯离子侵蚀更有利，因此配制高性能混凝土通常要求骨料最大粒径不大于 25 mm。但骨料最大粒径也不宜过小，否则混凝土要达到相同稠度，需要增加胶凝材料的用量，对高性能混凝土的抗裂性能和体积稳定性不利。

2.2.3　混凝土拌和用水

水是混凝土的重要组分之一，水质达不到要求可能会影响水泥的凝结和混凝土强度的发展，对钢筋产生腐蚀作用，使混凝土表面出现污染，影响混凝土结构的耐久性。因此，应对混凝土拌和用水有严格的质量要求。具体而言，混凝土拌和用水不应产生以下有害作用：①影响混凝土和易性及凝结；②有损于混凝土强度发展；③降低混凝土耐久性、加快钢筋腐蚀及导致预应力钢筋脆断；④污染混凝土表面。

拌和水按照来源可分为饮用水、地表水、地下水、自来水、海水和工业废水等。地表水和地下水品质差别很大，且随季节、环境等因素变化较大，因此采用地表水或地下水作为拌和水时，必须对其进行适用性检验，合格后方能使用。海水中含盐量较高，特别是氯离子含量高，用海水拌制混凝土会降低混凝土的后期强度，促使钢筋和预应力钢筋的锈蚀，对混凝土耐久性有很大影响。工业废水，特别是一些化工厂、造纸厂、电镀厂等排出的废水，往往含有大量有害物质，对水泥混凝土性能影响很大。海港工程混凝土结构宜采用饮用水，不得使用影响水泥正常凝结、硬化和促使钢筋锈蚀的拌和水，如海水、污染的工业废水等。表 2-14 为海港工程混凝土拌和用水的质量要求。水质的检验方法应符合现行行业标准《混凝土用水标准》（JGJ 63）的有关要求。

表 2-14　海港工程混凝土拌和用水的质量要求

项目	pH	不溶物/(mg/L)	可溶物/(mg/L)	氯化物（以 Cl^- 计）/(mg/L)	硫酸盐（以 SO_4^{2-} 计）/(mg/L)
钢筋混凝土及预应力混凝土	>5.0	<2000	<2000	<200	<600
素混凝土	>4.5	<5000	<5000	<2000	<2200

混凝土养护用水除不溶物、可溶物、对水泥凝结时间的影响及对水泥胶砂强度的影响无须进行检验外，其他项目与混凝土拌和用水要求一致。

2.2.4　掺合料

混凝土掺合料是在混凝土拌和物制备时，为节约水泥，改善混凝土性能而加入的具有一定细度的天然或人造矿物材料，分为非活性掺合料和活性掺合料两种。非活性掺合料是指一般与水泥成分不起化学作用或化学作用很小的矿物材料，如磨细石英砂、石灰石等。活性掺合料是指某些矿物材料，本身不会硬化，或硬化速度很慢，但在有水情况下，与水泥水化时生成氢氧化钙结合，生成的具有水硬性的胶凝材料，如硅灰、粉煤灰等。目前，海港工程混凝土结构所用掺合料主要是硅灰、粉煤灰、粒化高炉矿渣等活性掺合料。

1. 硅灰

硅灰是在冶炼硅铁合金或工业硅时，通过烟道排出的硅蒸气经收尘装置收集而得到的粉尘。硅灰的颗粒是微细的玻璃球体，部分粒子凝聚成片或球状的粒子，一般呈浅灰到深灰。硅灰的平均粒径是 0.1～0.3 μm，是水泥颗粒粒径的 1/100～

1/50，比表面积高达 2.0×10^4 m^2/kg。硅灰的主要成分是 SiO_2（占 90%以上），活性比水泥高。由于硅灰具有较高的比表面积，因此需水量很大，将其作为混凝土掺合料，需配以减水剂，方可保证混凝土的和易性。硅灰的质量应满足表 2-15 的要求。硅灰的检测方法可按现行行业标准 JTS 153 的附录 A 执行。

表 2-15　硅灰的质量指标

项目	指标	项目	指标
比表面积/(m^2/kg)	≥15000	需水量/%	≤125
二氧化硅含量/%	≥90	含水量/%	≤3
28 d 活性指数/%	≥90	氯离子含量/%	≤0.02
烧失量/%	≤125	—	—

硅灰对混凝土性能的影响如下：①增大需水量：硅灰掺量过多导致用水量增加，影响混凝土性能。在掺量 5%～10%情况下，可同时掺用减水剂补偿因掺硅灰而降低的坍落度。②提高混凝土强度：掺加 5%～10%硅灰或部分取代水泥，都能使混凝土 28 d 强度明显提高，尤其是同时使用高效减水剂维持其原有的用水量时，强度提高更多。③提高耐久性：掺加适量的硅灰提高了水泥的水化度，特别是硅灰与 $Ca(OH)_2$ 的二次水化反应消耗了 $Ca(OH)_2$，增加了凝胶体的数量，改善了凝胶体与骨料界面结合的性能。掺加硅灰后水泥浆中毛细孔相应减少，大于 0.1 μm 的大孔在 28 d 龄期时数量接近于 0，从而使混凝土的抗冻性、抗渗性等得到提高。

2. 粉煤灰

粉煤灰主要是电厂粉煤灰炉烟道气体中收集的粉末。粉煤灰由结晶体、玻璃体及少量碳粒组成，多数直径在 1～100 μm。在结晶体中，有石英石、莫来石；在玻璃体中，有光滑的球状玻璃体粒子，有致密或疏松多孔形状不规则小颗粒。表 2-16 是我国常见火电厂粉煤灰的主要化学组成。粉煤灰质量指标可参考现行国家标准《高强高性能混凝土矿物外加剂》（GB/T 18736）、《用于水泥和混凝土中的粉煤灰》（GB/T 1596）等。

表 2-16　常见火电厂粉煤灰化学组成（%）

成分	SiO_2	Al_2O_3	Fe_2O_3	CaO	MgO	Na_2O	K_2O	SO_3	烧失量
范围	33.9～59.7	16.5～35.1	1.5～19.7	0.8～10.4	0.7～1.9	0.2～1.1	0.6～2.9	0～1.1	1.2～23.6
均值	50.6	27.1	7.1	2.8	1.2	0.5	1.3	0.3	8.2

　　按照现行国标 GB/T 1596，根据煅烧煤种不同将其分为 F 类和 C 类，F 类粉煤灰是指无烟煤或烟煤煅烧收集的粉煤灰，C 类粉煤灰是指褐煤或次烟煤煅烧收集的粉煤灰，其氧化钙含量一般大于 10%。C 类灰本身具有一定的水硬性，可作水泥混合材，F 类灰常作混凝土掺合料，它比 C 类灰使用时的水化热要低。根据粉煤灰的细度、需水比、烧失量、含水量等性能指标将其分为 I 级、II 级和III级，相应的 0.045 mm 筛余应分别不小于 12%、25% 和 45%。当粉煤灰用作水泥混合材时，I 级、II 级灰 28 d 的活性指数应分别不小于 70% 和 60%，对III级灰不规定活性指数。用作混凝土掺合料的粉煤灰未规定活性指数，可参照上述活性指标进行评价。

　　就海港工程而言，钢筋混凝土和 C30 及 C30 以上的素混凝土采用 I 级或 II 级粉煤灰。高性能混凝土和预应力混凝土通常强度较高，新拌混凝土对用水量比较敏感，因此采用 I 级粉煤灰或烧失量不大于 5%、需水量比不大于 100% 的 II 级粉煤灰。有抗冻要求的混凝土采用 I 级或 II 级粉煤灰，这样不会影响混凝土的抗冻性能。海港工程常用粉煤灰的质量指标见表 2-17。粉煤灰的检测方法可参考现行标准 GB/T 1596 和 JTJ 270 的相关要求。

表 2-17　粉煤灰质量指标

项目	技术要求		
	I 级灰	II 级灰	III级灰
细度（45 μm 方孔筛筛余）/%	≤12	≤25	≤45
需水量比/%	≤95	≤105	≤115
烧失量/%	≤5	≤8	≤15
7 d 活性指数/%	≥80	≥75	—
28 d 活性指数/%	≥90	≥85	—
含水量/%		≤1.0	
氯离子含量/%		≤0.02	
三氧化硫含量/%		≤3.0	
氧化钙含量/%		≤10	
游离氧化钙含量/%		≤1.0	

注：粉煤灰中氧化钙含量大于 5% 时应经实验证明安定性合格。

　　粉煤灰掺合料对混凝土性能的影响有以下几点。

　　（1）和易性。粉煤灰可改善混凝土拌和物的和易性，主要与其球状玻璃体光滑表面形状有关，能减少用水量，减少泌水和离析。粉煤灰表观密度较低，当等量取代部分水泥时，使得拌和物浆体数量增大。

（2）强度。掺加粉煤灰可降低拌和物用水量，改善和易性，可明显提高混凝土强度，特别是加入一定量的粉煤灰所增加的强度比继续增加同样质量水泥所增加的强度大。掺加粉煤灰混凝土早期强度略低，但以后各龄期强度均高于对比试件强度。

（3）水化热。用粉煤灰替代部分水泥能有效降低水泥水化热。用粉煤灰替代10%水泥，可使 7 d 水化热降低 11%，替代 30%时水化热可降低 25%。

（4）耐久性。由于粉煤灰可减少混凝土中空隙，因此能显著提高混凝土抗渗性和抗化学腐蚀能力，并减少干缩 5%左右。通常用粉煤灰取代 28%～40%水泥，可有效控制碱骨料反应，但对混凝土抗冻性、钢筋防锈不利。

3. 粒化高炉矿渣粉

粒化高炉矿渣粉是以粒化高炉矿渣为主要原料，掺加少量石膏磨制成的一定细度的粉体。在高炉矿渣冶炼生铁时，所得到的以硅铝酸盐为主要成分的熔融物，经淬冷成粒后，具有潜在水硬性。高炉矿渣的主要化学成分是 SiO_2、CaO 和 Al_2O_3，其含量一般占到 90%以上。海港工程混凝土结构所用粒化高炉矿渣粉的质量指标见表 2-18。粒化高炉矿渣粉分为 S105 级、S95 级和 S75 级。例如，S95 级中的 S 是矿粉英文（slag）的首字母，95 表示 28d 活性指数不小于 95%。

表 2-18　粒化高炉矿渣粉的质量指标

项目	技术要求		
	S105 级	S95 级	S75 级
密度/(kg/m³)	≥2800	≥2800	≥2800
比表面积/(m²/kg)	≥400	≥400	≥400
7 d 活性指数/%	≥95	≥75	≥55
28 d 活性指数/%	≥105	≥95	≥75
流动度比/%	≥85	≥90	≥95
烧失量/%		≤3.0	
含水量/%		≤1.0	
三氧化硫含量/%		≤4.0	
氯离子含量/%		≤0.02	

粒化高炉矿渣粉检测方法应符合现行国家标准《用于水泥和混凝土中粒化高炉矿渣粉》（GB/T 18046）有关要求。按照现行行业标准 JTJ 275 的规定，粒化高炉矿渣粉的粉磨细度不小于 4000 cm²/g。用硅酸盐水泥拌制的混凝土，其掺量不

小于胶凝材料质量的 50%。用普通硅酸盐水泥拌制的混凝土，其掺量不小于胶凝材料质量的 40%。

2.2.5　外加剂

混凝土外加剂是一种在混凝土搅拌之前或拌制过程中加入的，用以改善新拌混凝土和（或）硬化混凝土性能的材料。混凝土外加剂的种类很多，按其主要用功能可以分成以下四大类：①改善混凝土拌和物流变性能的外加剂，包括各种减水剂和泵送剂等；②调节混凝土凝结时间、硬化性能的外加剂，包括缓凝剂、促凝剂和速凝剂等；③改善混凝土耐久性的外加剂，包括引气剂、防水剂、阻锈剂和矿物外加剂等；④改善混凝土其他性能的外加剂，包括膨胀剂、防冻剂、着色剂等。

混凝土外加剂掺量一般很少，用量通常仅占水泥量的 5%以下，但却能显著改善混凝土的强度、耐久性、和易性或调节凝结时间和节约水泥。混凝土外加剂的应用不仅改善了混凝土性能，还促进了工业副产品在胶凝材料系统中更广的应用，有助于节约资源和保护环境。目前，混凝土外加剂已成为优质混凝土必不可少的材料。混凝土外加剂由于其显著的经济技术效益，被广泛地应用于海港工程混凝土结构。表 2-19 为常用混凝土外加剂的介绍。

表 2-19　常用混凝土外加剂的介绍

外加剂名称	定义	常用品种
普通减水剂	在混凝土坍落度基本相同的条件下，能减少拌和用水量的外加剂	木质素磺酸钙、木质素磺酸钠、木质素磺酸镁、多元醇类等
高效减水剂	在混凝土坍落度基本相同的条件下，能大幅度减少拌和用水量的外加剂	多环芳香族磺酸盐类、水溶性树脂磺酸盐类、脂肪族类等
引气剂	在混凝土搅拌过程中能引入大量均匀分布、稳定而封闭的微小气泡且能保留在硬化混凝土中的外加剂	松香树脂类、烷基和烷基芳香烃磺酸盐类、脂肪醇磺酸类盐、非离子聚醚类、皂苷类等
早强剂	加速混凝土早期强度发展的外加剂	硫酸盐、硫酸复盐、硝酸盐、碳酸盐等无机盐类；三乙醇胺、乙酸盐等有机化合物类
缓凝剂	延长混凝土凝结时间的外加剂	糖类化合物、羟基羧酸及其盐类、多元醇及其衍生物、有机磷酸及其盐类、无机盐类
防冻剂	能使混凝土在负温下硬化，并在规定养护条件下达到预期性能的外加剂	有机化合物类；亚硝酸盐、硝酸盐、碳酸盐等无氯盐类；氯盐阻锈类；氯盐类
速凝剂	能使混凝土迅速凝结硬化的外加剂	铝酸盐、碳酸盐等为主要成分；以硫酸铝、氢氧化铝等为主要成分；粉状、液体类、低碱液体类、低碱粉状
膨胀剂	在混凝土硬化过程中因化学作用能使混凝土产生一定体积膨胀的外加剂	硫铝酸钙类、硫铝酸钙-氧化钙类、氧化镁类、氧化铁类等

外加剂名称	定义	常用品种
防水剂	能提高水泥砂浆、混凝土抗渗性能的外加剂	氯化铁、硅灰粉末、锆化合物等无机化合物类；脂肪酸及其盐类、有机硅类、聚合物乳液等有机化合物类
泵送剂	能改善混凝土拌和物泵送性能的外加剂	一种复合外加剂，主要成分有减水剂、引气剂、缓凝剂等
阻锈剂	能抑制或减轻混凝土中钢筋和其他金属预埋件锈蚀的外加剂	亚硝酸盐、硝酸盐、铬酸盐类、硼酸盐类等无机盐类；胺类、醛类、炔醇类、杂环化合物等有机化合物类

2.3　混凝土结构筋材

钢筋在结构中主要承受拉力，是钢筋混凝土结构不可或缺的材料。然而，钢筋锈蚀又是导致海港工程混凝土结构耐久性降低的主要原因。如果对钢筋进行防腐处理或采用耐蚀性能更好的材料来制作筋材，可大大提高混凝土结构的耐久性。加强钢筋本身的耐蚀性形成耐蚀筋材是改善海港工程混凝土结构耐蚀性的有效方法。目前，常用的耐蚀筋材主要有环氧涂层钢筋、镀锌钢筋、低合金耐蚀钢筋、不锈钢钢筋及纤维增强复合材料筋（简称纤维筋）等。尽管上述筋材都具有耐蚀性能，但防护原理并不相同。环氧涂层钢筋基于涂层的物理隔绝作用对钢筋提供保护；镀锌钢筋则基于电化学原理保护钢筋；低合金耐蚀钢筋、不锈钢钢筋以及纤维筋则是从提高材料自身耐蚀性的角度考虑的。随着海港工程混凝土结构耐久性问题的日益突显，耐蚀筋材在国内外工程界得到了广泛关注和推广。

2.3.1　普通钢筋

1. 普通钢筋的分类

普通钢筋是相对耐蚀筋材而言的，指钢筋混凝土结构中所采用的未进行防腐处理的钢筋。普通钢筋的分类方式较多，通常有以下几种。按用于钢筋混凝土结构的类型，主要分为常规钢筋和预应力钢筋，下文所述耐蚀钢筋主要针对常规钢筋。按钢筋的化学成分，主要分为碳素钢钢筋和低合金钢钢筋。按钢筋在结构中的作用，主要分为受力钢筋和构造钢筋。按钢筋的外形和粗细，主要分为光圆钢筋和带肋钢筋（人字肋、螺旋肋、月牙肋等）等。按钢筋的生产工艺，主要分为热轧钢筋、冷拉钢筋、热处理钢筋、冷轧螺纹钢筋、低碳钢丝、刻痕钢丝、钢绞线等。

按照钢筋牌号，可分不同牌号，如 HPB235、HRB335、HRBF335、RRB400

等。HPB235 是由 HPB＋屈服强度特征值构成，HPB 是热轧光圆钢筋的英文（hot rolled plain bars）的缩写，其他牌号同理。其中，HRB 是热轧带肋钢筋的英文（hot rolled ribbed bars）的缩写，HRBF 是在热轧带肋钢筋的英文缩写后加"细"的英文（fine）首位字母，RRB 是余热处理筋的英文缩写，RRBW 是在余热处理筋后面添加焊接的英文首字母表示可焊。

2. 普通钢筋涉及的主要标准规范

海港工程普通混凝土结构及预应力混凝结构的钢筋质量通常要符合下列现行标准规范的要求，具体如下：《钢筋混凝土用钢　第 1 部分：热轧光圆钢筋》（GB 1499.1）、《钢筋混凝土用钢　第 2 部分：热轧带肋钢筋》（GB 1499.2）、《钢筋混凝土用钢　第 3 部分：钢筋焊接网》（GB 1499.3）、《预应力混凝土用钢棒》（GB/T 5223.3）、《预应力混凝土用钢丝》（GB/T 5223）、《预应力混凝土用钢绞线》（GB/T 5224）、《预应力混凝土用螺纹钢筋》（GB/T 20065）。

3. 海港工程常用普通钢筋

1）常规钢筋

海港工程普通混凝土结构的常规钢筋宜采用 HRB400 级、HRB500 级，也可采用 HPB300 级、HRB335 级或 RRB400 级钢筋。表 2-20 为常用常规钢筋的化学成分。表 2-21 为常用常规钢筋的力学性能。

表 2-20　常用常规钢筋的化学成分

牌号	化学成分（质量分数）/%					
	C	Si	Mn	P	S	C_{eq}
HPB300	≤0.25	≤0.30	≤1.50	≤0.045	≤0.050	—
HRB335	≤0.25	≤0.80	≤1.60	≤0.045	≤0.045	≤0.52
HRB400	≤0.25	≤0.80	≤1.60	≤0.045	≤0.045	≤0.54
HRB500	≤0.25	≤0.80	≤1.60	≤0.045	≤0.045	≤0.55
RRB400	≤0.30	≤1.00	≤1.60	≤0.045	≤0.045	—

备注：C_{eq} 为碳当量（%），计算公式为 $C_{eq} = C + Mn/6 + (Cr + V + Mo)/5 + (Cu + Ni)/15$。

表 2-21　常用常规钢筋的力学性能

牌号	屈服强度 R_{eL}/MPa	抗拉强度 R_m/MPa	断后伸长率 A/%	最大力下总伸长率 A_{gt}/%	冷弯实验 180°弯芯直径 d/mm，钢筋公称直径 a/mm
HPB300	≥300	≥420	≥25.0	≥10.0	d = a
HRB335	≥335	≥455	≥17	≥7.5	d = 6～25，d = 3a；d = 28～40，d = 4a；d = 40～50，d = 5a

牌号	屈服强度 R_{eL}/MPa	抗拉强度 R_m/MPa	断后伸长率 A/%	最大力下总伸长率 A_{gt}/%	冷弯实验 180°弯芯直径 d/mm,钢筋公称直径 a/mm
HRB400	≥400	≥540	≥16	≥7.5	$d = 6 \sim 25,\ d = 4a;\ d = 28 \sim 40,$ $d = 5a;\ d = 40 \sim 50,\ d = 6a$
HRB500	≥500	≥630	≥15	≥7.5	$d = 6 \sim 25,\ d = 6a;\ d = 28 \sim 40,$ $d = 7a;\ d = 40 \sim 50,\ d = 8a$
RRB400	≥400	≥540	≥14	≥5.0	$d = 8 \sim 25,\ d = 4a;\ d = 28 \sim 40,$ $d = 5a$

2）预应力钢筋

预应力混凝土结构的预应力钢筋宜采用钢绞线或钢丝，也可采用钢棒或螺纹钢筋。钢绞线和钢丝通常选用 GB/T 24238 等标准规定的牌号制造，也可采用其他牌号制造，但生产厂不提供化学成分。钢绞线以热轧盘条为原料，经冷拔后捻制成钢绞线。捻制后，钢绞线应进行连续的稳定化处理。钢绞线按结构可分为 8 类，其中海港工程预应力混凝土结构中常用 1×2、1×3、1×3I、1×7、（1×7）C 等。

钢丝以热轧盘条为原料，经冷加工或冷加工后进行连续的稳定化处理制成。钢丝按加工状态分为冷拉钢丝和消除应力钢丝，按外形分为光圆、螺旋肋、刻痕三种钢丝。海港工程预应力混凝土结构中常用消除应力的光圆钢丝、消除应力的螺旋肋钢丝、消除应力的刻痕钢丝等。

螺纹钢筋用钢的熔炼分析中硫、磷含量不大于 0.035%。所用钢的冶炼方法通常是氧气转炉或电炉冶炼。螺纹钢筋通常以热轧状态、轧后余热处理状态或热处理状态按直条交货。海港工程预应力混凝土结构中常用螺纹钢筋有 PSB785、PSB830、PSB930、PSB1080 等。

钢棒的原材料是低合金钢热轧圆盘条，化学成分熔炼分析中磷、硫含量不大于 0.025%，铜的含量不大于 0.25%。制造方法是热轧盘条经冷加工后（或不经冷加工）淬火和回火所得。钢棒按表面形状可分为光圆钢棒、螺旋槽钢棒、螺旋肋钢棒、带肋钢棒等，在海港工程预应力混凝土结构中均有应用。

2.3.2 环氧涂层钢筋

1. 概述

环氧涂层钢筋是一种带有坚韧、不渗透、连续绝缘涂层的钢筋，其生产工艺是将热固环氧树脂、填料与交联剂等外加剂制成的粉末，在严格控制的工厂流水线上，采用静电喷涂工艺喷涂于表面处理过的预热钢筋上。环氧涂层不与酸、碱反应，具有极高的化学稳定性，与金属表面具有极佳的附着性，能够有效地阻隔钢筋与腐蚀介质的接触。经国内外大量的工程应用表明，在保证钢筋表面涂层完整性的前提下，环氧涂层钢筋在混凝土中具有良好的耐蚀性，可大大提高工程结构的耐久性。环氧涂层钢筋在美国、加拿大、欧洲等地区已成功应用 30 余年，在我国水运工程上也已有 15 a 以上使用年限，保护效果良好。

环氧涂层钢筋可与钢筋阻锈剂同时使用，具有良好的防腐效果。但是，由于环氧涂层钢筋间相互绝缘，不存在电连续性，当采用外加电流阴极保护时，不仅会降低保护效果，还在环氧涂层钢筋局部损伤处产生杂散电流而引起电腐蚀，因此环氧涂层钢筋不能与外加电流阴极保护联合使用。当普通钢筋与环氧涂层钢筋同时使用时，应避免将两者电连接，否则会引起电偶腐蚀。环氧涂层钢筋存在破损时，在破损部位易发生局部腐蚀，从而降低钢筋的成体防腐性能。因此，在运输、存放、施工等过程中应采取必要措施，以避免环氧涂层的破坏。

环氧涂层钢筋表面光滑，其与混凝土的胶结和摩阻力降低，咬合作用也因容易脱落而受到影响，导致黏结性能下降。相较普通钢筋，环氧涂层钢筋与混凝土材料间的黏结锚固性能较弱，因此在混凝土结构设计中应适当增加环氧涂层钢筋与混凝土材料的锚固长度。一般而言，环氧涂层钢筋的锚固长度为普通钢筋锚固长度的 1.25 倍，受拉环氧涂层钢筋的锚固长度为普通钢筋的 1.5 倍，而受压环氧涂层钢筋的锚固长度为普通钢筋的 1.0 倍，且不小于 250 mm。

2. 环氧涂层钢筋材料

用于制作环氧涂层的钢筋和环氧粉末材料应当符合现行国家标准《钢筋混凝土用环氧涂层钢筋》（GB/T 25286）的有关要求。钢筋表面不得有尖角、毛刺或其他影响涂层质量的缺陷，并应无油、脂或油漆等的污染。环氧涂层钢筋的力学性能应满足设计要求，并符合行业标准《水运工程混凝土施工规范》（JTS 202）的要求。环氧涂层修补材料应当与原环氧涂层具有相容性，并在混凝土中有惰性，且应与使用环境相适应。

环氧涂层钢筋的室外储存不宜超过 6 个月，当储存 2 个月以上时，应采取保护措施，避免暴露在日照、烟雾和大气中。若钢筋储存在具有腐蚀性的环境中时，应采取专门保护措施。涂层钢筋应当用不透明材料或其他合适的保护罩覆盖。遮盖物应固定牢固，并保持涂层钢筋周围空气流通，避免覆盖层下凝结水珠。环氧涂层钢筋储存时应离开地面，并设有保护隔层。各捆环氧涂层钢筋之间，也应当用垫木隔开，支承的间距和垫木的间距应小到足以防止成捆钢筋的下垂，成捆堆放层数不得超过 5 层。另外，无涂层钢筋与环氧涂层钢筋应分别堆放。

环氧涂层钢筋的涂层干膜厚度、涂层连续性和涂层可弯性应当符合下列要求：①涂层干膜厚度记录值应有 95% 以上在 180～300 μm，单个记录值不得低于 140 μm。对耐腐蚀要求较高的环境下，涂层干膜厚度记录值应有 95% 以上在 220～

400 μm，单个记录值不得低于 180 μm。②涂层应无孔洞、空隙、裂纹和其他目视可见的缺陷，环氧涂层钢筋每米长度上检测出的漏点数目不应超过 3 个月。③环氧涂层钢筋在弯曲试验后，试样弯曲外表面上应无肉眼可见的裂纹或剥离现象。表 2-22 为涂层干膜厚度、涂层连续性和涂层可弯性的检测方法。

表 2-22　涂层干膜厚度、涂层连续性和涂层可弯性的检测方法

检验项目	检测方法
涂层厚度	《色漆和清漆 漆膜厚度的测定》（GB/T 13452.2）方法 7 磁性法
连续性	《钢筋混凝土用环氧涂层钢筋》（GB/T 25826）
可弯性	《钢筋混凝土用环氧涂层钢筋》（GB/T 25826）

3. 环氧涂层钢筋的施工

1）环氧涂层钢筋的搬运和吊运

环氧涂层在紫外线作用下易产生降解，出现变色、粉化、龟裂等缺陷，因此为避免其长期暴露于紫外线下，吊运和搬运时应当用具有抗紫外线照射性能的材料包装成捆。起吊、运输过程中引起的摩擦、碰撞等易使涂层产生破坏，因此在施工过程中应当尽量减少起吊、运输次数，无法避免时应尽量做好保护措施，如在接触环氧涂层钢筋的区域设置垫片等。吊运时应当采用高强度尼龙吊带、麻绳、绑带等柔韧性较好的材料作为吊索，不应使用钢丝绳等硬质材料，以免吊索与涂层钢筋之间因挤压、摩擦造成涂层破损。吊装时，为防止钢筋捆过度下垂，应采用多吊点方式。水平搬运时，层与层之间应用木方分隔，并用帆布覆盖，不得在地上拖拽、拉扯环氧涂层钢筋，以免造成涂层破损。

2）环氧涂层钢筋的加工

环氧涂层钢筋弯曲加工时，环境温度不宜低于 5℃。为避免涂层与金属物直接接触挤压造成破损，钢筋弯曲机的芯轴应套以专业套筒（如尼龙套管或其他缓冲材料管套等），并在平板表面上铺以垫层。弯曲环氧涂层钢筋时，当公称直径 $d \leqslant 20$ mm 时，弯曲直径不宜小于 $4d$；当 $d > 20$ mm 时，弯曲直径不宜小于 $6d$，且弯曲速率不宜高于 8 r/min。环氧涂层钢筋切断加工应当采用砂轮或切割机，严禁采用气割方法切断涂层钢筋。切割加工时，与环氧涂层钢筋接触的机具表面应当安装尼龙套管筒或衬垫。钢筋切断处需及时采用环氧涂层修补材料修补。

3）环氧涂层钢筋的连接和固定

环氧涂层钢筋的接头形式应优先采用绑扎接头，也可采用机械连接接头和焊接接头。固定涂层钢筋和成品钢筋所用的支架、垫块及绑扎材料表面均应覆有尼

龙、环氧材料、塑料或其他柔性材料，如环氧涂层、塑料涂层等。一般而言，钢筋直径小于 20 mm 时，采用绑扎接头，绑扎材料可选用包胶铁丝或尼龙扎带。钢筋机械连接接头应采用涂装的专业套筒等进行连接，接头受损部位应当及时修补。

钢筋焊接接头施工，应先将钢筋端头长度 150 mm 范围的环氧涂层剔除干净，并削平钢筋的端面，使端面与钢筋中心线相垂直，刷净环氧涂层、污染物等，露出金属光泽。一般而言，直径 20~22 mm 的钢筋通常采用连续闪光焊，直径 25 mm 及以上的钢筋通常采用闪光—预热—闪光焊。焊接后的焊渣应剔除干净，并用环氧涂层修补材料修补焊接部位及受影响涂层区域。

4）环氧涂层钢筋的修补

环氧涂层钢筋在施工过程中难免遭受破坏，因此涂层修补便是保障钢筋质量的重要环节。当满足下列情况时，环氧涂层钢筋不得修补和使用，应当废弃：①钢筋上任一涂层破损点的面积大于 25 mm^2 或长度大于 50 mm，其中不包括切割端头；②1 m 长度内有 3 个以上的涂层破损点；③环氧涂层钢筋切下并弯曲的一段上，涂层有 6 个点以上的损伤。

当满足下列情况时，应按照要求对环氧涂层钢筋进行涂层修补：①钢筋切断或损伤后应在 2 h 内采用配套的环氧涂层修补材料及时修补；②涂层修补前，应清除不黏着的涂层和修补处的腐蚀产物；③当环境相对湿度大于 85% 时，应用电热吹风器对钢筋适当加热除湿；④修补材料与已有牢固环氧涂层搭接的范围适当，不宜使已有的牢固环氧涂层过度增厚；⑤修补部位的环氧涂层厚度应满足设计要求；⑥修补材料应按厂家提供的比例配制，并在材料的有效使用期内实施涂装；⑦涂层完全固化以前，修补区域应避免扰动、磕碰等外力作用；⑧混凝土浇筑前，应进行全面细致的检查，保证所有破损的环氧涂层均已经得到有效的修补。

5）环氧涂层钢筋浇筑时的保护

施工过程中应制定有效措施，避免作业人员、机械等碰伤、划伤、损坏钢筋表面的环氧涂层，并随时检查环氧涂层钢筋外观，严格控制环氧涂层钢筋出现过多的破损缺陷。采用插入式混凝土振捣器振捣时，应在金属振捣棒外套橡胶套或采用非金属振捣棒，并尽量避免振捣棒与钢筋的直接碰撞。现场多次浇筑成整体或预制构件的外露环氧涂层钢筋应采取措施，避免阳光曝晒。

4. 环氧涂层钢筋质量控制

环氧涂层钢筋的质量应符合现行行业标准《钢筋混凝土用环氧涂层钢筋》（GB/T 25826）、《海港工程混凝土结构防腐蚀技术规范》（JTJ 275）和《水运工程结构耐久性设计标准》（JTS 153）的有关要求。环氧涂层钢筋的规格、数量、长度、位置、间距、接头形式和位置等应符合现行行业标准《水运工程混凝土施工规范》（JTS 202）和《水运工程质量检验标准》（JTS 257）的有关要求。钢筋机械连接接头的力学性能应符合现行行业标准《钢筋机械连接通用技术规程》（JGJ 107）的有关要求，焊接接头的力学性能应符合现行行业标准《钢筋焊接及验收规程》（JGJ 18）的有关要求。

2.3.3　镀锌钢筋

1. 概述

镀锌钢筋是指通过热浸、电镀、渗镀等工艺在钢筋表面涂镀一层锌层的钢筋。镀锌钢筋的表面锌镀层多以纯锌为主，如热浸镀锌钢筋、电镀锌钢筋、渗锌钢筋、锌加（ZINGA）钢筋等。其中，以热浸镀锌钢筋在混凝土结构中的使用最为广泛。表 2-23 为镀锌钢筋在世界各地海洋环境下的应用实例及腐蚀调查结果。由表可知，百慕大恶劣的海洋性大气环境下服役 21 年之久的龙比特桥，其钢筋的镀层还剩余 60%～75%；然而，日本尾道的海底电缆栈桥面板在海水环境中仅服役 4 年，钢筋就发生孔蚀倾向。由此可见，镀锌钢筋更适用于在海洋大气腐蚀环境下服役的混凝土结构，而镀锌钢筋混凝土结构在海水中服役时存在局部腐蚀风险。

表 2-23　镀锌钢筋在世界各地海洋环境下的腐蚀调研

构筑物	所在地点	环境	经历年数/a	腐蚀情况
博卡奇卡桥面板	佛罗里达（美）	海洋性大气	3	镀锌层表面有极微小的腐蚀
赛文米莱桥面板	佛罗里达（美）	海洋性大气	8	镀锌层和钢筋均未见腐蚀
龙比特桥面板	百慕大（大西洋）	海洋性大气	21	镀锌层有较大腐蚀，镀层剩余 60%～75%
弗拉茨桥面板	百慕大（大西洋）	海洋性大气	8	镀锌镀层变色，未见基体钢筋腐蚀
机场大厦阳台	百慕大（大西洋）	海洋性大气	13	镀层和钢筋基体均未见任何腐蚀迹象
海底电缆栈桥面板	尾道（日本）	海水中	4	部分区域可能有孔蚀危险性
曼尼可甘河桥面板	魁北克（加拿大）	除冰盐	8	镀锌层表面生成 $Zn(OH)_2$，钢筋未见腐蚀

2. 镀锌钢筋的防腐机理

锌在高碱环境下会生成稳定致密的腐蚀产物锌酸钙$[Ca(Zn(OH)_3)_2·H_2O]$（简写为 CaHZn），其体积膨胀小，不易引起混凝土保护层破裂剥落，因此在镀锌钢筋表面会生成一层锌酸钙，从而提高钢筋的耐腐蚀性能。另外，镀锌钢筋对氯离子和二氧化碳的侵蚀具有一定的抑制作用。与普通钢筋相同，镀锌钢筋也会遭受氯离子侵蚀，但相比而言，覆有锌酸钙的钢筋可更有效地抵御氯离子侵蚀。

当氯离子浓度低于临界值时，锌酸钙层会受到轻微的孔蚀作用。孔蚀主要发生在锌酸钙生长过程中留下的无致密锌酸钙层覆盖的微区，锌酸钙在这些区域对基体防护能力较弱，氯离子会在这些微区生成少量糊状碱式氯化锌 $Zn_5Cl_2(OH)_8 \cdot H_2O$。另外，锌酸钙层的生长溶解平衡过程中会产生 Ca^{2+}，与 CO_2 反应会生成 $CaCO_3$ 颗粒，附着在锌酸钙表面，二者的存在一定程度上可抑制氯离子的进一步侵蚀。

当氯离子浓度超过临界值时，氯离子对锌酸钙层的侵蚀会随浓度的增加而越来越严重。随着锌酸钙层缺陷面积的增加，碱式氯化锌会逐渐增多。由于碱式氯化锌是一种易碎落的物质，其从基体上脱落后，在表面上会留下堆积状的 ZnO 晶体。这层表面与锌酸钙层间有一层空隙，氯离子可从此通道渗入并进一步破坏锌酸钙层，使腐蚀面积越来越大，从而导致锌酸钙层的防护能力越来越差。由于腐蚀部位和腐蚀程度的不同，腐蚀后的镀锌钢筋表面往往是多个腐蚀反应共存的耦合状态。

总的来说，锌酸钙层在氯离子临界浓度范围内能够对基体进行保护，且在一定范围内，混凝土碳化有利于抑制氯离子侵蚀。然而，当氯离子超出临界浓度后，其破坏情况将随着氯离子浓度的增大及浸泡时间的延长而愈加严重。此外，镀锌层发生破损时，由于锌的阴极保护作用，镀锌层可为铁基体提供保护。

3. 渗锌钢筋

热浸锌工艺在镀锌钢筋中使用广泛，但热浸锌工艺本身存在一定缺点，在镀锌过程中存在锌蒸气、锌灰、锌渣、锌液飞溅、锌瘤毛刺等现象，大大降低了锌的利用率。另外，由于熔融态锌表面张力大，在钢筋的拐角、尖角及缝隙等部位难以形成厚度均匀的镀层。针对上述缺点，国内外开发了粉末渗锌工艺替代热浸锌工艺用于钢筋的表面镀锌，并将其应用于海工混凝土结构中，取得了良好的效果。粉末渗锌是用热扩散的方法在钢铁表面获得锌铁合金层的表面保护工艺，属于化学热处理工艺的一种，其原理是将锌粉与钢筋共同置于渗炉中，加热到 400℃ 左右，活性锌原子由钢筋的表面向内部渗透，同时铁原子则由内向外扩散，从而在钢筋表面形成一层均匀的锌-铁化合物即渗锌层。

目前渗锌工艺在我国已成熟应用，年总产值已可达 200 亿以上，大量产品出口到日本、韩国、美国、英国、马来西亚等国家。然而，粉末渗锌技术属于固相化学热处理过程，该工艺扩散速度慢、冶金时间较长，不仅降低了生产效率，而且增加了生产成本。近年来，纳米材料及纳米技术的发展为改善粉末渗锌工艺提供了新的途径。通过将金属粉体尺寸纳米化，会大大增加粉体的表面能和反应活性，从而降低金属熔点，并大幅提升固相扩散速度。将传统粉末渗锌工艺与纳米技术相结合形成的纳米粉末渗锌工艺可显著改善渗锌工艺。

纳米粉末渗锌工艺通过先将待渗锌粉进行纳米化，再进行后续的化学热处理，通过改变加热温度和保温时间、添加少量稀土元素等工艺调整，提高了锌在固相中的扩散速度、缩短了加热和保温时间，有效改善了渗锌层的组织结构和性能，所得渗锌层连续致密、厚度均匀可控。总的来说，纳米粉末渗锌与热浸镀锌、电镀锌相比，具体有以下几个方面优势。

（1）粉末渗锌厚度均匀，且可以通过渗透时间准确控制。对于带螺纹、尺寸较小、有公差配合的紧固件，镀后无须再做攻丝处理，即可配合自如。对于带腔膛的管件或形状复杂的组合件，粉末渗锌也能够均匀渗镀。而电镀锌和热浸镀锌在处理复杂形状工件时，往往由于电流屏蔽和熔融态锌表面张力大而无法在工件的拐角、缝隙等部分形成镀层。

（2）粉末渗锌耐蚀能力强于热浸锌，远强于电镀锌。由于渗锌层不是纯锌，其与铁的电位差比锌与铁的电位差小，且腐蚀速度比纯锌慢，均匀的渗镀层能够确保工件耐蚀能力的一致性，在相同厚度下，粉末渗锌层的耐蚀性优于热浸镀锌层。

（3）粉末渗锌层硬度远高于表面为纯锌的热浸镀锌层和电镀锌层，耐磨性能是其 2 倍以上。

（4）粉末渗锌层为 Zn、Fe 互渗，合金化时间长、程度好，渗镀层与基体结合强度高。并且粉末渗锌在渗镀过程中，固态锌粉与工件没有黏结问题，工件成品率高，不会出现热浸镀锌过程中的锌液黏结、锌瘤毛刺现象。

（5）由于粉末渗锌是在密闭的容器内进行，锌粉处于固态，无锌蒸气和锌液飞溅；除前处理工艺外，渗镀锌过程中没有"三废"排放，生产安全、环保。

（6）粉末渗锌工艺简单，生产灵活方便，启停方便，与热浸镀锌仅熔化锌锭就需要几天时间方便得多；且占用流动资金少，而热浸镀锌工艺，仅 6 m 的热镀锌锅开炉至少需要 30 t 锌锭，流动资金投入大；此外，粉末渗锌设备耐用、寿命长、维修量小，不存在因热浸镀锌锅经常穿孔而停产更换问题。

（7）粉末渗锌原材料利用率高，锌粉可重复使用。热浸镀锌则存在锌蒸气、锌灰、锌渣、锌液飞溅、锌瘤毛刺等现象，大大降低了锌利用率；而电镀锌同样存在镀液无法完全利用、镀液需定期更换、镀件合格率低等浪费现象。同等镀层厚度下，粉末渗锌比热浸镀锌节约用锌 60% 以上，生产成本节约 35%。

图 2-1 为渗锌钢筋和普通钢筋混凝土面板养护 28 d 后钢筋弯曲部位腐蚀情况对比。由图 2-1 可见，普通钢筋的弯曲部位及焊接部位均发生腐蚀，而渗锌钢筋绝大多数弯曲部位完好，焊缝及其附近锌层破损部位则发生了腐蚀。现场调查表明，普通钢筋弯曲部位的腐蚀普遍存在。这是因为弯曲加工产生的拉应力和压应力破坏了普通钢筋表面的微观结构，导致钢筋表面产生电位差，使晶格破坏部位作为阳极优先腐蚀。

与普通钢筋相比，渗锌钢筋经长期存放时，其弯曲部位未发生腐蚀。这可能是由于渗锌处理过程中锌原子渗入铁的晶格内部形成金属间化合物后，晶格发生畸变而得到强化，提高了晶格抵抗外力的能力。在渗锌钢筋的弯曲过程中，所产生的应力并没有明显破坏渗锌钢筋表面的微观结构，且渗锌层在海洋大气环境中具有良好的耐蚀性，因此渗锌钢筋的弯曲部位并没有发生明显腐蚀。

(a) 渗锌钢筋及普通钢筋制成的面板

(b) 普通钢筋弯曲部位腐蚀情况

(c) 渗锌钢筋弯曲部位腐蚀情况

图 2-1　渗锌钢筋和普通钢筋混凝土面板养护 28 d 后钢筋弯曲部位腐蚀情况对比

2.3.4　不锈钢钢筋

1. 概述

不锈钢钢筋是以不锈钢为原材料，经热轧等方法加工而成的，以耐蚀性、不锈为主要特征的钢筋。在钢筋混凝土结构中，最为常用的不锈钢钢筋主要有奥氏体不锈钢和双相不锈钢。目前，不锈钢钢筋在欧美等发达国家和地区的桥梁、建筑等工程中已有较广泛的应用。然而，在我国不锈钢钢筋的使用尚处于起步阶段，主要用于桥梁工程，如香港的昂船洲大桥、西部通道大桥和港珠澳大桥等，在海港工程领域的大规模工程中应用极少。目前，我国涉及混凝土用不锈钢的现行标准主要有《钢筋混凝土用不锈钢钢筋》（YB/T 4362—2014）。

2. 常用不锈钢钢筋

工程上常用不锈钢钢筋的钢号及其化学成分见表 2-24。用于混凝土结构中的不锈钢钢筋按照屈服强度特征值分为 300 级、400 级、500 级，牌号为 HPB300S、

HRB400S、HRB500S。HPB300S 由 HPB + 屈服强度特征值 + S 构成，表示屈服强度特征值为 300 MPa 的热轧光圆不锈钢钢筋。HPBS 是热轧光圆不锈钢钢筋英文（hot rolled plain bars of stainless steel）的缩写，HRBS 是热轧带肋不锈钢钢筋英文（hot rolled ribbed bars of stainless steel）的缩写。表 2-25 为常用不锈钢钢筋的主要力学性能。

表 2-24 工程上常用不锈钢钢筋的钢号及其化学成分

种类	统一数字代号	化学成分质量分数/%									
		C	Si	Mn	P	S	Cr	Ni	Mo	N	Cu
		不大于									
奥氏	S30408	0.08	1.00	2.00	0.045	0.030	18.00~20.00	8.00~11.00	—	—	—
	S30453	0.03	1.00	2.00	0.045	0.030	18.00~20.00	8.00~11.00	—	0.10~0.16	
	S31608	0.08	1.00	2.00	0.045	0.030	16.00~18.00	10.00~14.00	2.00~3.00	—	
	S31653	0.03	1.00	2.00	0.045	0.030	16.00~18.00	11.00~13.00	2.00~3.00	0.10~0.16	
双相	S32304	0.03	1.00	2.5	0.040	0.030	21.50~24.50	3.50~5.50	0.05~0.60	0.05~0.20	0.05~0.60
	S22253	0.03	1.00	2.00	0.030	0.020	21.00~23.00	4.50~6.50	2.50~3.50	0.08~0.20	
铁素	S11203	0.03	1.00	1.00	0.040	0.030	11.00~13.50	≤0.60	—	—	—

表 2-25 常用不锈钢钢筋的主要力学性能

牌号	屈服强度 $R_{p0.2}$/MPa	抗拉强度 R_m/MPa	断后伸长率 A/%	最大力下总伸长率 A_{gt}/%
	不大于			
HPB300S	300	330	25	10
HRB400S	400	440	16	7.5
HRB500S	500	550	15	7.5

3. 不锈钢/碳钢复合钢筋

不锈钢钢筋的优异性能，使其在高服役寿命的海工混凝土结构中具有不俗的应用前景。但不锈钢钢筋高昂的成本也在一定程度上限制了其工程应用。为了在可以接受的价格范围内充分发挥不锈钢优良的耐蚀性能，国内外的研究人员将研究的重点集中于研发不锈钢/碳钢复合钢筋的性能及制备工艺。

　　不锈钢/碳钢复合钢筋是指在普通碳钢钢筋表面包覆一层含有铬、镍、钼等耐蚀金属元素的不锈钢以保护传统的碳钢，使其既具有碳钢的力学性能，又具备不锈钢的高耐蚀性能。研究与实际应用表明，不锈钢/碳钢复合钢筋虽能显著降低钢筋腐蚀速率，但也可能存在不锈钢/碳钢界面冶金结合不充分、不锈钢包覆层厚度不均匀及其长期力学行为尚不明确等潜在的不确定因素。

　　英国 STELAX 公司将回收利用的碳钢屑填充到不锈钢管内，经过多道热轧后使芯部碳钢屑在高温下自身压实结合，并与不锈钢管复合得到不锈钢覆层复合钢筋。这种工艺制造成本低、生产效率高、防腐性能高，但在制备过程中碳钢屑与不锈钢界面的结合强度难以保证。美国 SMI-TEXAS 公司发明了一种利用喷射沉积工艺制备不锈钢覆层钢筋的方法。首先，将经过表面处理的棒状碳钢钢胚加热到 1100℃，同时，在还原炉中将不锈钢加热至熔化，用氮气把熔化的不锈钢液喷雾沉积到加热的碳钢棒材表面，再经多道热轧成型。虽然这种方法制备的覆层钢筋性能较好、结合强度高，但生成成本较高。日本研究人员采用旋转减径机轧制技术制备出不锈钢/碳钢复合钢筋。将经表面处理的碳钢钢筋穿入内表面经处理的不锈钢管中，拉拔使之紧密结合，经高频加热，进入旋转减径机轧制成型。这种方法轧制的复合钢筋的不锈钢壁厚均匀，产品质量好，不锈钢与碳钢能达到冶金结合，结合强度高。但这种轧制工艺对钢筋的轧制速度有明确的限制，生产效率较低，不适应目前高速轧制的发展要求。

　　与欧美发达国家和地区相比，我国对于不锈钢覆层复合钢筋的研究起步较晚。2006 年华南理工大学发明了一种采用复合型材套拉工艺制备不锈钢覆层钢筋的方法。它由经表面处理的碳钢棒材外面卷曲压合一层不锈钢层，然后焊缝，最终拉拔成型。这种工艺加工的覆层钢筋的不锈钢壁厚均匀，加工简单，但由于加工变形量小，界面很难达到冶金结合，并且拉拔生产方式具有不连续性。2010 年山东大学研发出一种不锈钢复合耐蚀钢筋，钢筋直径 6～40 mm，主要由芯部金属和其周围沿芯部金属长度方向包覆的不锈钢合金层组成，合金层厚度为 1～10 mm，合金层可选择奥氏体不锈钢、铁素体不锈钢、马氏体不锈钢或双相不锈钢，在保证了钢筋力学性能的同时，又提高了钢筋的耐蚀性、降低了成本。北京科技大学的李晓刚教授等发明了一种利用热扩散技术制备覆层不锈钢钢筋的方法，该方法具体为对碳钢钢筋原胚表面进行清洗或喷丸等表面处理后，将钢筋原胚置于含铬的环境中，在一定温度下保温一定时间，使环境中的铬能扩散到钢筋原胚表面形成含铬的有效扩散层，该扩散层中铬的质量含量超过 12%，厚度不低于 10 μm，随炉冷却到 100℃以下，继续空冷至室温，将钢筋从热扩散粉剂中取出。该方法工艺简单、加工成本低、扩散层厚度均匀可控，所得覆层不锈钢钢筋外层为含铬量超过 12%的合金层、内芯为钢筋原材，具有良好的力学性能的同时还具有优异的耐蚀性。

2.3.5 低合金耐蚀钢筋

1. 概述

不锈钢中含有的 Cr、Ni 等合金元素的成本较高、储量有限，属于国家战略有色金属储备资源，在一定程度上限制了不锈钢钢筋的推广及应用，因此研发具有不锈钢钢筋的耐蚀性能且成本低廉、力学性能优于不锈钢钢筋的低合金耐蚀钢筋是从材料角度改善混凝土结构耐久性的重要研究方向。低合金耐蚀钢筋是指根据合金化原理在原有的普通钢筋材料中添加少量易形成钝化膜的 Cr、Ni、Al、Ti 等或提高钢筋电极电位的 Cu 以及能够改善晶间腐蚀的 Ti、Nb 等合金元素，改变原材料的成分或组织的钢筋，这种钢筋添加的合金元素含量一般低于不锈钢，且具有优异的耐蚀性、力学性能及经济性。

2. 低合金耐蚀钢筋的分类及主要性能

耐蚀钢筋按屈服强度特征值分为 335 级、400 级、500 级，按使用环境，可分为耐工业大气腐蚀钢筋和耐氯离子腐蚀钢筋。耐工业大气腐蚀钢筋的牌号有 HRB335a、HRB400a、HRB500a、HRB400aE、HRB500aE，耐氯离子腐蚀钢筋的牌号有 HRB335c、HRB400c、HRB500c、HRB400cE、HRB500cE。牌号由 HRB + 屈服强度特征值 + a（c）+ E 构成，HRB 是热轧带肋钢筋的英文缩写，a 是耐大气腐蚀的英文（atomspheric corrosion resistance）中"atmospheric"的首字母，c 是耐氯离子腐蚀的英文（chloride corrosion resistance）中"chloride"的首字母，E 是地震英文（earthquake）的首字母。例如，HRB500c 表示屈服强度特征值为 500 MPa 的耐氯离子腐蚀钢筋。

低合金耐蚀钢筋主要由转炉或电炉冶炼，通常以热轧或控轧控冷状态交货，其化学成分见表 2-26。根据需要还可添加 Nb、V、Ti 等元素。为了进一步提高钢筋的耐腐蚀性能，还可加入下列一种或多种合金元素：Mo≤0.30%、RE≤0.05% 等。钢的氮含量应不大于 0.012%。表 2-27 为低合金耐蚀钢筋的主要力学性能。公称直径为 28～40 mm 的各牌号钢筋的断后伸长率 A 可降低 1%（绝对值）；公称直径大于 40 mm 的断后伸长率 A 可降低 2%（绝对值）。对于没有明显屈服的钢筋，下屈服强度特征值 R_{eL} 采用规定塑性延伸强度 $R_{p0.2}$。

表 2-26 低合金耐蚀钢筋的化学成分

耐蚀钢筋	化学成分质量分数/%							
	C	Si	Mn	P	S	Cu	Cr	Ni
耐工业大气腐蚀钢筋	≤0.21	≤0.80	≤1.60	0.060～0.150	≤0.030	0.20～0.60	—	—
耐氯离子腐蚀钢筋	≤0.21	≤0.80	≤1.60	≤0.030	≤0.030	0.20～0.60	0.30～1.60	≤0.65

表 2-27　低合金耐蚀钢筋的主要力学性能

牌号	下屈服强度 R_{eL}/MPa	抗拉强度 R_m/MPa	断后伸长率 A/%	最大力总伸长率 A_{gt}/%	R_m^o / R_{eL}^o	R_{eL}^o / R_{eL}
HRB335a HRB335c	≥335	≥455	≥17	≥7.5	—	—
HRB400a HRB400c	≥400	≥500	≥16	≥7.5	—	—
HRB400aE HRB400cE			—	≥9.0	≥1.25	≤1.30
HRB500a HRB500c	≥500	≥630	≥15	≥7.5	—	—
HRB500aE HRB500cE			—	≥9.0	≥1.25	≤1.30

注：R_m^o 为钢筋实测抗拉强度；R_{eL}^o 为钢筋实测下屈服强度。

屈服强度特征值为 335 级的低合金耐蚀钢筋，公称直径 $d = 6 \sim 14$ mm，弯曲压头直径 D 为 $3d$。屈服强度特征值为 400 级的低合金耐蚀钢筋，当 $d = 6 \sim 25$ mm，$D = 4d$；当 $d = 28 \sim 40$ mm，$D = 5d$；当 $d > 40 \sim 50$ mm，$D = 6d$。屈服强度特征值为 500 级的低合金耐蚀钢筋，当 $d = 6 \sim 25$ mm，$D = 6d$；当 $d = 28 \sim 40$ mm，$D = 7d$；当 $d > 40 \sim 50$ mm，$D = 8d$。

近年来，随着海洋工程建设的蓬勃发展，对低合金耐蚀钢筋的科研、生产及应用越来越被重视，并取得了一定成果。低合金耐蚀钢筋的主要优势是成本低于不锈钢钢筋，但耐蚀性能较普通钢筋又有明显的提高，因此具有广泛的市场应用前景。现行黑色冶金行业标准《钢筋混凝土用耐蚀钢筋》（YB/T 4361）的发布也为低合金耐蚀钢筋的大面积推广和应用奠定了基础。

2.3.6　纤维增强复合材料筋

1. 概述

纤维增强复合材料筋是用碳纤维、玻璃纤维、玄武岩纤维、芳纶纤维等连续纤维束按拉挤成型工艺生产的棒状纤维增强复合材料制品。在纤维筋中，纤维作为增强材料，是主要受力体，纤维含量越高，纤维筋的抗拉强度越高。然而，随着纤维含量的增加，其延性降低。一般纤维筋中的纤维体积分数为 50%～65%。纤维筋的树脂基体主要起黏结作用，把纤维束黏结约束在一起，在纤维间传递荷载，使荷载均匀分布，充分发挥增强材料的作用。常用基体材料有环氧树脂、不饱和聚酯树脂、乙烯基酯树脂等。在基体树脂中通常还会掺入适量的促进剂、引发剂、交联单体、蚀变剂、阻燃剂、颜料、填料等辅助剂用以改善基体树脂的性能，优化成型工艺和提高筋材制品性能。具体而言，纤维增强复合材料筋具有以下特点。

（1）密度小。仅为钢材的 16%～25%，可有效降低运输成本及减轻结构自重。

（2）抗拉强度高。抗拉强度大大超过了钢筋，与高强钢丝相近。

（3）弹性模量较小。为普通钢筋的 25%～70%，在同等荷载情况下，纤维增强复合材料筋构件对挠度和裂缝宽度的允许量更大。

（4）剪切强度低。纤维增强复合材料筋抗剪切强度主要取决于树脂性能，通常仅有 50～60 MPa，基本低于其抗拉强度的 10%，不适于在结构中承担剪应力。

（5）脆性强。纤维增强复合材料筋在达到极限抗拉强度时，无任何实质性屈服变形，其应力-应变曲线为直线，结构破坏形式为脆性破坏，且没有任何预兆。

（6）良好的抗疲劳性。对碳纤维筋进行的 2×10^7 次循环的疲劳实验表明，碳纤维筋具有良好的抗疲劳性，疲劳实验后期弹性模量未发生变化。

（7）良好的抗电、抗磁、耐磨及耐腐蚀性。

2. 纤维筋的分类和主要性能

根据纤维的不同，常用纤维增强复合材料筋可分为碳纤维增强复合材料筋（CFB）、玻璃纤维增强复合材料筋（GFB）、芳纶纤维增强复合材料筋（AFB）、玄武岩纤维增强复合材料筋（BFB）等。表 2-28 为常见纤维筋的主要力学性能。按照表面状态分为光面筋、带肋筋及其他。纤维筋外观要求表面洁净、均匀一致、无目视可见杂物，不应有纤维断丝和松股现象。

表 2-28 常见纤维筋的主要力学性能

纤维筋种类	抗拉强度/MPa	弹性模量/GPa	伸长率/%
CFB	≥1800	≥120	≥1.5
GFB	≥600	≥40	≥1.5
AFB	≥1300	≥65	≥2.0
BFB	≥800	≥50	≥1.6

我国涉及纤维筋的现行标准有《纤维增强复合材料筋》（JG/T 351）、《结构工程用纤维增强复合材料筋》（GB/T 26743）、《土木工程用玻璃纤维增强筋》（JG/T 406）等。然而，目前在海港工程领域，纤维筋还未得到普遍应用，仅有少数实用案例。制约其推广的主要原因是纤维筋属于脆性材料，尽管材料强度可达到工程设计要求，但是由于其在拉断的过程中没有金属材料典型的屈服阶段，一旦发生断裂，没有任何征兆，这对工程结构设计与工程灾害预警是不利的。

参 考 文 献

干勇. 2009. 钢铁材料手册[M]. 北京: 化学工业出版社.

李晓刚, 程学群, 董超芳, 等. 2015-11-18. 一种耐氯离子腐蚀的不锈钢钢筋的制备方法: 中国, 105063495A[P].

秦铁男, 李杰, 姚驰, 等. 2016. 渗锌钢筋在混凝土结构中应用的可行性研究[J]. 中国港湾建设, 36 (4): 43-46.

孙俊生, 孙逸群, 张凌峰. 2012-06-20. 一种不锈钢复合耐腐蚀钢筋及其制备方法: 中国, 201010526265[P].

夏兰廷, 黄桂桥, 张三平. 2003. 金属材料的海洋腐蚀与防护[M]. 北京: 冶金工业出版社.

杨朝聪, 张文莉. 2014. 金属材料学[M]. 沈阳: 东北大学出版社.

朱相荣. 1999. 金属材料的海洋腐蚀与防护[M]. 北京: 国防工业出版社.

GB 1499.1—2008. 钢筋混凝土用钢　第 1 部分: 热轧光圆钢筋[S].

GB 1499.2—2007. 钢筋混凝土用钢　第 2 部分: 热轧带肋钢筋[S].

GB 175—2007. 通用硅酸盐水泥[S].

GB 50119—2013. 混凝土外加剂应用技术规范[S].

GB/T 1591—2008. 低合金高强度结构钢[S].

GB/T 1596—2005. 用于水泥和混凝土中的粉煤灰[S].

GB/T 20878—2007. 不锈钢和耐热钢　牌号及化学成分[S].

GB/T 24238—2009. 预应力钢丝及钢绞线用热轧盘条[S].

GB/T 25826—2010. 钢筋混凝土用环氧涂层钢筋[S].

GB/T 26743—2011. 结构工程用纤维增强复合材料筋[S].

GB/T 700—2006. 碳素结构钢[S].

GB/T 8075—2005. 混凝土外加剂定义、分类、命名与术语[S].

JG/T 351—2012. 纤维增强复合材料筋[S].

JGJ 63—2006. 混凝土用水标准[S].

JTJ 275—2000. 海港工程混凝土结构防腐蚀技术规范[S].

JTS 151—2011. 水运工程混凝土结构设计规范[S].

JTS 152—2012. 水运工程钢结构设计规范[S].

JTS 153—2015. 水运工程结构耐久性设计标准[S].

JTS 202—2011. 水运工程混凝土施工规范[S].

JTS 202-2—2011. 水运工程混凝土质量控制标准[S].

YB/T 4361—2014. 钢筋混凝土用耐蚀钢筋[S].

YB/T 4362—2014. 钢筋混凝土用不锈钢钢筋[S].

第3章　海港工程构筑物涂层保护

3.1　概　　述

涂料是一种含有颜料的液态或粉末状材料，当将其施于基体，能形成具有保护、装饰或特殊功能的薄膜。涂层是由有机或无机涂料分层涂覆在结构件表面，使该表面具有阻隔或延缓有害介质侵入其内部功能的防腐蚀保护层。将涂料涂覆于基体表面的过程则称为涂装。涂层体系是具有保护、装饰或特定功能的多层涂层，一般包括底层、中间层和面层。涂层施工简便、质量易控制、适应性广、性价比高，而且可与其他防腐措施（如阴极保护、金属热喷涂等）联合使用形成完整的防腐体系，是海港工程构筑物领域应用最广泛、最有效的腐蚀控制技术之一。涂层保护不仅适用于海港工程钢结构，而且适用于混凝土结构。但是，由于钢结构与混凝土结构组成及性能上的差别，两者所采用的涂层体系及涂装工艺不尽相同。下文将在涂料共性原理介绍的基础上，对钢结构和混凝土结构涂层保护分别进行阐述。

3.1.1　防腐涂料的命名和分类

防腐涂料的品种繁多，性能各异，了解涂料的命名和分类对于选择和应用防腐涂料有着重要意义。

1. 防腐涂料的命名

现行国家标准《涂料产品分类和命名》（GB/T 2705）规定了涂料产品命名的原则和方法。涂料全名一般是由颜色或颜料名称加上成膜物质名称，再加上基本名称（特性或专业用途）而组成的，即涂料全名＝颜色或颜料名称＋成膜物质名称＋基本名称。对于不含颜料的清漆，其全名一般是由成膜物质名称加上基本名称而组成，即涂料名称＝成膜物质名称＋基本名称。

颜色名称有红、黄、蓝、白、黑、绿、紫、棕、灰等，有时再加上深、中、浅（淡）等词。当颜料对漆膜性能起显著作用时，则可用颜料名称代替颜色名称。成膜物质名称可适当简化，如环氧树脂简化为环氧。当涂料中含有多种成膜物质时，选取起主要作用的一种成膜物质命名。必要时也可选取两种或三种成膜物质名称，主要成膜物质名称在前，次要成膜物质名称在后。基本名称表示涂料的基本品种、特性和专业用途。在成膜物质名称和基本名称之间，必要时还可插入适当的词语来表明专业用途和特性。

海港工程构筑物防腐涂料经常涉及的成膜物质名称有环氧树脂、氟碳、氯化橡胶、聚硅氧烷、聚氨酯、丙烯酸树脂等，常涉及的基本名称有防锈漆、面漆、底漆、重型防腐涂料、厚浆漆、封闭漆等。例如，环氧树脂封闭漆，成膜物质名称为环氧树脂，基本名称为封闭漆，因此涂料名称为环氧树脂封闭漆。

2. 防腐涂料的分类

防腐涂料种类繁多，性能各异，可从不同角度分类。表 3-1 为防腐涂料的分类。

表 3-1　防腐涂料的分类

序号	分类角度	分类	涂料类别
1	材料保护作用	防锈涂料：防止钢铁在自然条件下（大气、水和土壤等环境中）腐蚀的涂料，如富锌涂料、带锈涂料、预涂底漆等	防腐涂料
		防腐涂料：防止钢铁在化学介质或腐蚀性介质腐蚀的涂料	
2	材料保护效果	一般防腐涂料：在一般腐蚀环境下应用，保护寿命有限，涂膜较薄，一般厚度为 $100\sim150\ \mu m$	重防腐涂料
		重防腐涂料：在苛刻腐蚀环境下应用，并具有长效使用寿命的涂料，如在化工、大气、海洋环境中保护年限 $\geqslant10\sim15\ a$，在酸、碱、溶剂介质中 $\geqslant5\ a$	
3	腐蚀环境	海洋防腐涂料、大气防腐涂料、地下防腐涂料等	海洋防腐涂料
4	应用功能	耐热防腐涂料、耐磨防腐涂料、抗静电防腐涂料等	耐海水防腐涂料
5	保护对象	管道防腐涂料、船舶防腐涂料、建筑防腐涂料等	海港工程构筑物防腐涂料
6	涂料形态	无溶剂、水性、粉末、溶剂型防腐涂料等	均有
7	成膜物质类别	有机防腐涂料（热塑性、热固性），无机防腐涂料等	均有

3.1.2　涂料的基本组成和作用

涂料的基本组成大致可分为成膜物质、颜料及固体填料、溶剂及分散介质和助剂四部分。防腐涂料的基本组成之间相互作用从而达到相应的性能指标和防腐效果。表 3-2 为防腐涂料的基本组成和作用。

表 3-2　防腐涂料的基本组成和作用

基本组成	作用	防腐涂料用典型品种
成膜物质	涂料的基础，具有黏结涂料中的其他组分形成漆膜的作用，对涂料及漆膜的性质起决定作用	环氧树脂、丙烯酸树脂、聚氨酯树脂、橡胶类、沥青、硅氧烷等
颜料及固体填料	具有着色、装饰、遮掩作用并能改善涂膜性（防锈等），降低成本	玻璃鳞片、云母氧化铁、锌粉、铬酸锌、磷酸锌、石墨烯等

基本组成	作用	防腐涂料用典型品种
溶剂及分散介质（无溶剂涂料无需溶剂）	使涂料分散成适当黏度的液体，以满足施工工艺对涂料黏度的需求，在成膜过程中会挥发掉	挥发性有机溶剂（如酯、酮类等）、水等
助剂	不能单独成膜，但在涂料制备、储存、施工和使用过程中起显著作用	增塑剂、固化剂、分散剂、防沉淀剂等

注：不含有固体颜料、填料的涂层呈透明状，称为清漆。

传统溶剂型涂料的溶剂会对环境造成污染，已受到人们的高度重视，对溶剂性涂料提出了相应的限制要求，如现行国家标准《建筑钢结构防腐涂料中有害物质限量》（GB 30981）要求有害溶剂苯、卤代烃、甲醇、乙二醇醚的含量均应小于 1%。随着涂料生产科技的发展，现已开发出了不含有机溶剂的固体粉末涂料、液态无溶剂涂料及低污染的水溶性涂料，其中固体粉末涂料及无溶剂涂料在海港工程构筑物防腐领域正得到越来越广泛的使用。表 3-3 为低污染涂料固体分含量的比较表。

表 3-3　低污染涂料固体分含量的比较表（%）

低污染涂料	固体分含量	有机溶剂含量
粉末涂料	100	—
无溶剂涂料	90～100	0～10
高固体分涂料	65～90	10～35
水溶性涂料	40～50	5～10

3.1.3　涂层保护的防腐作用机理

涂层保护的作用机理有屏蔽作用、漆膜电阻效应、缓蚀、钝化、阴极保护等，具体有以下几点。

（1）屏蔽作用。优良的防腐涂料可以阻止或抑制水、氧和离子等透过漆膜，使腐蚀介质与构件隔离。基于此类作用防腐的涂料有厚浆型环氧涂料、环氧云铁防锈漆、环氧沥青涂料、环氧玻璃鳞片涂料等。

（2）漆膜电阻效应。电绝缘性良好的漆膜可抑制腐蚀介质中阳极金属离子溶出和阴极放电现象。一般而言，电阻率大且在腐蚀介质中能稳定保持的漆膜防腐性能更好。

（3）钝化和缓蚀作用。涂料中活性较大的颜料（如红丹、铬酸盐类等）与结构件表面作用，会使基体金属钝化或在表面生成保护性物质，从而提升涂层的保护作用。涂料中的碱性颜料能与漆膜含有的植物油酸及有机漆膜氧化降解产生的低分子羧酸生成皂类化合物，如钙皂、钡皂、锶皂及锌皂等，这些皂类化合物可以降低漆膜的吸水性和透水性，并有缓蚀作用。基于此类作用防腐的涂料有红丹醇酸防锈漆、锌黄醇酸防锈漆、环氧磷酸锌防锈漆等。

（4）阴极保护。当涂料中含有足量电位比基体更负的金属粉填料时，在腐蚀过程中，金属粉会起到牺牲阳极的阴极保护作用，使基体金属免受腐蚀。基于此类作用防腐的涂料有环氧富锌底漆、溶剂型无机富锌底漆、水性无机富锌底漆等。

3.1.4　涂层体系

涂层体系一般包括底层、中间层和面层。底层、中间层和面层具有不同的功能，一般会采用不同品种的涂料组合配套（"底-中-面"模式），但也有采用同品种厚浆型涂料配套的（"底面合一"模式）。对于某些凹凸不平或有裂缝的构筑物表面常会用腻子找平。此外，金属喷涂层、混凝土等的表面粗糙度较大，常会用封闭漆处理。

1. 底层

在涂层体系中，底层涂覆在基体上，直接与基体接触，是整个涂层体系的基础，其性能的优劣直接决定了涂装体系性能的好坏。底层应具备的条件或特性包括以下几点：①对基体及下一道涂层均有良好的附着力；②底层应具有良好的屏蔽性能，并能够防止或延缓腐蚀的发生和发展；③底层对基体表面应有良好的润湿性；④底层应有良好的耐碱性、耐溶剂性、填充性和打磨性等；⑤严重的腐蚀所选用底层宜带有阴极保护功能（如富锌漆），以强化涂层的防腐功能并在一定程度上抑制涂层破损后基体的腐蚀扩散。

2. 中间层

中间层是处于底层和面层之间的一层过渡性涂层，其主要作用是增加涂层厚度以提高屏蔽作用、缓冲外力冲击、提升涂层表面平整度等。中间层应具备的条件或特性包括以下几点：①中间层与底层、面层均应有良好的附着力；②中间层应具有一定厚度，以增加涂层体系厚度和屏蔽作用，提升涂层体系防腐性能。

3. 面层

面层直接与环境接触，是防腐涂层发挥防腐作用的第一道关口。面层应具备的条件或特性包括以下几点：①面层应有良好的耐候性、耐盐雾性、耐湿热性、耐老化性等；②面层应具有良好的屏蔽和防腐性能，能较好地阻挡外界腐蚀介质渗入涂层中；③面层还应有较好的装饰性、抗磨性、抗冲击性等。

4. 腻子

在某些海港工程构筑物的表面即便使用了底层涂料，也可能存在裂缝、凹凸不平的表面，对于这种情况可用腻子找平。腻子应与底层相容，对底层及下一道涂层有良好的附着力，并具有良好的施工性能。

5. 封闭漆

封闭漆的作用主要是对基体或底层进行封闭，应具有良好的渗透性能和封闭性能，与基体、底层或下一道涂层之间应具有良好的结合力，并可与多种中间层和面层配套使用。

6. 涂层厚度和厚浆型涂料

涂层厚度与防腐效果密切相关，过厚虽然可增强防腐性能，但附着力和机械性能容易降低，而过薄易产生针孔或其他缺陷，起不到隔离环境的作用，涂层厚度应根据环境条件等多种因素综合考虑。表 3-4 为不同用途涂层总厚度的推荐值。

表 3-4 不同用途涂层总厚度的推荐值（μm）

涂层类别	涂层总厚度	涂层类别	涂层总厚度
一般性涂层	80～100	重防腐蚀涂层	300～500
装饰性涂层	100～150	耐磨涂层	300～400
保护性涂层	150～200	超重防腐蚀涂层	500～700
海洋大气涂层	200～300	高固体分涂层	700～1000

厚浆型涂料常用作重防腐涂料，具有节省工时、污染少、受环境影响小、无层间附着问题等优点，由于具有触变性，基体上突缘、边角、垂直处的厚度均能保证。一般而言，涂层保护的防护性能主要取决于基体的表面处理质量、干漆膜总厚度、涂料的性能三个因素。厚浆型涂料主要是结合后面两个因素进行设计的。厚浆化可以提高涂层的抗渗透能力，为涂料的长寿命化提供保障，但同时对涂料加工与施工也提出了新的要求：①涂料应具有较高的固体分含量或无溶剂化；②厚浆化要求涂料具有触变性能，即涂料静止时黏度较大，当施工时黏度下降，表现出良好的储存稳定性和施工性能；③涂料与基体具有更高的附着力；④涂膜加厚会产生较大的内应力，因此涂料自身应有良好的强度和柔韧性。

7. 涂层厚度与涂层道数

海洋环境的腐蚀性极强，因此用于其中的防腐涂料，必须达到一定的干膜厚度。由于每道涂层不能过厚,所以往往需要多道涂层才能达到所需厚度。在多道涂层系统中,其总厚度为每道涂层厚度的总和,道数越多,总厚度越大。某些厚浆型涂料的一道涂层就可能达到所需厚度,但由于涂层难免存在针孔、气泡等缺陷,在大面积施工时,很难获得完整无缺的涂层,在缺陷部位会首先发生腐蚀。而多道涂层的优点在于各层之间相互覆盖,由于各道涂层在同一部位发生缺陷的概率极低,因此前一道涂层的缺陷很可能被下一道涂层弥补,从而保障整个涂层的防腐效果。另外,由于多道涂层系统的单道厚度都较薄,溶剂易挥发,对涂层整体性能的影响小。一般而言,在采用合理涂装工艺的情况下,多道涂装的总体质量往往优于单道涂层。目前,海港工程构筑物采用的涂层,无论厚薄,基本都用多道涂装。

3.1.5 钢结构涂层保护与混凝土结构涂层保护的比较

混凝土结构与钢结构都是海港工程构筑物不可或缺的组成部分。涂层保护不仅应用于钢结构表面,也大量应用于混凝土结构表面。混凝土结构的组成与钢结构不同,它是一种复合的人工材料,具有多孔性、显微裂缝结构和粗糙的表面。此外,混凝土结构内的钢筋和混凝土的结构变形性也不相同,因此,适用于混凝土表面的防腐涂料及其涂装工艺与钢结构也有较大区别。与钢结构涂层保护相比,混凝土结构涂层保护有如下特点。

(1)由于混凝土结构表面状态与钢结构不同,因此两者在涂装前的表面预处理也不相同。混凝土结构除需清除浮灰、油脂、盐分等污染物外,还需修复麻面、露石、气泡、裂缝等表面缺陷,另外混凝土表面的质量、水分、pH 等也需要达到相应要求。

(2)新浇筑混凝土表面呈碱性,因此混凝土表面用涂料应具有耐碱性。混凝土表面多孔且凹凸不平,渗透性较强的涂料可迅速渗透到混凝土表面的微孔内,从而增大涂膜与基体的附着力。因此,为确保涂层与混凝土基体的附着力,涂装时通常会先涂覆渗透性、润湿性和耐碱性较好的封闭漆进行封闭。

(3)混凝土结构在外界环境的作用下有较大的膨胀收缩性,因此要求混凝土表面的涂层应具有优良的柔韧性和延展性。

(4)当混凝土涂层的耐水汽渗透性较差时,外界水汽和侵蚀性介质容易渗入涂层内部,导致涂层与混凝土间的附着力下降,保护性能下降。但若耐水汽渗透性过强,混凝土表面的水汽不易扩散出去,同样也会影响涂层与混凝土间的附着力。因此,混凝土涂层应具有一定的耐水汽渗透性,能使存在于涂层基底的水汽渗透出去,而不会让涂层外面的液态水渗透进涂层内。

(5)处于浪溅区和水位变动区的混凝土构件,因水位涨落和风浪作用,其表面常处于潮湿甚至带水状态,普通涂料涂覆在潮湿表面通常不能正常固化,无法达到相应防腐要求。因此，表面潮湿状态（表层含水量大于6%）的混凝土通常需要使用具有湿固化、耐磨损、耐冲击性能的涂料。

（6）混凝土结构与钢结构的工况条件、所处环境、结构特点等不同，因此两者所用的涂层体系也不尽相同。

3.1.6　海港工程构筑物防腐涂料的特点

海港工程构筑物处于严酷的海洋环境中，因此其所用防腐涂料与其他环境中所用的防腐涂料相比也有其独特特点，具体如下。

（1）海港工程构筑物所处环境腐蚀性很强，其所用涂料主要是重防腐涂料，与一般涂料相比，往往具有厚膜化、耐强腐蚀介质性能优异、耐久性突出等特点。

（2）海港工程构筑物防腐涂料的施工环境比较恶劣，涂装过程常会受到温度、气候变化等因素的影响，海港工程构筑物对其所用防腐涂料的施工适应性、涂装技术、涂装管理都提出了很高的要求。因此，海港工程构筑物防腐涂料应具备良好的施工性能、便捷的涂装工艺等，便于涂装施工和管理。

（3）海港工程构筑物防腐是一个复杂的系统工程，除涂层保护之外，往往还有其他防腐措施，如阴极保护、金属热喷涂等。因此，海港工程构筑物涂层保护应能与其他防腐措施配套使用。

（4）海港工程构筑物是国民经济的重要基础设施，设计使用年限一般都在30 a以上，因此其所用防腐涂料也应当有与之相适应的使用年限。

（5）由于结构特征、环境特点和表面处理方法等因素的限制，在海港工程构筑物涂层维修重涂时经常出现表面处理不达标的情况，这就要求海港工程构筑物防腐涂料具备一定的低处理表面的施工适应性。

（6）一般防腐涂料，由于使用期较短，基本上不作维修而直接重新涂装，而重防腐涂料使用期较长，因此需要在长期使用过程中注意维护。重防腐涂料维修，应根据具体涂装体系和环境介质的不同制定维修计划，了解海港工程构筑物防腐涂层在特定条件下所受损伤的规律，做到及时维修。

（7）海港工程构筑物涂层保护的设计保护年限较长，用户对其性能可靠性的期望又高。因此，往往采用实际应用的数据和业绩作为选择的参考。一般而言，海港工程构筑物防腐涂料的研制和开发周期长、投资大，但产品的换代慢。

（8）海港工程构筑物防腐涂料初期涂装费用大于一般防腐涂装，但维修费用少，长远效益高。

3.1.7　海港工程构筑物防腐涂料及涂装方法的选择原则

防腐涂料品种繁多，性能各异，涂层体系也较多，选择何种配套、何种价位涂层体系，采用何种涂装方法，需要根据结构的使用目的、材料性能、设计使用年限、环境条件、施工条件、施工期限和经济等因素综合分析考虑。通常可参考以下原则。

（1）海港工程构筑物防腐涂料与普通工民建或装饰性涂料相比，对耐候性、耐蚀性和耐久性等方面的性能提出了更高的要求，设计保护年限通常长达 20 a，使用经工程实践证明性能良好的产品，有利于涂装质量的稳定。随着科技进步和发展，新型防腐涂料将不断涌现，选用新产品可能性价比更高，但由于工程实践不足，可能存在防腐效果不确定的问题。因此，在选择防腐涂料时宜选用经过工程实践证明其综合性能良好的产品，选用新产品时应进行技术和经济论证。

（2）在涂层体系中，因底层、中间层、面层所起作用不同，各厂家同类产品的成分配比也有所差别。如果一个涂层体系采用不同厂家的产品，配套性难以保证。一旦出现质量问题，不易分析原因，也难以确定责任者。因此，同一涂层体系中的底层、中间层及面层涂料宜选用同一厂家的产品，不同厂家的涂料配套使用时，应进行匹配性论证。

（3）同一类型的防腐涂料，由于其成膜物质（树脂）相同，因而具有相似的基本性质，但由于颜料、填料、助剂等不同或生产、处理工艺的差异，某些性能会有较大的差别。要求提供完备的材质证明资料，才能按产品要求进行施工，也有利于对厂家和产品进行选择。因此，选择使用的防腐涂料应有完备的材质证明资料。

（4）有的高性能涂料对表面预处理的等级有严格要求，因此设计时所选用的涂料品种应与所要求的表面预处理等级和施工的环境条件相符。

（5）防腐蚀涂层体系中的底层、中间层和面层因使用功能不同，对主要性能的要求也有所差异，但同一配套中的底层、中间层、面层宜有良好的相容性。

（6）海港工程构筑物防腐涂料质量除满足有关标准外，还应根据各部位的腐蚀破坏特征，选择性能适宜的涂料。

（7）涂装方法应根据海港工程构筑物的结构特征、所处环境特点、工期、施工成本、生产作业情况等因素来综合确定。

（8）涂料及涂装方法选择是否经济合理，应根据结构特征、使用寿命、表面预处理要求和涂料的供应、价格、质量等因素来综合判断。

（9）涂料及涂装方法选择时应重视涂料环保性、涂装污染、安全性等问题。

3.2　海港工程构筑物常用防腐涂料

海港工程构筑物常用的"底-中-面"涂料有富锌底漆、环氧云铁防锈漆、环氧树脂涂料、环氧玻璃鳞片涂料、聚氨酯涂料、丙烯酸树脂涂料、氟碳涂料、聚硅氧烷涂料等。常用的"底面合一"涂料有厚浆型环氧漆、厚浆型环氧玻璃鳞片涂料、厚浆型聚氨酯涂料等。

3.2.1 富锌底漆

富锌底漆是以具有牺牲阳极作用的锌粉作为主要防锈颜料的一类重防腐涂料。当富锌底漆的涂层损伤时，锌粉腐蚀所得产物可填充涂层空隙，封闭涂层损伤部位，因此尽管富锌底漆涂层较薄却仍有显著防腐效果。富锌底漆有优秀的防腐性能和施工性能，是海港工程构筑物常用底层涂料。

根据成膜物质的不同，富锌底漆可分为有机富锌底漆和无机富锌底漆，无机富锌底漆又可分为水性和溶剂型两类。有机富锌底漆成膜物质以环氧树脂为主。无机富锌底漆成膜物质以硅酸盐为主，也有磷酸盐等。现行行业标准《富锌底漆》（HG/T 3668）将无机富锌底漆定义为Ⅰ型，有机富锌底漆定义为Ⅱ型。按照不挥发分中金属锌粉的含量将富锌底漆定义为 1 类（≥80%）、2 类（≥70%）和 3 类（≥60%）。

无机富锌底漆和环氧富锌底漆由于成膜物质等组成的不同，在基本性能、施工性能、漆膜性能等方面也有所不同，具体如下所示。

（1）基本性能。与环氧富锌底漆相比，无机富锌底漆一般具有更优异的耐热、耐溶剂、耐化学品及导静电性能。与无机富锌底漆相比，环氧富锌底漆的漆膜脆性小、柔软性好、硬度低。无机富锌底漆硬度更高，因此固化后更不易破损。另外，无机富锌底漆的耐盐雾性能、耐海水性能都要优于环氧富锌底漆。

（2）表面处理。与环氧富锌底漆相比，无机富锌底漆由于无机材料的特点，附着力差，因此需要更高的表面处理要求。一般而言，环氧富锌底漆的表面处理要求为 Sa2.5 级，而无机富锌底漆的表面处理要求为 Sa3 级。

（3）重涂性能。溶剂型无机富锌底漆须通过吸收空气中水分进行水解缩聚反应来完成固化。水性无机富锌底漆需利用空气中的二氧化碳和湿气与锌、硅酸盐的系列反应生成硅酸锌高聚物。因此，两者的固化受温度和湿度的影响很大。无机富锌底漆必须在完全固化后才能涂装下道涂料，否则会引起涂层层间分离。而环氧富锌底漆采用固化剂来完成固化过程，且重涂间隔相当短，在 23℃时，仅需 1.5~2 h 即可涂装下道涂料。可见，环氧富锌底漆的施工要求更为简单。

（4）修补性能。由于环氧树脂具有良好的黏结力，当涂层局部破损时，环氧富锌底漆可在打磨的表面上作为修补底漆使用，而无机富锌底漆由于无机材料特性，附着力较差，必须在喷砂表面上使用，因此不适宜作修补底漆。

（5）漆膜性能。无机富锌底漆表面呈多孔结构，因此需与封闭底漆配套使用。一般建议，使用无机富锌底漆时，应在无机富锌底漆上涂装厚度为 25 μm 的环氧封闭漆，以满足无机富锌底漆与下一道涂层间的附着力要求。另外，无机富锌底漆干膜厚度过高可能会导致漆膜龟裂，因此对漆膜厚度需严格地控制。一般而言，溶剂型无机富锌底漆干膜厚度在 125 μm 以上是安全的，水性无机富锌底漆干膜厚度可以高至 150～200 μm，具体需根据生产厂商技术确定。

（6）环保性能和使用安全方面。水性无机富锌底漆以水为溶剂和稀释剂，不含任何有机挥发物，无毒、无闪火点。因此，与溶剂型无机富锌底漆、环氧富锌底漆相比，水性无机富锌底漆环保性能更好，施工、储存和运输过程中更为安全。

在海港工程构筑物中，富锌底漆主要用作涂层体系的底层，通常与环氧云铁中间漆，聚氨酯、氟碳等面漆配套使用，最小干膜厚度需达到 75 μm，适用于钢结构的各个腐蚀部位。

3.2.2　环氧树脂类涂料

涂料用环氧树脂是指分子结构上含有两个或两个以上环氧基的高分子化合物，包括双酚 A 型、双酚 F 型及酚醛环氧树脂等类型。以环氧树脂为成膜物质的涂料是目前应用最广泛、最重要的防腐蚀涂料品种。海港工程构筑物中常用的环氧树脂类防腐涂料除前文所述的环氧富锌底漆外，还有环氧树脂防腐涂料、厚浆型环氧树脂防腐涂料、环氧云铁防锈漆、环氧玻璃鳞片涂料、环氧沥青防腐涂料、环氧封闭漆等。

1. 环氧树脂涂料

环氧树脂分子结构中的醚键、甲基、亚甲基、苯环结构等赋予了环氧树脂防腐涂料如下优异特性：极好的附着力，优异的耐蚀、耐化学品性能，抗渗透性能，良好的力学性能，高度的储存稳定性等。然而，环氧树脂涂料耐紫外性能较差，长期暴露在阳光下，涂层容易失去光泽甚至粉化，因此纯环氧树脂涂料不宜用作装饰性面漆。当然，在涂料中加入紫外线吸收剂、铝粉、云母氧化铁等可减缓粉化速度。另外，由于分子结构中尚有许多烃基，其耐水性稍差。用煤焦沥青对环氧树脂涂料改性，可提高其耐水性。

在常温下环氧树脂可以用多元胺或聚酰胺进行固化，也可用多异氰酸酯固化，其中以聚酰胺树脂固化为主。环氧树脂涂料的固化过程一般表现为三个阶段：固化开始阶段（施工阶段）、部分固化阶段（涂膜干燥阶段）、完全固化阶段（保养阶段）。环氧树脂涂料的固化特征对施工性能造成了重要影响。环氧树脂涂料在低温时固化速度很慢，低于 5℃时固化反应几乎停止。此外，涂层与涂层的涂装间隔时间有一定限制，超过规定的最长涂装间隔时间后，前涂层已充分固化，层与层之间会互不相容，使后涂层难以紧密附着，必须对前涂层进行表面处理方可再进行涂装。

环氧树脂结构中含有的烃基和环氧基，可与其他合成树脂或化合物反应，因此环氧树脂可用许多树脂进行改性，也可与许多树脂进行交联固化，获得不同性能环氧树脂涂料。例如，用煤焦沥青对普通环氧树脂涂料加以改性，既可保持环氧涂料的优点，又可提高其耐水性并降低涂料成本；在普通环氧树脂涂料中加入适量的锌粉和云铁，可以制成环氧富锌底漆和环氧云铁中间漆；基于环氧树脂开发的厚浆型环氧涂料、环氧粉末涂料都具有优异的防腐性能。

在海港工程构筑物中，普通环氧树脂防腐涂料主要用作中间层。在混凝土涂层体系中，常与环氧封闭漆，聚氨酯、氟碳等面漆配套使用，适用于混凝土结构的表干区和表湿区，干膜厚度需根据设计年限和腐蚀部位来确定，一般在 200 μm以上。在钢结构涂层体系中，常与富锌底漆，聚氨酯、氟碳面漆等配套使用，适用于钢结构各腐蚀部位，干膜厚度同样需根据设计年限和腐蚀部位来确定，一般在 150 μm 以上。

2. 厚浆型环氧树脂涂料

环氧树脂防腐涂料厚膜化之后形成的厚浆型环氧树脂防腐涂料，耐腐蚀性能、抗渗透能力等都得到了提高。一般溶剂型环氧树脂涂料固体分含量在 60% 以下，厚浆型也在 80% 以下，厚浆型无溶剂环氧树脂涂料是以低分子量、低黏度的环氧树脂为成膜物质，用胺类固化剂、增塑剂、活性稀释剂、助剂配制而成的，其固体分含量通常在 95%～100%，一次成型的干膜涂膜厚在 200 μm 以上。固化剂常选用酚醛胺或低黏度的聚酰胺树脂固化剂。增塑剂含量一般占环氧树脂的 15%～20%，以增加涂膜的柔韧性。为延缓涂料储存时的沉降现象并改善涂料的施工性能，厚浆型涂料中需加入触变剂，一般在 2% 以内，其添加量须严格控制。常用的触变剂有气相二氧化硅、氢化蓖麻油和膨润土等。采用触变剂后，厚浆型涂料用高压无空气喷涂，湿膜厚度可达 300 μm，不流挂，超厚浆型可达 1000 μm。厚浆型环氧树脂涂料也常会用煤焦沥青改性，即厚浆型环氧煤焦沥青涂料，其涂膜坚韧，附着力好，防水性优异。

在海港工程构筑物中，厚浆型环氧树脂防腐涂料主要用作涂层体系的面层或以同品种配套形式使用。当用作面层时，常与富锌底漆，环氧云铁防锈漆、环氧树脂漆等中间漆配套使用，由于其抗紫外线性能较差，主要用在水位变动区、水下区等阳光较难照射到的部位，最小干膜厚度需达到 125 μm。当以同品种配套形式使用时，最小干膜厚度需达到 500 μm，主要用于钢结构水位变动区和水下区，设计保护年限为 10 a。

超厚浆型的环氧重型防腐涂料主要用作涂层体系的面层或以同品种配套形式使用。当用作面层时，常与富锌底漆，环氧云铁防锈漆、环氧玻璃鳞片防锈漆等中间漆配套使用，主要用于钢结构水位变动区和水下区，最小干膜厚度需达到

300 μm。当以同品种配套形式使用时，最小干膜厚度需达到 800 μm，主要用于钢结构水位变动区和水下区，设计保护年限也为 20 a。

3. 环氧云铁防锈漆

环氧云铁防锈漆是由环氧树脂为主要成膜物质，加入云铁颜料等制成的涂料，主要用于涂层体系的中间层，因此也常称为环氧云铁中间漆。

云母氧化铁颜料是一种由一定量薄片状粒子构成的带金属光泽的灰色颜料，即具有氧化铁红颜料的耐光性、耐候性和化学稳定性，同时又具有片状颜料的特性。鳞片状云母氧化铁颜料在涂膜中平行于基体方向呈叠层排列，且本身化学稳定性好，使涂层具有良好的抗腐蚀介质（如水汽等）渗入能力。环氧云铁防锈漆表面略呈粗糙，使其具有优良的面漆附着力。

环氧云铁防锈漆最早是作为防锈底漆来使用的，后由于云铁在涂层中具有显著的抗渗透作用，被广泛用作重防腐涂层体系的中间层，常与富锌底漆和聚氨酯面漆配套使用。在此基础上开发的环氧云铁中间漆，加入了更多填料和云铁，使得屏蔽作用进一步加强，一般只单纯作为中间漆使用，而不作为防锈漆使用。厚浆型环氧云铁中间漆，固体分含量达到 80% 以上，云铁成分体积占到颜料体积的80%，可以厚膜型施工，单道施工干膜厚度可达 100～300 μm。

在海港工程构筑物中，环氧云铁防锈漆主要用作涂层体系的中间层，通常与富锌底漆，聚氨酯、氟碳等面漆配套使用，适用于钢结构的各个腐蚀部位，干膜厚度需根据设计年限和腐蚀部位来确定，一般在 150 μm 以上。

4. 环氧玻璃鳞片涂料

环氧玻璃鳞片漆是以环氧树脂为主要成膜物质，以薄片状的玻璃鳞片为骨料，加入其他颜料、填料等制成的厚浆型防腐涂料。该涂料所采用的玻璃鳞片厚度一般在 2～5 μm，片径长度一般在 100～3000 μm，因此径厚比很大，在涂膜干燥过程中有自然平行被涂覆基体的倾向，有利于形成多层屏蔽结构，延长腐蚀介质渗透所需的路径，从而有效抑制腐蚀介质的扩散。环氧玻璃鳞片涂料的一般性能与环氧树脂涂料相似。溶剂性环氧玻璃鳞片的固体体积分数在 80% 左右，一次喷涂干膜厚度可达 200～400 μm，无溶剂型环氧玻璃鳞片涂料的固体含量为 100%，一次喷涂干膜厚度可达 500 μm。在环氧树脂中加入煤焦沥青，可加强涂料的耐水性，降低涂料成本，但与纯环氧玻璃鳞片涂料相比，其使用温度从 120℃ 下降到 80℃，耐溶剂性能和耐酸碱性能也有所下降。

在海港工程构筑物中，环氧玻璃鳞片涂料主要用作涂层体系的中间层或以同品种配套的形式使用。当用作中间层时，常与富锌底漆，氟碳、硅氧烷等面漆配套使用，最小干膜厚度需达到 350 μm，可用于钢结构的各个腐蚀部位；当以同品种配套的形式使用时，最小干膜厚度需达到 700 μm，主要用于钢结构水位变动区、水下区，设计保护年限为 20 a。

5. 环氧沥青防腐涂料

环氧沥青防腐涂料是以环氧树脂和煤焦沥青为主要成膜物质，加入固化剂、溶剂、颜料等组成的双组分涂料，包括普通型底漆、面漆和厚浆型底漆、面漆。普通型和厚浆型涂料在性能上有所区别，现行国家标准《环氧沥青防腐涂料》（GB/T 27806—2011）规定厚浆型涂料流挂性≥400 μm，弯曲实验厚浆型≤10 mm，普通型≤8 mm，其他性能的要求相同。

煤焦沥青耐水性强，有良好的表面润湿性，而且价格低廉。环氧树脂附着力好，且具有优异的耐化学品性能、耐蚀性等。环氧沥青防腐涂料结合了煤焦沥青和环氧树脂两者的优点，使其具有优良的耐水、耐碱、耐化学品性能等，而且降低了涂料成本，主要用于水下及地下等钢结构和混凝土表面的重防腐涂装。环氧沥青防腐涂料还可用作金属热喷涂层的封闭剂。

在海港工程构筑物中，环氧沥青防腐涂料主要以同品种配套使用，最小干膜厚度需达到 500 μm，主要用于钢结构水位变动区、水下区，设计保护年限为 10 a。

6. 环氧封闭漆

环氧封闭漆是以环氧树脂为成膜物质的封闭漆，其主要作用是对基体或底层涂料进行封闭。在海港工程构筑物中，环氧封闭漆主要用于混凝土表面、金属热喷涂层、无机富锌底漆等的封闭。

混凝土表面用的环氧封闭漆主要是环氧清漆，其作用是封闭毛细孔，粘住混凝土表面灰尘，增强混凝土表面层强度，为下道涂料的施工提供基础。

金属热喷涂层呈多孔结构且表面凹凸不平，因此喷涂完毕后需进行封闭处理，以便封堵孔隙、填平凹坑从而延长金属喷涂层的使用寿命和效果。金属热喷涂层的环氧封闭漆主要是环氧云铁防锈漆。当然，金属热喷涂层还有一些其他专用封闭剂，如磷化底漆、聚氨酯底漆等。

无机富锌底漆中含有大量锌粉，锌粉颗粒间存在空隙，当直接采用厚浆型涂料覆盖时，锌粉颗粒间的空气会穿透漆膜逸出，造成针孔、气泡等现象，因此无机富锌底漆在涂覆下道涂料前需采用专用环氧封闭漆来封闭。环氧封闭漆的涂装厚度一般在 25 μm 左右即可。

7. 环氧粉末涂料

粉末涂料是由树脂、颜料及固体填料、助剂组成的不含有挥发溶剂的固体粉末。在海港工程构筑物中，最常用的粉末涂料是熔融结合环氧粉末涂料。熔融结合环氧粉末涂料是以环氧树脂为主要成膜材料的热固性熔融结合粉末涂料。熔融结合环氧粉末涂料可采用静电喷涂法、流化床法、摩擦静电喷涂法、静电流化床法等方式进行涂覆。

熔结环氧涂层是环氧粉末涂料经熔融结合涂装工艺固化后形成的成膜物，它具有优良的耐海水性能、电绝缘性、耐化学药品性能、抗腐蚀性、耐阴极剥离性、耐老化性、耐土壤应力、耐磨性、抗冲击性和弯曲性能等，且使用温度范围广、硬度高、柔韧性好，与金属基体有良好的附着力。此外，熔结环氧粉末涂料施工简单，不需涂底漆，一次厚涂，快速固化，可连续生产，检测与维修方便，涂层质量易于控制。在海港工程构筑物中，熔结环氧涂料主要用作钢结构内外壁的防护涂层。

3.2.3 聚氨酯涂料

聚氨酯涂料是以聚氨酯树脂作为主要成膜物质，再配以颜料、溶剂、催化剂及其他辅助材料等组成的涂料。聚氨酯树脂的大分子结构中含有重复的氨基甲酸酯链节（氨酯键），因此全称为聚氨基甲酸酯树脂，简称为聚氨酯。聚氨酯通常是由多异氰酸酯与多元醇（包括含羟基的低聚物）反应生成的。但聚氨酯涂料中并非一定含有聚氨酯树脂，凡用异氰酸酯树脂或其反应产物为原料的涂料统称为聚氨酯涂料。

按介质的不同，聚氨酯涂料可分溶剂型、无溶剂型、水分散型、粉末型等。以包装分类有单组分型、双组分型甚至多组分型。按涂料干燥机理，可分为反应固化型和溶剂挥发型两种。聚氨酯涂料根据其组成和固化特性，可分为双组分多羟基化合物固化型聚氨酯涂料、双组分催化固化型聚氨酯涂料、单组分潮气固化型聚氨酯涂料、单组分氧固化聚氨酯改性涂料、单组分封闭型聚氨酯涂料五大类，其中以前三类在防腐工程中应用最为广泛。除五大类聚氨酯涂料外，还有聚氨酯沥青涂料、聚氨酯弹性涂料、水性聚氨酯涂料等。按所用异氰酸酯品种，可分为芳香族型和脂肪族型。芳香族聚氨酯涂料在阳光下受紫外线照射易泛黄，脂肪族聚氨酯涂料不易变黄，多用于对耐候性要求较高的面漆。

聚氨酯涂层中除含有大量的氨酯键外，还可能含有酯键、醚键、缩二脲键、脲基甲酸酯键、异氰脲酸酯键或油脂的不饱和键等，在大分子键之间还存在氢键。因此，聚氨酯涂料具有以下主要特点：优良的附着力，优良的耐腐蚀、耐油、耐酸碱、耐水及耐化学药品性能，较强的耐磨性，优良的耐大气老化性等。聚氨酯涂料既可制成刚性涂料，也可制成弹性涂料，还可制成适用于低温潮湿环境条件下的防腐涂料。此外，聚氨酯涂料还可与多种树脂混合或改性制备各种有特色的防腐蚀涂料。如与煤焦沥青混合，制成耐水性优良、价格低廉的防腐涂料；用丙烯酸树脂改性，制成耐候性好，耐化学腐蚀和抗污，且价格合适的面漆等。

传统聚氨酯涂料一般是低固体分、高光泽涂料，高压无空气喷涂一次成膜干膜厚度只能达到 30 μm 左右，否则会产生流挂。而厚浆型聚氨酯涂料，黏度低、固体分高，理论涂布率高，一次成膜厚，湿膜可达 200～250 μm，无针孔、流挂、橘皮、气泡等现象，具有高装饰性、耐候性优异、施工性能好等突出优点，且单位面积的使用量相对较少，价格适中。与传统聚氨酯涂料不同，厚浆型聚氨酯涂料除一些基本组成外，生产时还需加入一定量的触变剂、发泡剂、润湿分散剂、防沉剂、紫外光吸收剂等，以提高涂料的各方面性能。厚浆型聚氨酯涂料的低温固化性比环氧树脂涂料好，其他性能与环氧树脂相当。聚氨酯涂料还可用作金属热喷涂层的封闭剂。

在海港工程钢结构中，聚氨酯防腐涂料有四种使用形式：用作涂层体系的面层、以同品种配套形式使用、以厚浆型形式用作面层和以厚浆型形式同品种配套使用。当用作涂层体系的面层时，常与富锌底漆、环氧云铁防锈漆、环氧树脂漆等中间漆配套使用，主要用在大气区、浪溅区等耐老化性能要求较高的部位，最小干膜厚度需达到 75 μm。当以厚浆型形式用作面层时，常与富锌底漆、环氧云铁防锈漆、环氧玻璃鳞片防锈漆等中间漆配套使用，主要用于水位变动区和水下区，最小干膜厚度需达到 250 μm。当以同品种配套形式使用时，适用于钢结构的各个腐蚀部位，大气区最小干膜厚度需达到 350 μm，其他区最小干膜厚度需达到 400 μm，设计保护年限为 10 a。当以厚浆型形式同品种配套使用时，最小干膜厚度需达到 800 μm，主要用于水位变动区和水下区，设计保护年限为 20 a。

在海港工程混凝土结构中，聚氨酯防腐涂料主要用作涂层体系的面层，常与环氧封闭漆底层、环氧树脂漆中间层等配套使用，干膜厚度需根据设计年限和腐蚀部位来确定，一般在 60 μm 以上，适用于混凝土结构的表干区和表湿区。

3.2.4 丙烯酸树脂涂料

丙烯酸树脂涂料由丙烯酸或其酯类树脂（丙烯酸、甲基丙烯酸及其酯类），或丙烯酸类单体与苯乙烯共聚所得树脂配制而成的涂料，可分为热塑性、热固性两大类，主要用作涂层体系的面层，也可用作混凝土的封闭漆。

热塑性丙烯酸树脂的性质主要取决于所选用的单体、单体配比和分子量及其分布。树脂本身不再交联，虽然树脂具有极好的耐水性和耐紫外光老化性，但附着力、柔韧性、抗冲击性等远不如热固性树脂。

热固性树脂是分子链上必须含有能进一步反应使分子链节增长的官能团，通过树脂中溶剂挥发、加热或与其他官能团反应才能固化成膜。这类树脂配制的涂料具有良好的耐化学品性、耐候性和保光保色性。由于分子量低，可以制备成高固体分涂料。

丙烯酸树脂涂料具有如下特性：①突出的耐光、耐候、三防（防盐雾、防霉菌、防湿热）性能；②极高的装饰性；③较好的耐化学品性能；④交联型涂料具有极好的耐热性能，可在 230℃左右温度下涂膜不变色；⑤能与其他树脂拼用，是通用性较好的涂料；⑥硬度、弹性在很大的范围内可调；⑦丙烯酸树脂涂料单体种类很多，通过变换不同的共聚单体、调整分子量及交联体系等一系列措施，可以变化涂料的各方面性能，制成多种性能及应用的涂料。

在海港工程钢结构中，丙烯酸树脂涂料主要以同品种配套形式使用，适用于钢结构的各个腐蚀部位，大气区最小干膜厚度需达到 350 μm，浪溅区、水位变动区和水下区的最小干膜厚度需达到 400 μm，设计保护年限为 10 a。

在海港工程混凝土结构中，丙烯酸树脂涂料主要用作涂层体系的面层或以封闭漆底层＋面层形式使用。当用作涂层体系的面层时，常与环氧封闭漆底层、环氧树脂漆中间层等配套使用，干膜厚度需根据设计年限和腐蚀部位来确定，一般在 100 μm 以上，适用于混凝土结构的表干区和表湿区。当以封闭漆底层＋面层形式使用时，封闭漆的最小干膜厚度为 15 μm。用作混凝土表干区面层时，当最小干膜厚度为 320 μm 时，设计保护年限为 10 a，当厚度达到 450 μm 时，设计保护年限为 20 a；用作混凝土表湿区面层时，当最小干膜厚度为 350 μm 时，设计保护年限为 10 a，当厚度达到 500 μm 时，设计保护年限为 20 a。

3.2.5　氯化橡胶涂料

氯化橡胶涂料是以氯化橡胶为主要成膜物质，加入增塑剂、颜料、溶剂等制成的防腐涂料，可用作涂层体系的底层、中间层和面层，适用于工业大气、石油化工设备内壁和水下建筑等防腐蚀。氯化橡胶是由天然橡胶或异戊橡胶氯化而得的白色粉末状产品，溶液黏度因橡胶降解程度而异，易溶于芳烃、卤烃、酯类和酮类，并可用部分脂肪烃作稀释剂。

氯化橡胶涂料的特点是：①涂层水蒸气和氧气的透过率极低，因此具有良好的耐水性和防腐蚀性能；②在化学上呈惰性，因此化学稳定性好，具有优良的耐酸性和耐碱性，可用在混凝土等碱性基体之上，但不耐芳烃和某些溶剂；③有优良的附着力，且可被自身的溶剂所溶解，因此涂层与涂层的层间附着力好；④是溶剂挥发型单组分涂料，无毒、快干，不受环境温度限制，即使冬天也能使用，但由于是热塑性涂料，使用温度不宜高于 60～70℃；⑤含氯量高，因此具有较好的助燃性，且在潮湿条件下可防霉；⑥氯化橡胶可与多种树脂（如环氧树脂、煤焦沥青、热塑性丙烯酸等）配合制涂料，以改进其柔韧性、耐候性、耐腐蚀性等。

在海港工程构筑物中，氯化橡胶涂料主要用作混凝土涂层体系的面漆，常与环氧封闭漆底层、丙烯酸封闭漆底层、环氧树脂漆中间层等配套使用，适用于混凝土表干区和表湿区，其干膜厚度需根据设计年限、腐蚀部位和配套体系来确定，一般在 100 μm 以上。

3.2.6 氟碳涂料

氟碳涂料是以含氟树脂为主要成膜物的系列涂料的统称，它是在氟树脂基础上经过改性、加工而成的一种涂料，其主要特点是树脂中含有大量高键能的 F—C 键，因此分子结构稳定。涂料体现出优良的热稳定性、化学惰性、耐紫外辐射性能和耐候性等。

氟碳涂料按其成膜过程可分为烧结型、橡胶型、共聚体三大类型。烧结型氟碳涂料主要是通过含氟树脂微小颗粒的高温烧结来实现连续成膜，主要品种有聚四氟乙烯（PTEE）涂层、聚三氟氯乙烯（PCTFE）涂层等。橡胶型氟碳涂料的主要特点是涂膜具有较高的弹性和抗冲击性能，耐蚀性能比聚四氟乙烯等氟碳涂料差。共聚体含氟涂料主要是氟乙烯-乙烯基醚共聚物（FEVE）涂料，其具有可溶性，能在室温到高温较宽的温度范围内固化，得到光泽、硬度、柔韧性理想的涂膜。在重防腐涂料中主要的氟树脂涂料是由含氟烯烃 FEVE 缩二脲多异氰酸酯或 HDI 三聚体制备的含氟聚氨酯涂料。

氟碳涂料具有如下特点：①具有优异的耐候性、耐污染性、耐热水性、耐磨耗性、极低的表面能等，因此在户外使用时不易沾污，且保色性突出，显示出优异的耐久性、装饰性；②耐腐蚀性、耐化学药品性和耐温性也十分优异，在严酷环境下有良好的耐久性；③透氧性极小，能很好地起到屏蔽作用；④具有强抗湿性、抗菌性和优异的介电性能。但由于其价格较高、涂层制备困难，在某种程度上限制了其推广和应用。

在海港工程构筑物中，氟碳涂料主要用作长寿命（设计保护年限 20 a）涂层体系的面漆，适用于钢结构的大气区和浪溅区（最小干膜厚度为 100 μm），以及混凝土结构的表干区和表湿区（最小干膜厚度为 80 μm）。

3.2.7 聚硅氧烷涂料

聚硅氧烷涂料，即有机-无机聚硅氧烷杂合涂料，是以含反应性官能团的聚硅氧烷树脂为主要成膜物质，并加入适量的改性树脂、颜填料、助剂、溶剂等辅料制成的涂料。与环氧、聚氨酯等传统有机涂料不同，聚硅氧烷的主链是 Si—O 键，无机 Si—O 键的键能远大于传统有机涂料 C—C 键的。纯聚硅氧烷由于特殊的分子结构，具有优异的耐高低温性、耐候性、耐化学腐蚀性、耐磨性、憎水性及低表面能等优点，但也存在着强度低、脆性大、与基体黏结力差等缺点，影响其在涂料中的应用。

采用有机树脂对聚硅氧烷进行改性可获得优良的涂层性能和特定的施工性能。用脂肪胺环氧改性可获得较好的耐候性和耐腐蚀性；用芳香族环氧树脂改性可获得很好的耐化学品性能；用丙烯酸树脂改性也可获得优良的耐候性。有机改性程度的不同会影响聚硅氧烷涂料的性能，过低则影响涂层的耐冲击性和柔韧性，过高则使聚硅氧烷本身的耐紫外线性能和耐氧化性能下降。聚硅氧烷具有优异的耐候性能，主要用作防腐涂层体系的面层。

目前市场上聚硅氧烷涂料品种有耐候、耐腐蚀型环氧聚硅氧烷涂料，耐化学介质环氧聚硅氧烷涂料，单组分丙烯酸聚硅氧烷涂料和双组分丙烯酸聚硅氧烷涂料等，主要分为环氧聚硅氧烷涂料和丙烯酸聚硅氧烷涂料两大类。环氧聚硅氧烷涂料主要体现出优良的耐候性和耐腐蚀性，常用作重防腐涂料的面层。与环氧聚硅氧烷涂料相比，丙烯酸聚硅氧烷涂料耐腐蚀性略差，但装饰性、耐机械损伤性更优。总的来说，聚硅氧烷涂料的特点如下：优良的附着力，耐冲击性和柔韧性；卓越的耐候性和保色保光性；超强的抗老化性能和防腐蚀性能；优异的耐水、耐盐水及耐化学品腐蚀性能；突出的耐温变性，可经受冷热交变冲击。

在海港工程构筑物中，聚硅氧烷涂料主要用作长寿命（设计保护年限 20 a）涂层体系的面漆，适用于钢结构的大气区和浪溅区（最小干膜厚度为 100 μm），以及混凝土结构的表干区和表湿区（最小干膜厚度为 80 μm）。

3.3　海港工程构筑物常用涂层体系

涂料品种繁多，性能各异，涂层体系的确定需根据环境条件、结构使用目的、涂料性能、设计使用年限、工况条件、施工条件、性价比、标准规范等因素综合分析考虑，并优先选择被证明具有优良性能的涂层体系。

（1）环境条件。不同的环境腐蚀性不尽相同，因此对涂层体系的要求也不同。根据现行国家标准 GB/T 30790.2，海港工程构筑物所处大气环境属于 C5-M 等级，水环境属于 I m2 等级、土壤环境属于 I m3 等级。

（2）结构使用目的。临时性构筑物，防腐要求一般，因此对涂料性能和设计使用年限要求均不高。耐久性要求较高的重要工程，对涂层体系也有较高的要求。

（3）涂料性能。不同种类涂料之间的配套性不相同，有的适于作底漆、有的适于作面漆、有的则可"底面合一"，因此应选择性能配套的涂料组成涂层体系。

（4）设计使用年限。涂层设计使用年限主要根据工程重要性、业主要求、投资资金可行性等综合确定。对于不同设计使用年限的涂层体系，所用涂料性能、涂层厚度、施工工艺等都不尽相同。

（5）工况条件。海港工程构筑物分为大气区、浪溅区、水位变动区、水下区、泥下区（仅钢结构）。上述区域腐蚀破坏特征有差异，因此所适用涂层体系也不相同。

（6）施工条件。涂层体系的选择与施工条件密切相关。例如，混凝土表湿区应选择具有湿固化性能的涂料；受施工条件限制，只能进行低表面处理的部位，应当选择低表面处理要求的涂料；涂装修复较困难的结构应当采用长寿命的涂层体系。

（7）性价比。根据涂层保护的资金投入量，从全寿命角度出发，将经济性和技术先进性相结合，追求最佳的性能/价格比。

（8）涂层保护成熟有效、适用性强，涉及涂层保护的标准规范非常广泛。使用时应当分清是国标、行标还是企标，是强制性标准还是推荐标准。各行各业都有各自的特色，行标所推荐的涂层体系通常针对性更强，而且基本都经过工程实践证明。因此，一般情况下，优先选择行标推荐的涂层体系。海港工程构筑物可根据 JTS 153-3、JTJ 275、JTS 153 等现行行业标准来选择涂层体系。

3.3.1　海港工程钢结构涂层体系

海港工程钢结构涂层体系中的底层、中间层和面层因使用环境和设计保护年限的不同，对涂料的种类、涂层厚度及主要性能的要求也有所差异，但同一配套中的底层、中间层和面层需要有良好的相容性。通常情况下，海港工程钢结构涂层体系的设计保护年限一般不低于 10 a。

钢结构各部位的腐蚀破坏特征不同，因此对涂料性能要求也不相同。大气区涂料应具有良好的耐候性；浪溅区和水位变动区涂料应能适应干湿交替变化，并具有耐磨损、耐冲击和耐候的性能；水下区和水位变动区涂料应能与阴极保护配套，具有较好的耐电位性和耐碱性。表 3-5 为海港工程钢结构的常用涂层体系。

表 3-5　海港工程钢结构的常用涂层体系

设计保护年限/a	配套涂料			涂层干膜最小平均厚度/μm			
				大气区	浪溅区	水位变动区	水下区
10	1	底层	Ⅰ	富锌漆	75	75	75	75
		中间层	Ⅰ	环氧云铁防锈漆	150	250	300	300
			Ⅱ	环氧树脂漆	150	250	300	300
		面层	Ⅰ	聚氨酯面漆	75	75	—	—
			Ⅱ	厚浆型环氧漆	—	—	125	125
	2	同品种配套	Ⅰ	聚氨酯漆、丙烯酸树脂漆	350	450	450	450
			Ⅱ	厚浆型环氧漆、环氧沥青漆	—	—	500	500
20	1	底层	Ⅰ	富锌漆	75	75	75	75
		中间层	Ⅰ	环氧玻璃鳞片防锈漆	350	350	350	350
			Ⅱ	环氧云铁防锈漆	400	400	400	400
		面层	Ⅰ	氟碳面漆	100	100	—	—
			Ⅱ	聚硅氧烷面漆	100	100	—	—

续表

设计保护 年限/a	配套涂料			涂层干膜最小平均厚度/μm			
				大气区	浪溅区	水位变动区	水下区
20	1	面层	Ⅲ 厚浆型聚氨酯涂料	—	—	250	250
			Ⅳ 环氧重防腐涂料	—	—	300	300
			Ⅴ 厚浆型环氧玻璃鳞片涂料	—	—	250	250
	2	同品种 配套	Ⅰ 环氧重防腐涂料	—	—	800	800
			Ⅱ 厚浆型聚氨酯涂料	—	—	800	800
			Ⅲ 厚浆型环氧玻璃鳞片涂料	—	—	700	700

注：表中的中间层、面层配套涂料只需任选一项。

3.3.2　海港工程混凝土结构常用涂层体系

涂层保护不仅应用于钢结构表面，也大量应用于混凝土结构表面。然而，由于混凝土结构与钢结构材料组成、性能特点等方面的差异，混凝土涂层保护有其特殊性。混凝土表面涂层体系也由底层、中间层和面层涂料组成，或由底层和面层涂料组成，配套涂料之间同样需具有良好的相容性。通常情况下，海港工程混凝土结构涂层体系的设计保护年限一般也不低于 10 a。

长期处于饱水状态的混凝土构件，由于水中含氧量约是空气中的 1/7，混凝土中钢筋发生腐蚀时，其腐蚀速率因供氧不足极为缓慢。另外，接近饱水状态的混凝土，二氧化碳在其中的扩散速度缓慢，因此混凝土碳化速度也很慢。因此，氯盐和碳化引起腐蚀的混凝土构件，其涂层保护范围通常选择在饱水混凝土以上部位，即大气区、浪溅区及平均水位以上的水位变动区。

考虑到现场涂装施工要求和混凝土结构的腐蚀特点，可将混凝土涂层保护的范围划分为表干区和表湿区。表 3-6 为混凝土表面涂层保护范围划分。表湿区处于潮湿状态，并会受风浪冲击，因此表湿区涂料应具有湿固化、耐磨损和耐冲击性能。表 3-7 为海港工程混凝土结构的常用涂层体系。

表 3-6　混凝土表面涂层保护范围划分

名称	范围
表干区	大气区、水上区
表湿区	浪溅区及平均水位以上的水位变动区

注：浪溅区、水位变动区或水下区的预制构件在未安装前进行涂装时可按表干区划分。

表 3-7　海港工程混凝土结构的常用涂层体系

设计保护年限/a	配套涂料			涂层干膜最小平均厚度/μm	
				表干区	表湿区
10	1	底层	环氧树脂封闭漆	—	—
		中间层	环氧树脂漆	200	250
		面层 I	聚氨酯面漆	60	60
		面层 II	丙烯酸树脂漆	100	100
		面层 III	氯化橡胶漆	100	100
	2	底层	丙烯酸树脂封闭漆	15	15
		面层 I	丙烯酸树脂漆	320	350
		面层 II	氯化橡胶漆	320	350
20	1	底层	环氧树脂封闭漆	—	—
		中间层	环氧树脂漆	250	300
		面层 I	氟碳面漆	80	80
		面层 II	聚硅氧烷面漆	80	80
		面层 III	聚氨酯面漆	100	100
		面层 IV	丙烯酸树脂漆	200	200
		面层 V	氯化橡胶漆	200	200
	2	底层	丙烯酸树脂封闭漆	15	15
		面层 I	丙烯酸树脂漆	450	500
		面层 II	氯化橡胶漆	450	500

3.4　海港工程构筑物的表面预处理

3.4.1　概述

1. 表面预处理的重要性

表面预处理是为了改善涂层与基体间的结合力和防腐效果，在涂装之前用机械方法或化学方法处理基体表面，以达到符合涂装要求的措施，其主要作用是清除基体表面影响涂层寿命的物质，并为涂层提供一个容易润湿的表面以提高其附着力。

防腐蚀涂层的有效使用寿命有多种影响因素，如涂装前钢材表面预处理质量、涂料的品种、组成、涂膜的厚度、涂装道数、施工环境条件及涂装工艺等。表 3-8

列出了各种因素对涂层寿命影响的统计结果。由表 3-8 可知，表面预处理质量是影响涂层过早破坏的主要因素，对金属热喷涂层和其他防腐覆盖层与基体的结合力，表面预处理质量也有极重要的作用。因此，钢结构在涂装之前必须进行表面预处理。

表 3-8　各种因素对涂层寿命影响的统计结果（%）

因素	表面预处理质量	涂膜厚度	涂料种类	其他因素
影响程度	49.5	19.1	4.9	26.5

混凝土是由水泥胶凝材料、砂石骨料等组成的工程复合材料，与钢材相比，混凝土表面呈碱性，其材料机械强度差很多，具有多孔性，同时孔隙中又含有水。除此之外，由于处于海港环境中，还可能有油污和盐分等。若不经表面预处理直接涂装，这些碱性物质、毛孔、表面的油污物及水分等都会影响到涂装后涂层与基体间的结合力，不仅使涂层的附着力变差，还会造成涂层起泡、龟裂、泛白、脱层等缺陷。因此，混凝土结构在防腐涂装前，也必须进行与钢材表面相类似的表面预处理。而表面预处理的方法也与钢材表面预处理的方法类似，原理相同。

2. 表面预处理的目的

表面预处理的主要目的就是使基体材料的表面状态符合涂装要求，具体而言可为分为结构处理、表面清理、表面粗糙度三个方面。

（1）结构处理。基体的某些结构状态对涂层的完整性、附着力有很大影响，因此需对基体进行必要的处理，如锐边打磨、倒角磨圆、飞溅的去除、焊孔补焊、磨平、混凝土表面缺陷修补等。

（2）表面清理。若基体表面处理不彻底，其表面残留的杂质污物，将显著影响涂层的保护效果。因此，需对基体进行表面清理，除去表面上对涂料有损害的物质，特别是氧化皮、铁锈、可溶性盐、油脂、水分、混凝土表面松散物等。

（3）表面粗糙度。表面粗糙度增大了对涂层的接触表面，并有机械吻合作用，提高了涂层对基体的附着力。但粗糙度也不能过大，否则在波峰处往往引起厚度不足，引起早期孔蚀，而在较深的凹坑里则会截留气泡，成为涂层鼓泡的根源。

3. 表面预处理的主要内容

钢结构表面预处理主要是去除表面的油脂、水分、污物、氧化皮、锈斑、灰尘、可溶性盐、旧涂层等。混凝土结构的表面处理与钢结构类似，也需要去除油污、水分、旧涂层及混凝土表面松散物等。除此之外，还应对混凝土结构表面进行干燥处理、粗糙化处理等，严格控制混凝土结构表面的含水量、pH 等。

3.4.2　海港工程构筑物表面预处理措施

1. 表面脱脂净化方法

沾在基体表面的油脂等污物会严重影响涂层与基体间附着力，直接喷射清理还会污染所用磨料，因此不论是钢结构或混凝土结构，涂装施工前均需脱脂净化。表 3-9 为常用表面脱脂净化方法的适用范围。对于混凝土表面而言，在用碱液、洗涤剂或溶剂处理后，还须用淡水冲洗至中性。

表 3-9　常用表面脱脂净化方法的适用范围

清洗方法	使用范围	注意事项
采用汽油、过氯乙烯、丙酮等溶剂清洗	清除油脂、可溶污物、可溶涂层	若需保留旧涂层，应使用对该涂层无损的溶剂，溶剂及抹布应经常更换
采用如氢氧化钠、碳酸钠等碱性清洗液清洗	除掉可皂化涂层、油脂和污物	清洗后应用水冲洗干净，并做钝化和干燥处理
采用 OP 乳化剂等乳化清洗	清除油脂及其他可溶污物	清洗后应用水冲洗干净，并做干燥处理

2. 表面清理方法

表面清理方法有手工清理、动力工具清理、喷砂清理、抛丸清理、火焰清理、高压水清理、酸洗等。海港工程钢结构常采用手工清理、动力工具清理、喷砂清理、高压水清理等方法，而混凝土结构表面清理方式则因混凝土强度而异。表 3-10 为不同强度混凝土的表面清理方式。需注意的是，在上述表面清理方法实施前，通常需要先进行脱脂净化处理，以免污染工具、磨料等。清理完毕后，钢结构应及时涂覆防锈底漆，混凝土结构应及时涂覆封闭剂，以免再次污染、返锈等。

表 3-10　不同强度混凝土的表面清理方式

混凝土强度	处理方式
≥C40	喷砂清理、高压水清理
C30～C40	喷砂清理、高压水清理、打磨
C20～C30	喷砂清理、高压水清理、铣刨、打磨、研磨
≤C20	高压水清理、打磨、铣刨、研磨

1）手工清理

手工清理是最早应用的表面处理方法，适用于无需喷射清理的小面积部位。常用的手动工具有砂纸、无纺砂盘、钢丝刷、敲锈锤、凿子、锉、铲刀、刮刀等。手工清理可以除去附着不牢的氧化皮、腐蚀产物及松散的涂层和其他杂物，但不能清除附着牢固的氧化皮、铁锈等。目前，手工清理主要是作为辅助手段，常用于喷射清理前厚锈层、松散起泡旧涂层的清除。混凝土表面的浮灰、浮浆、松散物等较易处理的杂物也常用手工清理。在涂层修复作业中，手动工具也常得到使用，但主要用于表面处理要求较低的修复方式，如包覆防腐修复、低表面处理涂料修复等。

2）动力工具清理

动力工具清理是一种使用动力协助手动工具进行表面处理的方法。动力工具与手动工具相似，但须使用电或压缩空气等能源。动力工具可除去松散的氧化皮、铁锈、旧涂膜和其他有害物质，但同样不能清除附着牢固的氧化皮、铁锈和旧涂膜。常用的工具有旋转丝刷、砂轮、砂纸盘、钢丝盘、气铲、笔形钢丝刷、锥形小砂轮等。动力工具清理所适用的场合与手动工具相似，但其优点是可以降低劳动强度、清理效率更高。

3）喷砂清理

喷砂清理的工作原理是以高压空气流将磨料推进喷枪，形成磨料流，然后以极高的速度冲击基体表面，从而除去锈层、旧涂层、浮灰、夹杂等。喷砂系统主要由压缩空气及配气、喷砂设备、回收装置、通风除尘等部分组成。目前，喷砂清理是海港工程构筑物最常用的表面处理方法，主要用于钢结构表面除锈、旧涂层清除，也可用于混凝土表面浮灰、夹杂等杂物的清除。对于海港工程钢结构的喷砂清理而言，应注意如下事项。

（1）空压机所提供的压缩空气含有一定的油和水。油会影响涂层的附着力，水会加速被涂覆钢结构返锈。空压机的压缩空气温度较高，一般为 70～80℃，用未冷却的空气直接喷射温度较低的钢结构表面，可能会产生冷凝现象，影响表面处理效果。因此，喷射清理所用压缩空气应经冷却装置和油水分离器处理。油水分离器内部的过滤材料使用一定时间后会失效，因此油水分离器应定期清理。

（2）喷射清理工作环境的空气相对湿度低于 85%，钢结构表面温度不低于露点以上 3℃。若达不到上述要求，可通过遮盖、供暖或输入净化干燥的空气等措施来改善工作环境。

（3）喷射式喷砂机的工作压力宜为 0.50～0.70 MPa，喷砂机喷口处的压力宜为 0.35～0.50 MPa。然而，对于壁厚小于 4 mm 的薄壁构件，由于其在承受较大喷射压力时可能会变形，因此使用的喷射压力可适当降低。

（4）为提高喷砂处理的工作效率，喷嘴与被喷射钢结构表面的距离宜为 100～300 mm；喷射方向与被喷射钢结构表面法线之间的夹角宜为 15°～30°；喷嘴孔口磨损直径增大 25%时宜更换喷嘴。

（5）喷射清理所用的磨料必须清洁、干燥。磨料的种类和粒径应根据钢结构表面的原始锈蚀程度、设计或涂装规格书所要求的喷射工艺、清洁度和表面粗糙度进行选择。一般来说，A 级和 B 级锈蚀等级的钢构件选用丸状磨料；C 级和 D 级锈蚀等级使用棱角状磨料效率较高；丸状和棱角状混合磨料适用于各种原始锈蚀等级的钢结构表面。壁厚不小于 4 mm 的钢构件可选用粒径为 0.5～1.5 mm 的磨料，壁厚小于 4 mm 的钢构件应选用粒度较小的磨料。

（6）涂层缺陷局部修补和无法进行喷射清理时可采用手动和动力工具除锈，但由于手动和动力工具除锈的局限性，主要用作修复或辅助手段。

（7）表面清理应做好质量、安全、劳保和环保方面的措施：①表面清理后，应用吸尘器或干燥、洁净的压缩空气清除浮尘和碎屑，清理后的表面不得用手触摸；②清理后的钢结构表面应及时涂刷底漆，涂装前如果发现表面被污染或返锈，应重新清理至原要求的表面清洁度等级；③喷砂工人在进行喷砂作业时应穿戴防护用具，在工作间内作业时呼吸用空气应进行净化处理；④露天作业时应作防尘和环境保护，并应符合国家有关法律法规的规定。

（8）湿喷砂主要作为干喷砂方法的一个补充，常用于环保要求较高和易燃易爆的场合。采用湿喷砂时宜在水中加入一定量的缓蚀剂，目前使用较多的缓蚀剂是亚硝酸钠。

4）高压水清理

高压水清理是利用高压水的压力对基体表面进行处理，对基体表面附着物产生冲击、水楔、疲劳和气蚀等作用，使其脱落而除去。高压水处理是一种有效的表面处理方法，在船舶涂装修缮中应用广泛，主要用于除锈、清除海生物等。但在海港工程构筑物中，该方法很少用于钢结构除锈，主要用于混凝土表面浮灰、夹杂等杂物的清理或结构表面海生物清理等。

5）激光表面清理

激光表面清理指利用高能量、集中性高的激光照射被加工工件，使得基体表面的污垢、氧化皮、腐蚀产物、有机涂层等附着物吸收激光能量后，以熔化、气化、瞬间受热膨胀并被蒸气带动脱离基体表面，从而达到净化基体表面的目的。激光表面清理具有绿色环保、对基体损伤小、可实现远距离操作、适用范围广等优点，目前在文物、电子工业、精密机械等领域有广泛使用。然而，由于激光表面清理设备成本较高，且清理效率相对较低，在海港工程构筑物中应用很少。表 3-11 为海港工程构筑物常用表面清理方法的比较。

表 3-11　海港工程构筑物常用表面清理方法的比较

清理方式	优点	缺点	注意事项	处理质量	表面粗糙度
手工清理	工具简便、无需动力、便于携带、机动性好、污染较小	除锈效率低、表面粗糙度小、劳动强度大	主要用于小面积清理和其他工具难以达到的部位清理	差	差

续表

清理方式	优点	缺点	注意事项	处理质量	表面粗糙度
动力工具清理	机动性好、清理较彻底、污染较小、便于携带	清理效率低(去除氧化皮能力差)、劳动强度较大、表面粗糙度小	根据不同对象选择相应的工具,用于对旧涂层的打毛处理	一般	较差
喷砂清理	清理彻底、处理效率高、可处理多种形状的表面、磨料价廉	对环境有污染、磨料、不能同时进行其他作业	操作时,必须遮蔽其他相邻物体;采取必要措施减少粉尘污染危害	优	优
高压水清理	清理彻底、处理效率高、可处理多种形状的表面、可除可溶性盐、污染很小	设备成本较高、需耗费大量淡水、处理钢结构后表面易返锈、处理钢结构须加缓蚀剂	常用于混凝土表面清理、结构表面的海生物清除等	优	优
激光表面清理	绿色环保、对基体损伤小、可实现远距离操作、适用范围广	清理设备成本较高,且清理效率相对较低	常用于附加值较高构件或仪器设备的表面清理	优	优

3.5 海港工程构筑物的涂装方法

涂装是涂料施工的核心工序,对涂料性能的发挥有重要影响。涂装方法可分为手工工具涂装、动力工具涂装和器械设备涂装三大类。手工工具涂装是传统的涂装方法,包括刷涂、刮涂、滚涂等。动力工具涂装应用广泛,主要包括空气喷涂、无空气喷涂和热喷涂等。器械设备涂装是近年来发展最快的,现在已从机械化逐步发展到自动化、连续化和专业化,如浸涂、淋涂、静电喷涂和自动喷涂等。海港工程构筑物常用涂装方法有刷涂、刮涂、滚涂、喷涂等。表 3-12 为各种涂装方式的特点。选择何种涂装方法需根据被涂覆物状况、施工条件、对涂层的质量要求、涂料性能等因素综合分析确定。下面介绍海港工程构筑物常用的涂装方法。

表 3-12 各种涂装方式的特点

涂装方式	原理	特征	用途	作业环境
刷涂	在刷子上蘸上涂料进行涂覆	不用特别设备,使用极为简单,但涂装效率低,容易生成刷痕、斑点	使用很广泛,在各领域中都可以使用	不会形成涂料粉尘,作业环境良好
刮涂	使用刮刀在被涂物表面进行手工涂刮	与刷涂的效率相近,可有效填补孔洞、凹坑、裂缝等缺陷,但应用范围较小	常用于腻子和各种厚浆型涂料的涂装	与刷涂相似,作业环境良好

涂装方式	原理	特征	用途	作业环境
滚涂	在用海绵等材料制成的圆筒上蘸涂料滚动涂装	与刷涂、刮涂相比，效率高，但存在涂层表面不光滑、曲面处难涂等缺点	适用于构筑物外壁、内壁等的较大面积涂装	与刷涂、刮涂相似，作业环境良好
压缩空气喷涂	用压缩空气使涂料雾化，同时喷到被涂表面而形成涂层	设备价格便宜，使用范围广，操作简单，但存在雾飞散、涂料损失多等缺点	使用范围广泛，各领域中都可使用	由压缩空气引起的涂料飞散及溶剂挥发多，需排气装置，要特别注意火花
无气喷涂	用泵加 10～20 MPa 的液压，从细孔喷射雾化，跟压缩空气喷涂一样形成涂层	涂料中不含空气，雾飞散较少，效率高，但其喷涂效果不如压缩空气的好	在各领域都有使用，但小件及以装饰为重点的作业上使用起来较困难	飞散、溶剂挥发等仍存在，但比压缩空气喷涂少，因此需要与压缩空气喷涂一样的装置

3.5.1　刷涂

刷涂是人工用漆刷蘸取涂料并将其涂覆于物件表面的涂装方法，适用于除挥发性快干涂料（如硝基漆、过氯乙烯漆等）以外大部分涂料。漆刷按形状可分为扁刷、圆刷、歪脖刷等。按其制作材料则可分为天然毛料刷和人造纤维刷。常用天然毛料有羊毛、猪鬃等，常用人造纤维有尼龙、PVC 等。按漆刷所用材料的弹性可分为硬毛刷和软毛刷。根据不同的施工对象，可选择不同尺寸、不同形状、不同材质的漆刷。黏度大的涂料一般选用弹性大的硬毛刷，黏度小、干燥快的涂料一般选择弹性适当的软毛刷。刷涂操作一般应遵循先难后易、先里后外、从边后面、先斜后直、从左至右、从上至下等原则。刷涂过程如下：首先在要涂覆的部位涂上一定量的涂料，再将涂料在被涂面上延展均匀，最后用漆刷按一定方向轻轻将漆面抹平，以消除刷痕、堆积、斑点等现象。

刷涂的优点为：①工具简单、操作方便，设备投资小，施工技巧易掌握；②适应性强，使用范围广，不受场地、被涂物形状和尺寸的限制，大部分品种的涂料都可使用刷涂方法；③施工中涂料损失浪费较少，可节省涂料用量；④刷涂的机械作用较强，可使涂料更好地渗入构筑物表面的孔隙中，从而提升涂层在表面的附着力。缺点为：①耗费工时、劳动强度大、效率低；②涂层厚度易不均匀，外观质量较难控制，若涂装技术不熟练，容易出现流挂、刷痕等弊病；③硝基涂料、过氯乙烯涂料等挥发性快干涂料一般不适用。

3.5.2　刮涂

刮涂是使用刮刀在被涂物表面上进行手工涂刮的一种涂装方法，适用于腻子和各种厚浆型涂料。刮刀可由金属、木材、橡胶、尼龙等材料制成，常用刮刀有牛角刮刀、油灰刀、嵌刀、橡胶刮刀等，可用于填孔、补平、塞缝、抹平等作业。

刮涂过程如下：先将涂料在被涂物表面上以适当的宽度刮涂几次，然后将刮上的涂料在一定方向上强力挤压使其厚度均匀一致，以消除刮涂不均匀处，最后将刮刀放平，稍用力挤压，将涂层表面抹平以消除接缝。

刮涂的优点为：①工具简单，不受场地等条件限制，涂装设备投资小；②一次涂装涂层厚度大，可有效填补凹坑、孔洞、裂缝等缺陷。缺点为：①劳动强度大、工作效率低；②适用范围较小，仅适用于腻子和稠度较大的涂料。

3.5.3　滚涂

滚涂是利用蘸过涂料的滚筒在被涂物表面上滚转而将涂料涂覆上去的一种方法，适用于较大平面的涂装。滚涂可分为手工滚涂和机械滚涂两种。手工滚涂的工具有滚筒和滚涂盘。除普通滚筒外，还有压送式滚筒装置，它主要由空气压缩机、涂料罐和滚筒组成，工作时采用压送式涂料罐给滚筒输送涂料。机械滚涂法与机械印刷原理相同，是将蘸有一定厚度涂料的滚筒在被涂物表面上滚转，而将涂料转涂到被涂物上的方法，主要用于流水线作业，不适宜现场施工。

手工滚涂的优点是：①设备工具简单，投资小，操作方便；②可用于较高黏度涂料的涂装，节省稀释剂，涂装质量较好；③涂装效率比刷涂、刮涂等方法高。缺点是：①适用的被涂物有局限性，被涂覆表面必须是平面，不适用于形状复杂的被涂物涂装；②不适用于高装饰性（流平、丰满、高光泽等）涂料的涂装。

3.5.4　压缩空气喷涂

压缩空气喷涂是利用压缩空气流使涂料雾化而分散沉积在被涂物表面，形成均匀涂层的一种涂装方法。压缩空气喷涂除应用于喷涂硝基漆、过氯乙烯等挥发性快干涂料外，也用于喷涂聚氨酯、环氧、氨基、丙烯酸等各类涂料，适用范围广泛。常用的工具和设备有喷枪、储漆罐、空气压缩机、喷涂室、排风系统等。空气喷枪可分为吸上式、重力式和压送式三种。

压缩空气喷涂的优点是：①生产效率高，适应性强，应用范围广泛；②涂层质量均匀，平整光滑；③对于结构复杂、凹凸不平的物体和大型物体施工方便且有效；④对挥发性快干涂料能获得较好的涂装质量。其缺点是：①涂料浪费大，部分涂料随空气的扩散而消耗；②一次喷涂的涂层厚度有限，需多次喷涂才能得到较厚涂层；③为降低涂料黏度，须加入较多稀释剂，但这样增加了材料成本和对环境的污染；④施工中涂料气雾水飞散较严重，对人体有害，宜在专用的喷涂室内中进行施工；⑤施工中若通风不良，气雾太浓，容易引起火灾甚至爆炸；⑥喷涂形成的涂层温度低于环境温度，在空气湿度较大时，涂层表面易吸水凝露而造成涂层发白、光泽下降，挥发性快干涂料尤为严重。

3.5.5 高压无气喷涂

高压无气喷涂是利用压缩空气作为动力驱动高压泵，将涂料吸入并加压至10～25 MPa，通过高压软管和喷枪，最后经呈橄榄孔的喷嘴喷出。当涂料离开喷嘴时，雾化成很细的微粒，喷射到被涂料表面，形成均匀的涂层。由于涂料是通过高压泵被增至高压，而涂料本身不与压缩空气混合，因此称为高压无气喷涂。高压无气喷涂设备有固定式、移动式、轻便手提式等。高压无气喷涂涂层均匀、光滑平整、外观质量高，且工作效率高，适用于大面积喷涂；而人工滚涂和刷涂涂层均匀和外观质量不及高压无气喷涂，且效率低，适用于细长和小面积构件，且涂层外观质量要求不高的部位。

与压缩空气喷涂相比，高压无气喷涂的优点是：①涂装效率为空气喷涂的 3 倍以上；②涂料的喷雾不混入空气，被涂物的角落、间隙等部位也可很好涂装；③可用于高黏度厚浆型涂料喷涂，一次涂装可获得厚涂层；④喷雾飞散小，涂料利用率高，对环境污染小。与压缩空气喷涂相比，高压无气喷涂的缺点是：①喷雾幅度和喷出量难以控制，必须通过更换喷嘴才能达到调节目的；②设备比较复杂，对涂料黏度和压力的调节与控制要求更高；③涂层质量不及空气喷涂法，不适用于薄涂层的装饰性涂装。

海港工程构筑物的涂装一般采用高压无气喷涂，当条件不允许时，可采用滚涂和刷涂。最后一道面漆通常需整体喷涂。高压无气喷涂设备应根据涂料性能、环境温度等确定涂料压力、喷枪嘴型号、喷涂距离等选择。高压无气喷涂作用满足下列要求：①喷涂时喷枪始终与被涂面保持垂直，并与被涂面保持 300 mm 左右等距离移动，以手臂的运动带动喷枪，避免手腕转动而成为弧形移动；②每喷一道涂层在前一道上重叠约 50%，扣下扳机后保持匀速移动喷枪；③喷枪移动速度根据涂层厚度、涂料黏度等确定。

3.6 海港工程构筑物涂层保护的质量控制

涂层质量的优劣会受到表面处理、涂装、涂料性能等多重因素的影响。因此，要求获得质量优异的涂层，必须要有品质良好的防腐涂料、合格的表面处理、正确的涂装工艺、娴熟的涂装技术等。涂层质量的控制关键点包括防腐涂料性能、表面处理质量、作业环境、涂装过程等。

3.6.1 海港工程构筑物防腐涂料的质量控制

防腐涂料的性能直接关系到涂层体系的性能，因此海港工程构筑物防腐涂料的性能应满足构筑物所在海洋环境的防腐需求。除涂料本身的性能外，防腐涂料储存和运输也会对涂料性能造成影响，因此需要严格控制涂料储存和运输过程，并进行严格的进场检验，以确保涂料性能满足涂装需求。防腐涂料的性能检验主要包括对涂料本身性能检测和涂层性能检测两方面。

1. 防腐涂料本身的性能指标

表 3-13 为海港工程构筑物所用防腐涂料的典型性能要求。另外，常用防腐涂料还有相应的产品标准，规定了涂料分类、产品性能要求等内容，有重要的参考价值。表 3-14 为常用的涂料产品标准。

表 3-13　海港工程构筑物所用防腐涂料的典型性能要求

检验项目	性能指标	检验方法
颜色	满足标准色卡要求	《漆膜颜色标准》（GB/T 3181—2008）
主漆黏度/s	符合产品规定要求	《涂料粘度测定法》（GB/T 1723—1993）
固体含量/%	符合产品规定要求	《色漆、清漆和塑料 不挥发物含量的测定》（GB/T 1725—2007）
密度/(g/mL)	符合产品规定要求	《色漆和清漆 密度的测定 比重瓶法》（GB/T 6750—2007）
遮盖力/(g/m²)	符合产品规定要求	《涂料遮盖力测定法》（GB/T 1726—1979）
干燥时间(25℃)	表干时间≤2.5 h	《漆膜、腻子膜干燥时间测定法》（GB/T 1728—1979）
流挂性	符合产品规定要求	《色漆流挂性的测定》（GB/T 9264—2012）
流平性	符合产品规定要求	《涂料流平性测定法》（GB/T 1750—1979）
面漆细度/μm	≤50	《涂料细度测定法》（GB/T 1724—1979）
附着力/级	≤2	《漆膜附着力测定法》（GB/T 1720—1979）
冲击强度/cm	≥50	《漆膜耐冲击测定法》（GB/T 1732—1993）

表 3-14　常用的涂料产品标准

序号	标准规范号	标准规范名称
1	HG/T 3668—2009	《富锌底漆》
2	HG/T 4340—2012	《环氧云铁中间漆》
3	HG/T 4566—2013	《环氧树脂底漆》
4	HG/T 4759—2014	《水性环氧树脂防腐涂料》
5	HG/T 4758—2014	《水性丙烯酸树脂涂料》
6	HG/T 2240—2012	《潮(湿)气固化聚氨酯涂料(单组分)》
7	HG/T 4761—2014	《水性聚氨酯涂料》
8	HG/T 2454—2014	《溶剂型聚氨酯涂料（双组分）》
9	HG/T 4336—2012	《玻璃鳞片防腐涂料》
10	HG/T 3792—2014	《交联型氟树脂涂料》
11	HG/T 4755—2014	《聚硅氧烷涂料》
12	GB/T 25263—2010	《氯化橡胶防腐涂料》

2. 防腐涂层体系的性能指标

为明确涂层配套体系的性能是否满足设计要求，在涂装前，通常需要按照设计涂层配套体系测定涂层性能，主要检验项目和检验方法见表 3-15。

表 3-15 涂层的主要检验项目和检验方法

类型	检验项目	检验方法
钢结构涂层	耐老化性	《色漆和清漆人工气候老化和人工辐射暴露滤过的氙弧辐射》（GB/T 1865），钢结构涂层试件
	耐盐雾性	《色漆和清漆耐中性盐雾性能的测定》（GB/T 1771）
	耐湿热性	《漆膜耐湿热测定法》（GB/T 1740）
	黏结强度	《色漆和清漆拉开法附着力试验》（GB/T 5210）
	耐电位性	《色漆和清漆暴露在海水中的涂层耐阴极剥离性能的测定》（GB/T 7790）
混凝土涂层	耐老化性	《色漆和清漆 人工气候老化和人工辐射暴露 滤过的氙弧辐射》（GB/T 1865），混凝土涂层试件
	耐冲击性	《漆膜耐冲击测定法》（GB 1732）
	抗氯离子渗透性	《水运工程结构耐久性设计标准》（JTS 153）
	黏结强度	
	耐碱性	
	外观质量	

注：进行混凝土表湿区涂层性能检验，应在潮湿混凝土试件上涂装各道涂层。

不同结构和部位由于腐蚀特点、表面状态等不同，防腐涂层体系的性能要求也不同。表 3-16 和表 3-17 为海港工程钢结构和混凝土结构涂层体系的性能指标要求。

表 3-16 海港工程钢结构涂层体系的性能指标要求

涂层所处部位	项目	设计保护年限 10 a	设计保护年限 20 a
大气区	涂层耐老化性/h	≥1000	≥3000
	涂层耐盐雾性/h	≥3000	≥4000
	涂层耐湿热性/h	≥3000	≥4000
	涂层耐黏结强度/MPa	≥5	≥5
浪溅区、水位变动区、水下区	涂层耐盐雾性/h	≥3000	≥4000
	涂层耐湿热性/h	≥3000	≥4000
	涂层耐黏结强度/MPa	≥5	≥5
	涂层耐电位（相对于 Ag/AgCl 参比电极）/V	<−1.20	<−1.20

表 3-17　海港工程混凝土结构涂层体系的性能指标要求

项目		性能指标	项目	性能指标
涂层耐老化性	设计保护年限 10 a	≥1000 h	涂层抗氯离子渗透性	≤5.0×10^{-3} mg/(cm^2·d)
	设计保护年限 20 a	≥2000 h	涂层黏结强度	≥1.5 MPa
涂层耐冲击性		≥50 kg·cm	涂层耐碱性	合格
涂层外观质量		合格	—	—

3. 防腐涂料的储存和运输

涂料在容器中搅拌后应呈无粗颗粒、均匀状态。涂料应当存放在通风、阴凉位置，做好有效的防火措施，并按品种、规格分别堆放。涂料在运输过程中应采取有效的防碰撞、防泄漏和防火措施。防腐涂料（尤其开封后的）储存过长时间后，性能可能会发生改变，因此尽量在有效期内使用。

4. 防腐涂料的进场检验

海港工程构筑物防腐涂料进场检验一般需满足以下要求：①进场涂料需检查产品出厂合格证、材料检测报告等；②检验批次按每 2 t 为 1 个检验批，单批次不足 2 t 应按 1 个检验批；③进场涂料需随机抽检并保存样品，每种涂料取样不少于 8 kg 用于检测涂料基本性能和涂层性能；④开工后各批次进场涂料应检测涂料基本性能，涂层性能可根据涂装面积和结构涂层重要程度等抽样检测；⑤当抽样检测结果有不合格项时，应重新抽样复检，当仍有不合格时，应判定该批产品质量不合格。

5. 防腐涂料涂装前的准备

双组分或多组分的防腐涂料需要严格按照比例配制。当组分混合后，应当注意混合使用时间，以免超过规定时间涂料胶凝而造成浪费。颜料密度较大的防腐涂料，易产生沉淀，如富锌底漆、厚浆型涂料等，因此使用前需机械搅拌均匀。当温度较低时，可加入适量稀释剂以降低涂料黏度，以便于施工。涂料中难以分散的较大颗粒、结皮或其他异物，必须进行过滤，以免喷嘴被堵塞或涂装形成的涂层产生缺陷。涂料用量应根据构件类型、涂装面积、涂装方式、作业条件、风速和涂装人员作业熟练程度等确定。

3.6.2　海港工程构筑物的表面预处理要求

1. 海港工程钢结构的表面预处理要求

表面预处理是钢结构涂料施工的基础工序，是保障涂装质量的前提条件，其关键就是使钢结构表面达到规定的表面清洁度和表面粗糙度。表面清洁度是指除去钢铁表面氧化皮、铁锈和其他附着物的程度。清洁度等级越高，涂层的保护效果越好。表面粗糙度指预处理后基体金属表面的粗糙程度，属于微观几何形状误差，粗糙度越小，表面越光滑。适宜的粗糙度能使涂层与基体很好咬合，从而具有理想的结合强度。由于腐蚀环境、腐蚀方式、钢材表面状况和涂层品种及厚度各不相同，对表面预处理的要求也有所区别。因此，在涂装之前应综合各种因素，明确表面预处理的清洁度和粗糙度要求。

根据现行国家标准 GB/T 8923.1 的相关规定：未涂装过的钢材表面原始程度按氧化皮覆盖程度和锈蚀程度分为 A、B、C、D 四个等级；表面处理方法类型可分喷射清理、手工和动力工具清理及火焰清理三类。表 3-18 为喷射清理等级。表 3-19 为手工和动力工具清理等级。需指出的是，基体表面附着的油脂、润滑剂、残留的清洗剂等污物会影响涂层的附着力，并污染喷射处理时所用的磨料，而表面的焊渣、毛刺和飞溅物等则会造成涂层的局部缺陷。因此，钢结构在除锈处理前，应清除焊渣、毛刺和飞溅物等附着物，并清除基体表面可见的油脂和其他污物。被酸、碱、盐等浸染的钢结构表面，应当用洁净淡水冲洗，并进行干燥处理。此外，表面清理前还需铲除表面的锈层，表面清理后则需清除表面的浮灰和碎屑。

表 3-18　喷射清理等级

Sa1 轻度的喷射清理	在不放大的情况下进行观察时，表面应无可见的油、脂和污物，并且没有附着不牢的氧化皮、铁锈、涂层和外来杂质
Sa2 彻底的喷射清理	同 Sa1，但任何残留物应附着牢固
Sa2.5 非常彻底的喷射清理	同 Sa1，但任何残留的痕迹仅是点状或条纹状的轻微色斑
Sa3 使钢材表观洁净的喷射清理	同 Sa1，但该表面应具有均匀的金属色泽

表 3-19　手工和动力工具清理等级

St2 彻底的手工和动力工具清理	在不放大的情况下观察时，表面应无可见的油、脂和污垢，并且没有附着不牢的氧化皮，铁锈、涂层和外来杂质
St3 非常彻底的手工和动力工具清理	同 St2，但表面处理要彻底得多，表面应具有金属基体的光泽

表面清洁度对涂装系统的保护效果影响很大。就保护性能而言，表面清洁度等级越高越好，但表面预处理费用会随着清洁度等级的提高而急剧增加。表 3-20 为清洁度等级、相对费用和防护效果比较关系。一般而言，不同涂层的表面清洁度等级满足最低要求即可。但需要指出的是，若是重要工程或业主要求时，钢结构表面清洁度的最低等级应相应提高。

表 3-20　清洁度等级、相对费用和防护效果比较关系

清洁度等级	Sa1	Sa2	Sa2.5	Sa3
预处理效率/(m²/d)	483	232	139	93
相对费用	1	2 +	3.5	5 +
防护效果	2	5	6.5	7

注："2 +"表示实际值大于 2，经修约舍弃为 2；"5 +"同理。

由表 3-20 可知，从 Sa2 级到 Sa3 级，费用增加了 150%，而防护效果仅增加了 40%，可见清洁度成本的增加与防护效果的提高不成比例。目前海港工程钢结构都有较长的保护寿命要求，因此要求较高的表面预处理等级。Sa3 级需要较高的预处理费用，且效率较低，除极严酷环境或部分高要求的涂层（如无机富锌底漆、热喷铝层）外，很少采用 Sa3 级。对于便于维修的钢结构，有时会采用一些价格便宜的涂料，表面预处理要求可适当降低，Sa2 级能满足这些涂料表面处理要求，但 Sa2 级不能满足热喷涂金属及一些高性能涂料。而 Sa2.5 级以相对较低的成本满足绝大多数金属热喷涂层和高性能防腐涂层的需求。即使彻底的手工和动力除锈（St3 级），表面粗糙度也达到金属热喷层、高性能防腐涂层的要求。因此，使用金属热喷层、高性能防腐涂层时，不允许通过手工或动力工具除锈。表 3-21 为不同涂料表面的最低清洁度要求。

表 3-21　不同涂料表面的最低清洁度要求

涂料品种	表面清洁度最低等级	
	喷射或抛射除锈	手工或动力工具除锈
金属热喷铝、无机富锌底漆	Sa3	不允许
金属热喷锌、有机富锌底漆、玻璃鳞片类底漆、环氧底漆	Sa2.5	不允许
环氧沥青底漆、聚氨酯底漆等	Sa2	St3

涂层与基体材料的结合力主要依靠涂料极性基团与金属表面极性分子之间的相互吸引，粗糙度的增加，可显著加大基体的表面积，从而提高涂层附着力。但粗糙度过大也会带来不利的影响，当涂料厚度不足时，轮廓峰顶处常会成为早期腐蚀的起点。因此，一般情况下表面粗糙度值不宜超过涂装体系总干膜厚度的 1/3。表 3-22 为钢结构基体表面粗糙度要求。

表 3-22　钢结构基体表面粗糙度要求（μm）

涂层体系	金属热喷涂层	常规防腐涂层	厚浆型防腐涂层
总干膜厚度	120~380	150~400	400~1500
表面粗糙度	40~85	30~70	60~100

海港工程钢结构表面清洁度按现行国家标准 GB/T 8923.1 中相应的照片进行目视对照检查，其检验数量见表 3-23。表面粗糙度按照现行国家标准 GB/T 13288 的有关规定，用标准样块目视比较评定表面粗糙度等级，或用剖面检测仪、粗糙度仪直接测定表面粗糙度，其检验数量见表 3-23。采用比较样块法时，每一评定点面积不小于 50 mm²。采用剖面检测仪或粗糙度仪直接检测时，取评定长度为 40 mm，在此长度范围内测 5 点，取其算术平均值为该评定点的表面粗糙度值。

表 3-23　海港工程钢结构表面粗糙度抽查数量表

钢结构名称	检查数量
小型钢构件	抽查数量不少于构件总数的 10%，且每工班不少于 5 件
大型、整体钢结构	每 50 mm² 对照检查一次，且每工班检查次数不少于 1 次
钢管（板）桩	抽查数量不少于钢桩总数的 10%，且每工班不少于 1 根
重要构件和难于维修构件	按构件件数全数检查

需要注意的是，表面处理完成的钢结构需采取有效保护措施防止二次污染，并及时进行隐蔽工程验收和涂装底层涂料以防止返锈。为避免二次污染和返锈，钢结构表面处理后与底层涂料涂装的间隔一般不超过 4 h，当作业环境相对湿度不大于 60% 时可适当延长，但最长也不超过 12 h。受到二次污染或返锈的钢结构需要再次进行表面处理。

目前，喷射清理是海港工程钢结构表面预处理最常用的方法，其处理效果和效率与磨料的种类、粒径、形状、密度、硬度等密切相关。喷射清理所用磨料通常需满足《涂覆涂料前钢材表面处理 表面处理方法磨料喷射清理》（GB/T 18839.2）的相关规定，而且清洁、干燥，不含有腐蚀性物质和影响涂层附着力的污染物。金属磨料需符合《涂覆涂料前钢材表面处理 喷射清理用金属磨料的技术要求 导则和分类》（GB/T 18838.1）的相关要求。非金属磨料则需符合《涂覆涂料前钢材表面处理 喷射清理用非金属磨料的技术要求 导则和分类》（GB/T 17850.1）的相关规定。目前，常用的磨料有氧化铝、石英砂、带棱角的钢砂、金刚砂等。

2. 海港工程混凝土结构的表面预处理要求

混凝土表面状况对涂层质量有重要影响，混凝土表面有浮尘、污物、碎屑及其他不牢固附着物时，均会影响涂层与混凝土的黏结强度。此外，混凝土表面缺陷、水分、表面质量等也会影响涂层质量。因此，须对混凝土进行表面预处理，使其表面处于洁净状态。以下是一些海港工程混凝土结构表面预处理的基本要求。

（1）混凝土表面防腐蚀构造层选用涂料时，粗糙度不小于 30 μm。

（2）混凝土表面的 pH 应能满足涂料施工的需求。

（3）实施涂装的混凝土龄期不宜少于 28 d。涂装施工通常是混凝土工程的最后一道工序，因此原则上要求在涂装施工前，混凝土质量要验收合格。

（4）混凝土表面存在明显麻面、露石、砂斑、蜂窝、气泡、裂缝等缺陷，应采用与涂料相容的环氧腻子修补平整，修补材料黏结强度不应低于 1.5 MPa。

（5）混凝土表面的浮浆、不牢灰浆、油污、养护剂、脱模剂、水生物和酸碱盐等需通过不小于 20 MPa 的高压淡水清除干净或用动力工具打磨之后用淡水冲洗干净。对于油污等必要时可用碱液、洗涤剂或溶剂处理，并用淡水冲洗至中性。

（6）表干区混凝土表面含水量不应大于 6%，表湿区混凝土则不应有积水、流水和水珠等。

混凝土表面的废弃预埋件、钢筋头等异物在涂装前也需处理，要求为：①预埋件、钢筋头等周边的混凝土需凿出深度 2 cm 的 V 形切口，露出钢筋头、预埋件等；②露出的钢筋头、预埋件等需切除，以使其低于混凝土表面 2 cm；③钢筋头、预埋件等的剩余部分需打磨至 St3 级并预涂富锌底漆；④切除的混凝土表面需封闭、填补并打磨平整。

3.6.3 表面预处理及涂装施工环境控制

温度、湿度、露点温度等对涂装施工质量有着重要的影响。

环境温度会影响涂装过程。温度过低时，涂料不能干燥和固化。温度过高时，涂料则不能与表面很好接触而流动，导致涂层形成困难。涂装时需注意三个温度，即基体温度、空气温度和涂料温度。其中，需要强调的是基体温度，涂料的干燥和固化受到基体的影响最大。在阳光下，空气温度通常低于基体温度。基体温度过高会导致溶剂挥发过快，产生气泡、针孔和橘皮等现象。合适的涂料温度能得到适宜的施工黏度，并且影响涂层的干燥固化。涂料温度过高，会减少固化涂料的混合使用时间，可能导致涂料来不及用完而造成浪费。

相对湿度是在一定的大气温度条件下，定量空气中所含的水蒸气的量与该温度时同量空气所能容纳的最大水蒸气的量之比。涂装行业一般规定湿度需低于85%，此条件下材料表面一般不会产生水汽凝露，涂装质量可得到保证。当非饱和空气冷却时，其相对湿度会提高，因此空气温度越低，其所能容纳的水蒸气量越小。反之，气温越高，能容纳的最大水蒸气量越大。

水汽凝结成露的温度就称为露点温度。接近于露点温度的材料表面空气的相对湿度是 100%，在这种条件下水汽会在材料表面凝结成露。在涂装过程中，需重点考虑露点因素。钢材表面喷砂作业时，露点会导致喷砂钢材表面返锈；而涂层之间的潮气膜会引起涂料早期损坏。为了防止这种情况发生，已确定了露点/表面温度安全系数。最终的喷砂清理和涂料施工应在表面温度至少高于露点 3℃时进行。当空气温度不小于 0℃时，露点温度 t_d 可通过式（3-1）计算得到：

$$t_d = 234.175 \times \frac{(234.175+t)(\ln 0.01 + \ln \varphi) + 17.08085t}{234.175 \times 17.08085 - (234.175+t)(\ln 0.01 + \ln \varphi)} \tag{3-1}$$

式中，t 为空气温度，℃；φ 为相对湿度，%。

海港工程构筑物表面预处理和涂装施工环境一般需满足以下条件：①工作环境的空气相对湿度不大于 85%，基体表面温度不低于露点以上 3℃；②涂装环境温度宜为 5~38℃；③湿固化涂料可不受环境湿度的限制；④环境温度低于 5℃时通常采用低温固化产品；⑤涂装环境通风较差时必须采取强制通风措施；⑥雨、雾、雪、风沙和较大灰尘等极端天气情况时禁止在户外涂装；⑦当工作条件不符合要求时，可采用遮盖、供暖或输入净化干燥的空气等措施改善环境；⑧表面清理施工环境的温度和湿度应用温湿度仪进行测量并计算对应的露点，检验数量每工班不得少于 3 次；⑨涂装作业环境温度和湿度检验数量每工班也不得少于 3 次。

3.6.4　海港工程构筑物涂装的质量控制

1. 海港工程构筑物涂装的注意事项

涂装过程对涂层质量有着重要的影响。为了更好地保障涂层质量，海港工程构筑物的涂料涂装应注意以下几点事项。

（1）涂装前需对防腐涂料进行严格的进场检验，并按要求准备防腐涂料。

（2）涂装前应逐件进行外观检查，表面质量需要达到相应要求，而且不得有污染或返锈。当表面受到二次污染或返锈时，应再次进行表面处理。

（3）各道涂层的涂装间隔时间应满足产品说明书的规定要求，当超过涂装间隔时间时，需对上一道涂层进行打磨处理。

（4）现场拼装焊接的钢结构，其焊缝两侧需先涂刷不影响焊接性能的车间底漆，焊接完毕后应对焊热影响区域进行二次表面处理，并重新涂装。

（5）为检验涂料是否满足设计要求，并验证表面处理设备、涂装工具、检验仪器等是否满足使用要求，可在代表性区域进行小区实验或预涂实验。混凝土结构的实验区面积一般不小于 20 m²。

（6）每一道涂层施工前需确认表面洁净程度，并在上一道涂层经过检查合格后再进行涂装。

（7）涂装过程中应随时检测湿膜厚度，若涂层厚度不足需及时补涂。每工作班应核查满足涂层厚度要求的涂料用量。海港工程混凝土结构的每道涂层涂装应按 50 m² 面积随机测定湿膜厚度，湿膜厚度不应低于小区实验的测定值。

（8）涂装过程中出现流挂、针孔、起泡、漏涂、色泽不匀等缺陷时应及时处理；损坏的涂层应按设计涂层体系分层修补，修补后涂层应完整、色泽均匀一致。

（9）涂装结束后 4 h 内应避免雨淋和潮水冲刷，涂层自然养护时间不宜少于 7 d，气温高时可缩短。

（10）涂装结束 7 d 后，应对涂层外观质量、干膜厚度、附着力、表面针孔（钢结构）进行检验，以供竣工验收使用。

2. 涂层湿膜厚度检验

湿膜厚度所使用的测厚仪有梳规和轮规两种。两者的测厚原理是利用湿膜与梳规或轮规相切的接触点来测定湿膜厚度。湿膜厚度 T_w 可通过干膜厚度 T_d、体积固体份含量（V_s）等来确定，计算 $T_w = T_d/V_s$；当添加 W_x 的稀释剂时，则计算公式为 $T_w = T_d \times (1 + W_x)/V_s$。

3. 涂层外观质量检验

涂层外观质量检验应对全部构件目视检查或采用 5～10 倍放大镜检查。涂层应光滑平整、均匀一致，涂层无明显流挂、皱纹、起泡、针孔、裂纹、剥落、漏涂、误涂等缺陷。装饰效果要求不高的防护涂层，允许轻微橘皮和局部轻微流挂。外观检查应采用目视逐件检查。

4. 涂层干膜厚度检验

海港工程钢结构涂层干膜厚度的检测方法主要是磁性法，其检测数量，钢管桩或钢板桩每根不得少于 3 个测点，大型钢结构每 10 m² 不得少于 3 个测点，小型钢构件每 2 m² 不得少于 1 个测点。测定值达到设计厚度的测点数不应少于总测点数的 85%，且最小测值不得低于设计厚度的 85%。海港工程混凝土涂层干膜厚度的检测方法主要是超声波法，其检测数量，每 50 m² 面积随机检测 1 个点，测点总数应不少于 30 个。平均干膜厚度应不小于设计干膜厚度，最小干膜厚度应不小于设计干膜厚度的 75%。

5. 涂层黏结强度检验

钢结构检测数量，钢管桩或钢板桩每 10 根桩检验 1 根，其他钢结构每 200 m² 检测数量不得少于 1 次，且总检测数量不得少于 3 次。钢结构涂层检测方法见表 3-24。涂层附着力的破坏性检查可用同条件下制作的板状试件进行。海港工程混凝土结构涂层的黏结强度检测数量，按每 50 m² 面积不小于 1 个测点，每种构件测点总数不少于 9 个。涂层黏结强度不满足要求，在原检测点附近涂层面上，按加倍测点数量重做涂层黏结强度检测。需要注意的是，检测位置破损的涂层需采用设计涂层体系进行修补。

表 3-24　钢结构涂层黏结强度检测方法

涂层厚度范围	检测方法	常用规范
≤120 μm	划格法	《色漆和清漆 漆膜的划格试验》（GB/T 9286—1998）
>120 μm，≤250 μm	切割法	《色漆和清漆 漆膜厚度的测定》（GB/T 13452.2—2008）
>250	拉开法	《色漆和清漆 拉开法附着力试验》（GB/T 5210—2006）

6. 涂层表面针孔检验

海港工程钢结构涂层针孔测量数不大于设计涂装构件的 1%，且不少于 3 件。检测仪器可用涂层低电压漏涂检测仪或高电压火花检测仪。检测电压根据涂料产品技术要求确定，每 5 m² 面积发生电火花不超过 1 处。

7. 涂层施工缺陷及处理

涂装施工过程中难免会出现问题和缺陷，为保障涂层质量，应立刻分析产生原因，并及时处理。涂层缺陷应尽可能在湿膜状态和小面积时就处理好，若待涂层达到干膜状态或大面积发现问题时再处理将造成较大损失。涂层在湿膜状态时的常见缺陷及处理方法见表 3-25。涂层在干膜状态时的常见缺陷及处理方法见表 3-26。

表 3-25　涂层在湿膜状态时的缺陷和处理方法

缺陷	现象	原因	预防及处理方法	
曳尾	高压无气喷涂时，喷幅两边产生粗线	稀释剂不当或涂料黏度过高	调整稀释剂品种或用量	对缺陷严重的涂层进行修复
		无气喷涂机型或进气压力不当	调整机型或进气压力	
起泡	涂料中混入空气，在形成涂层时产生气泡	涂料在激烈搅拌后立即涂装	避免激烈搅拌，搅拌后稍加放置再涂装	气泡严重的涂层，应做返工处理
		涂料中的溶剂挥发过快，被涂表面温度过高	适当调整稀释剂，避免温度过高时涂装	
		涂料黏度过高	适当添加稀释剂，降低涂料黏度	
流挂	垂直涂装的涂料一部分向下流淌，形成局部过厚的不平整表面	喷涂时不均匀，局部过厚或全面超厚	按规定要求，仔细涂装	返工除去流挂的部分
		稀释剂添加过量	按规定，不使稀释剂过量	
		被涂物的温度过高或过低时涂装	在适当的温度下涂装	
皱纹	涂层表面起皱，或呈橘皮状	底层涂料未干即涂面层，或一次涂装过厚	注意涂装间隔和推荐膜厚	打磨平整后再涂装
		被涂物温度过高，或涂装后受高热曝晒等	注意适当的温度调节，避免高热	

续表

缺陷	现象	原因	预防及处理方法	
缩孔	涂料表面弹性收缩,形成凹孔或不沾边的现象	被涂表面附着水、油等污物,或漆刷、喷涂设备中混入油、水等污物	清洁被涂表面,充分洗净涂装工具和设备	对有缺陷的涂层进行返工处理
		被涂表面过于光滑,下层涂层过于坚硬	砂纸打磨表面,使其具有一定的粗糙度	
浮色	在涂层中,密度小的颜料浮于表面,形成颜色与原来不一致,或花斑	涂料中的颜料分散状态变差的时候进行涂装	更换新的涂料	涂层干后,用砂纸打磨再做一次涂装
		一次涂装过厚	一次涂装宜薄	
		涂料中稀释剂添加过多	减少涂料中稀释剂的用量	
渗色	底层深色涂料的颜色渗进面层浅色涂面上	底层涂料未干时,即涂面层涂料,使两层涂料发生混合	待底层涂料干燥后,再涂面层涂料	渗色的面层干燥后再涂一层面漆
		两层涂料的稀释剂使用错误	改换稀释剂	
		底面层涂料配套不当	改进配套方案	

表 3-26　涂层在干膜状态时的常见缺陷及处理方法

缺陷	现象	原因	预防及处理方法	
针孔	涂层表面出现如针刺过一样的小孔	喷涂时,存在水分或油分	除去水分和油分	对轻微细小针孔表面用砂纸打磨,再薄薄涂一层,严重针孔需返工
		被涂表面温度过高	在适当的温度下涂装	
		一次涂装过厚	按推荐膜厚涂装	
裂纹	涂层表面呈现裂纹,细小者为细裂,较大、较深者为龟裂	底层涂料变干,即涂面层涂料或底层涂装过厚	待底层涂料干燥后再涂面层,按推荐膜厚涂装	除去裂纹部分重新涂装
		涂层配套不当,如底层涂料较软而面层涂料较硬时	注意涂层配套系统的正确性	
		温度急剧下降时	预见温度骤冷时,需采取措施	
回黏	干燥的涂层重新发黏	被涂表面有酸、碱等化学物质附着	除净表面附着物,对未干透的混凝土表面应避免涂装	轻度回黏则再放置一段时间,严重者或长期放置仍不能干燥者,应除去重涂
		低温自然干燥后,在强烈阳光下照射	避免烈日照射	
剥落	涂层从基体表面脱落	被涂表面附着油脂、水分、腐蚀产物、尘埃等杂质	注意表面处理质量	剥落部分经认真打磨后重新涂装,剥落严重者,全面修复
		底面层涂料配套不当	注意涂层配套系统的正确性	
		面层涂装时已超过间隔时间	按规定的涂装间隔期涂装	
		水下区涂料耐阴极保护性能差,或阴极保护电流过大	注意涂层的耐电位性能,及合理的阴极保护设计	
		被涂表面过于光滑	注意涂装表面的粗糙度	

3.6.5 海港工程构筑物涂层保护的验收

涂层施工验收前应确认施工记录和质量证明材料齐全且满足设计要求，小区实验、表面处理等验收资料应齐全。涂层施工验收应包括涂层外观质量、干膜厚度、黏结强度和表面针孔检验（仅钢结构），必要时可抽样复验。涂层竣工验收时，通常需要提交如下资料：①涂料出厂合格证、质量证明书及涂层检验报告；②进场涂料检验报告、小区实验报告；③设计文件或设计变更文件；④表面处理检查交接记录；⑤施工记录；⑥现场检验报告；⑦施工过程中存在的重大技术问题和其他质量问题的处理记录；⑧维护管理建议。

3.6.6 预制构件的涂层保护

为了提升施工效率和施工质量，海港工程构筑物往往会采用预制构件现场组合安装的施工方式。在这种情况下，预制构件的涂装通常会在预制场完成。为确保涂层整体质量，减少施工现场涂层修补，在预制构件移动、运输、安装等过程中应注意保护涂层，具体需注意如下事项：①预制构件的移动、码放和运输等，应当在涂层完全干燥之后进行；②预制构件移动、运输过程中，应避免硬物的磕碰；③在移动和运输前，应对预计会产生损害的部位，如与棱角接触的部位、起吊绳捆绑部位等，采取衬垫布或泡沫塑料等保护措施；④在存放、移动、运输和安装过程中，避免涂膜与酸、碱等腐蚀性物质接触，避免涂层长时间浸在水中；⑤安装或打桩过程中，所搭建的脚手架、支架等结构应尽量与涂层保持距离，必须接触之处需做好保护措施；⑥操作时应文明施工，严禁野蛮操作对涂层造成损伤。

3.6.7 涂装作业安全

涂装作业时会大量使用挥发性溶剂、助剂等材料，这些材料在涂装作业过程中普遍存在燃、爆危险性，长期处于这种环境下容易影响涂装人员的身体健康，职业卫生问题相对突出。近些年，随着涂料及涂装技术的发展及人们环保意识的不断增强，涂装作业安全状况得到大大改善。目前，针对涂装作业安全问题，我国已建立了系统的涂装作业安全标准规范体系，对工艺设计、设备制造、生产作业等方面明确提出了必须达到的安全技术要求。标准体系的建立对于保障涂装人员的职业健康、避免安全生产事故都有着重要意义。在海港工程构筑物涂装作业时，也应当严格遵循国家涂装作业安全标准。目前，常用涂装作业安全标准有国家质量监督检验检疫总局发布的系列标准《涂装作业安全规程》，国家安全生产监督管理总局发布的《建筑涂装安全通则》（AQ 5210）、《涂装职业健康安全通用要求》（AQ 5208）、《涂装工程安全评价导则》（AQ 5206）、《涂装工程安全设施验收规范》（AQ 5201）等。

根据相关标准规范，涂装作业安全的基本控制要点在于：①限制、淘汰危害严重的涂料和涂装工艺；②工程设计满足安全、卫生、消防、环保的要求；③合理划分火灾、爆炸危险区域；④保障涂装设备的安全性能；⑤重点控制电气安全；⑥对涂料、溶剂、辅料实施危险化学品管理；⑦采取通风防护技术措施；⑧配置故障连锁和防灾报警装置；⑨严格执行对涂料储存和输送的限制；⑩重视涂装人员的安全培训、管理和保护等。

3.7　海港工程构筑物涂层的维护

海港工程构筑物涂层保护并非一劳永逸，受复杂海洋环境和施工工序等因素影响，常会出现涂层局部失效状况。涂层维护对于延长涂层使用寿命及防腐效果有着积极意义。

3.7.1　海港工程构筑物涂层失效分析

涂层失效指涂层在使用过程中受到各种不同因素的作用，使涂层的物理化学和机械性能发生不可逆变化，使其失去原有保护功能。涂层失效的常见形式有起泡、软化、开裂、脱落、变色、粉化等。其中，涂层的开裂、脱落、粉化等是破坏的极端现象，其保护功能已基本丧失。

从涂层的服役性能角度来看，海港工程构筑物涂层处于海洋环境下，在长期服役过程中，涂层受到外界环境（如紫外线、盐雾、海水等）的长期作用，会逐步劣化，最终导致上述失效形式的出现。

从工程角度来看，影响涂层有效使用寿命的因素有多种，如表面预处理质量、涂层厚度、涂料种类、施工环境条件及涂装工艺等。一般而言，在科学论证方案、严格质量管理的前提下，表面预处理质量、涂层厚度、涂料种类、涂装工艺等因素都会得到良好的控制。然而，在海港工程施工、服役过程中，涂层难免会受到严重的外力作用，导致涂层出现不可预见性的局部破损。由于海洋环境、施工条件等的影响，这些涂层破损依靠普通刷涂或喷涂无法达到修复的效果。一般情况下，破损处刷涂或喷涂的涂层在使用数年或更短时间后就会重新发生破损。

3.7.2　海港工程构筑物涂层的检测和评估

海港工程构筑物长期处于严酷的海洋环境中，受多种因素的影响，涂层在服役过程中会逐步劣化，存在失效风险。为了保障海港工程构筑物的耐久性和安全性，有必要对防腐涂层进行定期检测，并根据检测结果及时合理地采取预防和维护措施。

《海港工程钢结构防腐蚀技术规范》（JTS 153-3）对钢结构涂层的定期检测进行了明确规定，具体见表 3-27。涂层常规检查主要用于判断防腐涂层的状态；而涂层详细检查主要用于对防腐效果做出判断，确定更新或修复的范围。

表 3-27　　海港工程钢结构涂层定期检查的项目、内容、部位和周期

项目分类	检查项目	检查部位	检查内容	检查周期/a
常规检查	防腐涂层外观检查	水上涂装钢结构	涂层破损情况	1
详细检查	水下涂层外观检查	水中钢结构	涂层破损	5
	涂层防腐性能检查	水上钢结构	鼓泡、剥落、锈蚀	5

《港口水工建筑物检测与评估规范》（JTJ 302）对海港工程构筑物涂层劣化的检测与评估有明确规定。涂层劣化检测的内容包括：①涂层的粉化、变色、裂纹、起泡和脱落生锈等外观变化情况；②涂层干膜厚度；③涂层与结构的黏结力。涂层劣化外观检测方法可采用目测、读数显微镜测量、锤击、摄影和录像等。涂层干膜厚度、涂层与结构黏结力的检测方法参见 JTS 153-3 和 JTJ 275。涂层劣化评估分级标准及处理要求见表 3-28。

表 3-28　　涂层劣化评估分级标准及处理要求

等级	分级标准	处理要求
A	无粉化变色或轻微粉化变色，无裂纹、起泡和脱落生锈；涂层干膜厚度不小于原设计厚度的 90%；涂层黏结力不小于 1.5 MPa	不必采取措施
B	明显粉化变色，分散的裂纹、起泡和脱落生锈面积不大于 0.3%；涂层干膜厚度小于原设计厚度的 90% 且不小于原设计厚度的 75%；涂层黏结力小于 1.5 MPa 且不小于 1.0 MPa	及时进行局部修补
C	较严重粉化变色，裂纹、起泡和脱落生锈面积大于 0.3% 且不大于 1.0%；涂层干膜厚度小于原设计厚度的 75%；涂层黏结力小于 1.0 MPa	立即进行修补
D	严重粉化变色，大范围的裂纹、起泡和脱落生锈面积大于 1.0%；涂层干膜厚度小于原设计厚度的 75%；刀刮容易剥离	立即进行全面修补

3.7.3　海港工程构筑物涂层的修复

涂层的修复方案要比新建方案更复杂，要制订涂层修复方案，不仅需要明确原有涂层的状态及整体结构的完整性，同时还需综合考虑现场施工环境条件、涂装安全等因素。具体而言，海港工程构筑物涂层的现场修复可遵循下列原则：①根据检测及评估结果明确涂层修复范围；②根据现场施工环境条件确定涂装方

法；③涂层缺陷处的表面处理需满足有关标准规范的要求；④搭接部位的涂层表面应无污染和附着物，并应具有一定的表面粗糙度；⑤防腐蚀修复施工应有妥善的安全防腐措施；⑥修补涂料宜采用原涂装配套或能相容的防腐涂料，并能满足现场的施工环境条件，修补涂料的存储和使用应符合产品说明书的要求。表 3-29 为涂料配套性参考表。

表 3-29　涂料配套性参考表

涂于下层的涂料	无机富锌涂料	环氧富锌涂料	环氧云铁涂料	氯化橡胶涂料	环氧树脂涂料	环氧沥青涂料	聚氨酯涂料	氟碳涂料
无机富锌涂料	○	○	○	○	○	○	○	×
环氧富锌涂料	×	○	○	○	○	○	○	○
环氧云铁涂料	×	×	○	○	○	○	○	○
氯化橡胶涂料	×	×	×	○	×	×	×	×
环氧树脂涂料	×	×	△	△	○	△	○	○
环氧沥青涂料	×	×	×	△	△	○	△	○
聚氨酯涂料	×	×	×	×	×	×	○	○
氟碳涂料	×	×	×	×	×	×	×	○

注：○为可；△为要根据条件而定（注意涂覆间隔时间）；×为不可。

对于大气区的涂层，可采用重新涂刷涂料的方式进行修补。一般而言，只要涂料质量合格、施工合理，基本能够保证一定的修复效果。但对于浪溅区和水位变动区，由于长期保持潮湿状况且伴有海水波浪，涂层修补施工难度大，且效果难以达到要求。包覆防腐技术具有防腐效果长效、施工性能优良、材料环保、可带水施工、表面预处理要求低等优点，可有效解决浪溅区和水位变动区涂层缺陷的修复问题，第 6 章将详细阐述。

3.8　海港工程构筑物涂层保护的设计

海港工程构筑物涂层保护的设计应遵循安全实用、经济合理的原则，在设计文件中应列入涂层保护的专项内容与技术要求，具体内容包括：①对结构环境条件、侵蚀作用程度的评价及涂层保护设计使用年限的要求；②对结构表面清理的要求；③选用的防护涂层配套体系、涂装方法及其技术要求；④所用防护材料、密封材料或特殊材料的材质、性能要求；⑤对施工质量及验收应遵循的技术标准要求；⑥对使用阶段维护（修）的要求。海港工程构筑物涂层保护的设计内容在 3.1～3.7 节中已有阐述，具体设计要求需根据构筑物重要性、材质性能、结构特点、施工工艺条件、所处腐蚀环境、涂装施工环境、涂层使用年限、维护条件、经济性等因素综合确定。

3.9　涂装工程质量管理体系

涂装工程需要严格的质量管理，内容包括涂料运输和储存、人员培训、涂装工艺、质量控制、涂装作业安全、涂装环境控制、涂装缺陷处理、吊装与运输、涂装工具和设备等。表 3-30 为典型的涂装工程质量管理体系。

表 3-30　典型的涂装工程质量管理体系

涂装工程质量管理体系	涂装工艺的技术准备	1. 涂装设计方案审查 2. 涂装工艺流程图 3. 涂装施工工艺流程图 4. 涂料质量指标和配套涂层技术条件 5. 涂装工具、设备及现场检测仪器准备 6. 涂装人员及管理人员培训
	涂装现场质量控制（施工方、监理方）	1. 现场环境控制（温度、湿度、环境清洁状态） 2. 涂料的储存条件和运输方式 3. 涂装工具及设备的调试和维护 4. 施工方案认可（涂料小面积实验） 5. 表面处理效果（控制重点：表面清洁度和粗糙度） 6. 底层、中间层和面层的涂装（控制重点：干膜厚度及分布均匀性） 7. 施工日志制度与质量自检、送检
	涂装工程质量验收	按相关规范，如 JTS 153-3—2007《海港工程钢结构防腐蚀技术规范》、JTJ 275—2000《海港工程混凝土结构防腐蚀技术规范》等和本项目涂装工程质量验收规定验收
	质量跟踪和服务	由工程承包方、施工方、监理方及涂料供应商分别进行
	涂装作业安全	按《涂装作业安全规程》、相关法律法规执行

参 考 文 献

陈燕舞. 2013. 涂料检验实训指导[M]. 北京: 化学工业出版社.

高瑾, 米琪. 2007. 防腐蚀涂料与涂装[M]. 武汉: 武汉音响出版社.

金晓鸿, 王健. 2014. 防腐蚀涂装工程手册[M]. 2 版. 北京: 化学工业出版社.

乐钻. 2013. 南海东部海域海上油气田设施腐蚀与防护应用技术[M]. 北京: 石油工业出版社.

李荣俊. 2014. 重防腐涂料与涂装技术[M]. 北京: 化学工业出版社.

刘登良. 2002. 海洋涂料与涂装技术[M]. 北京: 化学工业出版社.

刘栋, 张玉龙. 2008. 防腐涂料配方设计与制造技术[M]. 北京: 中国石化出版社.

刘国杰, 夏正斌, 雷智斌. 2005. 氟碳树脂涂料及施工应用[M]. 北京: 中国石化出版社.

刘新. 2008. 防腐蚀涂装技术问答[M]. 北京: 化学工业出版社.

南仁植. 2000. 粉末涂料与涂装技术[M]. 北京: 化学工业出版社.

庞启财. 2003. 防腐蚀涂料涂装和质量控制[M]. 北京: 化学工业出版社.

彭辉. 2010. 船舶除锈涂装工艺与操作[M]. 哈尔滨: 哈尔滨工程大学出版社.

孙志和. 2006. 最新船舶涂装新技术新工艺与涂装质量检测评价实用手册[M]. 北京: 知识出版社.

汪国平. 2006. 船舶涂料与涂装技术[M]. 2 版. 北京: 化学工业出版社.

王海庆, 李丽, 庄光山. 2011. 涂料与涂装技术[M]. 北京: 化学工业出版社.

王受谦, 杨淑贞. 2002. 防腐蚀涂料与涂装技术[M]. 北京: 化学工业出版社.

徐秉恺, 张彬渊, 任宗发, 等. 2000. 涂料使用手册[M]. 南京: 江苏科学技术出版社.

朱广军. 2000. 涂料新产品与新技术[M]. 南京: 江苏科学技术出版社.

GB 50212—2014. 建筑防腐蚀工程施工规范[S].

GB/T 2705—2003. 涂料产品分类和命名[S].

GB/T 27806—2011. 环氧沥青防腐涂料[S].

GB/T 8923.1—2011. 涂覆涂料前钢材表面处理　表面清洁度的目视评定　第 1 部分: 未涂覆过的钢材表面和全面清除原有涂层后的钢材表面的锈蚀等级和处理等级[S].

HG/T 3668—2009. 富锌底漆[S].

JTJ 275—2000. 海港工程混凝土结构防腐蚀技术规范[S].

JTS 153—2015. 水运工程结构耐久性设计标准[S].

JTS 153-3—2007. 海港工程钢结构防腐蚀技术规范[S].

JTS 257—2008. 水运工程质量检验标准[S].

SL 105—2007. 水工金属结构防腐蚀规范[S].

第4章 海港工程钢结构金属热喷涂

4.1 概　　述

金属热喷涂是利用高压空气、惰性气体或电弧等将熔融的耐蚀金属喷射到被保护结构物的表面，从而形成保护性金属喷涂层的工艺过程。金属热喷涂涂层多孔且表面凹凸不平，因此喷涂完毕后需进行封闭，从而堵住孔隙、填平凹坑以达到延长金属喷涂层的使用寿命。一般而言，金属热喷涂与有机涂层组成的复合涂层重防腐体系，其性能优于单一金属涂层或有机涂层，具有更长效的防腐性能。根据荷兰热镀研究所研究结果来看，复合涂层体系的使用寿命是单一热喷涂金属涂层和单一涂料涂层合计寿命的 1.5~2.3 倍。金属热喷涂最常用的金属材料有锌、铝及其合金，其防腐机理主要基于物理隔离和阴极保护两种作用。金属热喷涂工艺有火焰喷涂法、电弧喷涂法、等离子喷涂法等。由于环境条件和操作因素所限，目前在海港工程上应用的热喷涂方法以火焰喷涂法和电弧喷涂法为主。由于金属热喷涂的上述特性，在海港工程领域，目前其主要用于钢结构。

金属热喷涂技术具有如下特点：①工艺灵活，适用范围广。热喷涂的施工对象可大可小；施工环境可在车间，也可在施工现场；可整体喷涂，也可局部喷涂。②喷涂材料广泛。金属热喷涂可以喷涂多种类别的金属或合金，为不同环境的防腐提供了更多的选择。③喷涂厚度可在较大范围内变化。④较高的生产效率和沉积效率。

4.2　海港工程钢结构金属热喷涂体系

4.2.1　金属热喷涂材料的分类

按喷涂材料的成分可分为金属、合金、陶瓷和塑料喷涂材料四大类。根据热喷涂材料的不同形状，可以分为丝材、棒材、软线和粉末四类，其中丝材和粉末材料使用较多。按喷涂材料的性质及获得的涂层性能可以分为耐磨喷涂材料、耐腐蚀喷涂材料、黏结底层喷涂材料及功能性喷涂材料等。对于海港工程钢结构而言，常用金属热喷涂材料形状一般为丝材，成分主要为金属或合金，材料性质及喷涂层性能主要为耐腐蚀。

4.2.2　常用金属热喷涂材料

海港工程钢结构金属热喷涂材料有锌、铝、锌铝合金、锌镁合金、Ac 铝等，它们的电极电位均负于钢铁材料，当有电解质存在时，金属热喷涂涂层便成为阳极，而钢铁则成为阴极。在腐蚀过程中，这些金属热喷涂涂层会起到牺牲阳极的作用，溶解自身保护钢铁材料。热喷涂所用金属丝材需光洁，无腐蚀产物、油渍、折痕、毛刺、开裂、搭接、缩孔、鳞片、颈缩等缺陷或异物，直径一般为 2.0 mm 或 3.0 mm。金属热喷涂材料需具有的技术特点如下。

（1）锌应符合现行国家标准《锌锭》（GB/T 470—2008）中 Zn99.99 的质量要求。

（2）铝应符合现行国家标准《变形铝及铝合金化学成分》（GB/T 3190—2008）中对牌号为 1060 铝的质量要求。

（3）锌铝合金的金属组成应为锌 85%～87%、铝 13%～15%。

（4）铝镁合金的金属组成应为铝 94.5%～95.2%、镁 4.8%～5.5%。

（5）Ac 铝的金属组成应为铝 99.7%～99.9%、硒 0.1%～0.3%。

在海洋大气中，尽管锌也能通过氧化而自然封闭，但由于其氧化膜不够致密、坚韧，保护效果相对较差。因此未经人工封闭的锌涂层用于海港工程的大气区在经济上是不适宜的。在海水中，锌的腐蚀产物多孔，体积大且可溶于水，使锌表面得不到保护，限制了其在海水中的使用。

相对锌，铝的电极电位更负，但铝在空气中会生成致密、坚韧、不透水的氧化膜，因此其牺牲阳极特性不及锌。这层氧化膜在海洋环境中有较高的稳定性，因此钝化后的铝涂层具有良好的保护效果。但相对热喷涂锌，热喷涂铝对封闭处理和施工工艺要求都较高，处理不当易出现涂料涂层过早失效的问题。

在海港工程钢结构上，热喷涂锌的阴极保护效果突出，但其耐蚀性不及热喷涂铝。而热喷涂铝的耐蚀性较好，但阴极保护效果却不如热喷涂锌。结合锌铝形成锌铝合金，可发挥两者的特点，有助于提升整体金属喷涂层的防护性能。锌铝合金的电化学性能在热力学方面，电位接近锌；在动力学方面，腐蚀速率接近于铝。最常见的热喷涂用锌铝合金为 Zn-15Al（即 85%Zn，15%Al）。

4.2.3　金属热喷涂涂层封闭材料

金属热喷涂是利用压缩空气将熔融金属以雾状颗粒喷射到基体表面，形成的喷涂层是饼状的堆积物，喷涂层内部存在大量孔隙，且表面凹凸不平。当腐蚀介质通过渗透、扩散、毛细作用等方式进入喷涂层内部时，钢铁基体和金属热喷涂涂层将遭受腐蚀。另外，热喷涂金属相对于钢铁基体为牺牲阳极，故热喷涂层为保护基体会加速消耗。因此，在海洋环境使用金属热喷涂时，为延长涂层使用寿命，可在喷涂完毕后进行封闭，堵住孔隙、填平凹坑。

金属热喷涂涂层的封闭方式有两种，即自然封闭和人工封闭。自然封闭指金属涂层暴露在正常使用中，通过其自身的自然氧化使孔隙封闭。在海洋环境中，自然封闭效果较差，一般不予采用。人工封闭指使用封闭剂使金属涂层表面转化（如磷化）或选用适当的涂装体系进行封孔。从而达到封闭涂层孔隙，阻止腐蚀介质直接渗透到钢结构表面的目的。在复合保护体系中，封闭剂或封闭涂料可起到中间漆的作用，增强金属涂层和面漆的结合力。金属热喷涂常用的封闭剂、封闭涂料和涂装涂料见表 4-1。

表 4-1　常用封闭剂、封闭涂料、涂装涂料

类型	种类	成膜物质	主颜料	主要性能
封闭剂	磷化底漆	聚乙烯醇缩丁醛	四盐基铬酸锌	能形成磷化-钝化膜，可提高封闭层、封闭涂料的相容性及防腐性能，一般厚度 5～10 μm
	双组分环氧漆	环氧	铬酸锌、磷酸锌或云母氧化铁	性能同上，与环氧类封闭涂料或涂装涂料配套
	双组分聚氨酯	聚氨基甲酸酯	锌铬黄或磷酸锌	性能同上，与聚氨酯类封闭或涂装涂料配套
封闭涂料或涂装涂料	双组分环氧或环氧沥青	环氧沥青	—	耐潮、耐海水、耐化学药品性能优良，但耐候性差
	双组分聚氨酯漆	聚氨基甲酸酯	—	综合性能优良，耐潮湿、耐海水、耐化学药品性能好，有些品种具有良好的耐候性，可用于受阳光直射的海港大气区域

封闭剂或涂料与金属涂层之间应具有良好的相容性，否则会加速涂层系统失效。热喷涂铝涂层在海水中使用时，曾多次出现过因相容性较差而导致涂层过早鼓泡失效的教训，因此相容性问题尤其重要。在金属涂层表面采用封闭剂或涂层涂料时，可以起到一定的封闭作用，但当封闭剂或涂料的黏度较大时，不能渗透到金属涂层内部，封闭效果较差。因此，封闭剂或涂料应具有较低的黏度。涂层涂料应与封闭层有良好的相容性，并具有较好的耐腐蚀性和耐候性。

4.2.4　金属热喷涂体系组成

单一金属热喷涂涂层防腐效果有限，因此海洋环境中使用的金属热喷涂多以复合保护体系为主。海港工程钢结构金属热喷涂体系主要由金属喷涂层、封闭层和涂料涂层组成。金属热喷涂多孔且表面凹凸不平，喷涂完进行封闭处理，可以堵住孔隙、填平凹坑，延长金属喷涂层的使用寿命，在封闭层上再加涂料涂层，不仅可提高金属热喷涂涂层的防腐蚀性能，而且可提升其装饰性。另外，金属热喷涂涂层与钢铁基体属于半熔融的冶金结合，因此其结合力远大于涂料涂层与钢铁基体的结合力。海港工程钢结构金属热喷涂体系的黏结强度不应小于 6 MPa。

目前，最常用的金属喷涂层主要是锌、铝及其合金，作为钢结构的底层有着优良的耐腐蚀性能，保护效率高，通常使用年限在 20～30 a，主要用于海港工程钢结构的大气区、浪溅区和水位变动区。相对于钢结构而言，铝、锌及其合金均属于牺牲性涂层，其失效形式与涂层的厚度有直接的关系。因此，腐蚀严重和维护困难的部位应增加金属涂层的厚度。表 4-2 为常用海港工程钢结构金属热喷涂体系的组成。

表 4-2　常用海港工程钢结构金属热喷涂体系的组成

设计保护年限/a	配套材料			涂层干膜最小平均厚度/μm	
				大气区	浪溅区、水位变动区
10	金属涂层	I	喷锌、锌合金	160	—
		II	喷铝、铝合金	120	150
		III	喷 Ac 铝	100	150
	封闭层	I	磷化底漆、聚氨酯漆、环氧漆	30	30
	中间层	I	环氧涂料	60	60
		II	环氧云铁涂料	60	60
	面层	I	聚氨酯面漆	80	80
20	金属涂层	I	喷锌、锌合金	250	—
		II	喷铝、铝合金	200	250
		III	喷 Ac 铝	150	200
	封闭层	I	磷化底漆、聚氨酯漆、环氧漆	30	30
	中间层	I	环氧涂料	100	100
		II	环氧云铁涂料	100	100
	面层	I	氟碳面漆	100	100
		II	聚硅氧烷面漆	100	100

注：表中的金属涂层、中间层和面层配套涂料只需任选一种。

4.3　金属热喷涂方法

根据所使用的热源不同，金属热喷涂方法大致可分为火焰喷涂法、电弧喷涂法、等离子喷涂法等几类。等离子喷涂法的工作原理是将金属粉末通过非转移型等离子弧焰流加热到溶化或半熔化，并随同等离子焰流，高速喷射并沉积到经过预处理的工件表面上，从而形成一种具有特殊性能的涂层，具有可喷材料广泛、涂层致密、结合强度高、基体受热影响小、效率高等优点，在现代工业和尖端科学技术中应用广泛。但受到环境条件、现场操作、成本等因素的限制，目前在海港工程上应用的金属热喷涂技术仍以火焰喷涂法和电弧喷涂法为主。火焰喷涂法适用于热喷涂锌涂层，电弧喷涂法适用于热喷涂铝涂层。

4.3.1　热喷涂方法的主要工艺参数

不同热喷涂方法的具体工艺参有所差别，但共性工艺参数基本相同，主要包括热源参数、送丝速度、喷涂距离、喷涂角度、喷枪移动速度等。表4-3为常用热喷涂方法的技术特点和主要工艺参数。

表 4-3　常用热喷涂方法的技术特点及主要工艺参数

分类	火焰喷涂	电弧喷涂	等离子喷涂
热源	氧、乙炔	电弧	高温等离子体
热源温度/℃	850～2000	电弧本身20000,熔滴600～3800	20000
焰流速度/(m/s)	50～100	30～500	200～1200
热效率/%	60～80	90	35～55
最小孔隙率/%	<12	<10	<2
喷涂距离/mm	100～150	100～200	70～130
沉淀效率/%	50～80	70～90	50～80
喷涂材料形态	粉末、丝材	丝材	粉末
结合强度/MPa	>7	>10	>35
最大涂层厚度/mm	0.1～1.0	0.1～3.0	0.05～0.5
喷涂成本	低	低	高
设备特点	简单、可现场施工	简单、可现场施工	复杂、适用于高熔点材料

工艺参数选择是否正确、合理，直接关系到工艺稳定性、涂层质量、喷涂速率和沉积效率等。下面对上述主要参数作简要介绍。

（1）热源参数。热源参数决定了热源的功率、温度、气氛和射流速度，直接影响喷涂材料的加热熔化状态，从而影响喷涂速率、沉积效率和涂层质量。增大喷枪功率可提高喷涂速率，降低单位喷涂量的消耗和生产成本。增大喷枪功率通常还可提高沉积效率，但在某些情况下，当功率上升到一定程度后，因喷涂材料烧损的增加，会导致沉积效率下降。增大喷枪功率还会提高射流的温度和速度，从而提升涂层的结合强度和致密度，有助于改善涂层质量。因此，国内外都在发展大功率热喷涂喷枪。热源功率的选择不仅与涂层质量有关，还会受到喷枪的制约。对于特定喷枪，受最大功率的限制，往往存在最合适的功率使用范围。

（2）送丝速度。火焰喷涂和电弧喷涂的送丝速度决定了喷涂速率，参数的选择取决于热源参数和丝材的性质。对于火焰热喷涂，热源参数确定后，送丝速度要调节适中，若速度过快，熔融颗粒会变得粗大，甚至出现一段段未熔化丝材，影响涂层质量。对于电弧喷涂，当采用平特性直流电源时，电弧电流有很强的自调节性能，随着送丝速度的增减，电弧电流自行增减，使电弧功率和喷涂速率处于平衡状态。

（3）喷涂距离。喷涂距离是喷嘴端面至基体表面的直线距离，也是喷涂颗粒的飞行距离。颗粒在飞行过程中，速度和温度均会逐渐降低。当喷涂距离过大时，颗粒打击基体表面的温度和动能不足，无法产生足够的变形，导致涂层结合强度下降，而且会造成更多颗粒反弹散失，从而降低沉积效果，同时由于在大气中暴露氧化时间过长，丝材金属氧化会更严重，导致涂层氧化物夹杂增多，质量下降。当距离过小时，颗粒在热源中因停留时间过短，未能受到充分加热或加速，也会影响到涂层质量，而且基体表面会因接触热源的高温区域而过热。因此，喷涂距离要根据热喷涂方法、喷涂材料等因素控制在一定的合理范围内，见表4-3。

（4）喷涂角度。喷涂角度是指喷涂射流轴线与基体表面切线间的夹角。喷涂角度一般为60°~90°，不能小于45°。当喷涂角度小于45°时，先粘在基体上的喷涂颗粒会阻碍后续喷上的颗粒（遮蔽效应），导致涂层结构急剧变化，形成具有不规则空隙的多孔涂层，使得涂层与基体结合强度大大下降，并造成氧化物夹杂含量明显增加。

（5）喷枪移动速度。喷枪移动速度是指喷涂过程中喷枪沿基体表面移动的速度。通过喷枪和构件的相对运动，在基体表面沉积涂层。在喷涂速率和沉积效率确定的前提下，喷枪移动速度决定了涂层厚度。为获得均匀的组织结构，涂层厚度一般需要控制在一定范围内，见表4-3。因此，应根据每次喷涂厚度的要求，选择正确的喷枪移动速度。为得到较厚的涂层，应进行多次喷涂，而不能通过慢速移动来获得，因为移动速度过慢会造成基体表面局部过热，影响涂层质量。

4.3.2　火焰喷涂法

火焰喷涂法作为一种成熟的热喷涂方法，被广泛用于大型钢铁构件金属喷涂层的制备中，具有设备简单、移动方便、轻便、灵活等优点。火焰喷涂法的工作原理是以氧-乙炔燃烧火焰作为热源，将连续、均匀送入火焰中的喷涂丝材加热至熔融状态，借助于高压气体将熔融状态的丝材雾化成微粒，然后喷射到经过预先处理的工件表面形成涂层。

火焰喷涂法的主要特点如下：①可固定使用，也可手持操作，灵活便捷，适合施工现场使用；②对丝材火焰喷涂而言，凡能拉成丝的金属或合金材料几乎都可喷涂；③可方便地调节火焰的形态、性能及喷涂工艺参数，适应从低熔点（锡）至高熔点（钼）等材料的喷涂；④利用压缩空气雾化和推动熔滴，喷涂效率、沉积效率较高。

火焰喷涂设备主要由喷枪、送料装置、控制装置、供气系统等组成。

（1）喷枪。喷枪是火焰喷涂设备的关键部件，主要由机动部分、混合头部分、手柄等组成。喷枪通常需满足如下要求：①火焰燃烧稳定；②火焰功率调节范围大；③送料均匀；④结构简单、操作方便、经久耐用；⑤便于维修，适应各种位置的喷涂等。喷涂锌、铝及其合金等低熔点金属常采用高速喷枪。

（2）送料装置。送料装置主要由丝材盘架和送丝驱动机构组成，送丝驱动机构有气涡轮和电机两种。为了将丝材均匀地送入火焰中，通常使用可使盘状丝材回转送出的送料装置。

（3）控制装置。气体燃料、氧气、压缩空气的压力与流量是影响金属涂层性能的重要工作参数，一般需要使用调压器和流量计同时控制。通过调节阀调节气体的压力和流量，并串联回火防止器可确保系统安全。控制装置在规定的工作参数范围内应可连续调节，并拥有参数指示功能。

（4）供气系统。供气系统提供的气体包括氧气、乙炔和压缩气体。氧气和乙炔主要为瓶装供给，需要有足够的供气量。而压缩空气主要由空气压缩机提供，压力、流量都必须满足喷枪的要求。为确保金属涂层的质量，除满足上述要求外，还须除去压缩空气中所含的水分和油。

4.3.3　电弧喷涂法

电弧喷涂技术是一种高效率、高质量、低成本的喷涂工艺，应用领域广，而且电弧喷涂设备也在不断地发展与更新，是热喷涂技术中最受关注的技术之一。电弧喷涂的原理是将两根被喷涂的金属丝作为自耗性电极，利用两根金属丝端部短路产生的电弧，使丝状材料熔化，利用压缩气体把熔化的金属雾化成微熔滴，并加速，使其以较高的速度沉积到基体表面形成涂层。电弧喷涂技术具有如下特点。

（1）喷涂效率高。电弧喷涂的生产效率正比于电弧电流，单位时间内喷涂金属的质量较大。与火焰喷涂相比，其生产效率一般可提高2～6倍。

（2）涂层性能优良。使用电弧喷涂可在不提高构件温度、不使用贵重基体的条件下获得高结合强度的涂层。与火焰喷涂相比，电弧喷涂涂层的结合强度一般要提高50%。

（3）节约能源。电弧喷涂时，电弧直接作用于金属丝的端部用来熔化金属，能源利用率可达90%，是各种喷涂方法中能源利用率最高的。

（4）经济性好。电弧喷涂的能源利用率高，且电能的成本远低于氧气和乙炔，因此与火焰喷涂相比，其使用成本更低，一般可降低30%以上。

（5）安全性好。电弧喷涂使用电和压缩空气，不用氧气、乙炔等易燃、助燃气体，安全性相对更高。

（6）与等离子喷涂设备相比，电弧喷涂设备体积小、质量轻，现场使用灵活、便捷，特别适用于大型构件的喷涂处理。

电弧喷涂设备主要由电弧喷枪、电源、送丝机构、控制系统和供气设备组成。

（1）电弧喷枪。电弧喷枪是电弧喷涂设备的关键部件，它将连续送入的丝材在喷枪前部以一定的角度相交，由于丝材与直流电源的两极分别导通，当丝材达到相应状态时便会产生电弧。喷嘴喷射出的压缩空气流对着熔化金属吹散形成稳定的雾化粒子流，从而形成喷涂层。由于丝材相交点偏离气流中心时，往往会造成雾化气流波动，因此电弧喷枪必须设计出良好结构的雾化喷嘴。通常的做法是将丝材端部置于喷嘴内，这可保证丝材交点偏移时，仍能处在雾化喷嘴气流中，从而保障雾化过程稳定。

（2）电源。电弧喷涂电源采用平的伏安特性，可在较低电压下喷涂，使喷涂层中的碳烧损大大减少，且能够保持良好的弧长自调节作用，可以有效控制电弧电源。平特性电源在送丝速度变化时，喷涂电流迅速变化，按正比增大或减小，从而维持电弧喷涂过程稳定。根据喷涂丝材选择一定的空载电压，改变送丝速度可以自动调节电弧喷涂电流，从而控制电弧喷涂的生产效率。

（3）送丝机构。送丝机构由送丝电动机、减速器、送丝轮等组成，功能是将两根金属丝以均匀、连续的速度送至喷枪。送丝机构分为推式和拉式两种，目前使用较多的是推式送丝机构。送丝电动机常用直流伺服电机，调速方法常选用晶闸管调速。直流伺服电机反应迅速，可随时进行开、停操作。减速器多为涡轮涡杆结构，其结构紧凑，速比大。蜗轮箱需保持良好地润滑，否则容易造成涡轮磨损。

（4）控制系统。电弧喷涂设备的控制系统主要用于控制喷涂设备的相关参数，具体构成因设备而异，但通常都包括压力表、电流表、喷涂开关、电流调节装置、电源调节装置、电路安全装置等。

（5）供气设备。供气设备主要用于提供压缩空气，通常包括空气压缩机、油水分离器、冷凝器、空气过滤器、气瓶等。

4.4　金属热喷涂施工工艺

尽管火焰热喷涂和电弧热喷涂工艺参数不尽相同，但两者的施工工艺基本相同，工艺过程为：表面预处理→预热→喷涂→涂层后处理。下面对上述主要工序作简要介绍。

4.4.1　表面预处理

金属热喷涂的表面预处理工序与涂层保护的相同，均包括表面脱脂净化、表面清理等步骤。表面预处理的方法较多，选择时应根据基体的材质、形状、厚薄、表面原始状况、涂层设计要求及施工条件等因素综合考虑。

采用金属热喷涂的海港工程钢结构表面必须进行喷射或抛射处理，表面清洁度和表面粗糙度需达到表 3-21 和表 3-22 的要求。缩短表面预处理与热喷涂施工之间的时间间隔，可以减少被保护钢结构表面返锈和结露的机会，从而保证金属热喷涂涂层的附着力。间隔时间越短越好，具体时间间隔要求因施工现场的空气相对湿度和粉尘含量的不同而有较大区别。一般而言，表面预处理与热喷涂施工之间的时间间隔，在海洋环境条件下不应大于 4 h，晴天或湿度不大的气候条件下不得超过 12 h，雨天、潮湿、有盐雾的气候条件下不得超过 2 h。

4.4.2　预热

预热的目的是消除工件表面的水分，提高喷涂时涂层与基体的接触温度，减少基体与喷涂材料因热膨胀差异造成的残余应力，以避免由此产生的涂层开裂，从而改善涂层与基体的结合强度。另外，预热处理有助于基体表面活化，促进表面物理化学作用，提高喷涂颗粒的沉积效率，同样有利于提升涂层与基体的结合强度。预热温度取决于构件的大小、形状、材质及基体和喷涂材料热膨胀系数等因素。实际操作时，预热温度一般控制在 60～120℃之间。

4.4.3　喷涂

喷涂是整个热喷涂施工工艺的关键工序，喷涂操作主要是选择喷涂方法和确定喷涂工艺参数。对海港工程钢结构而言，金属热喷涂方法一般选用火焰热喷涂或电弧热喷涂法，其施工的一般要求如下。

（1）空气压缩机应配合适的洁净装置，金属热喷涂所用的压缩空气应干燥、洁净。

（2）喷枪与被喷射钢结构表面垂直，最大倾斜角度不超过 45°，即喷涂角度不应低于 45°。

（3）喷枪的移动速度应均匀，各喷涂层之间的喷枪走向应相互垂直、交叉覆盖；一次喷涂厚度宜为 25～80 μm，同一层内各喷涂带之间应有 1/3 的重叠宽度。

（4）金属热喷涂施工的工艺参数与喷涂材料、喷涂设备、生产效率等密切相关。表 4-4 和表 4-5 分别为火焰喷涂法和电弧喷涂法的推荐工艺参数值。

表 4-4　火焰热喷涂法的推荐工艺参数值

项目	氧气压力/MPa	乙炔压力/MPa	压缩空气压力/MPa	喷涂距离/mm
推荐工艺参数值	0.4～0.6	0.06～0.10	0.4～0.6	100～150

表 4-5　电弧喷涂法的推荐工艺参数值

项目	喷涂控制电压/V	喷涂控制电流/A	压缩空气压力/MPa	喷涂距离/mm
推荐工艺参数值	26~34	150~200	0.5~0.6	120~200

（5）当工作环境的大气温度低于 5℃或钢结构表面温度低于露点 3℃，或空气相对湿度大于 85%时，容易结露形成水膜，从而造成热喷涂层附着力显著下降，因此在上述工作环境下，应当停止热喷涂施工操作。

（6）金属热喷涂应符合现行国家标准《金属和其他无机覆盖层　热喷涂　操作安全》（GB 11375）的规定。

4.4.4　涂层后处理

如前面所述，为确保金属热喷涂涂层系统的整体防腐性能，有必要进行封闭处理。在金属热喷涂涂层的封闭剂或首道封闭涂料施工时，若喷涂层温度过高，会对封闭材料性能产生不良甚至破坏性影响，若喷涂层温度过低则会影响渗透封闭效果。因此，金属热喷涂涂层的封闭应在喷涂层尚有余温时进行，以便获得最佳的封闭和耐蚀效果。底层封闭施工采用刷涂效果较好，面层或中间层则可根据相关条件选择适当的涂装方法。通常情况下，中间层或面层采用高压无气喷涂效果较好。

海港工程钢结构保护层的现场修复条件恶劣，修复质量难以保证，因此在装卸、运输或其他施工作业过程中应采取措施尽可能防止金属热喷涂涂层局部损坏。如果有损坏，应按原设计要求和施工工艺进行修补。条件不具备时，可在设计认可的前提下采用同类涂料进行修补。

4.4.5　其他注意事项

为保证钢构件现场焊缝的施工质量，现场焊缝两侧应预留 100~150 mm 宽度，涂刷车间底漆临时保护，待工地拼装焊接后，对预留的焊接热影响区按相同的技术要求重新进行表面清理及喷涂施工。

金属热喷涂所用的锌、铝及合金的电极电位比钢结构低，因此在腐蚀性电解质中，当金属热喷涂钢构件与未采用热喷涂的钢构件相连接，金属涂层便成了牺牲阳极，会溶解自身去保护未采用热喷涂的钢构件，从而导致喷涂层过早失效，达不到预期保护寿命。金属热喷涂构件通过预埋件与混凝土中的结构钢筋连接，如果该混凝土结构处于经常性的潮湿状态中，也会促使金属喷涂层溶解破坏。因此，采用金属热喷涂涂层的钢构件应与未喷涂构件电绝缘或对未喷涂部位实施阴极保护。

4.5　海港工程钢结构金属热喷涂的质量控制

4.5.1　金属热喷涂材料的质量控制

金属热喷涂材料对金属热喷涂的质量至关重要，因此必须严格控制金属热喷涂材料的检验。与防腐涂料检验相同，金属热喷涂材料性能检验同样分为材料本身性能检测和涂层性能检测两方面。

1. 金属热喷涂材料本身性能

金属热喷涂所用金属的化学成分应达到第 4.2.2 小节的要求。合金喷涂材料中金属元素的含量允许偏差量一般为规定值的 ±1%。喷涂用金属材料成分分析方法应符合现行国家标准《热喷涂　火焰和电弧喷涂用线材、棒材和芯材　分类和供货技术条件》（GB/T 12608）的相关规定。金属热喷涂封闭材料和涂料的性能要求通常与涂层保护的相同。

2. 金属热喷涂涂层的涂层性能

为明确金属热喷涂体系的涂层性能是否满足设计要求，在涂装前，通常需要按照设计涂层配套体系测定涂层性能。金属热喷涂涂层的检验项目主要有黏结强度和耐盐雾性，两者的检验方法分别为《色漆和清漆　拉开法附着力试验》（GB/T 5210）和《人造气氛腐蚀试验　盐雾试验》（GB/T 10125）。金属热喷涂涂层的封闭层和涂料涂层质量要求通常与涂层保护的相同。海港工程钢结构金属热喷涂体系的黏结强度通常不应小于 6.0 MPa。

3. 金属热喷涂材料的储存和运输

热喷涂用金属材料的包装通常需要能够保护材料不受损伤、污染和腐蚀。带包装的热喷涂用金属材料通常在室温下储存于干燥室内。热喷涂用封闭材料和涂料的储存和运输通常与涂层保护的相同。

4. 金属热喷涂材料的进场检验

金属热喷涂材料进场检验一般需满足以下要求：①喷涂用金属材料检验批次应按每 1 t 为 1 个检验批，单批次不足 1 t 应按 1 个检验批。②各批次金属材料应随机抽样检测及保存样品，每批次取样不少于 60 g，样品送达通过国家计量认证的检测机构检测金属材料化学成分。③当金属材料抽样检测结果有一项指标为不合格时，应再进行一次抽样复检。如果仍有一项指标不合格时，应判定该产品质量为不合格。④封闭材料和涂料进场检验的要求与涂层保护的涂料进场检验要求相同。

4.5.2　金属热喷涂表面预处理检验

表面预处理是金属热喷涂的关键工序，对金属热喷涂涂层的质量有着重要影响，其一般要求如下：金属热喷涂铝（合金）和锌（合金）时，表面清洁度最低要求分别为 Sa3 级和 Sa2.5 级，表面粗糙度则通常控制在 40～85 μm。

4.5.3　金属热喷涂施工环境控制

金属热喷涂表面清理和涂装作业施工环境的温度和湿度应用温湿度仪进行测量，检验数量每工班不得少于 3 次。

4.5.4　金属热喷涂涂层的质量检验

1. 涂层外观检验

对金属热喷涂涂层进行外观检验时，通常需对全部构件目视检查或采用 5～10 倍放大镜检查。金属热喷涂涂层的外观应光滑平整、均匀一致，不得有气孔、裸露基体的斑点、附着不牢的金属熔融颗粒、裂纹及其他影响使用性能的缺陷。

2. 涂层厚度检验

金属热喷涂涂层厚度的检测方法按照现行国家标准《热喷涂涂层厚度的无损测量方法》（GB/T 11374）的相关规定执行。通常采用磁性测厚仪测量，存有争议时，以横截面显微镜法的测量为准。涂层厚度的检测数量，对于平整的表面，每 10 m² 面积不少于 3 个测区；对于结构复杂的表面，可适当增加测区数量。每个测区涂层厚度的代表值用 100 cm² 面积范围内 10 个测点的算术平均值来表示。涂层厚度的代表值不低于设计厚度。

3. 涂层黏结强度

金属热喷涂涂层黏结强度测定方法按现行国家标准《热喷涂　金属和其他无机覆盖层　锌、铝及其合金》（GB/T 9793）和《色漆和清漆　拉开法附着力试验》（GB/T 5210）的有关规定执行。黏结强度检测数量，对于钢管桩或钢板桩，每 10 根桩检测 1 根，其他钢构件每 200 m² 检测数量不少于 1 次，且总测区数量不少于 3 次。金属热喷涂涂层黏结强度符合设计规定，并且涂层与钢结构基层的黏结强度不小于 6 MPa。检测位置破损涂层使用设计涂层配套体系修补。

4.6　海港工程钢结构金属热喷涂设计和验收

　　海港工程钢结构金属热喷涂的设计，应综合考虑结构或构件的重要性、所处腐蚀介质环境、涂装涂层使用年限要求和维护条件等要素，并在全寿命周期成本分析的基础上，选用性价比良好的长效防腐涂装措施。金属热喷涂涂层设计文件中需要列入的专项内容和技术要求与涂层保护的相同。

　　金属热喷涂施工验收前应确认施工记录和质量证明材料齐全且满足设计要求，小区实验、表面处理等验收资料应齐全。金属热喷涂施工验收应包括涂层外观质量、干膜厚度、黏结强度，必要时可抽样复验。金属热喷涂竣工验收时，通常需要提交如下资料：①金属热喷涂材料、磨料、封闭材料、涂层涂料等的出厂合格证、质量证明书及检验报告；②进场材料检验文件；③设计文件或设计变更文件；④表面处理检查交接记录；⑤施工记录；⑥现场检验报告；⑦施工过程中存在的重大技术问题和其他质量问题的处理记录；⑧维护管理建议。

参 考 文 献

胡传炘. 1994. 热喷涂原理及应用[M]. 北京: 中国科学技术出版社.

黎樵燊, 朱又春. 2009. 金属表面热喷涂技术[M]. 北京: 化学工业出版社.

王海军. 2010. 热喷涂工程师指南[M]. 北京: 国防工业出版社.

王娟. 2004. 表面堆焊与热喷涂技术[M]. 北京: 化学工业出版社.

王震林. 1992. 金属热喷涂技术及其应用[M]. 北京: 纺织工业出版社.

吴子健, 吴朝军, 曾克里, 等. 2006. 热喷涂技术与应用[M]. 北京: 机械工业出版社.

徐滨士, 刘世参. 2009. 表面工程技术手册[M]. 北京: 化学工业出版社.

徐滨士, 朱绍华, 刘世参. 2014. 材料表面工程技术[M]. 哈尔滨: 哈尔滨工业大学出版社.

于丕涛. 1989. 金属电弧喷涂[M]. 北京: 农业出版社.

周庆生. 1982. 等离子喷涂技术[M]. 南京: 江苏科学技术出版社.

DL/T 5358—2006. 水电水利工程金属结构设备防腐蚀技术规程[S].

GB/T 11374—2012. 热喷涂涂层厚度的无损测量方法[S].

GB/T 5210—2006. 色漆和清漆 拉开法附着力试验[S].

GB/T 9793—2012. 热喷涂 金属和其他无机覆盖层 锌、铝及其合金[S].

JTS 153-3—2007. 海港工程钢结构防腐蚀技术规范[S].

第5章 海港工程构筑物阴极保护

5.1 概　　述

阴极保护是通过外加阴极极化达到抑制或减缓腐蚀目的的电化学保护技术。阴极保护适用的介质有海水、淡水、土壤、混凝土等，适用的金属材料有铸铁、碳钢、低合金钢、不锈钢、铝及铝合金、铜及铜合金等。阴极保护不仅可抑制或减缓均匀腐蚀，还能抑制或减缓局部腐蚀，如孔蚀、电偶腐蚀、缝隙腐蚀、应力腐蚀等。阴极保护作为一种有效的防腐方法，具有保护度高、保护费用低、保护周期长等优点，在海港工程中得到了广泛使用。目前，阴极保护主要用于保护钢结构水位变动区及以下部位和钢筋混凝土结构水位变动区及以上部位。

5.1.1 阴极保护的基本原理

阴极保护的基本原理是利用电化学方法对被保护金属施加一定的阴极电流，使被保护金属的电位向负方向偏离其平衡电极电位，从而抑制被保护金属表面的阳极反应过程，以达到有效控制金属腐蚀的目的。

图 5-1 为阴极保护的原理示意图。当一种金属浸入腐蚀介质时，由于阴极反应和阳极反应形成共轭的偶合反应，阳极反应电位沿 ec 线向正方向偏移，而阴极反应电位沿 ad 线向负方向偏移，两个反应的交点所对应的电位和电流就是该金属材料在此腐蚀介质中的腐蚀电位（E_c）和腐蚀电流（I_c）。若对该金属进行阴极极化，那么随着极化程度的增加，阴极和阳极反应的电位曲线分别沿 cb

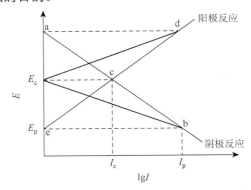

图 5-1　阴极保护原理示意图

线和 ce 线向负方向偏移。当阴极电流达到 I_p 时，阳极反应电流减小为 0，即金属的腐蚀溶解得到完全抑制。此时，I_p 与 I_c 的差值即为最小保护电流，而 E_p 则称为最小保护电位。这就是理想极化状态下的阴极保护基本原理。

从热力学方面来看，阴极保护能使被保护金属的电极电位向负向偏移，从而降低阳极反应的驱动电位，当驱动电位减小至 0 时，阳极反应完全被抑制，金属腐蚀停止；从动力学方面来看，阴极保护可以增加或维持阳极反应过程的钝化区间，使阳极反应能在较大的电位范围内维持较高的反应电阻，从而降低金属腐蚀速率。

5.1.2 阴极保护分类及其基本工作原理

　　按照电流供给方式的不同，阴极保护可分为牺牲阳极阴极保护和外加电流阴极保护两种方式。牺牲阳极阴极保护由与被保护体耦合的牺牲阳极提供保护电流。外加电流阴极保护由外部电源提供保护电流。两者均是成熟的防腐蚀技术，在国内外有众多成功的工程案例，两者各有优点和不足。具体如何选择，应根据工程的性质、保护系统的可靠性、施工条件、环境条件、供电、维护管理和资金投入情况等进行综合评估，选择经济适用的保护系统。表 5-1 为两种阴极保护方式的优缺点比较。

表 5-1　两种阴极保护方式的优缺点

	牺牲阳极	外加电流
优点	无需外部电源 对邻近构筑物无干扰或干扰小 现场施工工艺简单 保护效果稳定，不会出现过保护 投入使用后，基本无需专人护管理	输出电流连续可调 不受环境电阻率限制 保护范围大 施工期投入相对较低
缺点	保护电流和保护电位只能监控，不能调整 阳极安装块数多，水下焊接工作量大 仅适用于导电性良好的介质 施工期材料成本投入高 受环境因素影响较大	施工工艺复杂、难度大、工期长、质量控制困难 对邻近构筑物干扰大 设备故障率高，需定期检测与维护 投入使用后，需长期供电和专业管理，维护管理费用高 系统受人为因素影响较大 控制不当易产生过保护或欠保护

　　尽管海港工程钢结构和混凝土结构阴极保护系统在具体结构形式、材料选用、保护指标等方面会有差异，但两者所用阴极保护系统的构成和工作原理基本相似。图 5-2 为两种阴极保护方式的工作原理示意图。

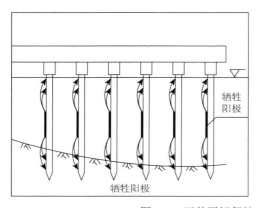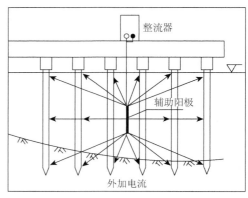

图 5-2　两种阴极保护方式的工作原理示意图

1. 牺牲阳极阴极保护系统的工作原理

牺牲阳极阴极保护系统的示意图见图 5-2。牺牲阳极阴极保护系统通常包括牺牲阳极和电流回路连接件，有时还配有监/检测用参比电极。牺牲阳极通过电缆、焊接或螺栓等连接件与被保护物体及腐蚀介质形成一个完整的电流回路。在此回路中，牺牲阳极向被保护物体输出电流，在回路中加入电流传感器时，可实现回路中牺牲阳极有效输出电流的监/检测。牺牲阳极和被保护物体本质上是一个电偶电池，电位更负的牺牲阳极发生阳极极化遭受加速腐蚀，牺牲阳极溶解产生的金属离子进入腐蚀介质中，释放出的电子通过电缆、焊缝或螺栓等传输至被保护钢结构。而电位更正的被保护物体发生阴极极化，电位负移至某保护电位，被保护钢结构的阳极过程受到抑制，被保护钢结构受到防腐蚀保护。与此同时，被保护物体的阴极过程加速，消耗了牺牲阳极溶解而传输至钢结构表面的电子，实现了电池阳极过程和阴极过程的电荷平衡。在被保护钢结构表面附近设置永久性参比电极，并通过电缆等与被保护钢结构形成电位测量回路，可实现阴极保护电位的监/检测。

2. 外加电流阴极保护系统的工作原理

外加电流阴极保护系统的示意图见图 5-2。外加电流阴极保护系统通常包括直流电源、辅助阳极、参比电极、电缆、检测设备、屏蔽层等。直流电源通过辅助阳极、电缆与被保护物体及腐蚀介质形成一个完整的电流回路，其功能是为被保护钢结构提供阴极保护电流。直流电源的正极接辅助阳极，负极接被保护钢结构。参比电极通过电缆与被保护钢结构及腐蚀介质形成一个电位回路，其功能是监测和控制被保护物体的阴极保护电位。当将被保护物体的电位信号反馈至检测设备或恒电位仪时，就可以人工或自动调整直流电源的输出电流，使其达到所需的保护电位范围。为使辅助阳极的输出电流分布在较远的阴极表面，以达到被保护物体的电位比较均匀，往往会在辅助阳极周围安装阳极屏蔽层。

5.1.3　阴极保护的基本参数

为适应特殊目的，使金属达到合乎要求的耐蚀性所需的腐蚀电位值的区间称为保护电位范围。保护电位是为进入保护电位范围所必须达到的腐蚀电位临界值。而保护电流密度则是使被保护物体电位维持在保护电位范围内所需要的极化电流密度。由此可见，保护电位和保护电流密度是判断和控制阴极保护是否完全的重要参数。因此，两者均是阴极保护的基本参数。正确选择和控制阴极保护基本参数是确保阴极保护效果的关键。

1. 保护电位

保护电位是判断阴极保护是否完全的重要依据，是测量和调整阴极保护运行过程、监视和控制阴极保护效果的重要参数。当被保护物体电位处在保护电位范围内时，被保护物体得到良好的保护；当被保护物体电位负于保护电位范围下限时，不仅会过多地消耗电量，而且可能导致过保护；当被保护物体电位正于保护电位范围上限时，达不到相应的保护效果，被保护物体欠保护。因此，被保护物体阴极保护时的极化电位应当控制在适当的范围内，即保护电位范围内。

阴极保护效果的判据有保护电位准则、电位偏移准则、目测、无损检测准则和试片法检测准则等。由于保护电位检测简便易行，既可定点长期监测，也可进行全面检测，且多年工程实践证明电位准则是有效和可靠的，因此电位准则现在被应用得最为广泛。当然，对于重要工程、特殊环境或需求等，有时也辅以其他判断准则。下面介绍海港工程钢结构和混凝土结构阴极保护的电位准则。

1）海港工程钢结构的阴极保护电位准则

保护电位范围与被保护物体的材质种类、介质条件（含氧量、pH、电阻率、流速等）等密切相关。表 5-2 列出了不同环境和材质时海港工程钢结构的保护电位（JTS 153-3—2007）。在受污染、缺氧的海水或海泥中，易发生硫酸盐还原菌腐蚀，因此其最小保护电位值比正常含氧环境中更负；屈服强度大于 700 MPa 的高强钢在海洋环境中存在氢致应力开裂的危险，因此对其最大保护电位进行限定。值得注意的是，在有硫酸盐还原菌和硫化物的环境中，高强钢对氢致应力开裂更为敏感。

表 5-2　海港工程钢结构的保护电位（JTS 153-3—2007）

环境、材质		保护电位/V		
		饱和硫酸铜电极	海水氯化银电极	锌合金电极
含氧环境中的钢	最正值	−0.85	−0.78	+ 0.25
	最负值	−1.10	−1.05	+ 0.00
缺氧环境中的钢（有硫酸盐还原菌腐蚀）	最正值	−0.95	−0.90	+ 0.15
	最负值	−1.10	−1.05	+ 0.00
高强钢（$\sigma_s \geqslant 700$ MPa）	最正值	−0.85	−0.78	+ 0.25
	最负值	−1.00	−0.95	+ 0.10

阴极保护电位测量使用的参比电极应极化小、性能稳定、使用寿命长。参比电极需符合现行国家标准《船用参比电极技术条件》（GB/T 7387）的要求。表 5-3 为海港工程钢结构常用参比电极的主要性能指标。海港工程钢结构常用参比电极有饱和甘汞电极、饱和硫酸铜电极、海水氯化银电极、锌合金电极等，其中饱和

硫酸铜电极因需经常更换硫酸铜，并清洁电极表面，不宜用作固定安装的永久性测量电极，海水氯化银电极是海水中理想的参比电极，既可作为临时测量用电极，也可作为固定安装的永久性参比电极。但在海水氯化银电极使用过程中，需注意读数修正和使用寿命问题。

表 5-3　参比电极主要性能指标

名称	电极结构	电位（相对于标准氢电极）/V	使用环境
饱和甘汞电极	$Hg/HgCl_2$ 饱和 KCl	+0.242	淡水、海水
饱和硫酸铜电极	Cu/饱和 $CuSO_4$	+0.316	海水、淡水、土壤
海水氯化银电极	$Ag/AgCl$ 海水	+0.250	海水
锌合金电极	Zn 合金	−0.784	海水、淡水、土壤

2）海港工程混凝土结构的阴极保护电位准则

根据现行行业标准 JTS 153 的有关规定，相对于 $Ag/AgCl$/0.5 mol/L KCl 参比电极，保护电位应符合下列准则：①普通混凝土中钢筋瞬时断电的电位不应负于 −1100 mV。②预应力混凝土中钢筋瞬时断电的电位不得负于 900 mV。③保护电位实测值应满足下列要求之一：a. 直流电回路断开后 0.1～1.0 s 测得的瞬时断电的电位负于−720 mV；b. 断电瞬间的初始极化电位，断电后 24 h 内电位衰减不小于 100 mV；c. 断电瞬间的初始极化电位，断电后 48 h 或更长时间的电位衰减不小于 150 mV。

钢筋混凝土结构阴极保护测量常用参比电极 $Ag/AgCl$/0.5 mol/L KCl 参比电极、Mn/MnO_2/0.5 mol/L NaOH 电极、石墨、活化钛、锌参比电极等。其中，$Ag/AgCl$/0.5 mol/L KCl 参比电极和 Mn/MnO_2/0.5 mol/L NaOH 电极在碱性条件下性能稳定、寿命长，因此可作为埋入参比电极或临时测量用电极；石墨、活化钛、锌参比电极由于自身的半电池电位不可逆和不稳定，因此通常用于测量不超过 24 h 的电位极化衰减值。

2. 保护电流密度

保护电流密度决定着保护电位的实现，是阴极保护技术中降低被保护物体腐蚀、调整和控制保护电位的关键参数。阴极保护时，当施加的电流密度小于保护电流密度时，被保护物体得不到完全保护；当施加的电流密度远大于保护电流密度时，不仅会消耗大量电能和增大设备容量，导致阴极保护成本提高，而且可能造成过保护现象，反而使保护作用降低。

保护电流密度的大小与被保护物体的材质种类、被保护物体的表面状态（有无保护膜、涂层的完整程度等）、腐蚀介质条件（含氧量、温度、流速、风浪、pH、电阻率等）、构筑物复杂性等因素密切相关。这些因素的变化可使保护电流密度由几 mA/m² 变化到几百 mA/m²。一般而言，被保护物体在介质中的腐蚀越强，阴极极化程度越低时，所需的保护电流密度越大。因此，只要是增加腐蚀速率、降低阴极极化的因素，如温度升高、流速加快、溶解氧含量增大、混凝土的氯离子侵蚀或碳化等，都会使保护电流密度增大。

例如，在通常的海洋环境条件下，海水温度每升高 1℃，钢结构所需的保护电流密度提高 2 mA/m²；海水温度每升高10℃，裸露钢结构的腐蚀速率将增加30%以上；海水的流速、悬浮物的性质和泥沙含量等均对腐蚀速率有重大的影响；介质的化学成分、pH 和污染情况会影响钢结构的腐蚀形式。

阴极保护设计时，设计人员通常会根据标准中的参考值、设计经验及被保护物体的环境条件来选择保护电流密度。阴极保护电流密度的设计选择和调整，确定得是否正确合理，最终仍取决于所产生的电位是否符合保护电位范围。

1）海港工程钢结构阴极保护的保护电流密度

表 5-4 列出了世界各典型海域钢结构所需的保护电流密度（NACE RP0176）。可见，由于海域的不同，钢结构所需保护电流密度也不相同。目前，我国现役海港工程钢结构阴极保护系统主要依据 JTS 153-3—2007（现行）和 JTJ 230—1989（作废）两本规范设计，表 5-5 和表 5-6 分别列出了规范和规定所推荐的保护电流密度。由表可知，JTJ 230—1989 与 JTS 153-3—2007 所列出的保护电流密度有所差别。JTJ 230—1989 规定了保护电流密度初始值，维持值则通常按初始值的 50%～55% 取值。而 JTS 153-3—2007 直接规定了保护电流密度的初始值、维持值和末期值。

表 5-4　世界各典型海域钢结构所需的保护电流密度（NACE RP0176）

区域	保护电流密度/(mA/m²)		
	初始值	维持值	末期值
墨西哥湾	110	55	75
美国西海岸	150	90	100
库克湾海口	430	380	380
北海北部（北纬 57°～62°）	180	90	120
北海南部（北纬 57°以南）	150	90	100
阿拉伯湾	130	65	90
印度	130	70	90
澳大利亚	130	65	90
巴西	180	65	90
西非	130	65	90
印度尼西亚	110	55	75

表 5-5　海港工程钢结构的保护电流密度（JTS 153-3—2007）

环境介质	钢结构表面状态	保护电流密度/(mA/m²)		
		初始值	维持值	末期值
静止海水	裸钢	100～130	55～70	70～90
流动海水	裸钢	150～180	60～80	80～100
海泥	裸钢	25	20	20
海水堆石	裸钢	60～90	40～50	50～75
海水中混凝土或水泥砂浆包覆	裸钢		10～25	
水位变动区混凝土	钢筋		5～20	

表 5-6　海港工程钢结构的保护电流密度初始值（JTJ 230—1989）

环境介质	钢结构表面状态	保护电流密度初始值/(mA/m²)
静止海水	裸钢	80～100
流动海水	裸钢	100～150
静止海水	有涂层	10～20
流动海水	有涂层（完好）	15～30
流动海水	有涂层（破损）	30～50
流动淡海水	裸钢	70～100
泥下	裸钢	10～25
海水堆石	裸钢	40～60
污染海水	裸钢	150～200

　　对于有涂层保护的钢结构，JTS 153-3—2007 规定通过各阶段保护电流密度（表 5-5）乘以破损率来计算带涂层钢结构所需的保护电流密度。一般而言，涂层初始破损率可取 1%～2%，每年破损率增加值根据涂料品种和设计使用年限取 1%～3%，或根据涂层设计保护年限按表 5-7 取值。而 JTJ 230—1989 则直接给出了静止海水涂层、流动海水涂层完好与否时的保护电流密度。

表 5-7　涂层使用寿命与涂层破损率之间的关系

使用寿命/a	破损率/%		
	初期值	平均值	末期值
10	2	7	10
20	2	15	30
30	2	25	60
40	2	40	90

　　此外，JTS 153-3—2007 还推荐了延伸进入混凝土中，如胸墙、墩台等，或用水泥砂浆进行防腐蚀包覆的钢结构及与伸入混凝土中的钢结构相连接的混凝土钢筋的保护电流密度。表 5-8 和表 5-9 分别为按 JTS 153-3—2007 和 JTJ 230—1989 所选取的典型海港码头钢结构的保护电流密度。

表 5-8　典型海港码头钢结构的保护电流密度取值（JTS 153-3—2007）

码头名称	保护方式	海水保护电流密度/(mA/m^2)			海泥保护电流密度/(mA/m^2)		
		初始值	维持值	末期值	初始值	维持值	末期值
天津港某矿石码头	牺牲阳极	110	60	75	25	20	20
天津港某 LNG 码头	牺牲阳极	110	60	80	25	20	20
天津临港某码头	牺牲阳极	110	60	75	25	20	20
曹妃甸某矿石码头	牺牲阳极	110	55	70	25	20	20
黄骅港某散杂货码头	牺牲阳极	110	60	80	25	20	20

表 5-9　典型海港码头钢结构的保护电流密度初始值（JTJ 239—1989）

规定或工程名称、地区	保护电流密度初始值/(mA/m^2)			
	海水	海泥	抛石	有涂层
JTJ 230—1989	80～100	10～25	40～60	10～20
上海陈山石矿码头	—	10（有涂层）	—	30
北仑港矿石码头	100	15	—	15
海口港钢板桩码头	110	30	—	
丹东港大东港区新建码头	—	100	20	—
天津港南疆石化码头	100	20		20
威海过海索道基础工程	100	—		15
毛里塔尼亚友谊港	100	20		20
巴基斯坦卡拉奇 OP-V 码头	—	10（有涂层）		30
深圳华安石化码头	100	15		20
京塘港中晨 LPG 码头	—	15		20
烟台滚装码头	100	15	—	—

　　保护电流密度初始值是指在阴极保护系统服役初期使钢结构达到保护电位范围所需要的阴极电流密度。通常情况下，初始值要高于维持值和末期值。这是因为在海水环境中，随着阴极保护时间的增长，保护电流会逐渐降低。导致保护电流下降原因如下：随着阴极保护的进行，O_2 在钢结构表面得到电子生成 OH^-，导致表面附近介质的 pH 增加，从而使得海水中的 Ca^{2+}、Mg^{2+} 生成难溶的 $CaCO_3$ 和

$Mg(OH)_2$ 混合物。这些混合物在钢结构表面上沉积形成石灰质膜，起着与覆盖层相似的作用，使保护电流大大降低。

保护电流密度维持值是指在阴极保护系统整个设计使用期限内，钢结构维持在相对稳定的保护电位范围内所需要的保护电流密度。对裸钢而言，维持电流密度通常为保护电流密度初始值的 50%～55%。

保护电流密度末期值是指阴极保护系统服役后期，当由大风暴、长时间停止保护等导致钢结构表面石灰质膜被破坏时，将钢结构重新极化至保护电位范围所需的保护电流密度。当石灰质膜被破坏时，保护作用会下降，此时钢结构要达到保护电位范围所需的保护电流也有所增加，因此保护电流末期值通常大于维持值。

2）海港工程混凝土结构阴极保护的保护电流密度

海港工程混凝土结构阴极保护的保护电流密度与被保护结构所处的环境条件（温度、湿度、供氧量、氯盐污染程度）、结构物复杂性、混凝土质量、保护层厚度、钢筋腐蚀程度等因素有关。因此，保护电流密度初始值通常采用经验数据或通过现场实验确定。JTS 153-2—2012 推荐了钢筋在不同环境及状态下的阴极保护电流密度参考值，详见表 5-10。表 5-11 列出了国内外典型钢筋混凝土结构阴极保护所采用的保护电流密度值（JTS 153-2—2012）。JTS 153-3 推荐大气区的阴极保护电流密度为 1～5 mA/m^2，浪溅区、水位变动区的阴极保护电流密度为 5～20 mA/m^2。

表 5-10　海港工程混凝土结构的阴极保护电流密度（JTS 153-2—2012）

钢筋周围的环境及钢筋的状况	电流密度/(mA/m^2)
碱性、供氧少、钢筋尚未锈蚀	0.1
碱性、露天结构、钢筋尚未锈蚀	1～3
碱性、干燥、有氯盐、混凝土保护层厚、钢筋轻微锈蚀	3～7
潮湿有氯盐、混凝土质量差、保护层薄或中等厚度、钢筋普遍发生孔蚀或全面锈蚀	8～20
氯盐含量高、潮湿、干湿交替、富氧、混凝土保护层薄、气候炎热、钢筋锈蚀严重	30～50

表 5-11　国内外典型钢筋混凝土结构阴极保护所采用的保护电流密度值

工程名称	阴极保护方式	保护电流密度/(mA/m^2)	备注
大丰挡潮闸胸墙钢筋混凝土梁	外加电流	<10	以表层钢筋面积计，平均值
连云港二码头东侧钢筋混凝土梁底板		17.6	以表层钢筋面积计，平均值
湛江码头横梁、肋和板		<20	以表层钢筋面积计
渤海码头钢筋混凝土承重梁		10～20	随潮涨潮落变化
澳大利亚歌剧院下部构件		14.44	以混凝土表面积计，设计值

续表

工程名称	阴极保护方式	保护电流密度/(mA/m²)	备注
美国弗吉尼亚混凝土桥梁面板	外加电流	5.3～13.6	以混凝土表面积计，运行897 d后不同区域整流器设置值
德国绕城公路钢筋混凝土结构		1～10	以钢筋表面积计，运行前6 a不同区域
		3～7	以钢筋表面积计，调整后不同区域
佛罗里达 Sanibel 岛公寓大楼柱和梁	牺牲阳极	2.69～3.44	以混凝土表面积计，运行20个月后柱的保护电流密度
阿拉斯加 Ketchikan 高架桥		0.58～1.6	以混凝土表面计，锌网，运行初期测量值
		0.36～1.0	以混凝土表面计，热喷锌，运行初期测量值
弗吉尼亚 Hampton 预应力混凝土桩		2.0～8.4	以混凝土表面计，电弧喷铝-锌-铟
		28.9～37.0	以混凝土表面计，锌箔/水凝胶
		57.0～62.0	以混凝土表面计，锌网/水泥浆护套

3. 保护度和保护效率

保护度和保护效率是评价阴极保护效果的两个重要参数。保护度是被保护物体在实施阴极保护后腐蚀速率下降的相对保护程度。保护度 P 可按式（5-1）计算：

$$P = \frac{v_0 - v_1}{v_0} \times 100\% = \frac{i_{\text{corr}} - i_{\text{a}}}{i_{\text{corr}}} \times 100\% \tag{5-1}$$

式中，P 为阴极保护度，%；v_0 为未进行阴极保护前被保护物体的腐蚀速率，mm/a；v_1 为阴极保护后被保护物体的腐蚀速率，mm/a；i_{corr} 为未保护前被保护物体的腐蚀电流密度，A/m²；i_{a} 为阴极保护后被保护物体的腐蚀电流密度，A/m²。

保护效率是在阴极保护时施加单位极化电流量所获得的被保护物体腐蚀速率减小值，即阴极保护电流消耗量的相对比率。保护效率 Z（%）可用式（5-2）计算：

$$Z = \frac{i_{\text{corr}} - i_{\text{a}}}{i_{\text{p}}} \times 100\% = \frac{P}{i_{\text{p}}/i_{\text{corr}}} \tag{5-2}$$

式中，i_{p} 为阴极保护电流密度，A/m²，即阴极保护时的外加电流密度。

保护度 P 和保护效率 Z 的关系见式（5-2），可见两者并非呈简单的线性相关，保护电流消耗量 i_{p} 过大可能使保护效率 Z 明显下降，而保护度 P 则增加甚微。由此可见，从经济性角度看，在阴极保护实践中，无限制地追求完全保护，并不适宜。在实际使用中，阴极保护提供的保护度，如果能有效控制溃疡腐蚀、坑蚀等局部腐蚀，即可以认为是适宜的。在海港工程钢结构阴极保护中，当钢结构电位处于保护电位范围时，通常认为阴极保护可提供90%以上的保护度。

5.2　海港工程钢结构阴极保护

5.2.1　概述

阴极保护由于保护度高、性价比高、技术成熟可靠等优点，在海港工程钢结构水位变动区及以下部位中得到了广泛使用。目前，码头钢管桩、钢板桩等结构基本都会采用阴极保护。在实际使用过程中，阴极保护通常会与涂层或包覆系统联合使用。海港工程钢结构阴极保护可采用牺牲阳极阴极保护、外加电流阴极保护或两种保护的联合。两种阴极保护方式各有优缺点，适用的环境也略有不同。对于海港工程钢结构而言，通常情况下，两种阴极保护方式都是合适的。然而，就目前普遍的使用情况看，牺牲阳极阴极保护由于维护要求低、保护效果稳定等优点，在海港工程钢结构中的使用更为广泛。

5.2.2　海港工程钢结构阴极保护的前期准备

1. 阴极保护方式选择

在实施阴极保护前，应根据结构现状、被保护物材质、腐蚀机理、目标使用年限、工程性质、保护系统可靠性、施工条件、环境条件、供电状况、维护管理、资金投入情况、对周边环境影响等因素综合论证确定选择何种阴极保护方式。

海港工程钢结构阴极保护可采用牺牲阳极阴极保护、外加电流阴极保护或两种保护联合。当使用联合保护时，可提高保护系统的效率和可靠性。牺牲阳极阴极保护适用于电阻率小于 $500\ \Omega\cdot cm$ 的海水或淡海水，当海水电阻率较高时可选用外加电流阴极保护。预应力桩与钢桩混合使用的工程宜采用牺牲阳极阴极保护。

2. 环境调查和资料收集

在阴极保护设计前应收集如下资料，必要时可现场测定：①钢结构材质、外形尺寸、表面状况，与相邻结构物的关系；②介质盐度及氯离子、钙离子、镁离子、硫离子浓度；③介质温度、含氧量、电阻率、pH；④波浪、潮位、海水流速、水中泥沙含量等；⑤介质污染情况等。上述参数及环境条件是阴极保护方法和基本参数选择的重要依据。

3. 电连接

海港工程钢结构大多分散布置，将同一保护系统的钢结构连接成一个通电整体，是确保阴极保护系统可靠性、有效性和经济性的重要前提。采用阴极保护的钢结构必须确保每一个设计单元或整体具有良好的通电连续性，连接方式可采用直接焊接、焊接钢筋连接或电缆连接，连接点面积应大于连接用钢筋或电缆的截面积，连接电阻不应大于 0.01 Ω。保证钢结构之间通电连续性的电连接，如果能在水上施工，并将电连接钢筋置于混凝土的保护性环境中，将使阴极保护的应用更为经济可靠。因此，埋于混凝土桩帽、墩台或胸墙中的钢桩应做好钢桩之间的电连接。

4. 绝缘处理

外加电流阴极保护系统可能会对相邻的非保护钢结构造成杂散电流腐蚀，牺牲阳极保护系统的使用寿命和保护效果也可能受到相连接的邻近钢结构的影响。采用阴极保护的钢结构靠近其他金属结构或附近有杂散电流源，并使该钢结构或相邻的其他金属结构的电位偏正 20 mV 时，应当采取绝缘处理措施防止杂散电流腐蚀或非保护结构消耗被保护结构的牺牲阳极。另外，在易燃易爆气体环境下使用外加电流阴极保护系统时，也应在被保护部位和非保护部位的连接处采取绝缘处理，以免产生电火花的危险。

5. 阴极保护设计寿命的确定

一般来说，阴极保护系统的设计寿命应根据建设单位的要求或政府的法令而定，设计人员或防腐工作者也可以从工程结构、经济性、施工难易程度、后期维护、全寿命经济成本等方面考虑，对业主的选择提供建议。

6. 钢结构总保护电流的确定

阴极保护系统只有形成电流回路才会起作用。海港工程钢结构的大气区和浪溅区由于缺乏电解质，无法形成有效的电流回路，通常无法实施阴极保护。而水位变动区、水下区和泥下区则可实施阴极保护，因此阴极保护面积包括水位变动区、水下区和泥下区钢结构的表面积。但需指出的是，由于环境的差异，实施阴极保护部位的保护度 P 不尽相同，水位变动区 P 为 $20\% \leqslant P < 90\%$，水下区 $P \geqslant 90\%$。式（5-3）和式（5-4）为典型海港工程钢结构钢管桩及钢板桩保护面积的计算公式：

$$S_g = \pi D H_g \tag{5-3}$$

$$S_b = L_b H_b \tag{5-4}$$

式中，S_g 为钢管桩保护面积，m^2；D 为钢管桩外径，m；H_g 为保护高度，m；S_b 为钢板桩保护面积，m^2；L_b 为钢板桩展开长度，m；H_b 为保护高度，m。

海港工程钢结构总保护电流可按式（5-5）和式（5-6）计算：

$$I = \sum I_n + I_f \tag{5-5}$$

$$\sum I_n = \sum i_n s_n \tag{5-6}$$

式中，I 为总保护电流，A；I_n 为被保护钢结构各部位的保护电流，A；I_f 为其他附加保护电流，A；i_n 为被保护钢结构各分部位的保护电流密度值，A/m²；s_n 为被保护钢结构各分部位的保护面积，m²。保护电流密度值可按第 5.1.3 小节选取。对于有涂层的钢结构，还需乘以破损率来确定保护电流密度。

5.2.3　海港工程钢结构牺牲阳极阴极保护

1. 牺牲阳极材料的基本性能和特点

牺牲阳极是依靠自身腐蚀速率的增加而使与之耦合的阴极获得保护的电极。开路电位、工作电位、驱动电压、利用系数、理论电容量、实际电容量、消耗率等是牺牲阳极的基本性能。开路电位是指牺牲阳极在电解质溶液中的自然腐蚀电位。工作电位是指在电解质中牺牲阳极工作状态下的电位。驱动电位是指牺牲阳极工作电位与被保护体电位的差值。牺牲阳极利用系数是指牺牲阳极使用到不足以提供被保护结构所必需的电流时，阳极消耗质量与阳极原质量之比。理论电容量是指根据法拉第定律计算的阳极消耗单位质量所产生的电量。实际电容量是指实际测得的阳极消耗单位质量所产生的电量。

牺牲阳极材料应满足如下条件：①有足够负的稳定电位，即牺牲阳极与被保护物体间应有足够大的开路电位；②工作过程中阳极极化倾向要小，工作电位足够负，这样可使阴极保护系统工作时可保持足够大的驱动电位；③理论电容量要大，这样单位电量所消耗的阳极质量要少；④自腐蚀速率要小，电流效率要高，即实际电容量与理论电容量的百分比要大；⑤工作时呈均匀的活化溶解，表面上不沉淀难溶的腐蚀产物，阳极能够长期持续稳定地工作；⑥工作时产生的腐蚀产物应无毒无害、不污染环境；⑦原材料丰富、生产加工容易、价格低廉。

2. 海港工程钢结构常用牺牲阳极材料

根据牺牲阳极成分，常用阳极材料有铝合金阳极、锌合金阳极和镁合金阳极三类，具体使用何种牺牲阳极应根据环境介质条件和经济因素综合确定。目前，铝合金阳极和锌合金阳极在海港工程中使用广泛。铝合金阳极和锌合金阳极的品种、化学成分、电化学性能、金相组织和表面质量等应符合现行国家标准《铝-锌-铟系合金牺牲阳极》（GB/T 4948）和《锌-铝-镉合金牺牲阳极》（GB/T 4950）的有关规定。

1）铝合金牺牲阳极

铝合金阳极具有质量轻、单位质量产生有效电流大、电位较负、资源丰富、价格便宜等优点。铝的理论电容量是 2980 A·h/kg，是镁的 1.35 倍，锌的 3.6 倍。然而，纯铝在水溶液中会在其表面形成含水氧化物而引起铝的钝化，因此纯铝并不适宜作牺牲阳极材料。通过合金化在铝中添加锌、铟、镁、汞等金属形成铝合金，可有效限制或阻止铝表面连续致密氧化膜的形成，促进表面活化溶解，使铝合金阳极具有较负的电位和较高的电流效率。铝合金阳极在海水和含有氯离子的介质中性能良好，能自动调节电流，已被广泛用于海港工程钢结构的保护。但是，铝合金阳极用于海泥中时，由于铝合金在海泥中可能会钝化，即使在海泥中性能优良的阳极品种，其电流效率也会有所下降，而且其电化学性随着海泥的性质、温度和使用时间而变化。因此，铝合金材料在海泥中使用时应慎重。我国开发一系列 Al-Zn-In 系阳极，包括 Al-Zn-In-Mg-Ti、Al-Zn-In-Cd、Al-Zn-In-Si 和 Al-Zn-In-Sn-Mg 等。表 5-12 和表 5-13 为常用 Al-Zn-In 系合金阳极的成分和电化学性能。

表 5-12　Al-Zn-In 系阳极化学成分（%）

种类	化学成分										
	Zn	In	Cd	Sn	Mg	Si	Ti	轧制			Al
								Si	Fe	Cu	
铝-锌-铟-镉	2.5～4.5	0.018～0.050	0.050～0.020	—	—	—	—	≤0.10	≤0.15	≤0.01	余量
铝-锌-铟-锡	2.2～5.2	0.020～0.045	—	0.018～0.035	—	—	—	≤0.10	≤0.15	≤0.01	余量
铝-锌-铟-硅	5.5～7.0	0.025～0.035	—	—	—	0.10～0.15	—	≤0.10	≤0.15	≤0.01	余量
铝-锌-铟-锡-镁	2.5～4.0	0.020～0.050	—	0.025～0.075	0.50～1.00	—	—	≤0.10	≤0.15	≤0.01	余量
铝-锌-铟-镁-钛	4.0～7.0	0.020～0.050	—	—	0.50～1.50	—	0.01～0.08	≤0.10	≤0.15	≤0.01	余量

表 5-13　Al-Zn-In 系阳极的电化学性能

阳极材料	开路电位/V	工作电位/V	实际电容量/(A·h/kg)	电流效率/%	消耗率/[kg/(A·a)]	溶解状况
1 型	−1.18～−1.10	−1.12～−1.05	≥2400	≥85	≤3.65	产物容易脱落，表面溶解均匀
2 型	−1.18～−1.10	−1.12～−1.05	≥2600	≥90	≤3.37	

注：（1）参比电极为饱和甘汞电极。
　　（2）介质为人造海水或天然海水。
　　（3）表 5-12 中铝-锌-铟-镁-钛为 2 型，其他为 1 型。

2）锌合金牺牲阳极

锌合金牺牲阳极的电极电位与镁相比，负得还不够，相对于钢铁的保护电位只有 0.25 V 的驱动电压。因此，锌合金阳极在高电阻率的土壤或淡水中不太适用，通常用于海水、某些化学介质和低电阻率的土壤或滩涂地。尽管锌合金牺牲阳极的理论电容量较小、密度大，但其电流效率很高，在海水中可以达到 95%，在土壤中也可达到 65%以上。常用锌合金阳极有 Zn-Al 系、Zn-Sn 系、Zn-Hg 系等，其中 Zn-Al-Cd 阳极在海港工程中使用最为广泛。表 5-14 和表 5-15 为 Zn-Al-Cd 阳极的成分和电化学性能。Zn-Al-Cd 阳极中的铝、镉分别与铁、铝形成金属间化合物，使腐蚀产物疏松易脱落；同时，这些合金元素细化了晶粒，使阳极表面溶解趋于均匀。

表 5-14　Zn-Al-Cd 阳极化学成分（%）

化学元素	Al	Cd	杂质元素				Zn
			Fe	Cu	Pb	Si	
含量	0.3～0.6	0.05～0.12	≤0.005	≤0.005	≤0.006	≤0.125	余量

表 5-15　Zn-Al-Cd 阳极电化学性能

电化学性能	开路电位/V	工作电位/V	实际电容量/(A·h/kg)	消耗率/[kg/(A·a)]	电流效率/%	溶解性能
海水中（1 mA/cm²）	−1.09～−1.05	−1.05～−1.00	≥780	≤11.23	≥95	表面溶解均匀，腐蚀产物容易脱落
土壤中（0.03 mA/cm²）	≤−1.05	≤−1.03	≥530	≤17.25	≥65	

注：（1）参比电极为饱和甘汞电极。
（2）海水介质用人造或天然海水。
（3）土壤介质用潮湿土壤，且阳极周围添加填充料。

3）镁合金阳极

镁合金阳极的特点是密度小、理论电容量大、电位负、极化率低，由于其与铁的有效电位差大（>0.6 V），因此保护范围大，适用于电阻较高的淡水和土壤中钢结构的保护。常用镁合金阳极有高纯镁、Mg-Mn 系合金、Mg-Al-Zn-Mn 系合金三大类。镁合金阳极的品种、化学成分、表面质量等要符合现行行业标准《镁合金牺牲阳极》（GB/T 17731）。镁合金牺牲阳极的腐蚀快，电流效率低，使用寿命短，需经常更换，在低电阻介质中（如海水）使用较少。因此，镁合金阳极在海港工程中使用很少。另外，镁合金阳极工作时，会析出大量氢气，本身易诱发火花，工作不安全，因此不能用于易诱发火花的环境。

3. 常用牺牲阳极的型号和规格

牺牲阳极的几何尺寸和质量应能满足阳极初期发生电流、末期发生电流和使用年限的要求，其型号、规格可按现行国家标准 GB/T 4948 和 GB/T 4950 选用，也可另行设计。目前，海港工程钢结构常用牺牲阳极的形状有长条状阳极、手镯型阳极、板状阳极等几种类型。表 5-16 列出了海港工程常用牺牲阳极的型号和规格。

表 5-16　海港工程常用牺牲阳极的型号和规格

型号	规格×（上底＋下底）×高/mm^3	净重/kg	毛重/kg	应用
AⅠ-1	2300×（220＋240）×230	294	310	海洋工程
AⅠ-2	1600×（220＋210）×220	181	190	海洋工程
AⅠ-3	1500×（170＋200）×180	122	130	海洋工程
AⅠ-4	900×（150＋170）×160	55	58	海洋工程
AⅠ-5	800×（200＋280）×150	76	80	港工设施
AⅠ-6	1250×（115＋135）×130	52	56	港工设施
AⅠ-7	1000×（115＋135）×130	42.6	46	港工设施
AⅠ-8	750×（115＋135）×130	33	35	港工设施
AⅠ-9	500×（115＋135）×130	22	23	港工设施
ZⅠ-1	1000×（115＋135）×130	111.6	115	海洋工程和港工设施
ZⅠ-2	750×（115＋135）×130	83	85	海洋工程和港工设施
ZⅠ-3	500×（115＋135）×130	55	56	海洋工程和港工设施

注：AⅠ为铝合金牺牲阳极，ZⅠ为锌合金牺牲阳极。

4. 牺牲阳极阴极保护的设计要点

牺牲阳极阴极保护的效果主要取决于牺牲阳极材料及合理的保护设计，因此应根据被保护钢结构所处的环境条件、经济因素和保护年限来选定适当的牺牲阳极材料和设计参数。牺牲阳极阴极保护系统的设计原则如下：①有足够的保护电流促使被保护钢结构开始极化（初期保护电流）；②在保护系统的整个设计使用期限内提供适当的保护电流（维持保护电流）；③在设计寿命的后期仍能维持足够的保护电流。牺牲阳极阴极保护的基本设计流程如下。

1）收集设计资料

收集海港工程钢结构的图纸、被保护结构的材质、表面状况、几何形状、环境条件（参见第 5.2.2 小节）等设计资料。

2）计算保护电流

根据被保护结构的几何形状计算保护面积，然后通过环境条件、表面状态、被保护材质等确定钢结构不同部位或表面状态下所需的保护电流密度（参见第 5.1.3 小节），最终结合保护面积和保护电流密度计算保护电流（参见第 5.2.2 小节）。

3）牺牲阳极材料的选择

根据环境条件、保护年限、成本等因素确定牺牲阳极材料。海水中可使用铝合金阳极和锌合金阳极。海泥中采用锌合金阳极。淡海水（电阻率小于 500 Ω·cm）或淡水介质采用镁阳极或高活性铝阳极、锌阳极。

4）牺牲阳极的规格和质量

牺牲阳极的几何尺寸和质量应能满足初期发生电流、末期发生电流和使用年限的要求，其型号、规格可按现行国家标准《铝-锌-铟系合金牺牲阳极》（GB 4948）和《锌-铝-镉合金牺牲阳极》（GB 4950）选用（参见第 5.2.3 小节），也可另行设计。

合理的选择或调整牺牲阳极的几何尺寸和结构型式，可以式满足三条设计原则所需的阳极数量尽可能接近，从而使设计更为经济合理。一般而言，适当增大阳极的长度和铁芯直径，可以增加牺牲阳极的发生电流和后期维护电流。

阳极的铁芯对牺牲阳极在整个设计使用期限内起着支承、定位和导电作用。因此，牺牲阳极的铁芯结构应能保证在整个使用期与阳极体的电连接，并能承受自重和使用环境所施加的荷载。具体埋设方式和接触电阻应符合现行国标 GB 4948 和 GB 4950 的有关规定。

5）牺牲阳极的接水电阻

接水电阻是阴极保护系统中阳极在水中的界面电阻。在海水环境下，牺牲阳极阴极保护回路的总电阻主要由阳极的接水电阻决定。接水电阻的大小则与牺牲阳极规格、尺寸及介质电阻率密切相关。表 5-17 为不同形状阳极的接水电阻计算公式。上述计算公式也同样适用于外加电流阴极保护系统的辅助阳极。

表 5-17　阳极接水电阻的计算公式

阳极形状		计算公式	
条状阳极	$L \geqslant 4r$	$R_a = \dfrac{\rho}{2\pi L}\left(\ln\dfrac{4L}{r}-1\right)$	$r_c = \dfrac{C}{2\pi}$ $r_m = r_c - (r_c - r_t)\mu$
	$L < 4r$	$R_a = \dfrac{\rho}{2\pi L}\left\{\ln\left[\dfrac{2L}{r}\left(1+\sqrt{1+\left(\dfrac{r}{2L}\right)^2}\right)\right]+\dfrac{r}{2L}-\sqrt{1+\left(\dfrac{r}{2L}\right)^2}\right\}$	
板状阳极		$R_a = \dfrac{\rho}{2L'},\quad L' = \dfrac{L+b}{2}$	
其他形状阳极		$R_a = 0.315\dfrac{\rho}{\sqrt{S}}$	

注：R_a 为阳极的接水电阻，Ω；ρ 为海水电阻率，$\Omega\cdot cm$；L 为阳极长度，cm；r 为阳极等效半径，cm，分为 r_c 和 r_m；r_c 为初期等效半径，cm；r_m 为末期等效半径，cm；C 为阳极截面周长，cm；r_t 为阳极铁芯半径，cm；μ 为牺牲阳极的利用系数，取 0.85～0.90；b 为阳极宽度，cm；L' 为阳极的当量长度，cm；S 为阳极的裸露面积，cm^2。

6）单个牺牲阳极发生电流

单个牺牲阳极的发生电流与阳极驱动电位、回路总电阻密切相关，可按式（5-7）计算：

$$I_a = \frac{\Delta V}{R} \tag{5-7}$$

式中，I_a 为单个牺牲阳极的发生电流，A；ΔV 为驱动电压，V，是牺牲阳极工作电位与被保护物电位之差，锌合金阳极取 0.20～0.25 V，铝合金阳极取 0.25～0.30 V；R 为牺牲阳极和被保护钢结构之间的回路总电阻，Ω，其值近似于牺牲阳极接水电阻。

7）牺牲阳极数量的计算

牺牲阳极数量应满足钢结构阴极保护初期、末期及维持期总保护电流的要求。

初期和末期所需牺牲阳极数量计算公式如下

$$N = \frac{I}{I_a} \qquad (5\text{-}8)$$

式中，N 为牺牲阳极数量，块；I 为钢结构初期或末期所需的总保护电流，A；I_a 为单个阳极初期或末期的发生电流，A。

维持期牺牲阳极数量可按下式计算：

$$N_m = \frac{8760 I_m t}{q \mu W_i} \qquad (5\text{-}9)$$

式中，N_m 为维持期牺牲阳极用量；I_m 为钢结构维持期所需的总保护电流，A；q 为牺牲阳极实际电容量，A·h/kg；W_i 为单个牺牲阳极的净质量，kg；μ 为牺牲阳极的利用系数。牺牲阳极利用系数是指牺牲阳极使用到不足以提供被保护结构所必需的电流时，阳极消耗质量与阳极质量之比。一般而言，条状阳极取 0.85～0.90，手镯式阳极取 0.75～0.80，其他形状阳极取 0.75～0.85。

8）牺牲阳极的使用年限

单个牺牲阳极的使用年限可按式（5-10）计算：

$$t = \frac{W_i \mu}{E_g I_i} \qquad (5\text{-}10)$$

某结构段牺牲阳极阴极保护系统的使用年限可按式（5-11）计算：

$$t_s = \frac{W_i N \mu}{E_g I_{ms}} \qquad (5\text{-}11)$$

式中，t_s 为牺牲阳极或系统的使用年限，a；W_i 为单个牺牲阳极净重，kg；μ 为牺牲阳极的利用系数；E_g 为牺牲阳极的消耗率，kg/(A·a)；I_i 为单个牺牲阳极的平均发生电流，为初始发生电流的 0.50～0.55 倍；N 为牺牲阳极的数量，块；I_{ms} 为某结构段维持期所需的总保护电流，A。

9）牺牲阳极的布置

牺牲阳极的驱动电位较低，阳极均匀分布可提高保护电流的利用效率，避免出现保护不足的情况。因此，牺牲阳极的布置应使被保护钢结构的表面电位均匀分布，宜采用均匀布置。牺牲阳极暴露于空气中时，因通电回路中断，无法发出保护电流。铝合金牺牲阳极被埋入海泥中时，其发生电流和电流效率均会有所下降，有些品种可能还会出现钝化或逆转现象。因此，需要控制牺牲阳极的安装位置。牺牲阳极的安装位置应满足如下条件：①阳极的安装顶高程与设计低水位的距离应不小于 1.2 m；②阳极的安装底高程与海泥面的距离应不小于 1.0 m。

牺牲阳极与被保护钢结构的距离过近或紧贴安装时，会对电流的分散产生影响，导致阳极底面消耗速度增大，腐蚀产物产生的膨胀压力也可能造成阳极过早失效。因此，牺牲阳极与被保护钢结构间的距离不宜小于 100 mm，当小于 100 mm 时应在阳极与被保护钢结构之间设置屏蔽层。牺牲阳极紧贴钢结构表面安装时，除应装配屏蔽层外，还应对贴近钢结构表面的牺牲阳极底面进行绝缘涂装。

屏蔽层的材料及技术指标应符合现行国家标准《船舶及海洋工程阳极屏涂料通用技术条件》（GB/T 7788）的有关规定。圆形阳极的屏蔽层计算公式见式（5-12），长条形阳极的屏蔽层计算公式见式（5-13）和式（5-14）。

$$r = \frac{\rho I_a}{2\pi(E_0 - E)} \tag{5-12}$$

$$b_0 = \frac{2L \exp \sqrt{2\pi(E_0 - E) / \rho I_a}}{\exp[2\pi(E_0 - E) / \rho I_a] - 1} + 2b \tag{5-13}$$

$$L_0 = \frac{L \exp[2\pi(E_0 - E) / \rho I_a] + L}{\exp[2\pi(E_0 - E) / \rho I_a] - 1} + L \tag{5-14}$$

式中，r 为阳极屏蔽层的半径，m；I_a 为阳极的额定输出电流，A；ρ 为介质的电阻率，$\Omega \cdot m$；E_0 为结构物的保护电位，V；E 为屏蔽层外延的涂层所能经受的最负电位，V，涂层耐阴极剥离电位见表 5-18；b_0 为阳极屏蔽层的宽度，m；L 为阳极长度，m；b 为阳极宽度，m；L_0 为阳极屏蔽层的宽度，m。

表 5-18　各种涂层在海水中耐阴极剥离电位值

涂层种类	环氧沥青系	有机富锌	无机富锌	环氧系
耐阴极剥离电位值（相对于 Ag/AgCl 电极）/V	−1.25	−1.30	−1.30	−1.50

5. 牺牲阳极阴极保护的实施要点

牺牲阳极的安装方式可采用焊接、螺栓或电缆连接。焊接方式牢固可靠，适合于长期保护系统；螺栓连接方式适合于短期且易于更换的场合；电缆连接方式适用于临时保护用阳极。电连接钢筋或电缆外露部位应采用适当的防腐措施。牺牲阳极安装前，阳极焊脚安装处的钢管桩表面通常应进行表面处理，该处应无涂层和海生物等附着物。焊接连接牢固可靠，是最常用的牺牲阳极连接方式。

牺牲阳极的焊接主要采用水下焊接方式。水下焊接法采用水下专业焊条和焊接设备将牺牲阳极焊接固定在钢结构上。水下焊接法具有技术成熟、牢固可靠、接触电阻小、使用寿命长等特点。水下焊接分为水下干法焊接和水下湿法焊接。干法焊接需要局部排水机具、焊接难度大、成本较高，但焊接质量有保证，主要用于水下高强度钢材料的焊接。湿法焊接直接在水中进行焊接。目前，在海港工程领域，牺牲阳极主要采用湿法焊接。

牺牲阳极的短路连接采用水下电焊连接时，其焊接长度、焊缝高度、所用的水下焊条及焊接工艺应满足设计要求，并应由取得合格证书的水下电焊工进行焊接。焊接应牢固，焊缝饱满、无虚焊。水下电焊应进行焊接工艺评定，施工应制定焊接作业规程。焊接前应对阳极铁芯两端焊脚校正，使其与被焊接钢结构贴合紧密。

牺牲阳极采用螺栓连接时应确保牺牲阳极在有效使用期内与被保护钢结构之间的连接电阻不大于 0.01 Ω。钢结构上的安装板和螺栓的材质应与阳极焊接的材质相同。安装板和螺栓的外露面应采取适当的防腐措施。

安装前应当对牺牲阳极尺寸、质量、表面状况和铁芯等进行检查。牺牲阳极储存和搬运过程中应避免受油漆、油污等污染。牺牲阳极的安装位置应符合设计要求。牺牲阳极安装完毕后，应对被保护钢结构进行一次全面保护电位检测。

6. 牺牲阳极阴极保护的质量控制

1）牺牲阳极材料检验

牺牲阳极进场应检查产品的出厂合格证和材料检测报告。生产厂商通常要提供化学成分、电流效率、在海水介质中的开路电位和工作电位、溶解性能、尺寸与质量、阳极体与铁芯间的接触电阻等内容的出厂合格证。牺牲阳极的化学成分应在现场取样，送检测单位进行检测。检验数量每批次不少于 1.5%，且不得少于 1 件。牺牲阳极的尺寸、质量和表面状态应进行现场抽样检查。检查数量每批次不少于 5%，且不少于 3 件。牺牲阳极的铁芯结构应能保证在整个使用期与阳极体的电连接，并能承受自重和使用环境所施加的荷载，铁芯安装方式和接触电阻应符合设计要求。当抽样检测结果有 1 项不合格时，应对该批次阳极中在任取双倍数量的试样进行不合格项目复检；实验结果需要全部合格，否则该批次产品质量不合格。牺牲阳极材料检验常用标准规范有 GB/T 4948、GB/T 4950、GB/T 17731。

2）牺牲阳极安装质量检查

牺牲阳极的安装标高应当符合设计要求，允许的偏差通常为±200 mm。牺牲阳极的短路连接采用水下摄像或其他水下成像技术检验焊缝长度、高度及连续性。检查数量应为阳极总数的 5%～10%，且不少于 3 块。阳极螺栓连接应采用扭力扳手或其他测量紧固工具，并配合水下摄像或其他水下成像技术检验螺栓紧固情况。水下检查有 1 块牺牲阳极安装检验项目不合格，再按双倍抽样进行复验；复验结果仍不合格，对所有阳极安装质量全面检验，检查不合格项立即采取补救措施。

3）保护效果的检验

牺牲阳极安装完毕后，需对被保护钢结构每个单元构件进行一次全面的电位检测。此后，为确保阴极保护效果的连续性，每年至少进行 1 次全面电位检测。电位检测采用最小分辨率 1 mV、内阻大于 10 MΩ 的高内阻数字万用表和符合现行国家标准 GB/T 7387 有关规定的氯化银参比电极或饱和硫酸铜电极。钢结构的电位应当符合相应的电位准则以及设计要求。当发现电位不符合设计或标准要求时，应及时查明原因并采取补救措施，以保障牺牲阳极系统保护作用。

7. 牺牲阳极阴极保护施工的验收

牺牲阳极阴极保护施工验收前应确认施工记录和质量证明材料齐全且满足设计要求。牺牲阳极阴极保护施工验收可独立进行，也可与涂装或热喷涂施工验收合并进行。一般而言，牺牲阳极系统质量验收在施工完成后 60 d 内进行。牺牲阳极阴极保护施工验收包括牺牲阳极安装质量和钢结构保护电位检测等。牺牲阳极阴极保护竣工验收时，至少应提交如下资料：①牺牲阳极材料的出厂合格证、质量证书及涂层检验报告；②进程材料检验报告；③设计文件或设计变更文件；④牺牲阳极施工记录；⑤阴极保护电位测量记录；⑥竣工图纸；⑦施工过程中存在的重大技术问题和其他质量问题的处理记录；⑧维护管理建议。

5.2.4　海港工程钢结构外加电流阴极保护

1. 外加电流阴极保护系统的组成和特点

外加电流阴极保护是由外部电源提供保护电流的阴极保护。外加电流阴极保护系统基本组成包括直流电源、辅助阳极、参比电极、电缆和阳极屏蔽层等，还可包括智能评估软件、遥测系统及监控设备等。

1）直流电源

直流电源是外加电流阴极保护的核心，由其向被保护结构提供保护电流。直流电源的基本要求是：①安全可靠，性能稳定；②电流电压在较大范围内连续可调；③环境适应性强；④具有防干扰、防水、防盐雾、防腐蚀、防霉、防尘等功能；⑤具有限流和过载保护功能；⑥操作维护简单；⑦成本合理等。海港工程钢结构常用的直流电源有恒电位仪和整流器。恒电位仪有可控硅恒电位仪、磁饱和恒电位仪和晶体管恒电位仪等。整流器有硅整流器、锗整流器和硒整流器等。在海港工程中，可控硅恒电位仪和硅整流器使用最为广泛。表 5-19 为可控硅恒电位仪的典型性能指标。表 5-20 为硅整流器的典型性能指标。

表 5-19　可控硅恒电位仪的典型性能指标

指标	要求
电源要求	交流电源：单相（$220 \pm 10\%$）V，频率（$50 \pm 5\%$）Hz；三相（$380 \pm 10\%$）V，频率（$50 \pm 5\%$）Hz
输出电压范围	0（$2\%U_{dn}$）～$100\%U_{dn}$（V），U_{dn} 为额定输出电压
输出电流范围	0（$2\%I_{dn}$）～$100\%I_{dn}$（A），I_{dn} 为额定输出电流
恒电压控制范围	碳钢、低合金阴极保护采用高纯锌或氯化锌电极时，其恒电位控制范围为 0～$-U_{en}$（V）U_{en} 为标称控制电位，即电源设备的最大控制电位
恒电位精度	当负载变化、电网电压在相应范围变化时，电源设备的通电点电位值的变化应小于 5 mV
参比电极输入端阻抗	参比电极输入端输入阻抗应不小于 1 MΩ
电源设备运行模式	恒电位；恒电流；整流器
交流纹波系数	恒电位仪处于额定状态工作时，其电压输出纹波系数应不大于 5%
抗干扰能力	抗持续干扰特性：仪器具有抗交流 50 Hz 工频干扰功能，在"参比电极"端子与"零位接阴"端子间加入 50 Hz，30 V 持续干扰电压时，保护电位值的变化不大于 5 mV；抗瞬间干扰特性：参比线、零位线之间瞬间能承受 4 J，1500 V 过电压
偏离控制电位误差报警功能	当通电点电位偏离控制电位 30～100 mV 时，恒电位仪能报警
恒电位转换恒电流	恒电位仪无法恒电位运行，能自动转换成恒电流工作方式
恒电流设定范围	恒电流方式工作时，控制电流在 $2\%I_{dn}$～$100\%I_{dn}$（A）的范围内连续可调
恒电流精度	恒电流方式工作时，在输出电压、输出电流范围内，恒电流的控制精度为 $\pm 1\%$
极性反接保护	阴阳极输出接反，恒电位仪应停止输出
漂移特性	恒电位仪在额定状态下持续工作，通电点电位值的变化应小于 5 mV
外壳防护等级	IP65

表 5-20　硅整流器的典型性能指标

指标	要求
电源要求	交流：单相（$220 \pm 10\%$）V，频率（$50 \pm 5\%$）Hz；三相（$380 \pm 10\%$）V，频率（$50 \pm 5\%$）Hz
输出电压范围	0（$2\%U_{dn}$）～$100\%U_{dn}$（V）
输出电流范围	0（$2\%I_{dn}$）～$100\%I_{dn}$（A）
调节方式	拥有下列之一模式：步进式调节：采用粗调、中调、细调三组开关，实现在额定输出电压范围内达到 64 阶以上的电压调节；自耦变压器调节：通过改变可控硅的导通角，实现输出电压 $2\%U_{dn}$～$100\%U_{dn}$（V）、输出电流 $2\%I_{dn}$～$100\%I_{dn}$（V）的连续调节；输出端串联可变电阻器，实现输出电流 2%～100%的调节
外壳防护等级	IP65

2）辅助阳极

在外加电流保护系统中与直流电源正极连接的电极称为辅助阳极，其作用是使电流从电极经介质传输至被保护体表面。辅助阳极材料的电化学性能、机械性能、工艺性能及辅助阳极结构的形状、大小、分布与安装等都对其寿命和保护效果有影响。辅助阳极材料的基本要求：①耐蚀性好、消耗率低、寿命长；②导电性能良好、界面电阻低，且输出特性良好；③工作时，极化小、排流量大；④有一定的机械强度，耐磨损、耐冲击和震动等；⑤材料来源广泛、成本低廉、易加工成形。

辅助阳极按溶解速度分为可溶性阳极、微溶性阳极和不溶性阳极。碳钢、铸铁等为可溶性阳极材料，使用过程中消耗大，需经常更换或补充；高硅铸铁类、铅银合金类、金属氧化物电极等为微溶性阳极材料，排流量适中，溶解速度较低、寿命较长；铂合金类、镀铂钛等为不溶性阳极材料，排流量大，几乎不溶解，且寿命长、机械性能好，但价格昂贵，使应用受到限制。表 5-21 列出了常见辅助阳极材料的性能和几何形状。

表 5-21　常用辅助阳极性能和几何形状

阳极名称	密度/(g/cm³)	工作电流密度/(A/m²)	消耗率/[kg/(A·a)]	利用率/%	几何形状	使用环境
碳钢、铸铁	7.8	10～100	8～10	30～50	—	海水、淡海水、土壤
高硅铬铁	7.0	50～300	0～1.0	50～90	棒状、圆筒状	海水、淡海水、土壤
铅银合金（含 2%银）	11.3	50～250	0.1	80	长条状	海水
铅银合金（含 3%银）	11.3	50～300	0.1	80	圆盘状	海水
铅银微铂	11.3	50～1000	8×10^{-3}	80	圆盘状	海水
钛基金属氧化物	—	500～1000	5×10^{-6}	—	长条状、圆盘状	海水
镀铂钛	5.0	≤1250	6×10^{-6}	90	片状、圆盘状	海水
铂钛复合	—	≤1500	6×10^{-6}	90	长条状	海水
铂铌复合	—	≤2000	6×10^{-6}	90	长条状	海水

3）参比电极

在外加电流阴极保护系统中，参比电极作为永久性测量电极，被用来控制和测量被保护结构的电位，并向控制系统传递讯号，用于自动或手动调节保护电流，以使结构电位处于保护电位范围。参比电极的基本要求如下：①电极电位稳定且重现性好；②内阻小，减少测量时引起的误差；③受外界温度及环境条件影响要小；④尽可能接近不极化电极，极化后可迅速恢复平衡状态；⑤电极结构牢固、寿命长；⑥有一定机械强度，耐冲击、磨损；⑦便于安装，易于使用等。外加电流阴极保护系统常用的参比电极有海水氯化银电极、锌合金电极等，其性能见表 5-3。

4）电缆

外加电流阴极保护所使用的电缆一般包括阳极电缆、阴极电缆、参比电极电缆和电源电缆。海港工程钢结构外加电流阴极保护中，阳极电缆和阴极电缆采用多股铜芯电缆、电缆护套具有良好的绝缘、抗老化、耐海洋环境和耐海水腐蚀性能，参比电极电缆应选用耐海水腐蚀和耐老化的屏蔽电缆。

5）阳极屏蔽层

阳极屏蔽层是指在外加电流阴极保护系统中，为使辅助阳极的输出电流分布到较远的阴极表面，以达到被保护结构的电位比较均匀，而覆盖在辅助阳极周围一定面积范围内的绝缘层。阳极屏蔽层的基本要求如下：与被保护结构表面有较好的结合力，耐海水冲击、侵蚀，绝缘性高，使用寿命长，施工简单，原料易得。常用阳极屏蔽材料有三类：①涂层：环氧沥青系涂层、环氧系涂层等；②薄板：聚氯乙烯、聚乙烯等薄板；③覆盖绝缘层的金属板。阳极屏蔽层的计算公式见式（5-12）～式（5-14）。

2. 外加电流阴极保护的设计要点

外加电流阴极保护基本参数的选择、环境调查和资料收集、电连接、绝缘处理、设计寿命的确定、总保护电流确定等过程与牺牲阳极阴极保护的相似。与牺牲阳极阴极保护相同，外加电流阴极保护的设计文件也包括：①设计计算书；②保护系统平面布置及安装详图；③材料和设备性能要求及数量；④安装、调试、试运行、运行管理及维护细则等。但由于组成上的差异，外加电流阴极保护的设计与牺牲阳极也有所差异，具体如下。

1）基本资料收集和保护电流计算

外加电流阴极保护基本资料的收集和保护电流的计算与牺牲阳极的基本相同，详见第 5.2.3 小节。

2）辅助阳极材料的基本要求

辅助阳极的材料和几何形状应根据设计使用年限、使用条件、被保护钢结构形式、阳极材料的性能和适用性综合确定。采用埋地式高硅铸铁阳极时，其化学成分和力学性能应符合现行国家标准《高硅耐蚀铸铁件》（GB/T 8491）的有关规定。辅助阳极接头的水密性应符合现行国家标准《船用辅助阳极技术条件》（GB/T 7388）的规定，接头的绝缘电阻应大于 1 MΩ，其使用年限应与阳极体的设计使用年限一致。辅助阳极应均匀布置，其数量和位置应保证钢结构各部位的保护电位符合相应的电位准则。当辅助阳极与钢结构的距离小于 1.5 m 时，应使用阳极屏蔽层，其尺寸可按式（5-12）～式（5-14）计算。

辅助阳极的绝缘座、绝缘密封件、阳极电缆、靠近阳极的支架和阳极保护套管应采用耐海水、耐碱和耐氯气腐蚀的材料制成。阳极体和阳极电缆应根据使用条件和安装方式进行适当保护。辅助阳极的接水电阻可根据表 5-17 的有关公式计算。在干燥条件下采用埋地式远阳极时，可采用含碳回填料包填。

3）直流电源的基本要求

直流电源采用的整流器或恒电位仪应具有性能稳定和环境适应性强等特点，其外壳应采用防干扰的金属外壳，并应进行妥善的防腐处理。直流电源的技术要求可参考现行行业标准《船用恒电位仪技术条件》（CB 3220）。直流电源各输入、输出端子对机壳的绝缘电阻不应小于 10 MΩ。直流电源具有保护电位监测功能，并能根据电位监测结果，调节电流的输出大小。直流电源具有恒电流或恒电位控制，并能从零到最大额定输出连续可调。直流电源上应装有电源输入、阳极输出、阴极输出、零位接阴、参比输入、机壳接地等端子，接线柱应安装在绝缘板上，接线柱的大小满足连接线横截面积的要求，同时要满足强度要求。接线板上应设有维修专用的电源插座。如果有传输要求，接线板上应设置数据传输接口。

直流电源的输出电流、输出电压应根据使用条件、辅助阳极的类型、被保护结构所需电流和保护系统回路电阻计算确定。直流电源的总功率可按式（5-15）和式（5-16）计算：

$$P_i = VI = \left(\sum_{i=1}^{m} I_i \right)^2 R \qquad (5\text{-}15)$$

$$P = K \sum_{i=1}^{n} P_i \qquad (5\text{-}16)$$

式中，P_i 为单台直流电源功率，W；V 为直流电源的输出电压，V；I 为直流电源的输出电流，A；I_i 为每支阳极的发生电流量，A；m 为单台直流电源所担负的阳极数量；R 为阴极保护回路的总电阻，Ω，包括阳极接水电阻、电缆导线电阻和介质电阻；P 为直流电源总功率，W；K 为安全系数，其取值范围为 1.25～1.50；n 为直流电源的台数。

直流电源布置应根据电源的台数、钢结构的形式、平面布置条件、维护管理和经济因素确定。电源可集中布置在若干个控制室中，也可分散布置在被保护钢结构工程的相应位置上。每台直流电源必须布置不少于一个参比电极。

4）参比电极和阳极屏蔽层的基本要求

参比电极的使用年限及更换方式应在设计文件中予以明确，参比电极的安装位置和数量应根据被保护钢结构和阴极保护的有关设计参数确定，并满足监测和控制阴极保护的要求。参比电极需符合现行国家标准《船用参比电极技术条件》（GB/T 7387）的要求。阳极屏蔽层的计算见第 5.2.3 小节。

5）监控设备的基本要求

外加电流阴极保护的监控设备可根据平面布置和维护管理条件采用控制室集中控制或分散布置于工程结构的相应位置上，监控设备应符合下列规定：①监控设备应适应所处的环境，当采用户外分散布置时，其保护性外壳应能抵御海水飞溅、盐雾、雨水、紫外线和海洋腐蚀介质的侵蚀，测量导线和仪器的连接点应绝缘密封。②监控设备应具有测量、调节并显示钢结构保护电位、电源设备的输出电流和输出电压等基本功能。有条件时，应采用具有远距离遥测、遥控和分析评估功能的监控设备。③监控设备应设有手动检测接线端子和备用参比电极接线端子。

6）电缆的基本要求

参比电极电缆应选用耐海水腐蚀和耐老化的屏蔽电缆，参比电极电缆不应紧靠动力电缆，其屏蔽层必须接地。阳极电缆和阴极电缆宜采用多股铜芯电缆，电缆护套应具有良好的绝缘、抗老化、耐海洋环境和耐海水腐蚀性能，阴极、阳极电缆芯横截面积可按式（5-17）和式（5-18）计算：

$$S = \rho L / R \qquad (5\text{-}17)$$
$$R = V / I \qquad (5\text{-}18)$$

式中，S 为电缆芯横截面积，mm^2；ρ 为电缆芯材电阻率，$\Omega \cdot cm$；L 为电缆长度，cm；R 为电缆电阻，Ω；V 为电缆的允许压降，V；I 为流经电缆的电流，A。

7）安全要求

外加电流阴极保护应用于有易燃易爆气体的环境中时，电源和检测设备应设置防爆装置；各种接线点应进行绝缘密封，并置于密闭的接线盒中；所有电缆应敷设于电缆套管中，不得有外露点。危险区域的划分、仪器设备防爆等级要求和安装位置，应满足现行国家标准《爆炸和火灾危险环境电力装置设计规范》（GB 50058）的有关规定。采用阴极保护的钢结构靠近其他钢结构或附近有杂散电流源，使该钢结构或相邻其他钢结构的电位偏正 20 mV 时，应采取有效措施防止杂散电流腐蚀。

3. 外加电流阴极保护的实施要点

外加电流阴极保护的实施包括直流电源的安装、辅助阳极的安装、参比电极的安装、电缆敷设、通电调试等过程，实施要点如下。

1）直流电源的安装

直流电源的安装位置及保护方式应满足设计要求，直流电源的安装施工应符合现行国家标准《电气装置安装工程　低压电器施工及验收规范》（GB 50254）的有关要求。直流电源的交流输入端应安装外部切断开关，其金属外壳应接地，接地电阻小于 4 Ω。当多台直流电源集中安装于室内时，应保持适当的距离；当分散布置室外时，应设置有通风、防腐蚀和防飞溅的金属外壳，并且有防腐措施。

直流电源应置于通风良好，便于维护和检测之处。直流电源安装于室外时，应装有防雨、防晒设施。机箱周围不应有影响直流电源使用的物体，机箱门一侧应留足接线与维修空间。阳极、阴极、参比电极、零位接阴等电缆必须正确在直流电源上接线与标识。安装完毕后，应将直流电源的积尘清除干净。

2）辅助阳极的安装

辅助阳极的安装位置应满足设计要求。辅助阳极及其屏蔽板（层）的安装应符合施工图的要求，并应根据阳极的规格品种和安装方式采取相应的防护措施，要防止阳极在安装时受损，确保阳极接头和连接电缆的绝缘密封性能。辅助阳极的连接电缆水中部分应留有足够的长度余量，一般不允许有水下接头，当无法避免水中接头或水中电缆的绝缘保护层受损时，应采取严格措施确保接头或绝缘受损处的绝缘密封性能和耐久性，否则应更换阳极。

辅助阳极的布置方式可采用远阳极或近阳极。采用远阳极布置时，应采取措施消除杂散电流对临近钢结构和停靠船舶的影响。远阳极与被保护钢结构的距离不宜超过 100 m。采用近阳极布置时，应避免局部过保护现象。辅助阳极与被保护钢结构的最小距离应根据阳极的输出电流和介质的电阻率确定，并不宜小于 1.5 m，当辅助阳极与被保护钢结构的距离小于 1.5 m 时，应使用阳极屏蔽层。

3）参比电极的安装

参比电极的品种、规格型号和性能指标应满足设计要求。参比电极电缆不得有水中接头，陆上接头应修复屏蔽层并进行绝缘密封，在敷设时应留有适当的余量。参比电极电缆应采用钢质或 PVC 电缆护套管保护。电缆护套管不应存在水中接头，水上部位的套管接头应进行防水密封。电缆套管应采用钢质或塑料支架进行固定；采用钢质套管或钢质支架固定时，应采取相应的防腐蚀措施。参比电极与保护套管组装完毕后应进行绝缘密封，其安装位置及安装方式应满足设计要求。参比电极及其电缆在安装、敷设完毕后，应对测量线路的连续性、测量读数的偏差进行校核。

海水电阻率大于 30 $\Omega \cdot cm$ 并采用氯化银海水参比电极测量电极电位时，应采用饱和硫酸铜参比电极修正读数偏差。参比电极屏蔽层的接地可采用与测量仪器金属外壳连接的方式，也可另设专用接地极，其接地点应进行防水密封。测量电缆可采用直接与被保护钢结构连接或与钢筋连接的方式，其连接方法应确保连接点坚固、耐久，接地点不得与阴极保护的阴极接地点共用或紧靠，并应做好绝缘密封。

4）电缆敷设

阴极保护电缆敷设和连接方式应符合现行国家标准《电力工程电缆设计规范》（GB 50217）的相关要求。电缆应采用钢管或聚氯乙烯管加以保护，或敷设于有盖的电缆管沟中，不应暴露于日光曝晒和腐蚀性较强的环境中。电缆套管或管沟中的电缆应分类固定于电缆支架上，当采用钢制电缆支架时，应根据所处环境采取相应的防腐蚀措施。参比电极电缆应与动力、电源电缆保持适当距离，不得与动力电缆、阴极电缆和阳极电缆使用同一个电缆套管，在电缆管沟中应置于不同的排架上。

阴极保护电源电缆、阴极电缆、阳极电缆、参比电缆和控制电缆规格及截面尺寸应满足设计要求，绝缘缺陷或损伤应进行及时修复。阴极保护电缆的连接，阳极分流点和阴极汇流点的施工应满足设计要求，电缆的连接、阳极分流点和阴极汇流点须采用专用的接线盒进行连接，并应做好密封保护。室外暴露的连接点应有良好的密封措施，其阳极接线头不得与金属接线箱或接线盒的外壳接触。电缆敷设时，应尽量不损坏护套，部分损坏处应进行修补，严重损坏时应当更换电缆。阴极保护电缆敷设完毕后，应对敷设线路和通电连续性进行检查。

5）通电调试

在外加电流阴极保护系统施工完毕，提交竣工验收之前，应至少进行连续一个月的通电调试。通电调试的通电电流应逐步增加，初始通电应以设计的电流量10%～20%通电。当极化稳定后，再对系统增加电流的输出，直至达到保护要求的电流水平。通电调试期间应记录所有参比电极的保护电位，直流电源的输出电流、输出电压读数。调试期间应采用便携式或备用参比电极校核并记录监测参比电极的读数，记录并修复监控设备、直流电源运行时的不正常或故障。在所有参比电极的电位读数满足设计要求并基本稳定后，应对被保护结构进行一次全面保护电位检测。如果发现保护电位达不到设计要求，应及时采取补救措施。

4. 外加电流阴极保护的质量控制

1）进场材料和设备的检验

进场材料和设备应具有产品出厂合格证、材料检测报告等。恒电位仪或整流器进入现场后，应对其内部接线牢固、外形及元器件进行检查，设备的额定参数应满足设计要求，并应进行通电检查。辅助阳极应采用目视法逐件检查阳极外观质量和规格型号，外形尺寸采用钢尺或游标卡尺逐件检测，检验结果应满足设计和产品说明书要求。电缆的外观与规格型号应采用目视检查，电缆的绝缘电阻应采用绝缘电阻测试仪逐根检测，电连续性应采用万用表进行逐根检测，检验结果应满足设计和产品说明书要求。参比电极的极化值、电极电位及其稳定性、表面质量、绝缘性能、水密性等应按现行国家标准 GB/T 7387 的有关要求进行检测。锌及锌合金参比电极的化学成分按照现行国家标准 GB/T 4951、GB/T 12689.1 进行检验。

2）材料和设备的储存和运输

材料和设备应妥善包装，避免在运输过程中损坏和受到污染。材料和设备应存放在干燥、通风良好、无腐蚀性气体的仓库内。辅助阳极不得沾染涂料、油污和接触酸、碱、盐等化学药品。直流电源、参比电极不得与易燃品、易爆品及腐蚀性的化学物质一起放置。露天存放的电缆，端头应采用可收缩塑料封帽可靠密封。

3）阴极保护系统电连接检测

阴极保护系统的电连接性能，采用使用数字直流欧姆表或高内阻数字万用表（内阻大于 10 MΩ，最小分辨率 1 mV）测量，连接电阻值不应大于 0.01 Ω。辅助阳极和阳极电缆之间应全数检测电连接性能。直流电源和阳极电缆、阴极电缆、监控参比电极之间应全数检测电连接性能。参比电极测定线路的通电连续性应采用万用表全数检测。

4）辅助阳极、参比电极和电缆的安装位置检测

焊接在钢结构上的辅助阳极支架，应采用水下摄像或其他水下成像技术检验焊缝长度、高度及连续性，检验数量应为总数的 5%～10%，且不得少于 3 块，检验结果应满足设计要求。辅助阳极的安装位置应采用量测法逐件检查，纵向的位置偏差不宜超过±200 mm，横向的位置偏差不宜超过±100 mm。

参比电极安装位置应采用量测法逐件检查。参比电极测量电缆屏蔽层、电缆及其护套管、测量地线等的连接位置、连接方法和固定应采用目视法逐件检查，检验结果应满足设计要求。

5）直流电源检测

直流电源应采用目视检查所有的安装位置、安装方法、防护措施，检查结果应满足设计要求。易燃、易爆环境中的阴极保护系统，应采用目视法检查电源和检测设备防爆装置、各种连接点的绝缘密封和电缆的外露点，检查结果应满足设计要求。

5. 外加电流阴极保护施工的验收

阴极保护系统施工验收前应确认施工记录和质量证明材料齐全且满足设计要求。阴极保护系统安装完毕后的调试与运行中的测试和记录应满足下列要求：①阴极保护系统的每个区的输出电压和电流的测量和记录；②阴极保护系统的外观检查；③保护电位测量。

阴极保护工程一般是钢结构防腐蚀工程中的独立工程或最后完成的分项工程，其验收工作可以独立进行，也可以与涂装或热喷涂施工合并进行。被保护钢结构的每一个单元构件应进行一次全面的保护电位检测，阴极保护的保护电位应符合相应的电位准则。每次保护电位检测前后，应校对便携式参比电极与饱和甘汞电极的电位差值，其两次测量绝对值应符合标准要求，相对值应不大于 5 mV。

外加电流阴极保护竣工验收时，至少应提交下列资料：①辅助阳极、参比电极、动力电缆、阴极阳极电缆、测量电缆、控制电缆、电源装置、调节、监控、测量仪器的产地和材质证明书；②进场材料质量检验报告和设备质量检验报告或

合格证；③设计文件或设计变更文件；④隐蔽工程施工记录；⑤现场检验报告；⑥施工过程中如存在的重大技术问题和其他质量问题的处理记录；⑦维护管理建议。

5.3　海港工程混凝土结构阴极保护

5.3.1　概述

　　阴极保护是抑制混凝土钢筋腐蚀的有效方法，通过施加强制电流的方法使被保护的钢筋与外接装置形成闭合回路，电流经混凝土中的孔隙液而使被保护钢筋表面发生阴极极化，进而减缓或抑制钢筋的腐蚀。目前，在海港工程混凝土结构中，阴极保护主要用于水位变动区及以上部位的防腐。海港工程混凝土结构阴极保护也分为牺牲阳极阴极保护和外加电流阴极保护两种方式，两者在混凝土中使用各有优缺点。目前，在海港工程混凝土结构中应用较为普遍的是外加电流阴极保护，牺牲阳极阴极保护尚未在大规模工程中应用，多数仍处于小规模实验阶段。然而，牺牲阳极阴极保护在既有结构修复、高强度预应力钢筋保护等方面有着独特优势，具有广阔的应用前景。

5.3.2　海港工程混凝土结构阴极保护的前期准备

1. 阴极保护方式选择

　　阴极保护方式应根据结构物现状、腐蚀机理、目标使用年限，技术措施的施工条件、维护管理的技术要求、经济性及对周边环境影响等因素综合论证确定。对预应力钢筋混凝土进行阴极保护时，通常需要进行专项论证。

2. 环境调查和资料收集

　　海港工程混土结构阴极保护实施前需调查和收集的资料有：①潮汐、温度、湿度、海水中氯离子含量，pH、水污染情况及建筑物周边其他侵蚀介质等；②混凝土结构形式、构件所处腐蚀环境、外型尺寸、配筋情况、保护层厚度及钢筋电连接性等；③混凝土的破损状况、碳化深度、氯离子含量及分布、电阻率及钢筋自然腐蚀电位等。

3. 混凝土预处理

　　对于在役海港工程混凝土结构，实施阴极保护前，需对混凝土结构表面进行预处理，破损区域须进行必要的凿除修复。修补材料的抗压强度等级不低于原混凝土设计强度等级，黏结强度不小于原混凝土的抗拉强度标准值，电阻率通常为原混凝土电阻率的 50%～200%。

4. 保护单元和电连接

海港工程混凝土结构应根据构件类型、所处腐蚀环境和选用阳极的种类，划分为若干独立的保护单元。保护单元的面积通常为 50～200 m^2。保证钢筋的电连接性是实施阴极保护的前提。因此，对于新建混凝土结构，应确保各阴极保护单元内钢筋之间、钢筋与金属预埋件之间具有良好的电连接性，连接电阻通常不大于 1.0 Ω。

5. 钢筋总保护电流的确定

阴极保护总保护电流可按式（5-19）计算：

$$I = k(\sum I_n + I_f) = k(\sum i_n s_n + I_f) \tag{5-19}$$

式中，I 为总保护电流，A；k 为安全系数，取 1.2～1.5；I_n 为每个保护单元的保护电流，A；I_f 为其他附加保护电流，A；i_n 为各阴极保护单元的初始保护电流密度，A/m^2；s_n 为各阴极保护单元内表层钢筋面积，m^2。考虑施工因素，混凝土构件中实际配置的钢筋保护面积可能与按图纸计算的有差异。另外，在整个阴极保护系统中，保护电流不可避免会有部分损失。因此，在计算保护电流时留有一定的安全裕量，取安全系数为 1.2～1.5。

5.3.3　海港工程混凝土结构外加电流阴极保护

1. 外加电流阴极保护系统的组成和基本要求

外加电流阴极保护系统包括直流电源、辅助阳极系统、监控系统和电缆等。

1）直流电源

直流电源可采用技术性能稳定可靠、环境适应性强的整流器或恒电位仪，其外壳采用防干扰的金属外壳，并须进行防腐蚀处理。直流电源通常具有稳定、可靠、维护简单、抗过载、防雷、抗干扰、抗盐雾、故障保护等特点，能长期不间断供电，并具有恒电流或恒电位控制功能，电流或电压从零到最大额定输出连续可调。直流电源的输出电流和输出电压需要根据使用条件、阳极类型、钢筋所需的总保护电流和保护电流回路电阻等计算确定。直流电源总功率可按式（5-20）和式（5-21）计算：

$$P_j = \frac{\sum\limits_{i=1}^{m}(I_i^2 R_i)}{\eta} \tag{5-20}$$

$$P = \sum_{j=1}^{n} P_j \qquad\qquad (5\text{-}21)$$

式中，P_j 为单台直流电源的功率，W；m 为保护单元的数量；I_i 为保护单元所需电流量，A；R_i 为保护单元的回路电阻，Ω；P 为直流电源总功率，W；η 为直流电源的效率，一般取 0.7；n 为直流电源的台数。

直流输出电源不超过 50 V，人或动物易接近的阴极保护系统不超过 24 V，波纹量不超过 100 mVrms，频率不低于 100 Hz。输出电压超过 24 V 时，需采取预警保护措施。直流电源需设置瞬时断电断路器，便于测量断电电位。直流电源需至少提供一个阳极和一个阴极接线端至电缆箱，所有输出端应与箱内金属体充分绝缘。直流电源的布置需根据直流电源的数量、保护单元的划分、结构形式、使用条件、维护管理和经济等因素确定。

2）辅助阳极系统

辅助阳极系统需根据构件型式、保护年限、保护单元的划分、保护电流的分布、辅助阳极的性能和适用性等进行设计。辅助阳极的设计和选用应满足设计寿命和电流承载能力的要求。阳极系统具有抗酸化能力且混凝土黏结良好。表 5-22 为外加电流阴极保护的阳极系统。

表 5-22　外加电流阴极保护的阳极系统

类别		组成	布置方式
导电涂层阳极系统	有机涂层	镀铂或金属氧化物的钛丝加含炭黑填料的水性或溶剂性导电涂层	布置于混凝土结构的整个表面
	金属涂层	热喷涂金属涂层	
活化态阳极系统		涂金属氧化物的钛网加优质水泥砂浆或聚合物改性水泥砂浆覆盖层	布置于混凝土结构的整个表面
		涂金属氧化物的网状钛条加导电聚合物回填物	混凝土结构表面按一定间隔开槽布置
		涂金属氧化物的钛棒加导电聚合物回填物	埋设于混凝土结构的钻孔中，呈点状分布

3）监控系统

监控系统包括参比电极、其他电极、传感器和监控设备组成。参比电极通常采用 Ag/AgCl/0.5 mol/L KCl 电极和 Mn/MnO$_2$/0.5 mol/L NaOH 电极，参比电极的精度达到 ±5 mV（20℃，24 h），寿命通常不少于 20 a。每个阴极保护单元需要布置 4 个以上参比电极，其安装位置反映结构物的控制电位；对预应力钢筋，在距阳极最近处布置监控参比电极，防止预应力钢筋过保护引起氢脆；对重要或难以再次安装的混凝土结构与部位，可考虑安装备用参比电极。监控设备具有测量保护电位、电流密度、直流电源的输出电流、输出电压、瞬时断电电位和瞬时断电后一定时间的电位衰减等功能，并适应所处环境和抵御环境的侵蚀。

监控设备应适应所处环境，并满足下列要求：①具有稳定、可靠、维护简单、抗干扰、抗盐雾、故障保护等特点；②具有测量并显示电位和电流等参数的功能；③电位测量的分辨率达到 1 mV，精度不低于测量值的 ±0.1%，输入阻抗不小于 10 MΩ；④电流测量的分辨率达到 1 μA，精度不低于测量值的 ±0.5%。

必要时，系统中还可设置其他电极，如电位衰减探头、电流密度探头、宏电池探头、鲁金探头（电桥）等。电位衰减探头用于测量钢筋/混凝土在有限时间内电位的变化（在电源通和断之间），通常不超过 24 h，常用电极有石墨、活性钛和锌。电流密度探头和宏电池探头可用于确定钢筋的保护电流密度，两者由于钢筋成分相同的钢材制成，埋设在混凝土中，也可截取一段钢筋来制作。宏电池探头包裹在高氯离子含量（钢筋位置处氯离子含量的 5 倍）的砂浆圆柱体中。根据阴极保护系统通电后宏电池与主筋之间净电流方向是否变化来确认活性腐蚀区域是否受到足够保护。鲁金探头含有装在刚性或半刚性绝缘材料中的离子导电介质。鲁金探头使用的材料应适合于埋设在混凝土内，并应防止其完全干燥。便携式参比电极通过鲁金探头测量埋在构筑物深处的钢筋电位。

4）电缆

保护系统电缆包括电源电缆、阳极电缆、阴极电缆、监控系统电缆等。不同电缆通常要使用颜色或者其他标记区分，电缆护套需具有良好的绝缘、抗老化、耐碱和耐海洋环境腐蚀等性能。阳极电缆和阴极电缆采用单芯多股铜芯电缆，截面积不小于 1.0 mm^2，每个保护单元至少布设两根阳极电缆和两根阴极电缆。阳极区会酸化，因此阳极电缆应有较好的耐酸性能，可在 pH = 2 的酸性条件下长期暴露。混凝土内部属于碱性环境，除阳极电缆外，其他电缆应当有较好的耐碱性能，可在 pH = 13 的条件下长期暴露。阳极和阴极电缆芯横截面积按式（5-17）和式（5-18）计算。

每个保护单元至少布设 1 根截面积不小于 0.5 mm^2 的监测系统电缆，且不能与保护系统的阴极电缆共用。所有密封于混凝土、导管或护套中的单芯电缆不小于 2.5 mm^2。电缆用量应根据电缆类型、保护单元具体情况、电缆敷设位置及走向等计算确定。限制整个回路的电压降，即当整个保护系统回路中的电流为设计最电流的 125% 时，直流电源输出电压和阴极保护所需电压值相一致，同时确保为每个保护单元提供均匀的电流分配。所用电缆要符合《额定电压 1 kV（U_m = 1.2 kV）到 35 kV（U_m = 40.5 kV）挤包绝缘电力电缆及附件》（GB/T 12706）标准的有关规定。钢筋、辅助阳极、参比电极与电缆的接头及电缆间接头均应进行绝缘密封防水处理。

2. 外加电流阴极保护系统的实施要点

外加电流阴极保护系统的安装应包括保护单元内钢筋电连接、混凝土结构预处理、阳极系统安装、监控系统的安装、各种接头的制作和电缆敷设、直流电源的安装及调试等。安装前应确认所用材料和仪器与设计一致，安装方式应满足设计要求。

1）钢筋电连接

保护单元内非预应力钢筋的电连接可采用电焊连接或机械连接等方式，预应力钢筋的电连接应采用机械连接的方式。电连接钢筋或电缆外露部分采取适当的防腐保护措施。

2）混凝土结构预处理

人工凿除局部有缺陷的混凝土，凿除范围应大于破损范围，并采用水泥基修补材料恢复至原断面。

3）阳极系统安装

安装阳极系统前，混凝土表面不应存在有机涂层和外露金属等影响电流均匀分布的缺陷，并应对阳极外观、尺寸、长度等进行核查。施工中应对阳极规格品种和安装方式采取有效保护措施，以防止阳极损坏，并确保阳极接头和连接电缆绝缘密封。阳极系统的安装应牢固、可靠，且严禁阳极系统与钢筋、金属预埋件、绑扎丝短路；辅助阳极之间的搭接不应小于 50 mm。采用焊接方式搭接时，每个搭接部分点焊不应少于 3 点。每个单元的钛导电条和阳极网应连接成整体，导电条、阳极接头和太阳极之间的电连续性要符合设计要求。

4）监控系统的安装

施工前应按设计要求核查参比电极的品种、规格型号、产品合格证及性能检测结果，并经外观检查合格后方能进行现场组装。参比电极的接地可采用直接与钢筋连接的方式，其连接方法应确保连接点坚固、耐久，接地点不得与阴极保护系统的阴极接地点共用或紧靠，并应做好妥善的绝缘措施。埋入式参比电极应埋设于第一层钢筋附近，并严禁与钢筋短路。参比电极安装位置及安装方式要满足设计要求，安装步骤应如下进行：①参比电极及其测量电缆的安装和敷设；②使用校验合格的便携式参比电极和电位测试仪器测量线路的连续性，校核测量读数偏差；③连接参比电极与控制台、恒电位仪或其他电位测量仪器。

5）各种接头的制作和电缆敷设

各种接头应进行密封防水处理，并满足耐久性使用要求。电缆的敷设应留有适当余量且有唯一性标识，并采取适当的保护措施以避免环境、人和动物的破坏。各种接头的制作及电缆铺设与钢结构外加电流阴极保护系统的类似。

6) 直流电源的安装

直流电源进入现场后，应对其内部接线是否牢固、外形及元器件是否有损伤进行检查，确认设备的额定参数是否满足设计要求，并通过通电检查确认直流电源处于正常状态。直流电源的安装位置及保护方式应符合设计要求，其施工应满足现行国家标准《电器装置安装工程　低压电器施工及验收规范》（GB 50254）的有关规定。直流电源的交流输入端应安装外部切断开关，其金属外壳应妥善接地，接地电阻应小于 4 Ω。直流电源应置于通风良好、除尘及维护方便之处，当多台直流电源集中安装于室内时，应注意保持适当的距离，以便于冷却空气的流通；当分散布置于室外时，应置于维护管理方便、不易被装卸作业破坏的地点，应设置通风、防腐蚀、防滴式的金属外壳，并应有适当的防护措施。

7) 阴极保护系统的调试

混凝土外加电流阴极保护检测，每个保护单元至少随机测试 10 个点。通电调试前，应测量并记录各保护单元的回路电阻与腐蚀电位，检查各种电缆的通电连续性、各种接头的绝缘及密封性、仪器设备安装位置是否准确和牢固等。通电调试在阴极保护系统施工完毕，竣工验收前进行，通电调试时间应至少连续一个月，要求如下。

（1）以设计电流的 20%进行试通电一周，测量并记录试通电过程中的保护电位、保护电流、输出电压和输出电流等，确认所有部件安装、连接是否正确，并及时检查修复监控设备和直流电源在运行中的故障。

（2）试通电正常后，逐步加大保护电流直至保护电位达到设计值；同时，测量并记录保护系统的保护电位、瞬时断电电位、保护电流、输出电压和输出电流等参数。

（3）根据保护电位的测量结果，调整直流电源的输出电流或输出电压，直至保护电位满足保护准则的要求，且保护系统工作正常。

（4）按上述程序，对保护单元逐一进行通道调试。

3. 外加电流阴极保护系统的质量控制

外加电流阴极保护系统的质量控制包括材料和设备的进场检验和验收、材料和设备的运输及储存、混凝土结构预处理、阴极保护系统电连续性、阴极保护系统绝缘性、阳极系统的性能及安装、监控系统的安装、电流及仪器设备、运行状况及保护效果等。

1) 材料和设备的进场检验和验收

进场的材料和设备应具有产品出厂合格证、材料检测报告等。辅助阳极和钛导电连接片应逐件检查，并按同一规格型号、同一尺寸、同一批次抽样 1 组试样。直流电源和参比电极应逐件目视检查，直流电源应通电检查，参比电极应采用万用表和校核参比电极逐件检测。电缆的外观与规格型号应采用目视检查，电缆的绝缘电阻应采用绝缘电阻表进行逐根检测，电连续性应采用万用表进行逐根检测。进场材料和设备检查和检测应满足设计和产品说明书要求。

2）材料和设备的运输及储存

材料和设备应妥善包装，以避免在运输过程中损坏和受到污染。材料和设备应存放在干燥、通风良好、无腐蚀性气体的仓库内。辅助阳极不得沾染涂料、油污和接触酸、碱、盐等化学药品。直流电源、参比电极不得与易燃品、易爆品和腐蚀性的化学物质一起放置。露天存放的电缆，端头应采用收缩塑料封帽可靠密封。

3）混凝土结构预处理

混凝土结构凿除与修补范围可采用目测法或量测法，凿除范围应大于混凝土破损范围，并恢复至原断面。修补砂浆材料的抗压强度和黏结强度检验应按现行行业标准 JTS 311 附录 A 的有关要求执行。修补砂浆的电阻率可用混凝土电阻率测定仪测量，必要时应采用局部破损方法对测定仪测量结果进行校准。单块修补面积大于 2 m² 时，测点数量不应少于两个。每个保护单元混凝土表面状况应进行目视检查，表面应无外露金属、有机涂层等影响电流分布的缺陷。

4）阴极保护系统电连续性

钢筋电连续性检验宜采用直流电阻法。使用高内阻数字万用表或欧姆表（内阻大于 10 MΩ，最小分辨率 1 mV）测定不同钢筋之间的电阻。辅助阳极之间、辅助阳极和钛导电连接片之间、辅助阳极和阳极电缆之间应全部检测电连接性能。直流电源和阳极电缆、阴极电缆、参比电极之间也应当全部检测电连接性能。阴极保护系统的各部分间连接电阻应小于 1.0 Ω。参比电极线路电连续性采用万用表全数检测。

5）阴极保护系统绝缘性

辅助阳极接头、连接电缆的电绝缘应采用绝缘电阻表全部检测。辅助阳极与钢筋电绝缘按每个保护单元全数检验。混凝土浇筑前，可将湿海绵置于阳极和阴极间作为电解液，采用直流电位差计测定的电位差不小于 50 mV。混凝土浇筑过程中和完成后，全数检测阳极与钢筋间电压差，检测结果满足设计要求。

6）阳极系统的性能及安装

逐件目视检查辅助阳极外观和规格型号，外观应均匀一致、无气泡、裂缝等缺陷。辅助阳极的安装位置可用量测法检查，允许偏差为±50 mm。目视检查导电涂层外观质量，涂层表面应均匀，无气泡、裂缝等缺陷；涂装完成 7 d 后，应采用涂层附着力测试仪测定附着力，每个保护单随机抽测 3 个测点，平均附着力不应小于设计值，最小附着力不小于设计值的 75%。目视检查辅助阳极的覆盖层或导电聚合物回填料外观状况，外观应均匀，无气泡、裂纹等缺陷。阳极系统安装后，应检查所有回路电阻，评判所有回路的电连接性和绝缘性。

7）监控系统的安装

参比电极电位值应采用内阻不低于 10 MΩ 的数字万用表和校核参比电极逐只测量，允许偏差为 ± 10 mV。参比电极安装位置用量测法检查，允许偏差为 ± 100 mm。

8）电缆及仪器设备

电缆的外观、规格型号与标识和接头应逐一目测检验，并检测电缆和接头的绝缘性和电连续性。阳极电缆、阴极电缆、监测电缆、测量地线、参比电极等应采用目视法全数检查，检测结果应满足设计要求。仪器和设备应逐件检查其规格型号和是否完好。

9）运行状况及保护效果

直流电源的输出电压、输出电流值、监控系统的电位指示值不符合规定或与前次检测结果有较大差异时，应对仪器设备和电路进行检测，查明故障部位及原因并进行处理。保护结构表面覆盖层外观状况，应无开裂、空鼓、脱落等缺陷。保护电位或极化电位衰减值不符合规定值时，应调节仪器设备的控制值。

4. 外加电流阴极保护工程的验收

外加电流阴极保护系统施工验收前应确认施工记录和质量证明材料齐全且满足设计要求。阴极保护工程施工验收应单独进行，保护系统质量验收应在施工完成后 60 d 内进行。阴极保护工程施工验收应包括钢筋保护电位检测、直流电源和监控设备运行状况等。阴极保护系统安装完毕后的调试与运行中的测试和记录应满足下列要求：①阴极保护系统每个保护单元的输出电压和电流的测量和记录；②瞬时断电电位的测量；③电位衰减的测量；④阴极保护系统的外观检查。

5. 外加电流阴极保护系统的维护管理

维护管理应制定相应的制度，并由专门的技术人员负责日常运行。阴极保护系统的直流电源、监控系统、阳极系统、电缆等所有部件应进行日常检查和维护，并及时修复运行中存在的故障。直流电源的输出电压、输出电流、保护电位和保护电流，应定期检查和记录，并评估保护效果。保护电位不满足电位准则的要求时，应及时进行调整或采取补救措施。

5.3.4　海港工程混凝土结构牺牲阳极阴极保护

1. 牺牲阳极阴极保护的组成和基本要求

牺牲阳极阴极保护系统包括牺牲阳极、监测系统和电连接部件。牺牲阳极需具有开路电位较负的特性，在使用期内应保持阳极活性、电位和输出电流稳定。

牺牲阳极阴极保护系统通常需要根据结构型式、施工条件和保护年限等进行设计。保护电流密度的选取和保护电位要求可参见第 5.1.3 小节。

对于水位变动区及以上部位的钢筋混凝土结构阴极保护，不仅要求牺牲阳极能将保护电流均匀地分布于整个保护区域内的混凝土表面，使所有钢筋得到有效保护；而且要求牺牲阳极消耗速度小，且溶解消耗产生的腐蚀产物不会对混凝土和阳极性能产生不良影响。表 5-23 列出了典型海港工程钢混凝土结构用牺牲阳极阴极保护系统。所用牺牲阳极阴极保护系统与混凝土黏结良好，并使保护电流分布均匀。

表 5-23　典型海港工程钢混凝土结构用牺牲阳极阴极保护系统形

阳极形式	阳极系统组成	布置方式
面式阳极	锌或铝合金喷涂层	热喷涂或电弧喷涂于经清理的混凝土表面，通过引出线连接钢筋
	锌箔加导电黏结剂	将锌箔用导电剂粘贴于经清理的干燥混凝土表面，通过引出线连接钢筋
	锌网加活性水泥砂浆护层	将锌网固定在结构表面，用活性水泥砂浆包覆，通过引出线连接钢筋
点式阳极	棒状或块状锌阳极加水泥基包覆材料	将阳极系统埋设到钢筋附近的混凝土中，阳极引出线连接钢筋

每个保护单元所需牺牲阳极的质量可按式（5-22）计算：

$$W = \frac{E_g I t}{f} \qquad (5\text{-}22)$$

式中，W 为所需牺牲阳极的质量，kg；E_g 为牺牲阳极的消耗率，kg/(A·a)；I 为所需平均保护电流，A；t 为保护年限，a；f 为牺牲阳极的利用系数，可取 0.5～0.8。

为监测阴极保护效果，需安装牺牲阳极阴极保护监控系统。监控系统通常也包括参比电极、监控设备及其他装置，其性能和参数可参考外加电流阴极保护的监控系统。一般而言，每个保护单元至少布置 1 个埋入式参比电极，还可安装保护电流及腐蚀速率测量装置等。当采用点式牺牲阳极阴极保护时，可将阳极铁芯直接电连接到被保护钢筋上，仅在钢筋上引出一根电位测量电缆。采用面式牺牲阳极阴极保护时，阳极电缆和阴极电缆的铜芯截面积应提高一个等级配置。

2. 牺牲阳极阴极保护的实施要点

牺牲阳极阴极保护系统的安装施工包括钢筋电连接、混凝土结构预处理、监控系统的安装、牺牲阳极的安装或施工及各种接头制作和电缆敷设等，其要求与外加电流阴极保护系统类似。安装前需确认所用的材料和仪器与设计一致。牺牲阳极在储存和搬运过程中应避免污染，安装应牢固、可靠。点式阳极与基体混凝土之间应采用水泥基材料填充密实，严禁存在孔洞等缺陷。面式阳极安装前，混凝土表面要进行喷砂处理；阳极与基体混凝土黏结要牢固，附着力应大于 1.0 MPa。牺牲阳极阴极保护系统的调试应按设计规定的程序进行。牺牲阳极与被保护构件短路前，测量被保护构件的自腐蚀电位。通电过程中，应定期记录保护电位。

3. 牺牲阳极阴极保护的质量控制

牺牲阳极阴极保护的质量控制包括混凝土结构预处理、保护单元内钢筋电连接性、参比电极的性能及安装、阳极系统的性能及安装、接头及电缆敷设、监控设备的性能和运行状况及保护效果。混凝土结构预处理、保护单元内钢筋电连接性、参比电极、电缆、监控设备等的质量控制与外加电流阴极保护基本相同。

牺牲阳极的质量控制和检验方法如下：①阳极的化学成分分析按现行国家标准《铝-锌-铟系合金牺牲阳极化学分析方法》（GB/T 4949）的规定进行，电化学性能检验按现行国家标准《牺牲阳极电化学性能试验方法》（GB/T 17848）的规定进行，结果应符合设计要求。②阳极的外观质量可目视检验，外观应均匀一致，无气泡、裂缝等缺陷。③每个保护单元应随机抽测 3 个测点的喷涂层厚度，其平均厚度不应小于设计值，最小厚度不应小于设计值的 75%、涂层附着力可采用附着力测试仪测定，每保护单元应随机抽测 3 个测点，其平均附着力不应小于设计值，最小附着力不应小于设计值的 75%。锌箔和锌网阳极的总质量不应出现负偏差。

监控系统的电位指示值不符合规定或与前次检测结果有较大差异时，应对仪器设备和电路进行检测，查明故障部位及原因并进行处理。运行期间阳极系统应无脱开、脱落等缺陷。混凝土表面覆盖层应无开裂、空鼓、脱落等缺陷。保护电位或极化电位衰减值不符合规定值时，应采取补救措施。

4. 牺牲阳极阴极保护系统的维护管理

定期检查和记录钢筋混凝土结构的保护电位，以评估保护效果。当保护电位不满足相应的电位准则时，应当及时采取补救措施。

5.4　海港工程混凝土结构其他电化学防腐蚀技术

钢筋在混凝土结构中的腐蚀是一个复杂的电化学过程，用电化学防腐蚀技术对钢筋进行防腐处理通常能起到良好的效果。目前，海港工程混凝土结构的电化学防腐蚀技术除阴极保护外，还有电化学脱盐、电沉积等。电化学脱盐是指短期内施加阴极电流，通过电迁移作用降低混凝土中氯离子含量的电化学防腐蚀技术。电沉积是指通过短期内施加阴极电流产生难溶性无机物，堆塞混凝土表层裂缝以阻止腐蚀介质继续侵入的电化学防腐蚀技术。电化学脱盐和电沉积技术主要针对氯盐污染的海港工程混凝土结构,电化学脱盐在我国海港工程中已逐步开始使用,而电沉积技术目前尚未有大范围的工程应用。现行行业标准 JTS 153-2 和 JTS 311 对电化学脱盐和电沉积技术作了相关要求。下面将对两项技术作简要介绍。

5.4.1　电化学除盐

1. 电化学除盐的基本原理

电化学脱盐时,以钢筋为阴极,接电源负极,以浸入混凝土表面电解质溶液的外部电极为阳极,接电源正极,然后在阴阳两极间通以直流电流。在电场作用下,钢筋附近的 Cl^-、OH^- 等负离子向电源正极迁移,即负离子从阴极向阳极迁移,进入电解质溶液中。Na^+、K^+、Ca^{2+} 等阳离子由阳极向阴极迁移,聚集在混凝土中钢筋部位。氯离子通常是引起海港工程混凝土结构中钢筋腐蚀的主要原因,通过电化学脱盐技术,氯离子会从钢筋表面迁移至辅助阳极表面,然后失去电子形成氯气排放掉,从而达到降低钢筋周围氯离子含量的目的。与此同时,钢筋表面的氧会得到电子生成 OH^-,从而使钢筋周围混凝土碱度的提高,促进钢筋表面钝化膜重建。

2. 电化学脱盐的一般要求

一般而言,由于长期被海水浸泡,在水下区实施电化学脱盐难度较大。在水位变动区实施电化学脱盐时,由于受到潮水的周期性浸泡,回路的电阻变化较大,控制不当会对直流电源造成不良影响,目前在水位变动区的脱盐效果还未有明确定论。因此,电化学脱盐目前主要用于水位变动区以上部位。

当混凝土中的氯离子浓度超过临界氯离子浓度时,钢筋就会发生锈蚀。然而,钢筋锈蚀的临界氯离子浓度并非定值,由孔溶液 pH、胶凝材料中 C_3A、C_4AF 的含量、胶凝材料种类、水灰比等多个因素决定。因此,为了能统一评判效果,现行行业标准 JTS 153-2 规定了混凝土内氯离子含量相对干水泥砂浆应低于 0.1%。

电化学脱盐处理的目的是清除混凝土中的氯离子,但处理后一般总是会有残留的氯离子。一般而言,初始氯离子含量越大,残留量也越大,当初始含量大于 0.35%时,脱盐效率达到 70%时,混凝土内残留氯离子仍大于 0.1%。而阻锈剂可有效提高钢筋锈蚀的临界氯离子含量。因此,现行行业标准 JTS 153-2 规定,当混凝土中钢筋周围初始氯离子含量大于水泥砂浆质量的 0.35%时,电化学脱盐通电期间,应在电解质中加入适量阳离子型阻锈剂。

涂层封闭处理可有效减少外界氯离子对混凝土的侵蚀,因此推荐在实施电化学脱盐处理后用涂层进行封闭防腐处理。这样可提高电脱盐处理的保护年限。当直流电源输出电压超过 24 V 时，应当采取预警保护措施。电化学脱盐的电流密度可采用经验数据或通过现场试验确定，也可按照表 5-24 选取。

表 5-24　电化学防腐蚀技术参数

项目	阴极保护	电化学脱盐	电沉积
通电时间/d	在防腐蚀期间持续通电	$30 \sim 60$	$60 \sim 180$
电流密度 $i/(mA/m^2)$	$0.1 \leqslant i \leqslant 50$	$1000 \leqslant i \leqslant 2000$	$500 \leqslant i \leqslant 1000$
通电电压 U/V	$U \leqslant 15$	$5 \leqslant U \leqslant 15$	$10 \leqslant U \leqslant 30$
电解质溶液	—	$Ca(OH)_2$ 饱和溶液	海水
确认效果的方法	测定电位或电位衰减值	测定混凝土中氯离子含量和钢筋电位	测定裂缝愈合率和填充深度
确认效果的时间	在防腐蚀期间定期检测	通电结束后	通电结束后

3. 电化学除盐系统的组成和设计要点

从组成上来看，电化学脱盐技术的装置与外加电流阴极保护非常相似，都包括直流电源、阳极系统、监控系统和电缆等。但实际使用时，电化学脱盐所采用的电流大小、使用形式与外加电流阴极保护有较大差异。阴极保护技术所用阳极系统一般埋于混凝土保护层内，是永久性的，而电化学脱盐所用辅助阳极系统则是临时性的，一般使用 $30 \sim 60$ d，在电化学脱盐结束后即可完全拆除。另外，电化学脱盐过程中所施加的电流密度也远远高于阴极保护系统，见表 5-24。

阳极系统包括辅助阳极和电解质等，其性能和参数通常要符合下列要求：①辅助阳极应具备在通电期内承载发射电流的能力。②辅助阳极的形状应满足均匀分布电流的要求，宜采用网格状阳极；当采用条状阳极时，应根据结构构件的形状和表层钢筋的表面积均匀布置，间距不宜大于 0.5 m。③电解质可选用饱和 $Ca(OH)_2$ 溶液。集料存在碱活性时，宜在电解质中加入 0.1 mol/L LiOH 或 0.1 mol/L Li_2CO_3 溶液。选用碱性电解质可避免阳极反应区酸化造成的影响。④辅助阳极的布置方式通常可按照表 5-25 选用。

表 5-25　辅助阳极的布置方式

布置方式	电解质溶液维持材料	适用场合
在辅助阳极的周围喷涂纤维材料	纤维	所有场合
在混凝土表面上固定绝缘板，在此期间布置辅助阳极与填充电解质溶液	绝缘板	水平面与垂直面
在混凝土顶面蓄存电解质溶液并安装辅助阳极	水泥砂浆	水平的上表面

直流电源应该具有稳定、可靠、维护简单、抗过载、防雷、抗干扰、抗盐雾、故障保护等特点，并满足下列要求：①长期不间断供电；②输出电压不超过 50 V，波纹量不超过 100 mVrms，频率不低于 100 Hz；③从零到满量程输出连续可调；④电源的正极与负极不可逆转，并标识明确；⑤外壳应采用防干扰的金属外壳，并对其进行必要的防腐蚀处理；⑥直流电源的布置应根据直流电源的数量、保护单位的划分、结构型式、使用条件、维护管理和经济等因素确定；⑦直流电源的功率的选择和计算方法与外加电流阴极保护的相同。

参比电极需要具有极化小、不易损坏和适用环境介质的特性，通常选用 Ag/AgCl/0.5 mol/L KCl 电极。每个典型脱盐单元应布置不少于 3 个参比电极，其安装位置应反映一单元内电流的分布情况，不同测点的极化电位差一般需控制在 ±300 mV 范围内。监控设备、电缆的性能要求与外加电流阴极保护系统的类似。

4. 电化学脱盐的实施要点

1）安装

电化学脱盐系统的安装包括钢筋电连接、混凝土结构预处理、监控系统的安装、阳极系统安装、各种接头的制作和电缆敷设、直流电源的安装等，具体要求与外加电流阴极保护系统基本相同。

2）调试

通电调试前，应测量并记录各单元的回路电阻与自腐蚀电位、检查各种电缆的通电连续性、各种接头的绝缘及密封性、仪器设备安装位置的准确和牢固等。具体而言，系统调试可按照下列规定的程序进行：①混凝土保护层和阳极系统充分饱水后，检测记录每个脱盐单元的回路电阻，并避免短路；②以电流设计值的20%进行试通电，应记录输出电压、电流和电位，确认所有组件安装、连接是否正确；③试通电不应少于 24 h，每 4 h 记录一次输出电压、电流和电位；④试通电完成后应逐步加大保护电流，直至设计值；⑤按上述程序，对保护单元逐一进行调试。

3）过程控制

由于电化学脱盐处理的专业性很强，因此电化学脱盐系统的过程控制管理，通常应当由专门的技术人员负责。保护系统的各部件每天至少检查一次。输出电压、电流和电位宜每 8 h 测量记录一次。电解质溶液的 pH 宜每天测量记录一次，确保 pH 大于 9.0。处理效果通常需根据输出电压、电位、电流和通电时间等过程参数的检测记录结果进行初步评估。

4）后处理

电化学脱盐后处理包括：①拆除混凝土表面阳极系统及其组件；②取样分析典型脱盐单元混凝土内剩余氯离子含量；③采用高压淡水清洗混凝土表面，检查混凝土表面状况并对表面缺陷进行修复；④按有关标准规范对混凝土进行涂层封闭处理，以延长电化学脱盐处理的保护年限。

5. 电化学脱盐的质量控制

电化学脱盐防腐保护处理的质量控制包括混凝土结构预处理、保护单元内钢筋电连接性、参比电极的性能及安装、阳极系统的性能及安装、接头制作及电缆敷设、仪器和设备性能、运行状况及处理效果和混凝土表面封闭涂层等。混凝土预处理、钢筋电连接性、参比电极、电缆及仪器设备、阳极系统等质量控制与外加电流阴极保护系统基本相同。但需注意，阳极系统注入电解质后，应目视检查阳极系统泄漏情况，泄漏严重时应采取必要措施。

直流电源的输出电压值、输出电流值、监控系统的电位指示值不符合规定或与前次检测结果有较大差异时，应对仪器设备和电路进行检测，查明故障部位及原因并进行处理。线路的绝缘阻抗应进行检测，绝缘不良好的部位应查明原因并及时进行处理。电解质溶液的 pH 检验每天不少于 1 次且应大于 9.0。

氯离子含量检测方法需满足下列要求：①选取具有代表性的位置取样，并避开主筋、预埋铁件、管线及受力较大和修补等区域；取样数量不少于保护单元总数量的 5%且每类构件数量不少于 1 件。②按现行行业标准 JTJ 270 中的方法测定砂浆的水溶性氯离子含量。③电化学脱盐处理后，混凝土中的氯离子含量应小于水泥砂浆质量的 0.1%。

混凝土构件去极化结束后，应对钢筋自腐蚀电位进行检验，检测方法应符合现行行业标准 JTJ 270 的有关要求。混凝土表面封闭涂层的质量控制与检查应符合现行行业标准 JTJ 275 的有关要求。

5.4.2 电沉积

1. 电沉积的基本原理

电沉积的基本原理与电化学脱盐和外加电流阴极保护相似。实施时，以带裂缝或缺陷混凝土结构中的钢筋为阴极，以电解质中的辅助阳极为阳极，然后在两者之间施加低压直流电。在电场作用下，正、负离子会在混凝土中迁移，发生相应的电化学反应，并在裂缝或缺陷处形成沉积物，从而达到修复裂缝或缺陷的目的。采用不同电解质时，会形成不同的沉积物。例如，当以海水为电解质时，会生成 $CaCO_3$、$Mg(OH)_2$ 等沉积物；当以 $ZnSO_4$ 溶液为电解质时，会生成 ZnO 沉积物。电沉积可以修复裂缝，并在混凝土表面形成坚硬致密的沉积物，还可改善混凝土的孔结构，提高混凝土的密实性。

2. 电沉积的一般要求

电沉积主要用于海港工程混凝土结构的水位变动区和水下区，对于大气区和浪溅区进行电沉积的工艺目前尚不成熟，有效电解质材料的选择还有待进一步研究。电沉积处理后沉积物应堵塞裂缝，且具有良好的耐久性和附着力，否则难以达到长效防腐的效果。电流密度可采用经验数据或进行现场实验确定，也可根据表 5-24 选取。当最大输出电压超过 24 V 时，也应当采取预警保护措施。

3. 电沉积系统的组成和设计要点

与电化学除盐系统、外加电流系统相似，电沉积系统也包括阳极系统、直流电源、监控系统和电缆等部分。

阳极系统应包括辅助阳极和电解质溶液，其性能和参数应满足下列要求：①辅助阳极应具备在通电保护期内承载发射电流的能力；②辅助阳极应根据构件型式、允许工作电流密度、保护电流和通电时间等选用；③辅助阳极布置应使保护电流在保护单元内均匀分布的要求；④辅助阳极的绝缘座、绝缘密封件、阳极电缆、靠近阳极的支架和保护套等安装组件应采用耐海水、耐碱和耐氯气腐蚀的材料；⑤辅助阳极的接头应进行绝缘密封防水处理；⑥电解质溶液可采用海水。

参比电极应具有极化小、不易损坏和适用环境介质的特性，宜选用 Ag/AgCl 海水电极。每个保护单元宜布置不少于 4 个参比电极，其安装位置应反映结构物的电流分布情况。参比电极支架及其相关部件应进行防腐蚀处理。对直流电源、监控设备、电源电缆、阳极电缆、阴极电缆、参比电极电缆和电位测量电缆等的要求与电化学除盐系统的相同。

4. 电沉积的实施要点

1）安装

电沉积保护系统的安装包括钢筋电连接、混凝土结构预处理、监控系统安装、辅助阳极安装、各种接头的制作和电缆敷设、直流电源安装等，具体要求如下：①对钢筋电连接、电缆、电缆接头、直流电源、监控系统等的安装要求与电化学除盐相同；②结构预处理要求清除裂缝部位的海生物、松散混凝土和其他不牢固附着物，并用高压淡水冲洗待修复部位；③辅助阳极的安装应满足设计要求，并应根据阳极的规格、品种和安装方式采取相应的防护措施；④系统安装完毕应进行全面检查。

2）调试

检测记录每个保护单元的回路电阻，避免短路。以电流设计值的 20% 进行试通电，记录输出电压、电流和电位，确认所有组件安装、连接是否正确。试通电不少于 48 h，每 8 h 记录一次输出电压、电流和电位。试通电完成后逐步加大保护电流，直至设计值。

　　3）过程控制

　　电沉积专业性同样很强，因此电沉积处理过程的控制管理，也应由专门的技术人员负责。电沉积系统各部件宜每天检查一次。输出电压、电流和电位宜每天记录一次。通电结束后应拆除阳极系统及组件，检测混凝土表面外观缺陷及裂缝修复效果。

　　5. 电沉积的质量控制

　　电沉积处理的质量控制包括混凝土结构预处理、保护单元内钢筋电连接性、参比电极的性能及安装、阳极系统的性能及安装、接头制作及电缆敷设、仪器和设备性能和运行状况及处理效果等。混凝土结构预处理、保护单元内钢筋电连接性、参比电极、电缆、仪器设备、直流电源等的质量控制与外加电流阴极保护基本相同。

　　辅助阳极应逐件检验规格型号、外观状况和尺寸。运行状况和处理效果的检验则需要满足下列要求：①线路电绝缘性应进行检测，绝缘不好的部位应查明原因并及时进行处理；②检验裂缝愈合程度，裂缝应完全被沉积物堵塞，检验数量应不少于裂缝总条数的 10%，且不少于 5 条；③裂缝填充深度检验应满足下列要求：a. 采用钻取芯样法检验水位变动区的裂缝填充深度；b. 选取具有代表性的位置取芯，并避开主筋、预埋铁件、管线及受力较大和修补等区域，检验数量不少于 2 条裂缝；c. 沿裂缝劈开芯样，等间距选取不少于 3 个点，用游标卡尺量取每个点的封填深度，其均值即为裂缝填充深度；d. 裂缝的填充深度大于 5 mm。

5.5　易燃易爆气体环境中外加电流阴极保护系统的实施

　　存在爆炸性气体的码头环境包括原油码头、液品化工码头、液化石油气（LPG）码头和液化天然气（LNG）码头等。在这些敏感区域实施外加电流阴极保护时，必须高度重视其安全设计和施工质量控制。JTS 153-3 和 JTS 153-2 中明确要求外加电流阴极保护系统在易燃易爆气体中使用时应当做好安全保障措施。下面所述针对外加电流阴极保护的安全保障措施同样适用于电化学除盐系统和电沉积系统。

5.5.1　安全设计的原则

　　按照 GB 50058 的相关规定，爆炸性气体环境的安全设计和施工须贯彻预防为主的方针，保障人身和财产的安全，因地制宜地采取防范措施，做到技术先进、经济合理、安全适用。

爆炸性气体环境危险区域可根据爆炸性气体混合物出现的频繁程度和持续时间进行划分。0 区：连续出现或长期出现爆炸性气体混合物的环境；1 区：在正常运行时可能出现爆炸性气体混合物的环境；2 区：在正常运行时不可能出现爆炸性气体混合物的环境，或即使出现也仅是短时存在的爆炸性气体混合物的环境。

外加电流阴极保护系统的直流电源、控制设备、检测、监测、遥测装置和数据远程传输系统的布置和安装位置，应远离可能会有爆炸性气体溢出的输油臂、输送软管接口等危险区域，消除安全隐患。

阴极保护系统的所有设备均应满足相应安装位置的防爆等级要求，设备仪器外壳应妥善接地，设备、电缆的所有连接点必须有恰当的防爆措施，所有电缆应敷设于电缆套管中，并有良好的支撑、固定措施。

爆炸性气体混合物的分级和分组应执行 GB 50058 中的规定，爆炸性气体混合物的分级应按其最大实验安全间隙（MESG）或最小点燃电流比（MICR）进行分级。MICR 为各种可燃物质的最小点燃电流值与实验室甲烷的最小点燃电流值之比。表 5-26 为爆炸性气体混合物的分级。爆炸性气体混合物应按引燃温度进行划分。表 5-27 为引燃温度的分组。

表 5-26　爆炸性气体混合物分级

级别	ⅡA	ⅡB	ⅡC
最大实验安全间隙（MESG）/mm	≥0.9	0.5<MESG<0.9	≤0.5
最小点燃电流比（MICR）	>0.8	0.45≤MICR≤0.8	<0.45

表 5-27　引燃温度分组

组别	T1	T2	T3	T4	T5	T6
引燃温度 t/℃	450<t	300<t≤450	200<t≤300	135<t≤200	100<t≤135	85<t≤100

5.5.2　安全设计要点

（1）阴极保护设备应布置在爆炸危险性较小或没有爆炸危险的环境内，在满足保护要求的前提下，应减少防爆电气设备的数量。

（2）选用的防爆电气设备的级别和组别，不应低于该爆炸性气体环境内爆炸性气体混合物的级别和组别。当存在有两种以上易燃性物质形成的爆炸性气体混合物时，应按危险程度较高的级别和组别选用防爆电气设备。

（3）外加电流阴极保护直流电源设备的防爆结构选型，及开关柜、控制台等设备的防爆结构选型应符合 GB 50058 的相关要求。

（4）阴极保护电缆应敷设在爆炸危险性较小的环境或远离释放源的地方，宜敷设在电缆桥架或电缆沟。电缆敷设线路宜避开可能受到机械损伤、振动、腐蚀以及可能受热的地方，不能避开时，应采取预防措施。

（5）阴极保护电缆应采用铜芯电缆，其绝缘的耐压强度、导线的截面与最大允许电流应符合 GB 50058 的规定。

（6）当阴极保护系统内的导体与其他非本系统的导体接触时，如输油臂与输油软管连接，油气输送管连接等，应采取适当预防措施，不应使接触点处产生电弧或电流增大、产生静电或电磁感应。

（7）阴极保护设备的金属外壳应可靠接地。爆炸性气体环境 1 区和 2 区内的所有阴极保护设备应采用专门的接地线。设备的接地装置与防止直接雷击的独立避雷针的接地装置应分开设置，与装设在建筑物上防止直接雷击的避雷针的接地装置和防雷电感应的接地装置可合并设置。接地电阻值应取其中最低值。

5.5.3　施工安全要求

爆炸性气体环境中外加电流阴极保护系统的施工单位必须具有高度的安全责任感，施工项目的负责人应该意识到，质量监管的任何缺失都可能造成系统的安全隐患，导致国家财产和人员生命的损失，制定严密的质量计划并严格执行，外加电流阴极保护工程与安全有关的主要质量活动包括以下几点。

（1）核查全部仪器设备的质量证明材料、规格型号和状态，确认所使用的设备防爆等级、防护等级及技术指标符合规范和设计要求。

（2）检查所有电缆包括电源电缆、阴极电缆、阳极电缆、控制电缆和测量用屏蔽线的外观完整性；确认其规格、材质、线径、耐压等级和绝缘等级满足规范和设计要求；检测并记录每一根的绝缘电阻。

（3）电缆的敷设应严格按设计和规范的要求执行，包括敷设线路、套管的材质和规格、连接和密封、支撑固定方式、铭牌及编号等。电缆敷设时应留有长度余量避免在使用过程中受力。

（4）仪器设备的安装位置、固定法式和接地处理应满足设计及规范要求，所有接线点应置于防爆接线盒内，采用树脂浇注密封并有适当的防护措施。

（5）保存上述质量活动的完整记录，确保责任的可追溯性。

参 考 文 献

高荣杰, 杜敏. 2011. 海洋腐蚀与防护技术[M]. 北京: 化学工业出版社.

胡士信. 1999. 阴极保护工程手册[M]. 北京: 化学工业出版社.

李果. 2011. 锈蚀混凝土结构的耐久性修复与保护[M]. 北京: 中国铁道出版社.

李森林, 卢青法, 徐宁, 等. 2013. 电沉积修复混凝土裂缝技术研究进展及研究方向[J]. 混凝土, (2): 139-142.

马化雄, 李云飞. 2012. 在爆炸性气体环境中外加电流阴极保护系统的安全分析[J]. 中国港湾建设, (2): 110-111, 126.

魏宝明. 1984. 金属腐蚀理论及应用[M]. 北京: 化学工业出版社.

徐建芝, 丁铸, 邢峰. 2008. 钢筋混凝土电化学脱盐修复技术研究现状[J]. 混凝土, (9): 22-24.

朱蕴辉, 林玉珍. 2011. 防腐蚀监理工程师应用手册[M]. 北京: 中国石化出版社.

CB 3220—1984. 船用恒电位仪技术条件[S].

DNV-RP-B401. Cathodic protection design [S].

GB 50058—2014. 爆炸危险环境电力装置设计规范[S].

GB/T 17731—2015. 镁合金牺牲阳极[S].

GB/T 4948—2002. 铝-锌-铟系合金牺牲阳极[S].

GB/T 4950—2002. 锌-铝-镉合金牺牲阳极[S].

GB/T 7387—1999. 船用参比电极技术条件[S].

GB/T 7788—2007. 船舶及海洋工程阳极屏涂料通用技术条件[S].

JTJ 230—1989. 海港工程钢结构防腐蚀技术规定[S].

JTJ 275—2000. 海港工程混凝土结构防腐蚀技术规范[S].

JTS 153—2015. 水运工程结构耐久性设计标准[S].

JTS 153-2—2012. 海港工程钢筋混凝土结构电化学防腐蚀技术规范[S].

JTS 153-3—2007. 海港工程钢结构防腐蚀技术规范[S].

JTS 311—2011. 港口水工建筑物修补加固技术规范[S].

Q/SY 1302—2010. 强制电流阴极保护电源设备应用技术[S].

NACE RP0176-2003. Corrosion control of steel fixed offshore structures associated with petroleum production [S].

第6章　海港工程钢结构包覆防腐蚀技术

6.1　概　　述

包覆防腐蚀技术是指在结构物外表面覆盖一层或多层耐蚀材料，使原表面与环境隔离，从而达到防止或延缓腐蚀目的的技术。按照所包覆耐蚀材料的种类，可将包覆防腐蚀技术分为有机包覆技术和无机包覆技术两大类。其中，有机包覆的材料主要有聚氯乙烯、高密度聚乙烯、水中固化树脂、玻璃纤维复合材料、矿脂带、黏弹体等，无机包覆的材料主要有砂浆、耐蚀金属或合金、混凝土等。上述包覆防腐蚀技术各有特点，在一定的时期、条件和防腐要求下，均得到了较好的应用。目前，以复层矿脂包覆、热塑性聚乙烯复合包覆、玻璃纤维复合材料包覆为代表的有机包覆防腐蚀技术在钢结构防腐中得到了较广泛的应用。在这三种包覆防腐技术中，热塑性聚乙烯复合包覆、玻璃纤维复合材料包覆适用于厂区作业，主要用于新建钢结构，而复层矿脂包覆适用于现场作业，在码头钢管桩防腐修复中得到了广泛使用。

6.2　复层矿脂包覆防腐蚀技术

6.2.1　概述

海港工程钢结构的浪溅区和水位变动区表面会受到海水的周期润湿，长期处于干湿交替状态，再加上氧供应充分、盐分高、温度差异大及波浪冲击等因素作用，腐蚀最为严重。阴极保护浪溅区几乎很难发挥作用，而在水位变动区，由于海水的周期性变化，保护效率也有限。普通涂层受到海浪冲击和周期性干湿交替的影响，容易产生局部缺陷，很难达到长效防腐的目的。重防腐涂层在未出现破损和劣化现象时，通常能够对浪溅区和水位变动区起到良好的保护作用。然而，海港工程钢结构所处环境复杂，受钢结构施工、所处环境、人为破坏等因素的影响，处于大气区、浪溅区和水位变动区的涂层经常会受到破坏。从调查结果来看，涂层出现局部破损现象普遍存在。涂层一旦出现局部破损，其破损区域在海洋腐蚀作用的影响下将逐步扩大，会导致更大面积的涂层破坏，从而引起局部腐蚀，严重影响钢结构的耐久性。对于大气区的涂层破损，通常可采用重新涂覆涂料的方式进行修复。一般而言，只要涂料选择合理、质量合格、施工质量得到严格控制，基本能达到良好的修复效果。然而，对于浪溅区和水位变动区来说，由于长期保持潮湿状况且伴有海水波浪，普通涂料很难使用，近些年新开发的水下涂料，由于受到施工条件的限制，施工质量很难控制，其效果也不尽理想。综上所述，海港工程钢结构浪溅区和水位变动区的防腐，面临着破损涂层的修复和钢结构长效保护两个难题。

复层矿脂包覆防腐蚀技术具有防腐性能优异、施工简便、可带水施工、表面处理要求低、抗冲击能力强、绿色环保等优点，能够较好地解决上述两个难题。尤其是，其优良的施工性能，特别适合于浪溅区和水位变动区涂层的修复。目前，复层矿脂包覆防腐蚀技术的前期投入较大，因此主要用于浪溅区和水位变动区涂层的修复。然而，由于其具有良好的耐久性，长期使用时的经济优势明显。目前，针对复层矿脂包覆防腐蚀技术的应用方案主要有两种。第一种是大气区、浪溅区、水位变动区延伸至极端低水位以下，采用复层矿脂包覆，其他区域采用阴极保护；第二种是大气区采用重防腐涂层，浪溅区、水位变动区延伸至极端低水位以下，采用复层矿脂包覆，其他区域采用阴极保护。第一种方案在天津港、丹东港、青岛港、营口港等的防腐修复中得到了应用。第二种方案在毛里塔尼亚友谊港的防腐修复中得到了应用。

6.2.2　复层矿脂包覆防腐蚀系统的结构及材料

复层矿脂包覆防腐蚀系统是由防蚀膏、防蚀带、防蚀护甲等部件组成。图 6-1 为复层矿脂包覆防腐蚀系统的结构示意图。防蚀膏和防蚀带是包覆技术的核心部分，含有优良的缓蚀成分，能够有效地阻止腐蚀性介质对钢结构的侵蚀，并可带水施工。防蚀护甲具有良好的耐冲击性能，不但能够隔绝海水，而且可抵御机械损伤对防蚀带和防蚀膏的破坏。除主体结构，玻璃钢护甲还配有密封缓冲层、法

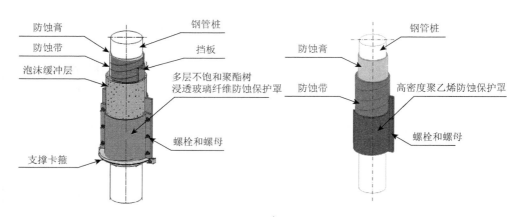

图 6-1　不同防蚀护甲复层矿脂包覆防腐蚀系统的结构示意图

兰、紧固件、挡板和支撑卡箍等配套组件，可起到缓冲外力、紧固、密封等作用。高密度聚乙烯护甲则配有法兰、紧固件等。在复层矿脂包覆防腐蚀系统中，防蚀膏的厚度通常在 180~250 μm，而防蚀带和防蚀护甲的厚度通常都不小于 2000 μm。现行国家标准《海洋钢铁构筑物复层矿脂包覆防腐蚀技术》(GB/T 32119)、《钢制管道外部缠绕防腐蚀冷缠矿脂带作业规范》(GB/T 30788) 和现行行业标准《水运工程结构耐久性设计标准》(JTS 153) 对复层矿脂包覆防腐蚀系统的材料、施工等方面作了相关要求。

6.2.3　防蚀膏

防蚀膏以矿物脂为原料，加入复合防锈剂、增稠剂、润滑剂、填充料等加工制作的膏状防蚀材料。防蚀膏处于复层矿脂包覆防腐蚀系统最内层，与被保护钢结构直接接触。由于添加了增稠剂，防蚀膏能较好地黏附在被保护钢结构表面。防蚀膏中含有多种防锈成分，具有良好的防腐蚀性能，能够为海港工程钢结构提供长效腐蚀防护。表 6-1 为防蚀膏的典型性能指标和检验方法。

表 6-1　防蚀膏的典型性能和检验方法

项目	指标	检验方法
密度/(g/cm³)	0.75~1.25	GB/T 13377
稠度/mm	10.0~20.0	GB/T 269
燃点/℃	≥175	GB/T 3536
滴点/℃	≥40	GB/T 8026
耐温流动性	在(50±2)℃下，垂直放置 24 h 后，不流淌	GB/T 32199 附录 A
低温附着性	在(−20±2)℃下，放置 1 h 后，不剥落	GB/T 32199 附录 B
不挥发物含量/%	≥90	GB/T 1725
水置换性	GB/T 32199 附录 C 中的锈蚀度 A 级	GB/T 32199 附录 D
耐盐水性	GB/T 32199 附录 C 中的锈蚀度 A 级	GB/T 32199 附录 E
中性盐雾实验	192 h；GB/T 32199 附录 C 中的锈蚀度 A 级	GB/T 10125
腐蚀性实验(失重法)/(mg/cm²)	−0.1~+0.1	GB/T 32199 附录 F
耐化学品性	GB/T 32199 附录 C 中的锈蚀度 A 级	GB/T 32199 附录 G

6.2.4　防蚀带

防蚀带是以无纺布为载体，在含有复合防锈剂、增稠剂、润滑剂、填料等特制矿物脂中浸渍制成的带状防蚀材料，其所含有的防蚀材料与防蚀膏基本相同。防蚀带除了起到防蚀作用外，还能增强复层矿脂包覆防腐蚀系统的密封性能，提高系统的强度及柔韧性。按照用途可分为普通型和耐高温型。防蚀带在运输和储存时需要避免阳光长时间曝晒、雨淋、重压和机械损伤，储存期通常不宜超过 1a。表 6-2 为防蚀带的典型性能及检验方法。

表 6-2　防蚀带的典型性能及检验方法

项目	要求	检验方法
面密度/(g/m^2)	700～1750	HB 7736.2
厚度/mm	1.1±0.3	GB/T 3820
拉伸强度/(N/m)^a	≥2000	GB/T 3923.1
断裂伸长率/%	10.5～25.5	GB/T 3923.1
剥离强度/(N/m)^a	≥200	GB/T 32199 附录 H
耐高温流动性	在 45～65℃，不滴落	GB/T 30651
低温操作性	在−20～0℃下，不断裂，不龟裂，剥离强度保持率大于 50%	GB/T 30650
绝缘电阻率/(MΩ·m^2)	≥1.0×10^2	GB/T 32199 附录 I
耐盐水性	浸泡 8 d，GB/T 32199 附录 C 中的锈蚀度 A 级	GB/T 32199 附录 J
耐中性盐雾性	1000 h，GB/T 32199 附录 C 中的锈蚀度 A 级	GB/T 10125
腐蚀性(失重法)/(mg/cm^2)	−0.2～0.2	GB/T 32199 附录 K
耐化学品性	GB/T 32199 附录 C 中的锈蚀度 A 级	GB/T 32199 附录 L

a. 试样的宽度为 25 mm。

6.2.5　防蚀护甲

防蚀膏和防蚀带可为海港工程钢结构提供良好的腐蚀防护。然而，防蚀膏和防蚀带抵抗外力作用的能力较差，当受到风浪、海流、海水冲刷、冰凌等自然环境因素或受到人为碰撞、冲击时，难以达到长期防护的效果。当在外层设置坚固耐久的防蚀护甲后，不仅可确保防蚀膏和防蚀带发挥防腐、密封作用，还能提高系统的抗外力作用能力，对于保障复层矿脂包覆防腐蚀系统的防腐性能、耐久性能和抗外力作用能力有着积极意义。按照材料的不同，防蚀护甲可分为玻璃钢护甲、高密度聚乙烯护甲、钛合金护甲、不锈钢护甲等。然后，由于合金护甲成本较高，且在国内外应用较少。目前，防蚀护甲最常用的材料主要是高密度聚乙烯和多层不饱和聚酯树脂浸透玻璃纤维（简称"玻璃钢"）。由于所用材料的不同，防蚀护甲在性能上也有所差异。玻璃钢防蚀护甲对横纵向刮、划、擦等作用抗力强，而高密度聚乙烯对垂直冲击力作用抗力强。

1. 玻璃钢防蚀护甲

玻璃钢防蚀护甲由玻璃钢护甲主体、密封缓冲层、法兰、挡板、紧固件、支撑卡箍等。护甲主体是由多层不饱和聚酯树脂浸透玻璃纤维制作而成的玻璃钢外壳，具有较高的稳定性，优异的耐腐蚀性、耐热性、耐磨性和耐久性，且质量轻、成型工艺简单。表 6-3 为玻璃钢护甲的典型性能指标和检验方法。护甲的密封缓冲层可起到缓冲外力和密封的作用，其上部应比护甲短 5～10 mm，以便填充封闭胶泥。密封缓冲层的性能指标及检测方法通常需要符合现行国家标准《绝热用挤塑聚苯乙烯泡沫塑料（XPS）》（GB/T 10801.2）的有关规定。挡板的材质与玻璃钢护甲相同，厚度通常为 1～2 mm，宽度通常为 100～200 mm。挡板安装在防蚀带和密封缓冲层之间，主要起到密封作用。支撑卡箍的材质与被保护钢结构相同，尺寸和规格需要根据被保护钢结构来确定。护甲法兰通过耐海水腐蚀螺栓紧固，螺栓孔距通常不大于 200 mm。

表 6-3　玻璃钢护甲的典型性能指标和检验方法

项目	要求	检测方法
巴柯尔硬度/HBa	≥35	GB/T 3854
弯曲强度/MPa	≥100	GB/T 1449
树脂含量(质量含量)/%	≥48	GB/T 2577
吸水率/%	≤0.5	GB/T 1462
拉伸强度/MPa	≥50	GB/T 1447
抗冲击强度/(kJ/m³)	≥2.5×10⁴	HG/T 3845

复层矿脂包覆防腐蚀系统所包覆的对象主要是码头钢管桩或者钢板桩等规则构件，因此玻璃钢护甲通常可在工厂直接加工生产，然后通过紧固件在现场安装。规则防蚀护甲按照现行行业标准《船用玻璃纤维增强塑料制品　手糊成型工艺》（CB/T 180）的规定进行预制。玻璃钢护甲的法兰部分厚度通常为 8～10 mm，主体边缘部位从主体部分逐渐加厚到与法兰部分相同的厚度，主体厚度通常不小于 3 mm。现场安装时，需用封闭胶泥进行密封处理。表 6-4 为封闭胶泥的性能指标和检验方法。当用于异形钢构件时，可在现场制作玻璃钢护甲，但难度相对工厂较大。

表 6-4　封闭胶泥的性能指标和检验方法

项目	要求	检测方法
剥离强度/(kN/m)	≥35	GB/T 3854
剪切强度/MPa	≥9	GB/T 7124
耐水性	35℃海水养护 2160 h 后剪切强度保持率≥99%	GB/T 7124
实干时间(20℃)/h	≤24	GB/T 1728

2. 高密度聚乙烯防蚀护甲

高密度聚乙烯是一种由乙烯共聚生成的结晶度高、非极性的热塑性树脂，具有较好的耐热性、耐寒性、耐腐蚀性、耐磨性、抗冲击强度、抗拉伸断裂强度、柔韧性及化学稳定性等。在制作高密度聚乙烯护甲板材时，常用的添加剂主要有热塑性弹性体和炭黑。热塑性弹性体是一种饱和的乙烯-辛烯共聚物，添加热塑性弹性体可提升高密度聚乙烯基体树脂的加工性能、抗冲击性能和柔韧性等。炭黑的添加则可改善高密度聚乙烯的抗紫外线性能和耐候性。

大批量生产加工前，应当根据防蚀护甲的性能要求调整添加剂的添加量，以使产品性能符合海港工程钢结构的使用要求。高密度聚乙烯护甲制作时，其使用的尺寸和规格应根据被保护钢结构的尺寸确定，厚度应根据拉伸距离及应力要求确定，而法兰孔的孔心距、孔数量应根据单一防蚀护甲的高度尺寸确定。高密度聚乙烯护甲所预留的拉紧距离一般取 10～25 cm，而紧固件则一般选取 316 L 不锈钢。表 6-5 为高密度聚乙烯保护罩的典型性能指标和检验方法。

表 6-5　高密度聚乙烯保护罩的性能指标和检验方法

项目	指标	检验方法
厚度/mm	≥2	游标卡尺
密度/(g/cm³)	≥0.94	GB/T 1033.2
拉伸屈服强度/MPa	≥16	GB/T 1040.3
拉伸断裂强度/MPa	≥32	GB/T 1040.3
断裂伸长率/%	600	GB/T 1040.3
直角撕裂负荷/N	225	GB/T 1130
抗穿刺/N	480	GB 17643 附录 C

6.2.6　复层矿脂包覆防腐蚀技术的施工工艺

随着码头使用年限的延长，耐久性问题也逐步体现出来，码头钢结构涂层已陆续进入修复期。大气区涂层采用重新涂装的方式修复是经济可行的。然而，对于浪溅区和水位变动区的涂层修复，采用重新涂装方式修复会受到海洋环境、施工条件等众多因素的制约，施工质量难以得到保障。复层矿脂包覆防腐蚀技术的显著优点就是施工简便、可带水作业，大大降低了浪溅区和水位变动区涂层修复的难度。复层矿脂包覆防腐蚀技术的施工工艺流程如下：施工前准备→钢结构表面处理→固定支撑卡箍→涂抹防蚀膏→缠绕防蚀带→安装防蚀护甲→端部密封等。图 6-2 为复层矿脂包覆防腐蚀技术的施工工艺流程图。

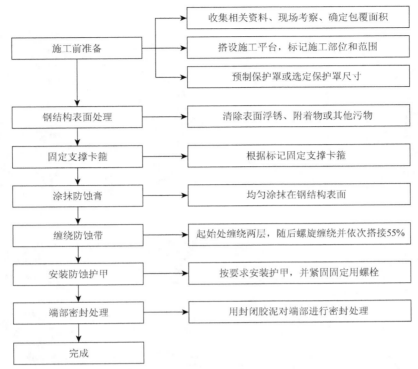

图 6-2　复层矿脂包覆防腐蚀技术施工工艺流程图

1. 施工前准备

收集、整理待保护海港工程钢结构的设计、竣工等技术资料，进行现场考察，掌握钢结构所在海域的环境和水文资料，确定施工范围，编制施工组织设计等相关技术方案，并准备施工材料、机械设备等。根据已确认的施工范围及相关技术资料估算防蚀膏、防蚀带的用量，预制防蚀护甲或选定防蚀护甲尺寸，并根据使用方要求，确定保护罩的颜色。随后，根据施工现场的作业条件和施工位置，选择并搭建合适的作业平台，常采用脚手架（图 6-3）、悬挂吊篮（图 6-4）或直接使用作业船（图 6-5）等方式。搭建的作业平台应安全牢固、便于拆卸、安装及现场操作，且必须保证施工人员的安全。施工一般在–10℃以上进行，涉及水下作业时，由潜水人员配合。

2. 钢结构表面处理

对钢结构表面进行预处理，以确保防蚀膏与钢材表面充分接触，从而达到最佳防腐效果。表面除锈前，应清除钢结构表面的油脂、毛刺、焊渣、海生物或其他污物等。表面清理要求至少达到 St2 级，且不存在大于 10 mm 的凸起物。海生

图 6-3　搭设脚手架图　　　　　　　　图 6-4　可移动悬挂吊篮

图 6-5　工作作业船

物的清除通常采用铲刀或高压水枪，而除锈主要采用手工除锈方式。对表面锈层很严重的部位，必要时，可采取喷砂除锈的方式。为确保施工效果，表面处理完成后，应及时安装复层矿脂包覆防腐蚀系统。图 6-6 和图 6-7 分别为手工除锈和喷砂除锈。

图 6-6　手工除锈

图 6-7　喷砂除锈

3. 固定支撑卡箍

对于玻璃钢护甲复层矿脂包覆防腐蚀系统而言，在整体安装之前还需安装固定支撑卡箍。安装支撑卡箍有两方面的作用：一方面，可起到施工标记的作用；另一方面，可防止防蚀护甲因自重或外力作用而滑脱。支撑卡箍的安装位置一般设置在待保护钢结构的最低设计保护线处，支撑卡箍的固定方法可采用焊接或螺栓顶紧方式。焊接时应使焊点均匀分布，受力均衡，焊点数量一般为 4～6 个。图 6-8 和图 6-9 为固定支撑卡箍及其安装情况。

图 6-8　固定支撑卡箍　　　　　　　　　图 6-9　安装支撑卡箍

4. 涂抹防蚀膏

涂抹防蚀膏可采用手套、海绵、滚筒、刮板等工具，施工应在表面处理后 6 h 内进行。施工时，取出少许防蚀膏进行涂抹或刮涂，重复 5～10 次，使防蚀膏在钢结构表面均匀分布，表面的坑凹和缝隙处应用防蚀膏填满，有锈的部位需抹平，凸起物表面也应涂抹一层防蚀膏，最终使防蚀膏在钢结构表面均匀分布，形成一层较完整的保护膜。防蚀膏厚度应达到 180～250 μm。防蚀膏的用量通常应控制在 200～500 g/m²，光滑表面防蚀膏用量一般为 300 g/m² 左右，锈蚀严重处一般为400～500 g/m²。涂抹防蚀膏可带水作业。当在海平面附近涂抹防蚀膏时，应选在低潮时进行。涂抹防蚀膏见图 6-10。

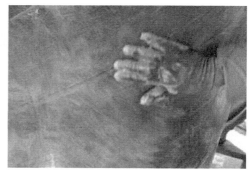

图 6-10　涂抹防蚀膏

5. 缠绕防蚀带

防蚀带应当缠绕在涂抹防蚀膏后的钢结构表面，间隔时间不应超过 1 h。施工时，需将防蚀带拉紧铺平，并用辊子等工具将空气压出。防蚀带起始处应缠绕两层，再从底部螺旋向上缠绕，并保证 55%宽度以上的搭接，以确保各处至少缠绕两层。当防蚀带缠绕至顶部时，应完整缠绕一周。防蚀带始末端搭接长度通常不应小于 100 mm。当在海平面附近施工时，为避免防蚀膏被海水冲刷脱落，应尽快缠绕防蚀带。当防蚀膏与防蚀带施工完毕后，总厚度通常不小于 2 mm。缠绕防蚀带见图 6-11。

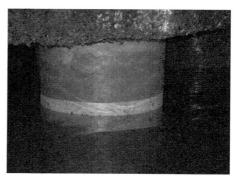

图 6-11　缠绕防蚀带

6. 安装防蚀护甲

防蚀护甲的安装通常应在防蚀带施工结束 24 h 内进行。对直桩安装护甲时，可按照原设计规格直接安装。对斜桩安装护甲时，应根据钢桩与混凝土墩台的夹角对护甲进行裁切后再安装。玻璃钢护甲和高密度聚乙烯护甲由于材料性能的不同，安装方式也不尽相同，下文将分别介绍。

1）安装玻璃钢防蚀护甲

安装玻璃钢护甲时，应确保护甲下端紧接在支撑卡箍上，并由下而上安装。两片护甲的法兰对接处应当分别安装挡板，以防止海水从两片护甲的对接处渗入。施工时，调整护甲位置，使两片护甲的预留螺栓孔一一对应，经检查位置正确后，用耐海水腐蚀螺栓进行紧固。螺栓紧固时，应使护甲受力均匀，以防止因局部应力过大造成的护甲变形或破裂。由于密封缓冲层的存在，能够较好地缓冲外力冲击，保障护甲的使用效果和年限。受到海浪冲击、护甲应力释放等影响，螺栓需进行多次紧固。安装玻璃钢防蚀护甲见图 6-12。

图 6-12　安装玻璃钢防蚀护甲

2）安装高密度聚乙烯防蚀护甲

先将预安装的高密度聚乙烯护甲包裹在钢桩的指定位置上，然后自上而下安装护甲。安装时，应尽量将护甲的法兰位置留在背风侧。护甲的拉紧安装采用手提液压拉紧装置。使用该装置时，应将其均匀布置在法兰上，紧固时应缓慢拉紧液压扳手，保持各套液压装置平均受力，直至护甲法兰基本贴合后，对护甲位置进行微调，直至准确就位。拉紧后，在未安装液压装置的螺栓孔上安装耐海水腐蚀的螺栓、垫片和螺母，拧紧螺栓后，移走液压装置，并安装液压装置处的螺栓。图 6-13 为安装高密度聚乙烯防蚀护甲。

图 6-13　安装高密度聚乙烯防蚀护甲

7. 护甲端部密封处理

为防止海水从端部渗入，需用封闭胶泥对护甲的上、下两端进行密封处理。密封处理时不应出现漏涂、气泡等现象。对于玻璃钢护甲而言，封闭胶泥填充至密封缓冲层、玻璃钢护甲、钢结构组成的凹槽处。封闭胶泥填充完毕后，应尽量使外延部分保持坡面，以便溅上的海水、雨水等滑落，避免在凹槽处积水。防蚀保护罩端部密封处理见图 6-14。

图 6-14　保护罩端部密封处理

8. 包覆系统施工完成

复层矿脂包覆防腐蚀技术的主要施工步骤如前所述。图 6-15 为施工完毕后玻璃钢和高密度聚乙烯复层矿脂包覆系统的包覆效果。

图 6-15　复层矿脂包覆防腐蚀技术施工完毕钢桩的外观

9. 施工材料用量记录

（1）为方便施工核算，确定单位面积施工材料消耗量，必须记录当日的施工面积、材料消耗和人工工时。

（2）记录内容包括时间、地点、温度、潮汐时间及位置；施工面积、防蚀膏、防蚀带用量；施工人工工时数；其他辅助材料用量。

（3）验收准备的资料：防腐层材料的质量检测报告及出厂合格证；修补记录；竣工图纸；安装记录；施工过程质量记录；竣工验收报告等。

6.2.7　维护管理

投入使用后，应当避免碰撞和使用明火，并加强码头下部的管理，避免由非作业船只碰撞等造成的人为破坏。维护管理中，通常每半年对包覆效果进行 1 次巡查。检查项目通常包括护甲的破损状况、护甲的安装位置、螺栓数量、螺栓紧固程度及两端密封情况等。为更好地维护复层矿脂包覆防腐蚀系统，应建立档案管理制度，并由专人管理。一般而言，施工资料、检查记录、事故记录、维修记录、年度总结等资料须进行归档。

6.3　热塑性聚乙烯复合包覆防腐蚀技术

热塑性聚乙烯复合包覆层包括热塑性聚乙烯和热熔胶。热塑性聚乙烯基材是经辐射、拉伸（扩张）并具有收缩性的聚乙烯带状（管状）材料。热熔胶是一种在常温下呈固态，加热熔融成液态，涂布被黏物后，经压合、冷却完成黏结的特种胶黏剂。将聚乙烯片材（管材）经辐射、拉伸（扩展）、与热熔胶层复合等工艺后，并形成了在一定温度下能够产生定向收缩的热塑性聚乙烯复合包覆材料。热塑性聚乙烯及其热熔胶热性能要求应当符合现行行业标准《辐射交联聚乙烯热收缩带（套）》（SY/T 4054）。

带状热塑性聚乙烯复合包覆材料的热收率一般不小于 15%，而管状材料的径向热收缩率通常不小于 50%，轴向收缩率一般不大于 10%。塑性聚乙烯复合包覆材料可在−30～40℃的条件下运输和储存，但储存时间一般不超过 1 年，且应避免阳光长时间暴晒，避免雨淋、重压和机械损伤。热塑性聚乙烯复合包覆实施时需进行表面预处理，清理等级要求达到 Sa2.5，表面处理完成后应尽快完成包覆施工，以防止表面返锈，影响包覆层与钢结构基体的黏结效果。包覆热塑性聚乙烯复合包覆层时，厚度一般不宜低于 5 mm。

为达到更好的防腐效果，热塑性聚乙烯复合包覆材料通常还会与环氧底漆配套使用，形成三层复合防腐结构。其施工过程如下：按照清理要求对待处理钢结构进行表面预处理，然后对管体进行预热，并涂刷环氧底漆，厚度一般在 100 μm以上，最后通过烘烤方法将热塑性聚乙烯复合层包覆在钢结构表面上。施工过程中应确保表面平滑、无暗泡、无麻点、无皱褶、无裂纹，色泽均匀，两端无翘边。

6.4　玻璃纤维复合材料包覆防腐蚀技术

玻璃纤维复合材料包覆层由玻璃纤维包覆材料和配套的不饱和聚酯树脂组成。所用玻璃纤维包覆材料一般为中碱玻璃纤维短切毡、中碱玻璃纤维布、中碱玻璃纤维表面毡。由于在海洋环境中使用，因此所用不饱和聚酯树脂通常具有耐候、耐海水等性能。海港工程所用玻璃纤维复合材料和不饱和聚酯的典型性能见表 6-6 和表 6-7。拉伸强度、断裂伸长率、弯曲强度的检测需要符合现行国家标准《纤维增强塑料拉伸性能试验方法》（GB/T 1447）的有关要求，盐雾试验需符合现行国家标准《人造气氛腐蚀试验　盐雾试验》（GB/T 10245）的有关规定。不饱和聚酯性能检测需要符合现行国家标准《不饱和聚酯树脂试验方法》（GB/T 7193）的有关规定。

表 6-6　海港工程用玻璃纤维复合材料的典型性能

项目	拉伸强度/MPa	断裂伸长率/%	弯曲强度/MPa	耐盐雾性/h
性能指标	≥100	≥120	≥1.0	≥720

表 6-7　海港工程用不饱和聚酯树脂典型性能

项目	固含量/%	黏度(25℃)/MPa	凝结时间(25℃)/min
性能指标	≥55	≥300	≥10

　　玻璃纤维复合材料包覆层通常由底层、增强层和耐腐蚀层，其施工过程如下：先在钢结构表面均匀喷涂一层不饱和聚酯树脂胶料作为底层，然后铺贴玻璃纤维布增强不饱和聚酯树脂作为增强层，最后再均匀喷涂一层不饱和聚酯树脂胶料作为耐腐蚀层。在施工前应当对海港工程钢结构进行表面预处理，清理等级一般要求达到 Sa2.5。钢结构基体表面干燥后，应当及时进行包覆施工，间隔时间通常不超过 4 h，以免影响包覆效果。玻璃纤维复合材料的包覆方法可用机械缠绕法或者人工糊制法。施工过程中应确保表面平整、光洁、无杂质混入、无纤维外露、无可见裂纹。

　　海港工程用玻璃纤维复合材料包覆层的厚度一般不小于 3 mm。包覆层厚度测量一般采用精度不小于 10%的测厚仪，检测数量通常按每 50 m² 不少于 1 个测点执行，每种构件的测点通常不少于 30 个。包覆层厚度测点代表值不小于设计厚度的测点数通常不少于 90%，且测点代表值不小于设计厚度的 90%。包覆层的击穿电压可采用防腐层检漏仪检测，通常击穿电压不小于 5000 V。

参 考 文 献

侯保荣. 2011. 海洋钢结构浪花飞溅区腐蚀控制技术[M]. 北京：北京科学出版社.

CECS 133：2002. 包覆不饱和聚酯树脂复合材料的钢结构防护工程技术规程[S].

GB/T 30788—2014. 钢制管道外部缠绕防腐蚀冷缠矿脂带作业规范[S].

GB/T 32119—2015. 海洋钢铁构筑物复层矿脂包覆防腐蚀技术[S].

JTS 153—2015. 水运工程结构耐久性设计标准[S].

SY/T 4054—2003. 辐射交联聚乙烯热收缩带（套）[S].

第7章 海港工程混凝土结构附加防腐措施

7.1 概　　述

良好的基础耐久性是保障混凝土结构耐久性的前提，这与设计、材料、施工等环节密切相关。在基础耐久性不良的情况下，附加防腐措施也难以达到良好的效果。然而，在严酷的腐蚀环境下时，仅依靠良好的基础耐久性往往也很难实现相应的耐久性目标。将混凝土基础耐久性保障工作和附加防腐措施优化组合运用，形成完整的防腐蚀体系，可起到多方面多阶段的保护作用，对于保障结构耐久性有着重要意义。为确保海港工程混凝土结构的耐久性，国内外提出了众多耐久性保障措施，大致可分为基本措施和附加防腐措施。其中，基本措施有采用高性能混凝土、增加混凝土保护层厚度、控制混凝土裂缝、提升抗氯离子渗透能力、严格控制施工质量等。附加防腐措施有混凝土涂层、阴极保护、特种钢筋（不锈钢筋、环氧涂层钢筋、渗锌钢筋、耐蚀钢筋等）、阻锈剂、硅烷浸渍等。混凝土涂层、阴极保护、特种钢筋等附加防腐措施已在相关章节有介绍，本章主要介绍硅烷浸渍和钢筋阻锈剂两种重要的附加防腐措施。

7.2 硅 烷 浸 渍

7.2.1 概述

硅烷浸渍是用膏状或液体类硅烷涂覆混凝土表面，渗透进混凝土表层使混凝土具有低吸水率、低氯离子渗透率并具有透气性的防腐措施，其设计保护年限通常为 15～20 a。硅烷是一种性能优异的渗透型浸渍剂，具有小分子结构，烷基官能团的表面张力较低，使硅烷在混凝土基材上形成的硅树脂网络能分布到毛细孔内壁，而不会封闭通道。通过物理憎水机理和化学结合作用，硅烷浸渍赋予混凝土憎水性的同时保持良好的透气性。目前，硅烷浸渍由于施工便捷、价格低廉、防腐效果良好等特点，在海港工程混凝土结构防腐中得到了广泛使用。但需注意，由于潮湿或饱水的混凝土保护层毛细孔多处于充水状态，硅烷较难渗透，因此硅烷浸渍不适用于表面潮湿或水下的混凝土构件。

7.2.2 硅烷浸渍的防护作用

硅烷浸渍的作用主要体现在以下方面：①硅烷浸渍能有效降低氯离子吸收率，

从而减少氯离子侵蚀的危害；②硅烷浸渍可明显降低混凝土的吸水率，从而有效抑制混凝土的碳化作用；③硅烷能减少混凝土内部水分的迁移，填充部分丧失水分后的毛细孔，减少干缩应力，防止因水分失去而引起的干缩裂缝出现；④硅烷会在混凝土表面和毛细孔内壁形成特殊防水结构，使混凝土内部湿度逐渐降低，避免或减少碱-骨料反应对混凝土结构的损害；⑤硅烷形成的防水结构，会使混凝土内部与潮湿环境隔离，避免混凝土内部形成饱和水状态，降低冻融破坏的影响。

7.2.3　硅烷浸渍材料

按组成成分分类，硅烷浸渍材料可分为烷基烷氧基硅烷和烯烃基烷氧基硅烷，其中烷基烷氧基硅烷应用较多。烷基烷氧基硅烷有异丁基三乙氧基硅烷、异辛基三乙氧基硅烷等；烯烃基烷氧基硅烷有乙烯基三甲氧基硅烷、乙烯基三乙氧基硅烷等。按材料的形态来分类，硅烷浸渍材料可分为液体、乳液、膏状、干粉状、凝胶等，其中以液体硅烷和膏状硅烷最为常用。目前，异丁基三乙氧基液体硅烷和异辛基三乙氧基膏状硅烷在海港工程混凝土结构中使用最为广泛。与异丁基三乙氧基液体硅烷相比，异辛基三乙氧基膏状硅烷拥有良好的触变性且挥发性小，施工中几乎无流挂和损失，特别适用于需仰面作业的构件顶面或构件侧面。

1. 硅烷浸渍材料的性能指标

硅烷浸渍后混凝土表面基本维持原色，因此施工前期及施工过程中对材料的检验与控制就显得尤为重要。硅烷材料进场时，通常会对材料性能指标和保护性能进行检测，必须达到设计要求后才能进入下一步工序。硅烷材料性能控制的关键指标有硅烷成分、硅烷含量、硅氧烷含量和氯离子含量等。表 7-1 为硅烷材料的性能指标和检测方法。

表 7-1　硅烷材料的性能指标和检测方法

指标	异丁基三乙氧基 液体硅烷	异辛基三乙氧基 膏状硅烷	检测方法	
硅烷含量/%	≥98	≥80	气相色谱法	《水运工程结构耐久性设计标准》（JTS 153）
硅氧烷含量/%	≤0.3	≤0.3	气相色谱-质谱法	
氯离子含量/%	≤0.01	≤0.01	离子色谱法	

2. 硅烷浸渍的保护性能

硅烷浸渍保护性能控制的关键指标有吸水率、渗透深度和氯化物吸收量降低效果等。吸水率主要反映硅烷浸渍后混凝土表面的憎水性能，即降低环境中水、氯离子等侵入的能力；渗透深度是指硅烷与表层混凝土结合形成的保护层的厚度，体现硅烷浸渍长期保护的能力；氯化物吸收量降低效果显示了硅烷浸渍后混凝土抵抗氯盐渗透的性能。表 7-2 为硅烷浸渍保护性能指标。

表 7-2　硅烷浸渍保护性能指标

指标	普通混凝土	高性能混凝土	检测方法
吸收率/(mm/min)	≤0.01	≤0.01	《水运工程结构耐久性设计标准》（JTS 153）
渗透深度/mm	≥3	≥2	
氯化物吸收量降低效果/%	≥90	≥90	

3. 硅烷浸渍材料的运输和存放

硅烷浸渍材料具有一定的挥发性，水解后释放易燃乙醇成分，因此其运输过程中应当采用有效的防碰撞、防泄漏和防接触直接热源措施，存放时应尽量单独堆放在干燥阴凉的安全区域。硅烷材料会与空气中的水分反应生成大分子的硅氧烷，从而影响材料的渗透性能，因此材料应放在密封完好的容器中，避免空气进入造成部分材料水解。材料开启后，越快使用完毕越好，当开启超过 48 h 时，需重新取样检测材料性能。

7.2.4　硅烷浸渍的现场实施

1. 实施前的准备

早龄期混凝土结构的密实性较低，此时尽快进行硅烷浸渍有助于避免过早遭受有害物质的侵蚀，且渗透深度会更好。但是，过早实施也会降低混凝土强度及硅烷浸渍层以内表层混凝土的耐久性。因此，需要选择一个比较适宜的时间点，通常实施硅烷浸渍的混凝土龄期不宜低于 28 d。

硅烷浸渍通常是混凝土工程的最后一道工序，可保持混凝土的原色，起到防腐和美观双重作用，但也会保留混凝表面的既有缺陷。因此，在实施硅烷浸渍前，混凝土的各项指标应当验收合格。

混凝土表面可能存在的脱模剂、养护剂、碎屑、灰尘、油污及其他附着物均会影响硅烷浸渍的外观和效果。另外，表面潮湿会影响硅烷的渗透效果，因此在硅烷浸渍前混凝土表面应保持表干状态。良好的表面处理和表面状态有助于保证硅烷浸渍的效果和质量。混凝土表面处理的工艺与涂层保护表面处理类似。

为给检验硅烷浸渍防护性能提供对比空白芯样，在硅烷浸渍前，应当在现场待浸渍混凝土表面钻取芯样，通常钻取 3 个直径为 100 mm 的空白芯样。硅烷浸渍混凝土取芯位置需采用不低于混凝土本体耐久性的修补砂浆或混凝土进行修补，修补位置还需按硅烷浸渍设计要求补涂。

2. 小区试验

每个工程混凝土构件的材料、所处环境、施工工艺等不尽相同。为明确相应的工艺参数和要点，在现场大面积施工前，通常需选择不少于 20 m² 的面积进行小区试验。小区试验采用设计的材料，并对试验结果进行检验和分析。当结果合格时再进行大面积施工，不仅有助于提升硅烷浸渍的质量和效率，而且可避免施工不当造成的损失。具体而言，小区试验有如下作用：①检验硅烷浸渍施工是否满足设计要求；②检验硅烷浸渍材料是否满足设计要求；③验证满足保护效果的材料用量、道数和浸渍时间间隔，确定硅烷浸渍的表面处理工艺、浸渍工艺及质量控制要点等。

3. 硅烷浸渍的质量控制要点

硅烷浸渍材料进场要进行检验，具体如下：①进场硅烷材料需要检查产品出厂合格证、材料检测报告等；②检验批次按每 2 t 为 1 个检验批，单批次不足 2 t 按 1 个检验批计；③每批次进场硅烷材料应随机选取一个样本进行检验及保存样品，每个样本不少于 1 kg 检测硅烷材料性能；④当抽样检测结果有不合格项时，需重新抽样复检全部检验项。如果仍有不合格项，则判定该批产品质量不合格。

硅烷浸渍材料与混凝土表层的水化反应 7 d 时间已基本完成，因此其质量检验通常在施工完成 7 d 后进行。混凝土硅烷浸渍深度、吸水率和氯化物降低效果等防护性能的质量检验通常需满足如下要求：①混凝土硅烷浸渍检验可按构件分类划分检验批，每类构件按 1000 m² 为 1 个检验批，不足 1000 m² 时按 1 个检验批计；②每个检验批随机钻取混凝土芯样进行防护性能检测，检测项目和数量见表 7-3；③检验批若有不合格项时，可按原规定数量的两倍再抽样检测，若仍有不合格项，则该检验批不合格；④检验批不合格时，应对该检验批全面补涂硅烷。

表 7-3　硅烷浸渍防护性能的检测项目和数量

检测项目	芯样直径/mm	芯样高度/mm	数量/个
浸渍深度	50±5	≥45	3
吸水率	50±5	≥100	3
氯化物吸收量降低效果	100±5	≥45	3 个芯样、3 个空白样

混凝土表面不得有影响硅烷浸渍的油污、水生物、盐分、灰尘及不牢附着

物等，缺陷区域应全部修补完毕，表面应为洁净状态。施工前应采用目视检查法全面检查混凝土表面处理质量，并按每 200 m² 一个测点检测混凝土表面含水率。表面处理质量检查和含水率检测全部合格后才能进行浸渍施工。通常硅烷浸渍前混凝土至少要保持 24 h 表干状态，表面含水率不应大于 8%。当人工干燥的设备移除后，混凝土内部水分因毛细作用会继续迁移至表面，因此一般不采用人工干燥。

气温过高或风过大会使硅烷挥发量加大，造成材料损失；气温过低或雾雨天气时，空气中水汽较多，此时硅烷的渗透速率及与内部水分的水化反应速率都会降低，严重时会影响硅烷浸渍效果。因此，施工时应尽量选择晴天，大风、雾雨等天气不宜施工，硅烷浸渍时混凝土表面温度一般在 5～45℃ 为宜。

硅烷浸渍通常使用低压不间断循环泵送设备喷涂，浸渍面积较小时也可采用辊涂。为确保材料质量和浸渍效果，硅烷在施工中不得以溶剂或其他液体稀释使用，液态硅烷的用量通常不小于 400 mL/m²，膏状硅烷的用量通常不应小于 300 g/m²。浸渍施工通常自下而上，每道材料用量和浸渍时间间隔需满足设计及小区试验要求。液体硅烷浸渍时，表面通常要保持至少 5 s 表湿状态，并按同类构件 50 m² 的面积随机称量硅烷使用量来控制用量。膏体硅烷施工时，通常采用分层叠加的方式喷涂，并应按同类构件 50 m² 的面积随机称量硅烷使用量或测定硅烷湿膜厚度来控制用量。

硅烷会损坏混凝土构件附近的橡胶支座、涂装钢件表面、沥青材料和接口密封材料等，因此浸渍前和施工中需对这些部位进行遮蔽保护，以避免由此造成的破坏。硅烷与水分等反应会释放乙醇，而乙醇具有可燃性。基于安全考虑，硅烷浸渍施工现场、附近无明火且要远离火种，在密闭空间进行喷涂时需采用防爆照明及安装通风装置。

为避免暴晒或雨淋造成的硅烷损失，硅烷浸渍后须使用适当的材料围挡或用塑料薄膜覆盖硅烷浸渍表面，并保养不少于 6 h。预制混凝土构件硅烷浸渍后产生的损伤部位，在使用水泥基材料修补完成后，需及时进行硅烷浸渍修复。混凝土硅烷浸渍保护效果自检不合格时需要及时修复。

4. 硅烷浸渍的现场检测

1）吸水率的现场检测

目前，国内外主要标准规范对硅烷浸渍吸水率指标的评价多采用实验室评价，过程较复杂，且对混凝土结构有一定的破坏性。国内有学者借鉴欧洲许多标准测定混凝土表面吸水性的 Karseten 量瓶法，提出了现场评价硅烷浸渍吸水率指标的方法。Karseten 量瓶法是一种带刻度的量瓶，有水平和垂直两种形式。图 7-1 为 Karseten 量瓶的实物图。

图 7-1　Karseten 量瓶的实物图

Karseten 量瓶法检测过程如下：①采用橡胶泥将量瓶固定在混凝土表面上，并使其周围密封；②向量瓶内加水至一定刻度，并往水面滴一滴液体石蜡，以防止水分挥发；③记录初始刻度，然后开始计时，测量不同时间内量瓶内水位下降的高度，并据此计算混凝土表面的吸水量；④根据式（7-1）计算出单位时间内混凝土表面的平均渗透系数。

$$k = \frac{V}{ST} \tag{7-1}$$

式中，k 为平均渗透系数，m/s；V 为混凝土试件在单位时间内的吸水量，m³；S 为 Karseten 量瓶的吸水表面积，m²；T 为吸水时间，s。硅烷浸渍的混凝土在 2 h 后，吸水量增量趋于稳定，因此考虑现场评价效果及时间限制，吸水时间推荐为 2 h。

2）硅烷浸渍深度的现场微损检测

目前，主要标准规范对现场硅烷浸渍深度的检测多采用钻芯法，对结构有一定的破坏性。鉴于此，国内学者提出了一种硅烷浸渍深度的微破损检测方法，过程如下：①测区选择。同一构件的测区不小于 3 个，每个测区呈品字形排列布置 3 个测孔，测量距离根据构件尺寸和测区大小确定，但应大于 2 倍孔径。②配置指示剂。使用水基短效染料（红墨水）作为指示剂。③测试步骤。用直径 6 mm 的钻头在测点钻 1 个深度为 10 mm 的孔，并用毛刷、洗耳球等工具清除灰尘、碎屑等杂物，直至露出混凝土新茬。然后，将指示剂喷到测孔壁上，待指示剂变色后用深度尺测量变色交界处的深度，未变色区域为硅烷浸渍区。④数据整理。将测区的测孔统一编号，并画出示意图，然后标上测量结果。测量值整理时须列出最大值、最小值和平均值。

7.2.5　硅烷浸渍的验收

混凝土硅烷浸渍施工验收前要确认施工记录和质量证明材料齐全，且满足设计要求。小区试验和混凝土表面处理验收资料应齐全。硅烷浸渍质量验收通常包括硅烷浸渍深度、吸水率和氯化物降低效果。硅烷浸渍竣工验收时，至少需提交下列资料：①硅烷材料出厂合格证、质量证明书、硅烷材料及硅烷浸渍保护检验报告；②进场硅烷材料质量检验文件、小区试验报告；③设计或设计变更文件；④施工记录；⑤硅烷浸渍后检验报告及检验批质量验收记录；⑥浸渍涂装施工过程中如存在的对重大技术问题和其他质量问题的处理记录；⑦维护管理建议等。

7.3　钢筋阻锈剂

7.3.1　概述

钢筋阻锈剂是一种拌和在混凝土中或涂在混凝土表面的能抑制混凝土中钢筋电化学腐蚀，且对新拌和硬化混凝土性无不利影响的物质，其设计保护年限通常不大于 20 a。钢筋阻锈剂主要用于氯离子侵蚀为主的环境条件中，可显著提高临界氯离子浓度的阈值，特别适用于海洋环境。然而，要保证阻锈剂的长期保护效果，仍有赖于混凝土保护层本身较好的密实性和良好的抗氯离子渗透性能。因此，钢筋阻锈剂通常不单独使用，而是与高性能混凝土、环氧涂层钢筋、混凝土表面涂层、硅烷浸渍等联合使用，这样的保护效果更好。目前，钢筋阻锈剂在海港工程混凝土结构防腐中得到了广泛使用。

7.3.2　钢筋阻锈剂材料

1. 钢筋阻锈剂的分类

钢筋阻锈剂可按照使用方式、使用形态、作用机理或化学成分进行分类。

按使用方式，钢筋阻锈剂分为内掺型和外涂型两类。内掺型钢筋阻锈剂是在拌制混凝土或砂浆时加入的钢筋阻锈剂。外涂型钢筋阻锈剂是涂于混凝土或砂浆表面，能渗透到钢筋周围对钢筋进行防护的钢筋阻锈剂，也称为渗透性或迁移型钢筋阻锈剂。

按使用形态，可分为水剂型和粉剂型两类。水剂型主要以胺、醇胺及其盐为主要阻锈成分。粉剂型主要以无机亚硝酸盐等为主要阻锈成分。

按作用机理，钢筋阻锈剂分为阳极型、阴极型和复合型三类。阳极型阻锈剂通过提高钝化膜抵抗氯离子的渗透性来抑制钢筋腐蚀的阳极过程，此类阻锈剂常具有氧化作用，常见的有亚硝酸盐、铬酸盐、硼酸盐等。阴极型阻锈剂通过吸附在阴极区形成吸附膜，从而阻止或减缓腐蚀的阴极过程，此类阻锈剂大多是表面活性物质，常见的有磷酸酯、高级脂肪酸盐、硅酸盐等。复合型阻锈剂通过同时阻止和减缓阳极过程和阴极过程达到钢筋阻锈的目的，一般为多组分的钢筋阻锈剂。

按化学成分，可分为无机型、有机型及混合型三类。无机阻锈剂有亚硝酸盐、硝酸盐类、铬酸盐、重铬酸盐类、磷酸盐、多磷酸盐类、钼酸盐类等。有机型阻锈剂有胺类、醛类、有机磷化物、有机硫化物、杂环化合物、磺酸及盐类、羧酸及盐类等。混合型阻锈剂利用多种阻锈剂之间协同效应，往往具备单一类别所不具有的独特防腐性能。

海港工程混凝土结构中常使用内掺型钢筋阻锈剂。早期主要使用亚硝酸盐等无机类阻锈剂，目前基于环保考虑，多使用环保型有机阻锈剂或复合阻锈剂。当采用有污染的无机阻锈剂时，在生产和施工过程中需要采取适当的防护措施。

2. 钢筋阻锈剂的性能指标

钢筋阻锈剂种类繁多，性能各异，混凝土添加的减水剂、早强剂、引气剂、缓凝剂等外加剂也较复杂，因此当阻锈剂与外加剂复配使用时可能存在相容性的问题。例如，某些阻锈剂的酸根离子会与某些外加剂的碱性物质反应影响其功能；某些阻锈剂的某种成分可能会与某些外加剂发生沉淀或絮凝等反应，从而影响混凝土性能。因此，选择阻锈剂时应对掺阻锈剂混凝土的凝结时间、抗压强度、坍落度、抗渗性等性能指标进行检测，以明确其不影响混凝土的性能。表 7-4 为钢筋阻锈剂的性能指标。另外，为避免阻锈剂与外加剂产生不良影响，通常要求阻锈剂进行时需标明其主要化学成分及含量、阻锈作用类型及适用范围，以便正确使用阻锈剂。

表 7-4　钢筋阻锈剂的性能指标

项目	凝结时间差	抗压强度比	坍落度损失	抗渗性
性能指标	±60 min	≥90%	满足施工要求	不降低

注：钢筋阻锈剂性能指标是按掺和未掺阻锈剂的混凝土性能进行比较，检测方法可参照 JTJ 270。

3. 钢筋阻锈剂的防锈性能

钢筋阻锈剂的防锈性能检测通常有盐水溶液中的防锈性能、电化学综合防锈性能、盐水浸烘环境中钢筋腐蚀面积百分数等。表 7-5 为钢筋阻锈剂的防锈性能。其中，电化学综合防锈性能仅适用于阳极型钢筋阻锈剂。钢筋阻锈剂的检测方法可参考《水运工程结构耐久性设计标准》（JTS 153-3）。

表 7-5　钢筋阻锈剂的防锈性能

项目	盐水溶液中的防锈性能	电化学综合防锈性能	盐水浸烘环境中钢筋腐蚀面积百分数
技术指标	无腐蚀发生	无腐蚀发生	≥95%

4. 钢筋阻锈剂的存放与运输

钢筋阻锈剂属于化学品，有的易吸潮变质，有的易燃易爆。因此，在阻锈剂运输与存放过程中应注意防潮、防烟火。不同类型的阻锈剂产品需分开存放，避免施工过程中混用。另外，为保证阻锈剂性能，要避免混入杂质或污染物。当钢筋阻锈剂超过 6 个月的产品储存期时，应重新进行性能检验，检验合格的才能在工程中使用。

7.3.3　钢筋阻锈剂的现场实施

1. 内掺型钢筋阻锈剂

采用内掺型钢筋阻锈剂对新建钢筋混凝土结构进行保护时的施工要注意如下事项：①掺钢筋阻锈剂混凝土的配合比设计要采用工程使用的原材料。②当使用水剂型钢筋阻锈剂时，混凝土拌和用水要扣除钢筋阻锈剂的含水量。③钢筋阻锈剂掺量根据生产厂家推荐用量并经试验后确定。④掺钢筋阻锈剂混凝土的搅拌、运输、浇筑、养护要符合《水运工程混凝土质量控制标准》（JTS 202-2）的有关规定。⑤掺钢筋阻锈剂混凝土的搅拌时间要适当延长，延长时间可通过实验确定。⑥在掺入钢筋阻锈剂前，需按检验要求预留盐水浸烘实验的空白试样。

当使用掺加内掺型钢筋阻锈剂的混凝土或砂浆对既有钢筋混凝土结构进行修复时，要注意如下事项：①为确保修复质量，修复前应先剔除被腐蚀、污染或中性化的混凝土层，并用除锈剂或机械方式清除钢筋表面的锈层。②当损坏部位较小、修补较薄时，常用砂浆修复。修复时，每层厚度需根据工程情况确定，施工间隔通常不小于 30 min。大面积施工时，可采用喷射或喷、抹结合的方式施工。③当损坏部位较大、修补较厚时，通常采用混凝土进行修复。④混凝土或砂浆初凝后，不得继续使用。⑤混凝土或砂浆的养护要符合《水运工程混凝土质量控制标准》（JTS 202-2）的有关规定。

2. 外涂型钢筋阻锈剂

采用外涂型钢筋阻锈剂对钢筋混凝土结构进行保护时的施工要注意如下事项：①钢筋阻锈剂须直接涂覆在混凝土表面。施工时，要采取防止日晒或雨淋的措施。施工完成后，需覆盖薄膜养护 7 d。②当混凝土表面有油污、油脂、涂层等影响渗透的物质时，要先清除后再进行涂覆操作。③当混凝土表面出现空鼓、松动、麻面及剥落等缺陷时，需先修复后再进行涂覆操作。④钢筋阻锈剂涂覆的用量、次数及时间间隔需要符合设计要求。⑤若混凝土表面已涂刷过涂料、硅烷及各种防护液或因其他原因不具备可渗透性时，不应采用外涂型钢筋阻锈剂进行阻锈处理。

3. 质量控制要点

钢筋阻锈剂的进场检验一般要满足下列要求：①进场钢筋阻锈剂需检查产品出厂合格证和材料检测报告等。②检验批次按每 50 t 为 1 个检验批，单批次不足 50 t 按 1 个检验批计。③每批次进场钢筋阻锈剂需随机抽取 1 个样本检测并保存，每个样本质量不少于 2 kg 检测钢筋阻锈剂材料性能和防锈性能。④施工开始后，各批次进场钢筋阻锈剂需检测材料性能，防锈性能通常要根据混凝土使用量和结构保护重要程度等抽样检测。⑤当抽样检测结果有不合格项时，需重新抽样复检全部检验项。如仍有不合格项，则应当判定该批产品质量不合格。

掺内掺型钢筋阻锈剂混凝土的质量检验通常在施工完成后 28 d 后进行，并按构件分类、数量划分检测单元，具体如下：①现场抽样留取混凝土试件按每类构件 3000 m³ 混凝土为 1 个检验批，不足 3000 m³ 时按 1 个检验批计。每个检验批取样需制作两份试件，一份试件用于抽样检测，另一份试件留存备查。②掺钢筋阻锈剂的混凝土试件在盐水浸烘环境中钢筋腐蚀面积百分数比基准混凝土减少 95% 以上时，判定该检验批掺加的钢筋阻锈剂质量合格。否则需对留样备份试件进行复检，如果仍不合格，则判定该检验批掺加的钢筋阻锈剂质量不合格。

外涂型钢筋阻锈剂施工后，需以 3 点为 1 组检测渗透深度，每组渗透深度均不得小于 50 mm。检测数量按涂覆面积计，500 m² 以下的工程随机抽取 3 点，500～1000 m² 的工程随机抽取 6 点，1000 m² 以上的工程随机抽取 9 点。

7.3.4　钢筋阻锈剂工程的验收

钢筋阻锈剂施工验收前应确认施工记录和质量证明材料齐全，且满足设计要求。钢筋阻锈剂质量验收应包括钢筋在盐水溶液中的防锈性能、电化学综合防锈性能和盐水浸烘环境中钢筋腐蚀面积百分数。掺钢筋阻锈剂混凝土竣工验收时，至少需提交下列资料：①钢筋阻锈剂产品合格证、质量证明书及检验报告；②进场钢筋阻锈剂质量检验文件；③设计文件或设计变更文件；④混凝土配合比通知单；⑤施工记录表；⑥掺钢筋阻锈剂混凝土现场检验报告；⑦施工过程中如果存在的重大技术问题和其他质量问题的处理记录；⑧维护管理建议。

参 考 文 献

宫旭黎, 朱亚光. 2016. 硅烷表面防护浸渍深度的微破损检测方法[J]. 低温建筑技术, 38 (8): 4-5.

蒋鳌武. 2006. 硅烷浸渍混凝土防水效果的现场评价方法[J]. 中国港湾建设, (5): 27-29.

李化建, 易忠来, 谢永江. 2012. 混凝土结构表面硅烷浸渍处理技术研究进展[J]. 材料导报, 26 (3): 120-125.

田培, 刘加平, 王玲. 2009. 混凝土外加剂手册[M]. 北京: 化学工业出版社.

张彬. 2012. 混凝土外加剂及其应用手册[M]. 天津: 天津大学出版社.

JTS 153—2015. 水运工程结构耐久性设计标准[S].

JTJ 275—2000. 海港工程混凝土结构防腐蚀技术规范[S].

JGJ/T 192—2009. 钢筋阻锈剂应用技术规程[S].

YB/T 9231—2009. 钢筋阻锈剂应用技术规程[S].

第8章　海港工程构筑物腐蚀与防护检/监测技术

8.1　概　　述

海港工程构筑物服役于严酷的海洋环境中，难免会遭受腐蚀破坏，严重影响结构的耐久性、使用性和安全性。由于海洋腐蚀的严酷性，其历来受到海港工程领域的广泛关注和重视，有关部门组织制定了一系列有关海港工程构筑物腐蚀防护的标准规范。目前，在役海港工程构筑物基本都采用了相应的防腐蚀措施。然而，由于材料本身的特性，防腐措施的实施并非一劳永逸，在使用过程中受环境、人为、材料等因素的影响，防腐措施在服役过程中，也会逐步劣化或被破坏，从而导致性能下降或失效。因此，在海港工程构筑物的维护管理中要求对结构进行定期检测，明确其所处的腐蚀与防护状态，以便尽早采取措施，延缓或避免腐蚀破坏的进一步发展。腐蚀与防护状况是指结构或构件（如钢管桩、混凝土中的钢筋等）的腐蚀状况及防腐措施（如阴极保护、涂层保护等）的保护状况。

美国学者 Sitte 曾用五倍定律来描述维修不同腐蚀阶段混凝土结构所需费用：若在新建时节省 1 美元防腐费用；在发现锈蚀时采取措施所需费用为 5 美元；在发生表面顺筋开裂时，采取措施所需费用为 25 美元；当发生结构严重腐蚀破坏时，采取措施所需费用为 125 美元。由此可见，在结构建设的初期、服役的前期和中期就应当尽早分析结构的腐蚀破坏因素，并有针对性的采取预防修复等措施，这样不仅可延长结构维修的年限，而且可大大降低后期维护的费用。腐蚀与防护状况的定期检测，可有效跟踪结构的腐蚀与防护状况，是尽早分析结构腐蚀破坏因素的有效手段，可为及时采取应对措施提供必要条件，对于保障结构耐久性、安全性、使用性和降低后期维护费用有着重要意义。

随着互联网技术和传感器技术的飞速发展，海港工程构筑物的定期检测已从传统人工定期检测模式发展为人工定期检测与实时监测相结合的模式。传统人工定期检测会受到码头结构、天气状况、人为因素等影响，且工作量大，耗费人力物力。另外，由于人工的限制，定期检测在时间上存在不连续性。而腐蚀与防护监测技术，在传统检测技术基础上，融入了互联网技术与传感器技术，实现了结构腐蚀与防护状况的实时在线监测，克服了传统人工定期检测的不足。尽管腐蚀与防护监测技术有上述优点，但也存在一些问题。例如，与人工检测相比，监测技术所设置的监测点毕竟是有限的，不代表所有的局部状况；监测技术本身也存在可靠性的问题，受众多因素影响，可能会出现传感器故障、监测数据异常等现象，此时就需要用人工检测来确认实际状况；对结构的详细检查、特殊检查或具有法律效力的试验检测主要采用人工检测，不能简单采用监测数据替代；目前，有些检测指标（如涂层厚度、涂层外观、腐蚀形貌等）尚未开发出成熟的传感器或很难开发出传感器，故只能采取人工检测。因此，具体采用何种方式来对结构进行定期检测，需根据结构或构件重要性、结构形式、环境条件、设计使用年限、腐蚀与防护监测的可行性及可靠性等综合考虑。建议采用人工定期检测与实时监测相结合的方式进行维护管理，这样可发挥两者的优势，更有利于保障结构的耐久性、安全性和使用性。

8.2　海港工程构筑物腐蚀与防护状况的检测技术

腐蚀与防护状况检测技术不仅广泛用于防腐工程的质量控制，还是结构后期维护管理的必要措施，可为耐久性评定、剩余使用寿命预测、维护管理策略制定和及时加固维修等提供重要依据，对于保障结构耐久性、安全性和使用性有着重要意义。下文将结合现行行业标准《海港工程钢结构防腐蚀技术规范》（JTS 153-3）、《海港工程混凝土结构防腐蚀技术规范》（JTJ 275）、《水运工程混凝土结构实体检测技术规程》（JTS 239）、《港口水工建筑物检测与评估技术规范》（JTJ 302）、《港口设施维护技术规范》（JTS 310）等标准规范及实体工程检测的实践经验，介绍海港工程构筑物领域常用的腐蚀与防护状况检测技术。

8.2.1　构筑物所处腐蚀介质及工程情况的调查

构筑物所处腐蚀介质的调查内容通常有潮汐、温度、湿度、海水中氯离子含量、pH、含盐量、电阻率、水污染情况和周边其他环境侵蚀介质等。构筑物工程情况的调查内容通常有原勘察设计文件和竣工资料、构筑物历史、构筑物检测和维护资料、现场考察等。工程情况的调查内容，不要求全部都调查，具体需要调查的内容可根据实际情况选定。如原勘察设计文件和竣工资料包括工程地质勘察报告、设计计算书、设计变更记录、施工图、施工及施工变更记录、竣工图、竣工质量检查及验收文件等；构筑物历史包括建筑物始建、投产、改建、用途变更、使用条件改变及受灾、事故等情况；使用、维护管理过程中定期检查和维护资料包括检查内容、频率、时间及材料劣化等随时间发展的变化情况等；现场考察包括对实际工程按资料进行核对、调查工程项目的实际使用条件、内外环境及水文气象资料、查看已发现的问题等。

8.2.2　钢结构腐蚀状况的检测技术

1. 钢结构外观的检测

钢结构外观检测应针对大气区、浪溅区、水位变动区和水下区等不同部位分别检测，检测内容有：锈蚀发生的位置、面积和分布情况；钢结构表面集中锈蚀、孔蚀或穿孔情况；外力作用引起的损伤情况等。外观检测通常对水上部分和水下部分分别进行，并重点选择腐蚀严重部位。检测方法可采用目测、尺量、锤击、摄影和录像等，水下部位外观检测主要由潜水员携带水下专业摄像设备进行。检测过程中需对腐蚀和损伤部位的外观状态进行摄像、记录和描述，以便明确钢结构腐蚀的程度、缺陷数量、分布及范围等。

2. 钢结构构件厚度的检测

钢结构构件厚度检测通常要根据外观检测结果选择腐蚀严重和应力大的部位进行。构件厚度测点位置通常要选择不同区域、不同构件具有代表性的部位。钢管桩厚度检测通常抽取构件数量的 5%且不少于 10 个构件进行，同一构件代表性部位的测点数量不应少于 3 点。钢板桩厚度检测通常沿码头岸线不大于 30 m 选取一组构件，取有代表性的部位分别对凹面和凸面进行厚度测定。构件厚度检测可采用钢结构水下超声波厚度测定仪，并满足以下条件：①钢结构水下超声波厚度测定仪测量允许偏差为±0.2 mm；②壁厚测定前除去钢结构表层的海生物和浮锈等；③应对各代表性区域的测值用数理统计方法计算钢结构厚度的最大值、最小值、平均值和标准差。对于局部腐蚀深度在 3 mm 以上的部位通常要采用深度计测定腐蚀深度，从而来计算相应的腐蚀速率。图 8-1 为常用的水下超声波厚度测点仪。

钢构件厚度的典型检测过程如下：测量时，首先清除钢结构待测表面的腐蚀产物及其他非涂层覆盖层，接着在测量探头和待测表面上施加耦合剂，随后使探头以垂直方向按压到待测表面上并施加一定的力（20～30 N），在仪器上读取厚度值。每一测区大小约为 100 mm×100 mm 的范围，并应避免将焊缝部位选做测定点，每一个测区应检测 7 个读数，去掉最大值和最小值，取 5 个读数的算术平均值作为该测点的厚度值。

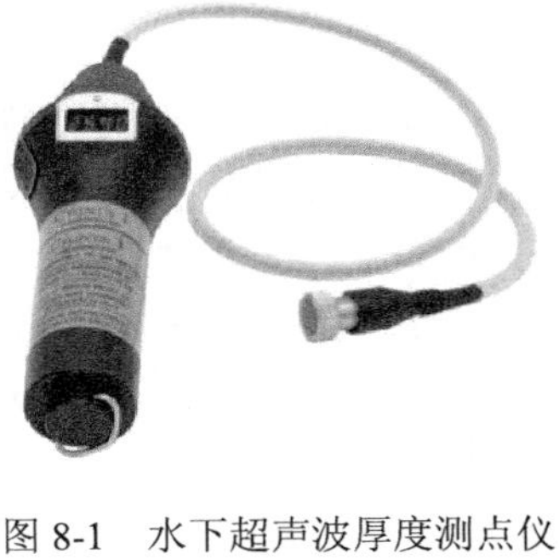

图 8-1　水下超声波厚度测点仪

3. 钢结构耐久性评估

当检测获得钢构件厚度数据后，便可对钢构件腐蚀速率进行评估，具体计算可按有无防腐蚀措施分别进行。

（1）无防腐蚀措施的钢结构腐蚀速率计算公式如下

$$V_0 = \frac{D_i - D_f}{t_s} \tag{8-1}$$

式中，V_0 为钢结构腐蚀速率，mm/a；D_i 为钢结构原始厚度，mm；D_f 为检测时钢结构的平均厚度，mm；t_s 为检测时钢结构已服役的时间，a。

（2）有防腐措施，调查时原有防腐措施失效，腐蚀速率按式（8-2）计算：

$$V_1 = \frac{D_i - D_f}{t_{s2} + (1-\beta)t_{s1}} \tag{8-2}$$

式中，V_1 为钢结构腐蚀速率，mm/a；t_{s2} 为防腐蚀措施失效后至检测时的时间，a；t_{s1} 为防腐蚀措施有效工作时间，a；β 为防腐蚀措施防腐效率，对涂层防腐或涂层与阴极保护联合保护取 0.8～0.95，对阴极保护防腐在平均潮位以上取 $0 \leqslant \beta < 0.4$，平均潮位至设计低潮位取 $0.4 \leqslant \beta < 0.9$，设计低潮位以下取 $\beta \geqslant 0.9$；其他参数的含义同式（8-1）。

钢结构使用年限可根据腐蚀情况检测结果按式（8-3）计算：

$$t_e = t_s + \frac{D_f - D_t}{V} \tag{8-3}$$

式中，t_e 为钢结构使用年限，a；t_s 为检测时钢结构已使用的时间，a；D_t 为按承载力极限状态计算得出的钢结构厚度，mm；V 为钢结构腐蚀速率，即式（8-1）和式（8-2）的计算结果；其他参数的含义同式（8-1）和式（8-2）。

8.2.3　钢筋混凝土结构腐蚀状况的检测

1. 混凝土劣化外观的检测

混凝土劣化外观检测主要有：混凝土表面蜂窝、麻面和露石等原始缺陷；钢筋锈蚀引起的锈迹、裂缝、起鼓、剥落和露筋等的位置、数量、宽度、长度和面积。混凝土劣化外观检测方法可采用目测、尺量、锤击、摄影和录像等，检测工具可采用照相机、摄像机、钢尺、读数显微镜和小锤等。检测时需要对混凝土表面原始缺陷以及钢筋锈蚀引起的锈迹、裂缝、起鼓、剥落和露筋等劣化外观状况进行摄像、记录和描述，以便明确混凝土结构劣化的程度、缺陷数量、分布及范围等。表 8-1 为常见的混凝土表面原始缺陷及程度分级。

表 8-1　常见的混凝土表面原始缺陷及程度分级

名称	现象	严重缺陷	一般缺陷
裂缝	由表面延伸至混凝土内部的缝隙	主要受力部位有影响结构性能和使用功能的裂缝	其他部位有少量不影响结构性能、使用功能和耐久性的裂缝
露筋	钢筋未被混凝土包裹而外露	受力钢筋有露筋	其他钢筋有少量露筋
空洞	混凝土中空穴的深度超过保护层的缺陷	构件主要受力部位有空洞	其他部位有少量空洞
蜂窝	混凝土表面缺失水泥砂浆，局部有蜂窝状缺陷或成片粗骨料外露	构件主要受力部位有蜂窝	其他部位有少量蜂窝，总面积不超过所在面的 2‰ 且一处面积不大于 0.04 m²
夹渣	混凝土中夹有杂物或有明显空隙	构件主要受力部位有夹渣	其他部位有少量夹渣，深度未超过保护层的厚度
松顶	构件顶部混凝土缺少粗骨料，出现明显砂浆层或不密实层	梁、板等构件有超过保护层厚度的松顶	高大构件有少量松顶，但其厚度未超过 100 mm
麻面	包括构件侧面出现的气泡密集、表面漏浆和黏皮等	—	水位变动区、浪溅区和外露部位总面积未超过所在面的 5‰；其他部位未超过所在面积的 10‰
砂斑	表面细骨料未被水泥浆充分胶结，出现砂纸样缺陷；宽度大于 10 mm 为砂斑，宽度小于 10 mm 的为砂线	—	水位变动区、浪溅区和外露部位总面积未超过所在面的 5‰；其他部位未超过所在面的 10‰
砂线		—	水位变动区、浪溅区、大气区及陆上结构外露部位每 10 m² 累积长度不大于 3000 mm
外形缺陷	包括缺棱掉角、棱角不直和飞边凸肋等	对使用功能和观感质量有严重影响的缺陷	对使用功能和观感质量有轻微影响的缺陷

　　混凝土锈蚀裂缝的检测内容包括：①裂缝的数量、位置、走向和长度；②裂缝的宽度和深度；③裂缝变化过程；④裂缝缝隙内的积物情况等。裂缝宽度检测可选用读数显微镜或裂缝宽度测量仪测量，测量时，应将读数显微镜或显微摄像测量探头垂直跨越于缝隙的两个边缘，直接读取测试值。对较宽的裂缝可用卡尺、钢尺或塞尺测量，测点应设在裂缝两侧边沿上，测点连线应垂直于裂缝走向。在同一条裂缝上测得的裂缝宽度最大值应作为裂缝宽度代表值。宽度变化较大的裂缝应测量并标出裂缝宽度特征点的位置和测值。裂缝深度的检测采用超声法，被测裂缝中应无积水和异物。当裂缝的预计深度在 500 mm 以上时，通常采用钻孔对测法。通常取同一条裂缝上测得的裂缝深度最大值作为裂缝深度代表值。检测记录通常需要注明检测日期，并附上必要的说明和照片资料。图 8-2 为常用的读数显微镜。图 8-3 为常用的混凝土裂缝宽度深度综合测试仪。

　　混凝土锈迹的检测内容包括：①锈迹的数量和位置；②锈迹的面积等。混凝土的剥落的检测内容包括：①混凝土剥落的数量和面积；②混凝土剥落处钢筋的

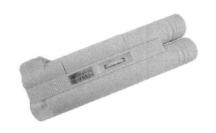
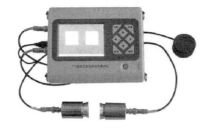

图 8-2　读数显微镜　　　　图 8-3　混凝土裂缝宽度深度综合测试仪

保护层厚度。混凝土起鼓的检测内容包括：起鼓的数量和面积。混凝土外露钢筋锈蚀的检测内容包括：①外露钢筋的数量和位置；②外露钢筋锈蚀程度。通过外观检测结果可对不同构件种类的外观劣化度进行评估，外观劣化度分级标准见表 8-2。当劣化度外观评估等级为 C 级或 D 级的构件应进行安全性和使用性评估。

表 8-2　混凝土外观劣化度分级标准

构件类别	检测项目	等级			
		A	B	C	D
板	钢筋锈蚀	无	混凝土表面可见局部锈迹	锈迹较多，钢筋锈蚀范围较广	锈迹普遍，钢筋表面大部分或全部锈蚀，钢筋截面面积明显减少
	裂缝	无	局部有微小锈蚀裂缝，裂缝宽度小于 0.3 mm	锈蚀裂缝较多或呈网状，裂缝宽度在 0.3～1.0 mm 之间	大面积锈蚀裂缝呈网状，裂缝宽度大于 1.0 mm
	剥离剥落	无	局部小面积空鼓	局部有剥落，空鼓和剥落面积小于区域面积的 30%	大面积剥落，空鼓和剥落面积达区域面积的 30%以上
梁、桩与桩帽	钢筋锈蚀	无	混凝土表面可见局部锈迹	锈迹较多，钢筋锈蚀范围较广	锈迹普遍，钢筋表面大部分或全部锈蚀，钢筋截面面积明显减少
	裂缝	无	局部有微小锈蚀裂缝，裂缝宽度小于 0.3 mm	锈蚀裂缝较多或呈网状，裂缝宽度在 0.3～3.0 mm 之间	大面积顺筋连续裂缝，裂缝宽度大于 3.0 mm
	剥离剥落	无	无	部分剥落，剥落长度小于构件长度的 10%	剥落长度大于构件长度的 10%

2. 混凝土碳化深度的检测

混凝土碳化深度测点位置通常选择在不同区域、不同构件具有代表性的部位。不同区域应各抽取构件数量的 2%且不少于 3 个构件进行检测。每个构件检测点不得少于 2 个。碳化深度主要采用钻孔法测定，通常应符合下列要求：①在测点位置钻孔，并清理干净孔内表面粉末；②将 1%的酚酞乙醇溶液喷在孔壁上，经 30 s 后测定该点的碳化深度；③测量时避开粗骨料颗粒，每个孔测量 3 个值，取算术平均值为碳化深度测定值。

混凝土碳化深度的典型检测过程如下：采用电动冲击锤及钻芯机等工具在测区表面形成直径约 15 mm 的孔洞，其深度应大于混凝土的碳化深度，孔洞中的粉末和碎屑应清理干净，并采用浓度为 1%～2%的酚酞酒精溶液滴在孔洞内壁的边缘处，当已碳化与未碳化界线清晰时，再用深度测量工具（如混凝土碳化深度测量仪）测量已碳化与未碳化混凝土交界面处到混凝土表面的垂直距离 3 次，然后取 3 次的平均值为一个测点的碳化深度值，所有测点的碳化值的平均值为该样本每测区的碳化深度值。当碳化深度值极差大于 2.0 mm 时，应在每一测区测量碳化深度值。图 8-4 为常用的混凝土碳化深度测量仪。

3. 混凝土强度的检测

混凝土抗压强度检测通常采用取芯法，也可采用回弹法或超声回弹综合法，下面分别进行介绍。

1）钻芯法

钻芯法检测混凝土强度应通过在所测样本

图 8-4　混凝土碳化深度测量仪

上钻取混凝土芯样试件，制备抗压强度试件，测定混凝土抗压强度。钻芯通常采用轻便混凝土取芯机；取芯钻头一般选用人造金刚石薄壁钻头，其直径不应小于粗骨料最大粒径的 2 倍；切割机可选用岩石切割机。图 8-5 为常用的混凝土取芯机。每个代表性的部位取芯数量不得少于 3 个。取芯会对结构造成破坏，因此对取芯位置的选择有严格要求：①不同区域、不同构件混凝土质量具有代表性的部位；②受力较小的部位；③避开主筋、预埋铁件和管线位置；④需要修正非破损检测结果时，在取得非破损推定值的邻近测区钻取芯样。钻芯后留下的孔洞应及时进行修补。

图 8-5　混凝土取芯机

取出的芯样按照要求加工成所需尺寸和规格，然后进行抗压强度实验，具体可按照现行行业标准《水运工程混凝土试验规程》（JTJ 270）的相关要求执行。检查破型后的芯样状态，当出现下列情况之一时，应剔除该芯样试件的实验结果：①含有大于芯样直径 0.5 倍粒径的粗骨料；②含有蜂窝和孔洞等缺陷；③试件侧面出现斜向裂缝。混凝土抗压强度测试值可根据式（8-4）计算：

$$f_{\text{cor}} = \frac{4\alpha F_{\text{c}}}{\pi d^2} \qquad (8\text{-}4)$$

式中，f_{cor} 为芯样试件的抗压强度值，MPa；α 为系数，当芯样为标准芯样时，$\alpha = 1$，当芯样直径小于 100 mm 时，$\alpha = 1.12$；F_{c} 为芯样试件的抗压实验所测得的最大压力，kN；d 为芯样直径，mm。

2）回弹法

回弹法检测混凝土强度时的，每个样本测区数不应少于 5 个，相邻两测区的间距不宜大于 2 m，靠近构件端部或施工缝边缘的测区距离构件端部或施工缝边缘不宜大于 0.5 m 且不宜小于 0.2 m。测区通常选在使回弹仪处于水平方向的混凝土浇筑侧面，当不能满足这一要求时，可使回弹仪处于非水平方向的混凝土浇筑侧面、表面或底面。每个测区通常选在样本的两个对称或相邻可测试表面上，也可选在一个可测试面上，均匀分布。测区的面积一般不大于 0.04 m^2，并能容纳 8 个或 16 个测点。测区表面应为混凝土原浆面，并应清洁、平整、干燥，不能有疏松层、浮浆、油垢、粉刷层、蜂窝及麻面等表观缺陷。回弹仪检测混凝土强度不得用于表层或内部质量有明显差异的混凝土结构或构件。

回弹值测量时，测点通常在测区范围内均匀分布，相邻两测点的净距不宜小于 20 mm，测点距外露钢筋、预埋件的距离不宜小于 30 mm，测点不应在气孔或外露石子上，同一测点只应弹击一次。回弹仪的轴线应始终垂直于结构或构件的混凝土检测面，缓慢均匀施压，不宜用力过猛或冲击，准确读数，快速复位。每一测点的回弹值读数应估读至 1。图 8-6 为常用的混凝土强度回弹仪。

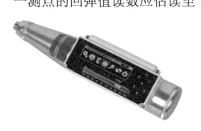

回弹值测量完毕后，通常会在有代表性的测区上测量碳化深度值，测点数通常不少于 3 个，并分布在不同测区。以测区平均回弹值为基础，通过碳化深度的修正，可计算分析得到混凝土强度的推定值。

计算测区回弹代表值时，应从该测区的 16 个回弹测点值中剔除 3 个最大值和 3 个最小值，用

图 8-6　混凝土强度回弹仪

其余的 10 个回弹值按式（8-5）计算测区回弹代表值。

$$R_{\text{m}} = \left(\sum_{i=1}^{10} R_i \right) \bigg/ 10 \qquad (8\text{-}5)$$

式中，R_i 为第 i 个测点的回弹值；R_{m} 为测区回弹代表值。

采用标称能量为 2.207 J 混凝土回弹仪时，混凝土强度代表值可按式（8-6）计算：

$$f_{\text{cu},j0}^{\text{c}} = 0.02497 R_{\text{m},j}^{2.016} \qquad (8\text{-}6)$$

式中，$f_{\text{cu},j0}^{\text{c}}$ 为第 j 个测区的混凝土强度代表值；$R_{\text{m},j}$ 为第 j 个测区的回弹代表值。

采用标称能量为 2.207 J 混凝土回弹仪检测，当混凝土的碳化深度大于或等于 1.0 mm 时，应按式（8-7）进行混凝土强度代表值的碳化因素修正。

$$f_{cu,j}^{c} = \eta f_{cu,j0}^{c} \tag{8-7}$$

式中，$f_{cu,j}^{c}$ 为经碳化深度修正后的混凝土强度代表值，MPa；η 为碳化深度因素修正回弹法检测混凝土强度代表值的系数，可按表 8-3 采用。

表 8-3　修正系数 η 值

强度/MPa	碳化深度/mm					
	1.0	2.0	3.0	4.0	5.0	≥6.0
10.0～19.9	0.95	0.90	0.85	0.80	0.75	0.70
20.0～29.9	0.94	0.88	0.82	0.75	0.73	0.65
30.0～39.9	0.93	0.86	0.80	0.73	0.68	0.60
40.0～50.0	0.92	0.84	0.78	0.71	0.65	0.58

注：当碳化深度修约至 0.5 mm 的奇数倍时，应采用内插法查表。

当检验批或单个样本的测区总数少于 10 个时，取混凝土强度代表值的最小值作为混凝土强度推定值。当检验批或单个样本的测区总数不少于 10 个时，混凝土强度推定值按下式计算。

$$f_{cu,m}^{c} = \left(\sum_{j=1}^{n} f_{cu,j}^{c} \right) \Big/ n \tag{8-8}$$

$$s_{f_{cu}^{c}} = \sqrt{\frac{1}{n-1} \sum_{i=1}^{n} (f_{cu,j}^{c} - f_{cu,m}^{c})^2} \tag{8-9}$$

$$f_{cu,e}^{c} = f_{cu,m}^{c} - 1.645 s_{f_{cu}^{c}} \tag{8-10}$$

式中，$f_{cu,m}^{c}$ 为混凝土强度代表值的平均值，MPa；n 为测区数量，个；$f_{cu,j}^{c}$ 为第 j 测区混凝土强度代表值，MPa；$s_{f_{cu}^{c}}$ 为混凝土强度代表值的标准差，MPa，取值不小于 σ_0～2.0，MPa；$f_{cu,e}$ 为检验批或单个样本混凝土强度推定值，MPa。

3）超声回弹法

超声回弹综合法采用超声波检测仪和回弹仪，在所测样本的同一测区内，测得混凝土声速代表值和回弹代表值，推定混凝土强度。超声回弹综合法不宜用于检测因冻害、化学腐蚀及火灾等造成混凝土表面损伤和经超声波法检测判定混凝土均匀性不合格的混凝土。用超声回弹综合法检测时，测区应在检测均匀性合格的样本上选取。测区表面状态要求与回弹法的相同。每个样本不应少于 5 个测区，测区通常布置在样本混凝土的浇筑侧面，测区选在样本的两个对称或相邻可测试表面上，均匀分布，相邻测区间距不宜大于 2 m 对测时测区面积宜为 0.04 m，每个测区包括 4 个超声波测点和 16 个回弹值测点。在每个测区，应当先进行回弹测试，后进行超声测试。

计算样本混凝土强度时，非同一测区内的回弹值和声速值不得混用。采用标称能量为 2.207 J 混凝土回弹仪时，混凝土强度代表值可按照式（8-11）计算：

$$f_{cu,j}^{c} = 0.08 \upsilon_{m,j}^{1.72} R_{m,j}^{1.57} \tag{8-11}$$

式中，$f_{cu,j}^{c}$ 为第 j 测区混凝土强度代表值，MPa；$\upsilon_{m,j}$ 为第 j 测区超声波声速代表值，km/s；$R_{m,j}$ 为第 j 测区回弹代表值。混凝土强度推定值按照上述公式计算。

4. 混凝土保护层厚度的检测

混凝土保护层厚度是指从钢筋外边缘到最近的混凝土外边缘的距离。混凝土保护层厚度检测时，测点位置需根据构件的重要性程度选择在不同区域、不同构件具有代表性的部位。梁、板、桩和桩帽等构件应各抽取构件数量的 2%且不少于 5 个构件进行检测。对选定的梁、桩和桩帽等构件，应对全部受力钢筋的保护层厚度进行检验；对选定的板类构件，应抽取不少于 6 根受力钢筋的保护层进行检测。每根钢筋在有代表性的部位应至少测量 3 点。

混凝土保护层厚度通常采用混凝土保护层厚度测定仪（图 8-7）检测，必要时可用局部破损的方法对测定仪测量结果进行校准，检测允许偏差应为 ±1 mm。常用混凝土保护层厚度测定仪通常基于电磁感应原理，当探头探测面靠近钢筋或其他铁磁物质时，探头输出的电信号增加，该信号被放大及补偿处理后，直接指示检测

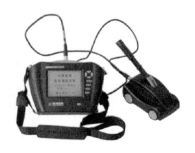

结果。当遇到下列情况时，需对检测数据进行修正：①设计保护层厚度值大于 60 mm；②钢筋直径未知；③相邻钢筋过密，不满足钢筋最小净间距大于保护层厚度的条件；④钢筋实际根数、位置与设计有较大偏差；⑤采用具有铁磁性原材料配制混凝土；⑥饰面层未清除；⑦钢筋及混凝土材质与校准试件有显著差异。

检测数据修正时，需选取所测钢筋总数至少

图 8-7 混凝土保护层厚度测定仪

30%的钢筋且不少于 6 处修正保护层厚度，并以修正后的保护层厚度值进行合格判定。钻孔或剔凿时不得损坏钢筋，应采用游标卡尺或钢尺进行实际保护层厚度的测量。总体修正量 Δ_{tot} 和修正的保护层厚度可分别按式（8-12）和式（8-13）进行计算：

$$\Delta_{tot} = c_{cor,m} - c_{m,0} \tag{8-12}$$

$$c_{m,i} = c_{m,i0} + \Delta_{tot} \tag{8-13}$$

式中，Δ_{tot} 为总体修正量，mm；$c_{\text{cor, m}}$ 为用尺测得修正样本保护层厚度的平均值，mm；$c_{\text{m, 0}}$ 为检测得到的修正样本保护层厚度的平均值，mm；$c_{\text{m, }i}$ 为修正后保护层厚度值，mm；$c_{\text{m, }i_0}$ 为修正前保护层厚度值，mm。

桩、梁、板、沉箱、方块、扶壁和圆筒等构件的允许偏差为–5～12 mm，现浇闸墙、胸墙、坞墙和挡墙等构件的允许偏差为–5～15 mm。保护层厚度合格点率按式（8-14）计算：

$$h = \frac{n_h}{n} \times 100\% \qquad (8\text{-}14)$$

式中，h 为保护层厚度合格点率；n_h 为保护层厚度合格测点数；n 为测点数。

主要构件保护层厚度检测合格判定标准需符合如下要求：①当全部保护层厚度检测的合格点率为 80%及以上时，保护层厚度的检测结果判定为合格；②当全部保护层厚度检测的合格点率小于 80%但不小于 70%时，应再抽取相同数量的构件进行检测，当按两次抽样数量总和计算的合格点率为 80%及以上时，钢筋保护层厚度的检测结果仍应判定为合格；③每次抽样检测结果中不合格点的最大负偏差均不应大于主要构件偏差值的 1.5 倍。

5. 混凝土中氯离子渗透扩散情况的检测

混凝土中氯离子渗透扩散情况检测时，测点位置通常选择在不同区域、不同构件具有代表性的部位。不同区域应各抽取构件数量的 5%且不少于 10 个构件进行检验。取样位置需选择在主筋附近并避开混凝土裂缝和明显缺陷。混凝土粉样应分层取样，每一取样点不得少于 5 层，各层粉样不得相混。取样点相邻位置相同深度段的粉样可混合为一个试样。混凝土中氯离子含量可按现行行业标准《水运工程混凝土试验规程》（JTJ 270）中的方法测定。

混凝土中氯离子渗透扩散情况的典型检测过程如下：取样时分 5 层取样，每层的取样深度分别为 0～1 cm、1～2 cm、2～3 cm、3～4 cm、4～5 cm。钻粉取样时，冲击钻保持方向稳定，减少晃动，以免带出外层粉样；每层取样完毕需仔细清理干净孔壁，保证下次钻取的粉样不受前一层粉样的影响，以尽量减少测量偏差。构件钻孔位置，应当用不低于原构件混凝土强度和密实性的砂浆填充修补。混凝土氯离子扩散系数和混凝土表面氯离子含量可按式（8-15）计算。

$$C_{x,t} = C_{\text{i}} + (C_{\text{s}} - C_{\text{i}})\left[1 - \text{erf}\left(\frac{x}{\sqrt{4D_t t}}\right)\right] \qquad (8\text{-}15)$$

式中，$C_{x,t}$ 为龄期 t 时不同深度处的氯离子含量（占胶凝材料质量分数）；C_{i} 为混凝土中原始氯离子含量（占胶凝材料质量分数）；C_{s} 为混凝土表面氯离子含量（占胶凝材料质量分数）；erf 为误差函数；x 为距离混凝土表面的深度，cm；D_t 为氯离子扩散系数，cm^2/s；t 为混凝土暴露于环境中经过的时间，s。混凝土氯离子含量可按表 8-4 进行分析。

表 8-4　混凝土氯离子含量与钢筋锈蚀可能性

氯离子含量(占胶凝材料质量分数)/%	<0.15	[0.15, 0.40)	[0.40, 0.70)	[0.70, 1.00)	≥1.00
诱发钢筋锈蚀的可能性	很小	不确定	有可能诱发钢筋锈蚀	会诱发钢筋锈蚀	钢筋锈蚀活化

6. 钢筋腐蚀电位的检测

钢筋腐蚀电位检测时，测点位置应选择在不同区域、不同构件具有代表性的部位。不同区域应各抽取构件数量的 5%且不少于 10 个构件进行检验。对选定的各类构件，应对全部钢筋的腐蚀电位进行检测。采用钢筋锈蚀测定仪（图 8-8）测定腐蚀电位宜按下列程序进行：①在构件表面以网格形式布置测点，测点纵、横向间距为 100～300 mm，当相邻两测点测值差超过 150 mV 时，适当缩小测点间距；②测量前对待测定钢筋的混凝土表面用喷淋的方法预湿，确保测值稳定；③凿除待测构件混凝土保护层，对待测钢筋除锈、擦光；④钢筋腐蚀测定仪正极连接已除锈钢筋，负极连接 $Cu/CuSO_4$ 参比电极，确保电连接良好；⑤开启钢筋腐蚀测定仪，读取并记录腐蚀电位测定值；⑥按测量结果绘制构件表面腐蚀电位图。

图 8-8　钢筋锈蚀测定仪

当检测环境温度在（22±5）℃之外时，需根据下式对测点的电位值进行修正：

$$V = 0.9 \times (T - 27.0) + V_R \quad (T \geqslant 27℃) \tag{8-16}$$

$$V = 0.9 \times (T - 17.0) + V_R \quad (T \leqslant 17℃) \tag{8-17}$$

式中，V 为温度修正后电位值，mV；V_R 为温度修正前电位值，mV；T 为检测环境的温度，℃；0.9 为系数，mV/℃。根据钢筋腐蚀电位可判断钢筋锈蚀性状，见表 8-5。

表 8-5　腐蚀电位值评价钢筋锈蚀性状的判据

钢筋电位状况(vs. CSE)/mV	>−200	−350～−200	<−350
钢筋锈蚀状况判别	钢筋发生锈蚀的概率<10%	钢筋锈蚀性状不确定	钢筋发生锈蚀的概率>90%

7. 锈蚀钢筋断面损失的检测

钢筋腐蚀截面面积损失检测需凿除钢筋周围混凝土，除去钢筋表面的锈层，用卡尺直接测量钢筋的直径，测量精度不小于 0.1 mm。检测时，测点位置应选择在不同区域、不同构件具有代表性的部位。不同区域应各抽取不少于 3 个腐蚀严重的构件，每构件选择不少于 2 根腐蚀严重的钢筋进行检测。钢筋截面面积损失率按式（8-18）计算：

$$P = \frac{R_i^2 - R_f^2}{R_i^2} \times 100\% \tag{8-18}$$

式中，P 为钢筋截面面积损失率，%；R_i 为未锈蚀钢筋的平均截面直径，mm；R_f 为锈蚀钢筋的平均截面直径，mm。

8. 钢筋锈蚀劣化的耐久性评估

钢筋锈蚀劣化进程分为钢筋开始腐蚀、保护层锈胀开裂和功能明显退化等阶段，各阶段时间的确定通常符合下列要求。

（1）钢筋开始锈蚀阶段所经历的时间可按式（8-19）和式（8-20）计算：

$$t_i = (c/k_{Cl})^2 \tag{8-19}$$

$$k_{Cl} = 2\sqrt{D}\,\mathrm{erf}^{-1}\left(1 - C_t/C_s\gamma\right) \tag{8-20}$$

式中，t_i 为从混凝土浇筑到钢筋开始锈蚀所经历的时间，a；c 为混凝土保护层厚度，mm；k_{Cl} 为氯离子侵蚀系数，$mm/a^{1/2}$；D 为混凝土有效扩散系数，mm^2/a；erf 为误差函数；C_t 为引起混凝土中钢筋发生腐蚀的氯离子含量临界值，%，以占胶凝材料质量分数计；C_s 为混凝土表面氯离子含量，%，以占胶凝材料质量分数计；γ 为氯离子双向渗透系数，角部区取 1.2，非角部区取 1.0。

（Ⅰ）混凝土有效扩散系数按下列要求选取。当结构使用时间达 10 a 及 10 a 以上时按实测值选取；当结构使用时间小于 10 a 时按式（8-21）计算：

$$D = D_t\left(t/10\right)^m \tag{8-21}$$

式中，D_t 为结构使用时间 t 时的实测扩散系数，mm^2/a；D 为混凝土的有效扩散系数，mm^2/a；t 为结构使用时间，a；m 为扩散系数衰减值，按表 8-6 选取。

表 8-6　扩散系数衰减值

混凝土类型	普通硅酸盐混凝土、掺加硅灰的混凝土	掺加粉煤灰或磨细矿渣粉的混凝土
扩散系数衰减值 m	0.20	$0.20 + 0.4\left(F/50 + K/70\right)$

注：F、K 分别为粉煤灰和磨细矿渣粉掺量占胶凝材料总量的百分数。

（Ⅱ）引起混凝土中钢筋发生腐蚀的氯离子含量临界值根据建筑物所处实际环境条件和工程调查资料确定，在无上述可靠资料的情况下按表 8-7 选取。表 8-7 中的氯离子含量按占胶凝材料质量分数计。

表 8-7　引起混凝土中钢筋腐蚀的氯离子含量临界值

大气区	浪溅区			水位变动区
	$0.4 < W/B \leqslant 0.45$	$0.35 < W/B \leqslant 0.40$	$W/B \leqslant 0.35$	
0.55	0.35	0.40	0.45	0.55

注：W/B 为混凝土的水胶比。

（Ⅲ）混凝土表面氯离子含量按下列要求选取。当结构使用时间达 10 a 及 10 a 以上时按实测值选取；当结构使用时间小于 10 a 时按表 8-8 选取。表 8-8 中氯离子含量按占胶凝材料质量分数计。

表 8-8　混凝土表面氯离子含量（%）

水位变动区	浪溅区	大气区
5.0	4.5	3.0

（2）保护层锈胀开裂阶段所经历的时间可按式（8-22）计算：

$$t_c = \delta_{cr} / \lambda_1 \qquad (8-22)$$

其中，t_c 为自钢筋开始锈蚀至保护层开裂所经历的时间，a；δ_{cr} 为保护层开裂时钢筋临界锈蚀深度，mm；λ_1 为保护层开裂前钢筋平均腐蚀速率，mm/a。

（Ⅰ）保护层开裂时钢筋临界锈蚀深度按式（8-23）计算：

$$\delta_{cr} = 0.012(c/d) + 0.00084 f_{cuk} + 0.018 \qquad (8-23)$$

式中，c 为混凝土保护层厚度，mm；d 为钢筋原始直径，mm；f_{cuk} 为混凝土立方体抗压强度标准值，MPa。

（Ⅱ）保护层开裂前钢筋平均腐蚀速率按式（8-24）计算：

$$\lambda_1 = 0.0116i \qquad (8-24)$$

式中，保护层开裂前钢筋平均腐蚀速率，mm/a；i 为钢筋的腐蚀电流密度，$\mu A/cm^2$，按表 8-9 选取。

表 8-9　保护层开裂前钢筋的腐蚀电流密度（$\mu A/cm^2$）

混凝土品种	浪溅区	水位变动区	大气区
普通混凝土	1.0	0.5	0.5
高性能混凝土	0.5	0.25	0.25

（Ⅲ）功能明显退化阶段所经历的时间可按式（8-25）计算：

$$t_d = \left(1 - \frac{3}{\sqrt{10}}\right)\frac{d}{2\lambda_2} \qquad (8\text{-}25)$$

式中，t_d 为自保护层开裂到钢筋截面面积减小至原截面 90%所经历的时间，a；d 为钢筋原始直径，mm；λ_2 为保护层开裂后钢筋平均腐蚀速率，mm/a，按表 8-10 选取。

表 8-10　钢筋平均腐蚀速率（mm/a）

浪溅区	水位变动区	大气区
0.2	0.06	0.05

注：浪溅区的钢筋混凝土板钢筋平均腐蚀速率取 0.05 mm/a。

（Ⅳ）结构使用年限预测按下列要求计算。

a. 钢筋混凝土结构使用年限预测应按式（8-26）计算：

$$t_e = t_i + t_c + t_d \qquad (8\text{-}26)$$

式中，t_e 为钢筋混凝土结构使用年限，a；t_i 为从混凝土浇筑到钢筋开始锈蚀所经历的时间，a；t_c 为自钢筋开始锈蚀至保护层开裂所经历的时间，a；t_d 为自保护层开裂到钢筋截面面积减小至原截面的 90%如所经历的时间，a。

b. 预应力筋为钢筋的预应力混凝土结构使用年限预测按式（8-27）计算：

$$t_e = t_i + t_c \qquad (8\text{-}27)$$

式中，t_e 为预应力混凝土结构使用年限，a；t_i 为从混凝土浇筑到钢筋开始锈蚀所经历的时间，a；t_c 为自钢筋开始锈蚀至保护层开裂所经历的时间，a。

c. 预应力筋为高强钢丝、钢绞线的预应力混凝土结构使用年限预测按式（8-28）计算：

$$t_e = t_i \qquad (8\text{-}28)$$

式中，t_e 为钢筋混凝土结构使用年限，a；t_i 为从混凝土浇筑到钢筋开始锈蚀所经历的时间，a。

（Ⅴ）混凝土结构剩余使用年限可按式（8-29）计算：

$$t_{re} = t_e - t_0 \qquad (8\text{-}29)$$

式中，t_{re} 为混凝土结构剩余使用年限，a；t_0 为混凝土结构使用年限，a；t_e 为混凝土结构自建成至检测时已使用的时间，a。

8.2.4　海港工程构筑物防腐蚀措施的检测与评估

1. 海港工程构筑物涂层劣化的检测

涂层劣化检测的内容包括：涂层的粉化、变色、裂纹、起泡、脱落生锈等外观变化情况；涂层干膜厚度；涂层与钢结构或混凝土结构的黏结力。涂层劣化检测时，测点应根据涂层外观整体变化情况，布置在有代表性的结构部位，并符合下列要求：①高桩码头通常按每1～2跨选择检测部位，其他结构型式通常按码头前沿线每20～30 m选择检测部位，并按大气区、浪溅区和水位变动区分别设置测点；②板桩结构同一测点处应分别对凹桩和凸桩进行检测；③异常部位或构件应适当增加测点。涂层劣化评估分级标准及处理要求见表3-28。

1）涂层的外观检测

涂层劣化外观检测方法可采用目测、读数显微镜测量、锤击、摄影和录像等。涂层劣化检测前应清除检测部位的附着物。涂层外观检测通常要对水上部分和水下部分分别进行，并重点选择涂层缺陷严重部位。检测方法可采用目测、尺量、锤击、摄影和录像等，水下部位涂层外观检测主要由潜水员携带水下专业摄像设备进行。检测过程中须对涂层缺陷部位的外观状态进行摄像、记录和描述，以便明确涂层缺陷的类型、数量、分布及范围等。

2）涂层干膜厚度的检测

钢结构涂层干膜厚度检测常采用磁性法，而混凝土涂层干膜厚度检测则主要采用超声法。图8-9为磁性法涂层测厚仪。图8-10为超声波涂层测厚仪。涂层干膜厚度的典型检测过程如下：涂层测厚仪需经标准样块调零修正，检测时，首先清除涂层待测表面的灰尘、油污、海生物等污物，然后将仪器探头垂直置于待测涂层表面检测涂层厚度。每一测区应测取3次测定值，取3次测定值的算术平均值为此点的涂层厚度代表值。超声波涂层测厚仪在使用时还须涂覆耦合剂。

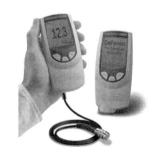

图 8-9　磁性法涂层测厚仪　　　　图 8-10　超声波涂层测厚仪

3）涂层黏结强度的检测

涂层黏结强度的检测主要采用拉开法。图8-11为涂层附着力检测仪。涂层黏结强度的典型检测过程如下：将测区的表面清理干净，确定测区表面无污物、油渍后，用研磨垫轻轻打磨该测区的表面，并用酒精或丙酮擦拭表面，使其能达到更好的黏结效果。然后将黏结剂均匀平整地涂在试柱底部和待测涂层的表面，并将试柱黏结在待测涂层表面上，再对试柱施加一定的力将其固定。待黏结剂完全固化，且达到最佳黏结效果时，用套筒式割刀，将圆盘座的周边涂层切除，使其与周边外围的涂层分离开，然后采用附着力检测仪进行拉拔实验，并读取仪器示值。

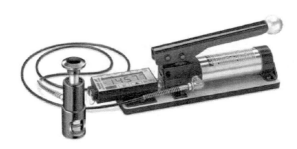

图 8-11　涂层附着力检测仪

2. 外加电流阴极保护检测

外加电流阴极保护检测通常包括：①保护电位；②直流电源装置的输出电压和输出电流；③辅助阳极的输出电流；④线路的绝缘阻抗；⑤预先安置的试片腐蚀情况；⑥防腐蚀系统运行不正常时被保护钢结构的厚度。其中，第⑥项的检测与第 8.2.2 小节中的第 2 项检测相同。

1）保护电位检测

保护电位是评价阴极保护效果的重要参数。电位检测仪器通常采用最小分辨率 1 mV、内阻大于 10 MΩ 的高内阻数字万用表和符合现行国家标准《船用参比电极技术条件》（GB/T 7387—1999）有关规定的 Ag/AgCl 海水参比电极或 Cu/饱和 $CuSO_4$ 参比电极。电位检测点沿码头岸线方向间隔通常不大于 20 m、在水中深度方向间隔一般不大于 3 m，并应保证在离阳极最近和最远处均有测点。

电位检测时，首先将参比电极放入水中，并靠近待测钢结构的表面；接着用导线将参比电极、万用表和所测钢结构形成回路，用万用表读取测试数据。导线连接方式是万用表的正极与参比电极相连，负极与电位钢结构相连。电位检测时参比电极应放置到被测钢结构的表面附近，且不得与被测钢结构直接接触。

2）直流电源装置的输出电压和输出电流

直流电源装置运行状况检测应将检测结果与规定值和前次检测结果作比较。输出电压和电流值不符合规定值或与前次检测结果有较大差异时，需详细检查电路。

3）辅助阳极的输出电流

检查辅助阳极须测定各电极电流。电流值不符合设计规定值时，需通过目视检查同一回路内的电极并测定通电电流，尚应查明故障部位及原因并及时处理。

4）线路的绝缘阻抗

在电压调节器上切换电压时，应检查变压器、整流器、开关和接头等直流电源装置是否有异常升温，并对直流电源装置接地和回路的绝缘进行检查。直流电源装置运行状况检测应测定线路的绝缘阻抗，绝缘不良部位应查明原因并及时处理。

5）预先安置的试片腐蚀情况检测

试片腐蚀情况检测应将预先安置的腐蚀试片取出，经处理后称量，并需计算腐蚀速率和防腐效率。腐蚀速率和防腐效率分别采用式（8-30）和式（8-31）计算。

$$V = \frac{\Delta G}{st\rho} \tag{8-30}$$

式中，V 为腐蚀速率，mm/a；ΔG 为腐蚀引起的失重量，g；s 为试片表面积，mm^2；t 为试片腐蚀时间，a；ρ 为试片的密度，g/mm^3。

$$\mu = \frac{\Delta G_b - \Delta G_e}{\Delta G_e} \times 100\% \tag{8-31}$$

式中，μ 为防腐效率，%；ΔG_b 为不通电试片失重量，g；ΔG_e 为通电试片失重量，g。

外加电流阴极保护效果评估分级标准及处理要求见表 8-11。外加电流阴极保护施的处理要求应综合考虑防腐蚀系统的完整性。当检测确认直流电源装置出现异常或工作运行状态不满足设计要求时，应查明原因并及时采取维修措施。

表 8-11　外加电流阴极保护效果评估分级标准及处理要求

等级	分级标准	处理要求
A	保护电位在 -1.05～-0.8 V 之间	不必要采取措施
B	保护电位在 -0.8 V～φ_0 之间	查明原因并及时采取措施
C	保护电位为 φ_0 或负于 -1.05 V	查明原因并立即采取措施

注：（1）保护电位为相对于 Ag/AgCl 海水电极测得的电位。
　　（2）φ_0 是钢结构的自然腐蚀电位。

3. 牺牲阳极阴极保护检测

牺牲阳极阴极保护检测通常包括：①保护电位；②牺牲阳极的安装状况、输出电流、阳极残余尺寸及消耗量；③预先安置的试片腐蚀情况；④防腐蚀系统运行不正常时被保护钢结构的厚度。其中，第①、②和④项检测与外加电流阴极保护检测相同。下面主要介绍牺牲阳极安装状况、输出电流、阳极残余尺寸及消耗量的检测。

阳极安装状况检测应由潜水员检查阳极数量、安装连接状态和阳极溶解消耗

情况，水下录像或水下摄影检查的阳极数量一般不少于阳极总数的 5%。阳极残余
尺寸应由潜水员水下测量，检测数量应随机选取阳极总数的 5%～10%，必要时需
取出适量阳极进行称量校核。阳极尺寸测量时需除去附着在阳极表面的腐蚀生成
物、海生物等，并应测量阳极两端距端部各 100 mm 处的周长、阳极中部周长和
阳极长度。

牺牲阳极的剩余重量可按照式（8-32）计算：

$$W_e = \left[\left(\frac{C_1 + C_2 + C_3}{12} \right)^2 L_a - V_x \right] \rho_a \times 10^{-3} \qquad (8\text{-}32)$$

式中，W_e 为阳极的剩余重量，kg；C_1、C_3 为剩余阳极两端部各 100 mm 处的周长，
mm；C_2 为剩余阳极中部的外周长，mm；L_a 为剩余阳极的长度，mm；V_x 为阳极
芯棒的体积，mm³；ρ_a 为阳极密度，g/mm³。

牺牲阳极的输出电流，可通过式（8-33）～式（8-35）来计算：

$$R_a = \frac{\rho}{2\pi L} \left[\ln \left(\frac{4L}{r} \right) - 1 \right] \qquad (8\text{-}33)$$

$$r = \frac{C_1 + C_2 + C_3}{6\pi} \qquad (8\text{-}34)$$

$$I_f = \frac{\Delta V}{R_a} \qquad (8\text{-}35)$$

式中，R_a 为牺牲阳极的接水电阻，Ω；ρ 为海水电阻率，Ω·cm；L 为牺牲阳极的长
度，cm；r 为牺牲阳极的等效半径，cm；I_f 为牺牲阳极的输出电流，A；ΔV 为牺
牲阳极的驱动电位，V。若安装了牺牲阳极电流监测装置，其输出电流也可通过
监测装置直接测量，设计时一般取驱动电位为某定值（如 0.25 V），但实际上驱动
电位并非定值，存在波动，因此输出电流的测量值也有波动，与计算值不同。

裸钢结构的牺牲阳极剩余寿命可按式（8-36）计算：

$$t_e = \frac{W_e}{W_0 - W_e} t \qquad (8\text{-}36)$$

式中，t_e 为牺牲阳极的剩余寿命，a；W_0 为牺牲阳极的初始质量，kg；W_e 为牺牲
阳极的剩余质量，kg；t 为阳极使用年数，a。式（8-36）其基本含义是以已使用
年内的年平均消耗量来预测后期阳极的使用年限，主要适用于裸钢结构，当用于
带涂层的钢结构时，存在如下问题：钢结构使用前期表面涂层破损率较小，每年
的阳极消耗量也较小，而涂层破损率会逐年递增，后期涂层破损率将增大，故后
期每年的阳极消耗量将大于使用期内的阳极年平均消耗量，因此若以式（8-36）
计算剩余寿命会导致计算值偏大。

按照现行行业标准 JTS 153-3，带涂层钢结构牺牲阳极系统的剩余寿命可
按式（8-37）计算：

$$t_e = \frac{\sum_{i=1}^{n}[W_{ei} - W_{0i} \cdot (1-f)]}{E_g \cdot I_m} \qquad (8\text{-}37)$$

式中，t_e 为牺牲阳极系统的剩余寿命，a；n 为牺牲阳极系统的阳极数量，块；W_{ei} 为单块牺牲阳极的剩余质量，kg；W_{0i} 为单块牺牲阳极的初始质量，kg；f 为利用系数；E_g 为牺牲阳极在海水中的消耗率，kg/(A·a)；I_m 为钢结构所需维持保护电流，A。若取单块牺牲阳极的平均发生电流 I_m 为其初始发生电流 I_0 的 50%～55%，则也可按照式（8-37）计算评估单块阳极的剩余使用寿命，此时 $n=1$，$I_m = 0.5 I_0 \sim 0.55 I_0$。

牺牲阳极阴极保护效果评估分级标准及处理要求见表 8-12。牺牲阳极阴极保护措施的处理要求应综合考虑防腐蚀系统的完整性。当检测确认牺牲阳极有脱落、阳极连接件松动、使用环境发生较大改变、输出电流异常等状况时，应查明原因并及时采取维修措施。

表 8-12　牺牲阳极阴极保护效果评估分级标准及处理要求

等级	分级标准	处理要求
A	保护电位在−1.05～−0.8 V 之间，阳极的剩余寿命可满足设计使用年限要求	不必要采取措施
B	保护电位在−1.05～−0.8 V 之间，阳极的剩余寿命不满足设计使用年限要求 保护电位在−0.8 V～φ_0 之间	查明原因并及时采取措施
C	保护电位为 φ_0 或负于−1.05 V	查明原因并立即采取措施

注：（1）保护电位为相对于 Ag/AgCl 海水电极测得的电位。
（2）φ_0 是钢结构的自然腐蚀电位。

8.2.5　海港工程构筑物维护管理中腐蚀与防护状况的检测

针对海港工程构筑物的维护管理，现行行业标准《海港工程钢结构防腐蚀技术规范》（JTS 153-3）和《港口设施维护技术规范》（JTS 310）对腐蚀与防护状况的检测部位、内容和周期提出了相关要求。表 8-13 为海港工程钢结构定期检查的项目、内容、部位和周期。表 8-14 为混凝土结构定期检测的项目、内容与周期。

表 8-13　海港工程钢结构定期检查的项目、内容、部位和周期

项目分类	检查项目	检查部位	检查内容	检查周期/a
常规检查	防腐涂层外观检查	水上涂装钢结构	涂层破损情况	1
	阴极保护运行检测	水中钢结构	保护电位、仪表状态	1
	阳极使用环境检查	水中钢结构	海泥面标高、阳极固定	1

续表

项目分类	检查项目	检查部位	检查内容	检查周期/a
详细检查	水下外观检查	水中钢结构	局部腐蚀、涂层破损	5
	涂层防腐性能检查	水上钢结构	鼓泡、剥落、锈蚀	5
	腐蚀量检测	钢结构	测定钢结构壁厚	5
	阳极外观检查	牺牲、辅助阳极	腐蚀产物表面溶解情况	5～10
	阳极消耗量检测	牺牲阳极	测定阳极实际尺寸	5～10
	电连接检测	阴极保护的钢结构	测定连接电阻	5～10

表8-14　海港工程混凝土结构定期检测的项目、内容与周期

码头类型	项目	内容	周期/a
重力式	上部结构（面层）	局部塌陷	5
	上部结构（胸墙）	破损、裂缝	5
		混凝土劣化	5～10
	墙身构件（沉箱、扶壁、圆筒）	破损、裂缝	5
		水位变动区和浪溅区混凝土劣化	5～10
	墙身构件（方块）	裂缝、破损和块体错位	5
		水位变动区和浪溅区混凝土劣化	5～10
高桩码头	面层	裂缝、局部破损	3
	上部结构（混凝土结构）	裂缝、破损	3
		钢筋锈蚀	3～5
		混凝土劣化	3～5
	基桩（桩帽、墩台、混凝土桩、管桩）	破损、裂缝	3
		混凝土劣化	3～5
板桩码头	上部结构（面层）	裂缝、局部损坏	3
	上部结构（胸墙或帽梁、导梁、轨道梁）	破损、裂缝	3
		混凝土劣化	3～5
	墙身前墙（混凝土板桩）	破损、裂缝	3
		混凝土劣化	3～5
		接缝	3
	墙身前墙（地连墙）	破损、裂缝	3
		混凝土劣化	3～5

8.3　海港工程构筑物腐蚀与防护监测技术的基本原理

　　腐蚀与防护状况的监测问题一直受到防腐领域的广泛关注，经过多年的研究和发展，针对不同腐蚀状况和防腐措施，形成了基于多种原理的腐蚀与防护监测技术，如电化学法、电阻法、光纤法、声发射法等。尽管随着技术的进步，用于腐蚀与防护监测的原理逐步增多，但由于腐蚀过程的电化学本质，目前开发腐蚀与防护监测技术最常用原理仍是电化学方法。下文将对海港工程构筑物腐蚀与防护监测技术的常用原理作简要介绍。

8.3.1　电化学法

　　电化学法具有理论成熟、测试速度快、灵敏性高、可连续跟踪和原位测量等优点，被广泛地用于腐蚀与防护监测技术的开发。电化学法中应用最早、最广泛的是半电池电位技术，此外还包括线性极化、弱极化法、电化学交流阻抗法、电化学噪声、恒电量法、恒电流脉冲法等，在这些方法中以线性极化、恒电量法和恒电流脉冲法最具发展前景。表 8-15 为常见电化学测试方法及其特征。

表 8-15　常见电化学法及其特征

特征	半电池电位法	线性极化	弱极化法	宏电池法	电化学阻抗	恒电量法	脉冲电流法	电化学噪声	阵列电极
所测信息	腐蚀危害	腐蚀速率	腐蚀速率	宏电流	机理速度	机理速度	机理速度	机理速度	机理速度
量测速度	★	★	★	★	○	★	★	○	○
提供信息	○	○	★	○	★	★	★	○	★
定量	×	★	★	○	★	★	★	○	○
无损	★	★	★	★	★	★	★	★	★
对腐蚀无扰动	★	★	★	○	○	★	★	★	★
对腐蚀敏感	★	★	★	○	○	★	★	★	★
数据处理简便直观	★	★	○	○	×	○	○	×	×
便捷	★	★	★	★	×	★	○	×	×
经济性	★	★	★	×	○	★	○	×	×
室内	★	★	★	★	★	★	★	★	★
现场/原位	○	★	★	★	○	★	★	○	○

续表

特征	半电池电位法	线性极化	弱极化法	宏电池法	电化学阻抗	恒电量法	脉冲电流法	电化学噪声	阵列电极
传感器简便成熟	★	★	★	★	★	★	★	○	○
仪器设备简便成熟	★	★	★	★	○	○	○	○	○
应用情况	最广泛	广泛	一般	广泛	较少	较少	一般	较少	较少

注: ★很快/最优; ○较慢/满意; ×很慢/不满意。

1. 半电池电位法

当钢结构或钢筋等金属材料作为电极浸入海水、海泥或混凝土等介质时，会在电极和介质界面形成双电层，从而产生相应的电位差，这种电位差就是半电池电位即电极电位。半电池电位主要用于定性判断阴极保护效果或金属材料的腐蚀倾向。钢结构在海水、海泥环境中的阴极保护电位，钢筋在混凝土中的自然腐蚀电位或保护电位均通过半电池电位法获得。

半电池电位法测试原理如下：将处于同一介质中的两个半电池相连接，两者之间将产生电位差，这个电位差可用电位表直接测量。如果两个半电池中的一个电极（参比电极）的电位已知，便可得到另一个电极（如钢结构/海水或钢筋/混凝土电极）相对于参比电极的电位。图 8-12 为半电池电位法的测试原理。测定钢结构或钢筋电位，并将其与相关标准对比，便可判断钢筋或钢结构所处的腐蚀与防护状态。

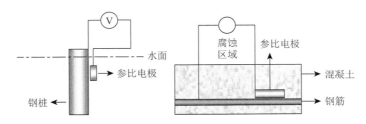

图 8-12　半电池电位法的测试原理

参比电极是半电池电位法测试的关键。目前，钢结构常用参比电极有氯化银电极、饱和硫酸铜电极、高纯锌电极（纯度大于 99.995%）等，钢筋常用参比电极有固体氯化银电极、二氧化锰电极、硫酸铜电极等。在实际工程上，为确保参比电极系统的使用年限和准确性，常设置双参比电极，其特征在于：一个电极的电位稳定、重现性好，另一个使用寿命较长。例如，典型的氯化银电极/高纯锌电极，氯化银电极电位稳定、重现性好，而高纯锌电极则使用寿命较长。实际使用时，氯化银电极用于初期测量，并建立氯化银电极和高纯锌电极的对照关系，在氯化银电极失效后用高纯锌电极测量。这样既可确保参比电极系统的准确性，又可保证其使用寿命。

2. 线性极化法

线性极化法是一种快速测试金属瞬时腐蚀速率的方法，具有灵敏、快速等特点，其极化测量范围通常为$-10 \sim 10$ mV。由于极化电流较小，对电极表面状态的扰动和破坏也较小，因此该电极可用于多次连续测试，特别适用于现场腐蚀监测。根据 Stern-Geary 公式可知，在微极化区，极化电位与极化电流呈线性关系，那么可知：

$$i_{corr} = \frac{b_a b_c}{2.3(b_a + b_c)} \cdot \frac{1}{R_p} = \frac{B}{R_p} \qquad (8-38)$$

式中，i_{corr} 为腐蚀电流密度，A/cm^2；b_c、b_a 为常用对数阴、阳极 Tafel 常数，V；R_p 为极化电阻率，$\Omega \cdot$cm^2；B 为极化电阻常数，V，碳钢/海水体系、腐蚀的钢筋常取 26 mV，钝态钢筋常取 52 mV。

根据腐蚀电流密度可推算金属腐蚀速率的深度指标：

$$V_L = 3.27 \times 10^3 \frac{A}{n\rho} i_{corr} \qquad (8-39)$$

式中，V_L 为金属的深度腐蚀速率，mm/a；A 为金属的相对原子质量；n 为腐蚀前后金属原子价的变化；ρ 为金属的密度，g/cm^3。

利用线性极化法测定的 R_p 是不同时间的瞬时极化电阻率，将瞬时极化电阻率对时间 t 积分求得 $R_p \times t$ 值，并将其除以时间，便可得到测试时间内的平均极化电阻率 R_{pm}，然后将 R_{pm} 代入式（8-38）和式（8-39）即可获得金属腐蚀速率的深度指标，综合计算公式见式（8-40）：

$$V_L = 3.27 \times 10^3 \frac{A}{n\rho} \cdot \frac{B \times t}{\int_0^t R_p \mathrm{d}t} \qquad (8-40)$$

在海港工程构筑物领域，线性极化法通常用于监测混凝土中的钢筋腐蚀。由于混凝土电阻率较高，采用线性极化法监测钢筋腐蚀时，通常需要对混凝土电阻进行补偿。常用的补偿方法有恒电流阶跃法、交流阻抗法等。根据腐蚀电流密度 i_{corr} 不仅可以明确钢筋腐蚀速率，还可判别构件保护层出现损伤的年限，详见表 8-16。

表 8-16　钢筋腐蚀电流与钢筋腐蚀速率和构件损伤年限判别

序号	腐蚀电流密度 i_{corr}/(μA/cm^2)	腐蚀速率	保护层出现损伤年限/a
1	<0.2	钝化状态	—
2	0.2~0.5	低腐蚀速率	>15
3	0.5~1.0	中等腐蚀速率	10~15
4	1.0~10	高腐蚀速率	2~10
5	>10	极高腐蚀速率	不足 2

3. 弱极化法

弱极化区是处于微极化区和强极化区之间的区域，通常范围为±20~±70 mV。弱极化法是基于弱极化区数据获取腐蚀电流密度和 Tafel 常数的方法。与强极化法相比，弱极化法不会破坏金属表面的状态。与线性极化相比，弱极化法采用的信号更强，对噪声的抑制能力也更强，而且可避免近似线性区域选取引起的误差。根据三参数极化曲线方程式（8-41）可得到金属的腐蚀电流密度：

$$I = i_{corr}\left[\exp\left(\frac{\Delta E}{b_a} \right) - \exp\left(-\frac{\Delta E}{b_c} \right) \right] \tag{8-41}$$

式中，I 为电流密度，A/cm^2；i_{corr} 为腐蚀电流密度，A/cm^2；ΔE 为过电位，V；b_a 和 b_c 为 Tafel 常数，V。方程的解析方法有三点法、四点法、最小二乘拟合法等。

4. 宏电池法

宏电池法通过检测金属腐蚀时电偶对之间产生的电偶电流来判断金属腐蚀的程度，其本质是监测电偶腐蚀电流。该方法主要用于监测混凝土中的钢筋腐蚀和大气环境的腐蚀性。

钢筋腐蚀中，阴极区、阳极区、阴阳极之间的钢筋和混凝土会形成宏电池，见图 8-13。图中，R_a 为阳极极化电阻；R_c 为阴极极化电阻；R_{st} 为钢筋电阻（Ω），通常较小可忽略；R_{con} 为混凝土的电阻。若在混凝土中预先埋设钢筋（阳极）和不腐蚀的阴极，并用导线将阴、阳两极和电流表串联，便可实现宏电池腐蚀电流的检测。宏电池法可用于长期监测混凝土中钢筋的腐蚀状态。现场采用该方法时，无须施加激励信号，便可随

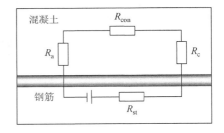

图 8-13　钢筋锈蚀宏电池示意图

时测出钢筋腐蚀速率的变化。然而，受混凝土电阻率的影响，很难得到确切的钢筋腐蚀速率，因此仅能用于定性判断比较。通过多个宏电池的组合形成阳极梯可实现氯离子侵蚀趋势的预测，第 8.4 节将详细介绍。

宏电池法用于大气腐蚀监测时，主要通过暴露于大气中的电偶对（如 Zn-Fe、Al-Fe、Cu-Fe 等）之间的电偶电流及其积分值（电量）来监测大气腐蚀性。根据腐蚀电化学原理，腐蚀量 W_{Me} 与相应的作用时间 t 成正比，那么可知

$$W_{Me} = K_m Q_g = K_m \times \int_0^t I_{corr} dt \tag{8-42}$$

式中，W_{Me} 为腐蚀量；Q_g 为腐蚀电量；t 为作用时间；I_{corr} 为腐蚀电流；K_m 为常数，可通过实测金属在环境中经一定时间后的腐蚀量和这段时间内测定的腐蚀电量来确定。

5. 电化学交流阻抗法

电化学交流阻抗法是一种准稳态电化学技术。测量时，对处于定态的电极系统施加小振幅的正弦波电信号进行扰动，此时电极系统会做出近似线性关系的响应。通过上述方法，测量电极系统在不同频率下的一系列阻抗可得到电化学交流阻抗谱，然后利用数学模型或等效电路模型对阻抗谱进行解析，便可获取电极系统的电化学信息。针对腐蚀体系，采用电化学交流阻抗法可获得腐蚀速率、腐蚀介质电阻率等信息，其基本原理如下。

图 8-14 为金属腐蚀过程典型的等效电路图。图中，R_s 为体系的介质电阻，R_p 为极化电阻，C_d 为体系的界面电容。以钢筋混凝土体系为例，R_s 为混凝土电阻，R_p 为极化电阻，C_d 为钢筋与混凝土的界面电容。根据电工学相关原理可知，等效电路中 AB 两端的等效阻抗 Z 为

$$Z = R_s + \frac{R_p}{1 + \omega^2 C_d^2 R_p^2} - j \frac{\omega C_d R_p^2}{1 + \omega^2 C_d^2 R_p^2} \tag{8-43}$$

式中，ω 为扫描信号的角频率，当 ω 处于高频区时，$\omega \to \infty$，此时 $Z \approx R_s$，即体系的阻抗近似为介质电阻；当 ω 处于低频区时，$\omega \to 0$，此时 $Z \approx R_s + R_p$，即体系的阻抗近似为介质电阻和极化电阻之和。那么，在特定高频频率和低频频率分别测量阻抗，便可得到 R_s 和 $R_s + R_p$，两者相减即得 R_p，然后将 R_p 代入式（8-38）可进一步获得腐蚀速率。当传感器的结构常数已知时，利用 R_s 可得到介质的电阻率。

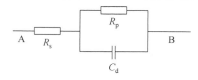

图 8-14　金属腐蚀检测体系等效电路图

电化学交流阻抗法由于加载的扰动信号较小，对腐蚀体系几乎不造成影响，能较真实地反映钢筋或钢结构的腐蚀状况。此外，电化学交流阻抗法获取的信息丰富，除腐蚀速率外，还可得到界面电容、介质电阻等信

息。然而，电化学交流阻抗法所用仪器价格较高，当腐蚀体系较复杂时，交流阻抗图谱也会比较复杂，此时解析就比较困难。目前，电化学交流阻抗法主要用于实验室腐蚀测试和腐蚀机理研究分析，工程应用报道很少。

6. 恒电量法

恒电流法测量时，将一个已知的小量电荷作为激励信号，在极短的时间内施加到金属上，记录电极电位随时间的衰减曲线并加以分析，从而求得多个电化学信息参数。由于测量过程时间较短，对金属表面状态的影响基本可忽略。恒电量法是一种断电松弛方法，过电位衰减是在没有外加电流的情况下测定的，介质电阻影响较小，因此特别适用于高阻体系（如混凝土等）中的腐蚀信息测量。

图 8-15 为混凝土中钢筋腐蚀时的等效电路图。图中，R_s 为混凝土电阻，R_p 为腐蚀反应的极化电阻，C_d 为钢筋/混凝土界面电容。

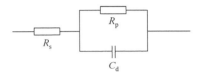

图 8-15　混凝土中钢筋腐蚀时的等效电路图

根据恒电量法的原理，电位衰减曲线随时间呈指数关系：

$$\eta_t = \eta_0 e^{-t/R_p C_d} \tag{8-44}$$

将式（8-44）改为对数形式为

$$\lg \eta_t = \lg \eta_0 - \frac{t}{2.303 R_p C_d} \tag{8-45}$$

用 $\lg \eta_t$ 对时间 t 作图，可得一条直线，斜率是 $-1/2.303 R_p C_d$，截距为 $\lg \eta_0$。根据 $\eta_0 = Q/C_d$ 可算出微分电容 C_d 值，再代入式（8-45）计算出极化电阻 R_p。然后，根据式（8-38）得到腐蚀速率。上述计算方法过于繁复，可通过最小二乘法拟合提高结果精度和计算效率。

恒电量测试技术具有快速、扰动小、无损检测和结果定量等优点，能在极短时间（一般数秒或几十秒）内测定钢筋腐蚀速率，同时还可以给出混凝土电阻率、钢筋/混凝土双电层电容等有关腐蚀过程的信息，有良好的发展前景。

7. 恒电流脉冲法

恒电流脉冲法是一种暂态电化学方法。测量时，向腐蚀体系施加恒定的、较小的脉冲电流，然后测量其电位 E 随时间 t 的响应。脉冲电流一般在 5~400 μA，典型脉冲持续时间一般为 5~10 s。脉冲电流使金属发生阳极极化，此时电位随时间改变而变化。与恒电量技术类似，恒电流脉冲技法同样适用于高阻体系，如钢筋混凝土体系。

恒电流脉冲法常用于研究钢筋混凝土体系腐蚀。由于脉冲时间极短，认为钢筋/混凝土界面电容来不及充放电，可知电位突变主要由混凝土电阻引起。当向钢筋施加脉冲电流 I_{app} 时，电位 V_t 与给定时间 t 的关系见式（8-46）：

$$V_t = I_{app} \left\{ R_p \left[1 - \exp\left(\frac{-t}{R_p C_d} \right) \right] + R_s \right\} \qquad (8\text{-}46)$$

式中，R_p、C_d、R_s 的含义与式（8-44）相同。为得到 R_p 和 C_d，可将式（8-46）转换为线性形式：

$$\ln(E_{max} - V_t) = \ln(I_{app} R_p) - \frac{t}{R_p C_d} \qquad (8\text{-}47)$$

式中，E_{max} 为最终稳定电位。将式（8-47）外推至 $t = 0$ 时可知，$\ln(I_{app} R_p)$ 为上述外推直线在 $\ln(E_{max}\text{-}V_t)$ 轴的截距，$1/(R_p C_d)$ 为该直线的斜率。通过线性拟合可得到外推直线的截距和斜率，从而解析出 R_p 和 C_d，然后代入式（8-46）计算出 R_s。当然，也可通过最小二乘拟合法拟合式（8-47）和实验数据，从而解析出相应的参数。

8. 耦合阵列电极法

传统电化学测试方法只在单一电极表面进行测试，因此所得结果是电极表面的平均化信息，不能反映电极局部的腐蚀信息。而耦合阵列电极是由一系列相互耦合的、微小的、按照一定规则排列的工作电极组成，可模拟单个大面积的金属表面，能够很好地反映局部腐蚀信息。耦合阵列电极在给定时间段内可以测得多个电流值（一个电极对应一个电流值），数据处理时，只需找出其中最大的阳极电流，便可按式（8-48）计算最大局部腐蚀速率。

$$CR_{max} = \frac{I_{max} W_e}{\varepsilon F \rho A} \qquad (8\text{-}48)$$

式中，CR_{max} 为最大局部腐蚀速率，cm/s；I_{max} 为最大阳极电流或最多阳极电流，A；F 为法拉第常量；A 为电极表面积，cm^2；ρ 为电极的密度，g/cm^3；W_e 为物质的量，g/mol。腐蚀深度与一定时期内总的累积腐蚀相关，因此第 i 个电极的最大累积局部腐蚀深度 CD_{max} 可由累计电荷计算得出。

$$CD_{max} = \frac{Q_{max} W_e}{\varepsilon F \rho A} \qquad (8\text{-}49)$$

式中，Q_{max} 是所有电极累积电荷最大值，可通过对腐蚀电流从时间 0 到时间 t 的积分获得。局部腐蚀和均匀腐蚀存在一定程度的联系，因此用耦合阵列电极法也可评估平均腐蚀速率和平均腐蚀深度，计算公式见式（8-50）和式（8-51）。

$$CR_{\text{avg}} = \frac{I_{\text{avg}}^{\text{a}} W_{\text{e}}}{\varepsilon F \rho A} = \frac{1}{n} \sum_{i=1}^{n} I_i^{\text{a}} \cdot \frac{W_{\text{e}}}{\varepsilon F \rho A} \tag{8-50}$$

$$CD_{\text{avg}} = \frac{Q_{\text{avg}}^{\text{a}} W_{\text{e}}}{\varepsilon F \rho A} = \frac{1}{n} \sum_{i=1}^{n} Q_i^{\text{a}} \cdot \frac{W_{\text{e}}}{\varepsilon F \rho A} \tag{8-51}$$

式中，$I_{\text{avg}}^{\text{a}}$ 为阳极电流平均值；n 为电极数量；I_i^{a} 为第 i 个电极的阳极电流；$Q_{\text{avg}}^{\text{a}}$ 为平均阳极电荷；Q_i^{a} 为第 i 个电极的阳极电荷。

9. 电化学噪声法

电化学噪声是指电化学动力系统演化过程中，其电学状态参量（如电极电位、外测电流密度等）的随机非平衡波动现象。这种波动现象提供了系统从量变到质变的、丰富的演化信息。电化学噪声产生于电化学系统本身，而不是来源于控制仪器的噪声或其他的外来干扰。电化学噪声按来源不同，可分为散粒噪声、热噪声、闪烁噪声等。按测量信号不同，分为电流噪声和电势噪声。

测定电化学噪声时，通常采用三电极测试体系，包括两个相同的工作电极和一个参比电极。与传统电化学方法相比，电化学噪声法是一种原位无损检测技术，测量过程无须施加外界扰动，也无须预先建立电极过程模型。此外，该方法极为灵敏，可用于薄液膜条件下的腐蚀监测和高阻环境（如混凝土等）；且检测设备简单，可实现远程监测。然而，采集数据量大，且有波动性，数据分析存在一定的难度，影响了其在腐蚀监测领域的推广应用。

10. 护环电极

极化电流密度是钢筋腐蚀检测的关键，其值由电流大小和极化面积共同确定，其中电流大小可直接测量获取。而由于现场检测时所采用的电极较小，在检测庞大的钢筋笼时，极化电流会向侧向弥散，很难确定钢筋的极化面积。护环电极法可约束极化电流，使极化面积限定在一个固定的范围内，从而达到确定极化面积的目的。

如图 8-16 所示，参比电极 RE1、辅助电极 CE 和工作电极（钢筋）共同构成三电极体系。另外两个参比电极 RE2、RE3 及护环 GE 三者协同工作共同控制混凝土极化面积。5 个电极及圆盘圆心同处一条直线上，并用绝缘材料隔开。实测时，先采集 RE2 和 RE3 间的电位差作为初始值 V_0，然后打开 CE 主极化，并通过反馈电路控制辅助极化回路 GE 的极化电压，使 RE2 和 RE3 间的电压差稳定在 V_0。这样可认为极化时在 RE2 和 RE3 间没有净电流流过，即极化电流被限制在 CE 范围内，从而便可确定工作电极的极化面积。

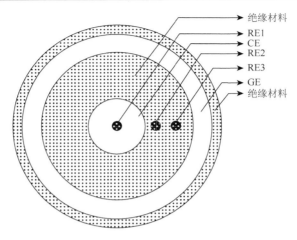

图 8-16　护环电极的结构示意图

8.3.2　电阻法

1. 电阻法测定金属腐蚀速率

电阻法测定金属腐蚀速率时，利用金属试样在腐蚀过程中，其横截面减小而电阻增加的原理，测量金属腐蚀过程中电阻的变化，从而求出金属的腐蚀量。待测金属试样的形状常用扁带状或丝状。根据金属电阻的计算原理，可得到两种形状试样在均匀腐蚀情况下的腐蚀速率公式，具体见式（8-52）和式（8-53）。

$$V_{\mathrm{Ld}} = \frac{2190}{t} \cdot \left[(a+b) - \sqrt{(a+b)^2 - 4ab\frac{\Delta R}{R_t}} \right] \tag{8-52}$$

$$V_{\mathrm{Ls}} = 8760 \frac{r_0}{t} \left(1 - \sqrt{1 - \frac{\Delta R}{R_t}} \right) \tag{8-53}$$

式中，V_{Ld} 为扁带状试样的腐蚀速率，mm/a；t 为腐蚀时间，h；a、b 分别为试样的原始宽度和厚度，mm；ΔR 为腐蚀前后试样的电阻值之差，Ω；R_t 为 t 时刻试样的电阻，Ω；r_0 为丝状试样的原始半径，mm。由于金属试样的电阻率通常较小，一般需采用惠斯登电桥或凯尔文电桥来测量电阻。

2. 腐蚀介质电阻率测试方法

海水、海泥、混凝土等腐蚀介质的电阻率的常用测试方法有二电极法、三电极法、四电极法等，其中以四电极法最为常用。图 8-17 为四电极法测电阻率的示意图。四电极法在介质中放置等间距的四个平行电极，内侧两电极间连接测电压 V，外侧两电极间连接测电流 I，由欧姆定律，内段电阻值为 $R = V/I$。电极之间的

距离为 a，则电阻率的计算公式如下：$\rho = 2\pi aR$。该方法电极之间的间距使得测试的介质区域面积电流相对大得多。因此，所测电阻率受不均匀性的影响较小，测量更加准确。电流从外侧两个探头流入，内侧两个探头则用来测量电位差，这样消除了表面接触电阻对测量结果的影响。

8.3.3　其他物理方法

物理方法主要通过测定金属引起体积、电阻、电磁、热传导、声波传播等物理特性的变化来反映金属腐蚀情况，主要方法有光纤光栅传感法、电阻传感法、射线法、涡流探测法、声发射探测法等。物理方法的优点是操作方便，易于形成内嵌式传感器，有利于进行现场金属腐蚀监测，而且受环境的影响较小。但传统的物理方法（如涡流探测法、射线法、声发射探测法等）的传感信号容易受到其他损伤因

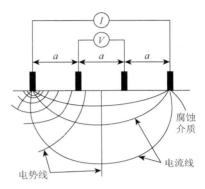

图 8-17　四电极法测电阻率的示意图

素的干扰，难以建立物理测定指标和金属腐蚀量的对应关系。表 8-17 是各种物理方法原理、测试量、可靠性等方面的比较。

表 8-17　各种物理方法原理、测试量、可靠性等方面的比较

测试方法	原理	测试量	可靠性	适用范围	优点
光纤光栅传感法	腐蚀前后金属体积、颜色、表面状态等物理量的变化	中心波长 λ	良好	实验室现场	直接、简单、连续监测、灵敏、便捷
电阻传感法	腐蚀前后传感器电阻改变量明确腐蚀量	腐蚀前后电阻 R_0 和 R_t	良好	实验室现场	直接、快速、连续监测
电涡流探测法	测定激励电流与发生在金属内的次生波	等效电感 L 阻抗 Z	差	实验室	简单、易行、快速
射线法	拍摄混凝土中金属的 X 射线或 γ 射线照片直接观察金属的腐蚀状况	X 射线、γ 射线照片或 X-CT	差	实验室	直接、简单
红外线热像法	测量混凝土表面温度分布图分析钢筋锈蚀位置和程度	响应率 R；等效噪声功率 NEP；探测率 D	一般	实验室现场	操作安全、灵敏度高、检测效率高
声发射探测法	传感器接收金属腐蚀引起的弹性应力波确定腐蚀位置	应力波因子 SWF	一般	实验室现场	快速、适用于在线监测及早期或临时近破坏预报

8.4　海港工程混凝土结构腐蚀监测传感器

腐蚀与防护监测分为腐蚀状况监测和防腐措施保护状况监测。海港工程混凝

土结构中常使用普通钢筋，通常会监测钢筋混凝土结构的腐蚀状况。而海港工程钢结构通常会采用阴极保护，因此常监测其阴极保护状况。海港工程构筑物的其他防腐措施，如涂层保护、金属热喷涂、硅烷浸渍、阻锈剂等，主要通过定期检测来实现防护状况的监测，实时监测较少。鉴于此，下文主要介绍海港工程混凝土结构常见的腐蚀监测传感器和海港工程钢结构阴极保护监测。

8.4.1　参比电极

参比电极是测量混凝土中钢筋开路电位或腐蚀电位的必备传感器。电化学监测方法通常是以开路电位或腐蚀电位为基准的，因此参比电极性能的优劣直接关系到所获腐蚀信息的准确性和稳定性。用于混凝土中或腐蚀传感器开发的传感器不仅需要有较好的稳定性、可逆性和再现性，且要求其具有体积小、有一定强度的特征，以便封装和埋入。另外，不同腐蚀电位的钢筋所处腐蚀状态不同，据此还可判断钢筋的腐蚀状况。混凝土中常用参比电极有固体氯化银电极、二氧化锰电极、硫酸铜电极等。

图 8-18 为典型的二氧化锰参比电极及其结构示意图。二氧化锰参比电极整体结构主要包括 MnO_2 电极芯、碱性凝胶内参比液、砂浆渗透膜、电极护套。电极制备过程如下：首先在护套的一端填充半干硬性砂浆，硬化后形成砂浆渗透层，然后将碱性凝胶内参比溶液灌入电极护套腔体中，接着将 MnO_2 电极芯浸入参比液，另一端连接导线，并用环氧灌封形成参比电极。

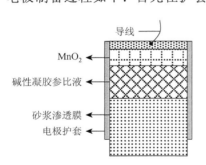

导线
MnO_2
碱性凝胶参比液
砂浆渗透膜
电极护套

图 8-18　典型的二氧化锰参比电极及
其结构示意图

8.4.2　基于宏电池的腐蚀监测传感器

近些年，基于宏电池原理开发了多种腐蚀监测传感器，如阳极梯、Corrowatch 传感器、SensCore 传感器、混凝土多深度传感器等。前述传感器主要用于新建或翻新混凝土结构，针对已建成钢筋混凝土结构，提出了后装式传感器，如环形阳极系统、CorroRisk 传感器等。

1. 阳极梯

德国亚琛工业大学开发的阳极梯系统由 6 个独立碳钢阳极、1 个镀铂钛阴极、1 个 PT1000 型温度传感器和 1 个钢筋连接棒等组成，其中 6 个阳极与阴极分别构成宏电池。图 8-19 为阳极梯系统实物图。阳极安装在两条不锈钢槽之间，形成类似梯子的传感器。阳极两端各引出 1 条导线，通过短路法可检测导线连接状况。6

个阳极导线均敷设在不锈钢槽中，并用环氧密封，其中 1 个不锈钢槽中还安装了温度传感器。阳极梯端部设有高度调节装置，由连接螺杆和不锈钢棒组成，用于调节阳极梯与钢筋之间的间距。传感器的钢筋连接棒绑扎在钢筋笼上，用于监测钢筋锈蚀状态。

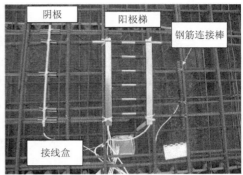

图 8-19　阳极梯系统

阳极梯系统工作原理：在混凝土中安装阳极梯传感器时，通过高度调节装置，可在保护层中形成离混凝土表面距离不同的宏电池。当腐蚀介质（如氯离子）侵蚀至阳极深度，且混凝土湿润、供氧充足时，独立阳极开始脱钝，宏电池产生宏电流。因此，根据宏电流的变化便可判断腐蚀介质到达保护层的深度，若同时记录侵蚀至该深度的时间，便可逐步建立侵蚀深度与时间的关系，从而预测腐蚀介质的侵蚀趋势。图 8-20 为阳极梯系统的工作原理示意图。

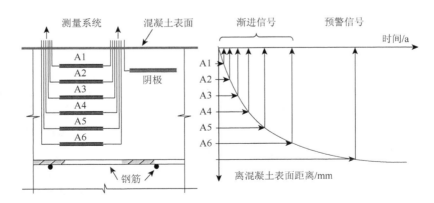

图 8-20　阳极体系统工作原理图

除各独立阳极与阴极间的宏电流外，传感器还可采集宏电池电压、相邻阳极间的电阻、混凝土内部温度、钢筋连接棒与阴极间的电压和电流、钢筋连接棒与各阳极间的电阻等数据。通常情况下，阳极梯传感器规定以下电流限值：连接 5 s 后，EI 电流＜15 μA（长期电流，如 24 h 后，＜15 μA）表明无锈蚀，连接 5 s 后，EI 电流＞15 μA（长期电流，如 24 h 后，＞15 μA）表示脱钝。

2. Corrowatch 传感器

丹麦 FORCE Technology 公司开发的 Corrowatch 传感器与阳极梯的监测原理类似，主要通过 4 个不同高度的阳极分别与阴极之间的宏电流来判断腐蚀介质的侵蚀深度和时间，然后建模预测钢筋腐蚀时间，评价保护层的使用寿命。Corrowatch 传感器主要由 4 个处于不同高度的阳极（碳钢）、1 个阴极（镀铂钛）、1 个钢筋连接、温度传感器和导线组成，可监测钢筋腐蚀阶段的电参数及温度数据。图 8-21 为 Corrowatch 传感器。为获得更佳的监测效果，可将 Corrowatch 传感器与钢筋建立连接，并与参比电极一起安装，同时还可安装监测湿度等参数的传感器。

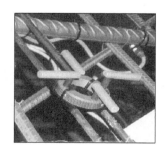 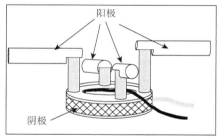

图 8-21　Corrowatch 传感器

3. SensCore 传感器

加拿大 Roctest 公司开发的 SensCore 腐蚀传感器由 4 个分布于不同高度的碳钢阳极（直径 8 mm，长度 60 mm）和 1 个不锈钢底座组成，阳极固定在不锈钢底座上，并可调节高度，主要用于新建或翻新混凝土结构。该传感器可监测腐蚀的起始时间和腐蚀速率，评估腐蚀介质的侵蚀趋势，并确定腐蚀前锋面到达钢筋的时间。该传感器同样适用于涂层钢筋，可用于评估因涂层破损发生的腐蚀。与 SensCore 湿度传感器联合使用，更有利于监测钢筋混凝土腐蚀发生和发展的全过程。湿度传感器由 4 个分布于不同高度的不锈钢探头（直径 4 mm，长度 60 mm）和不锈钢底座组成，可监测混凝土中的水含量和水的扩散情况。图 8-22 为 SensCore 腐蚀传感器和湿度传感器的实物图。

图 8-22　SensCore 腐蚀传感器（左）和湿度传感器（右）的实物图

4. 混凝土多深度传感器

美国 Cosasco 公司开发的混凝土多深度传感器由 4 个普通钢和 4 个不锈钢分别组成电偶，它们距混凝土表面的深度不同，其中置于钢筋表面的电偶距表面最深。多深度传感器可用于评估氯离子或碳化渗入的深度，以及评估瞬时腐蚀速率。电偶间的电流用零内阻电流表测量，电流增大表明氯化物等腐蚀介质侵入。多深度传感器还可通过线性极化电阻方法测量混凝土中钢筋的瞬时腐蚀速率。Cosasco 公司的监测工具采用了溶液电阻补偿技术，使线性极化电阻的测量精度显著提高。图 8-23 为混凝土多深度传感器。

5. 后装式传感器

德国亚琛工业大学又发明了膨胀环阳极系统，如图 8-24 所示，其基本原理与阳极梯类似，主要用于既有钢筋混凝土结构水面以上部位腐蚀状况的监测。膨胀环阳极系统主要由 6 个环状阳极、1 个钛氧化物阴极和 1 个 pt1000 温度传感器组成，通过在结构上钻孔的方式安装，基于膨

图 8-23　混凝土多深度传感器

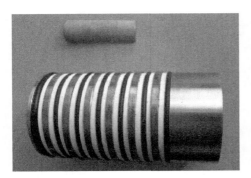

图 8-24　后装环形阳极监测系统

胀环可使阳极和混凝土紧密接触。阳极间和末端的密封环则可防止水分沿安装孔的内壁渗入。该系统的采集数据主要有各阳极与阴极间的开路电位和短路电流、相邻阳极间的电阻和混凝土温度等。

丹麦 FORCE Technology 公司开发的 CorroRisk 传感器（图 8-25）也可用于钢筋混凝土结构。CorroRisk 腐蚀传感器由 4～8 个阳极和 1 个组合电极组成，阳极的材质与钢筋相近，组合电极由钛网和参比电极组成，阳极和组合电极埋入混凝土保护层中。通过测量组合电极和阳极间的电压变化和电流产生可判断钢筋的腐蚀状态。

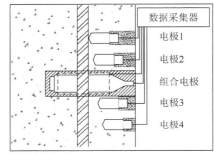

图 8-25　CorroRisk 后装式腐蚀传感器

除以上传感器外，国内外基于宏电池原理还开发了一些不同结构形式的传感器，如 Intertek 的 M4 探头（图 8-26）、上海交通大学开发的梯形阳极传感器（图 8-27）、青岛理工大学开发的宏电池传感器（图 8-28）等。

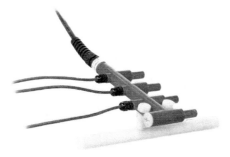
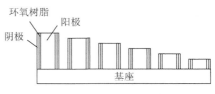

图 8-26　Intertek 的 M4 探头　　　图 8-27　上海交通大学梯形阳极传感器

8.4.3　多功能腐蚀监测传感器

钢筋混凝土腐蚀的影响因素较多，用单一指标对钢筋腐蚀状况进行评价时，干扰因素较多，确定性较差。为此，国内外开发了一些多功能腐蚀监测传感器，用于监测与腐蚀相关的多项指标，如钢筋腐蚀电位、钢筋腐蚀速率、氯离子电位、混凝土电阻率、温度、pH 等，以便综合分析钢筋混凝土结构的腐蚀状况。日本防蚀协会曾提出了采用多因

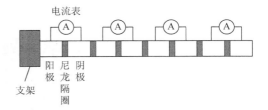

图 8-28　青岛理工大学宏电池传感器

素判据综合评定钢筋混凝土腐蚀的方法，如图 8-29 所示。从图中可以看出，当腐蚀电位负于 –200 mV，混凝土电阻率小于 30 kΩ·cm 和极化电阻小于 40 kΩ·cm^2 时，腐蚀面积率为 5%～20%，属于腐蚀严重较轻的区域；当极化电阻小于 60 kΩ·cm^2 时，腐蚀面积率大于 20%，属于腐蚀较轻的区域；当极化电阻大于 60 kΩ·cm^2 时，腐蚀面积率小于 5%，属于不腐蚀区域。

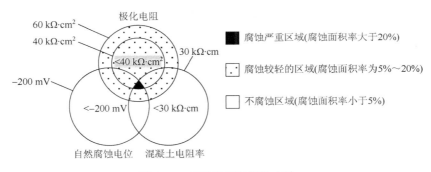

图 8-29　三因素腐蚀评价方法

1. ECI 腐蚀传感器

美国 Virginia Technologies 公司开发的 ECI 腐蚀传感器是一种基于无损检测技术的埋入式腐蚀监测仪，见图 8-30，其监测指标及原理如下：①线性极化电阻（kΩ·cm^2），用于计算钢筋腐蚀速率，其测量通过碳钢工作电极、不锈钢辅助电极和 MnO$_2$ 参比电极来实现；②混凝土电阻率（kΩ·cm），通过 4 根不锈钢丝组成的四电极测量，是表征混凝土含水状况的重要指标；③开路电位（V），是碳钢工作电极与 MnO$_2$ 参比电极之间的电位，通过半电池电位法测量；④温度（℃），通过半导体温度传感器 pt1000 测量；⑤氯离子含量（V），通过测量 Ag/AgCl 丝状电极和 MnO$_2$ 参比电极之间的电位来指示。

2. SwRI 腐蚀传感器

美国西南研究中心（SwRI）开发的腐蚀传感器可监测氯离子含量、pH、局部

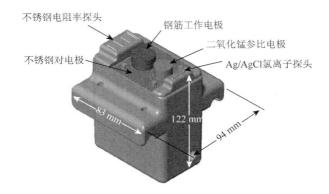

图 8-30　ECI 腐蚀传感器

和全面腐蚀速率、混凝土电阻率等。氯离子含量采用 Ag/AgCl 电极来确定，pH 采用混合金属氧化物（MMO）电极测量，局部和全面腐蚀速率采用 9 探针阵列电极（MAS）测量，混凝土电阻率采用四电极法测量。图 8-31 为 SwRI 腐蚀传感器的结构示意图。

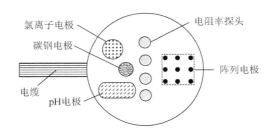

图 8-31　腐蚀传感器的结构示意图

3. Septopod 腐蚀传感器

英国赫瑞瓦特大学开发的 Septopod 腐蚀传感器是一种可埋入混凝土保护的综合腐蚀传感器，见图 8-32，其监测指标和原理如下：①水分或氯离子侵蚀前锋面的监测采用沿深度方向排列的两电极来实现；②采用热敏电阻监测温度沿混凝土保护层深度方向的变化；③用四电极体系监测混凝土电阻率；④传感器制成结构上配有碳钢/不锈钢电极组，用于监测腐蚀电流。图 8-32 为 Septopod 腐蚀传感器的实物图。

4. MCS 多元传感器

哈尔滨工业大学开发的 MCS 多元传感器由 6 个钢筋工作电极、1 个带状 Ti/MMO 辅助电极、3 个氯离子传感器及 1 个 MnO_2 参比电极组成，可监测宏电池

图 8-32　Septopod 腐蚀传感器

电流、腐蚀电位、保护层电阻、保护层氯离子含量及钢筋电极极化电阻。多元传感器结构示意图见图 8-33。MCS 传感器所用的氯离子传感器是由纳米银粉末、氯化银粉末和辅助成分制成。针对不同厚度的混凝土保护层，可通过调整传感器支架倾斜角度的方式来满足安装要求。

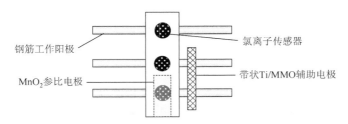

图 8-33　MCS 多元传感器

5. CST710 钢筋混凝土腐蚀监测仪

图 8-34 为华中科技大学开发的 CST710 钢筋混凝土腐蚀监测仪复合探头的结构示意图。

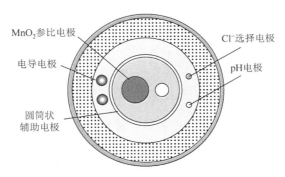

图 8-34　CST710 钢筋混凝土腐蚀监测仪复合探头的结构示意图

CST710 钢筋混凝土腐蚀监测仪是一种基于 ModBus 通信协议的可埋入式无

损测量装置，针对钢筋混凝土电化学模型，采用交流阻抗集成技术实现在线腐蚀测量和监测。CST710 钢筋混凝土腐蚀监测仪的复合探头由 MnO_2 参比电极、钢筋工作电极、Cl^- 选择电极、pH 电极、不锈钢圆筒状辅助电极、两个电导电极等组成，其监测指标有混凝土电阻率、钢筋腐蚀电位、pH、Cl^- 浓度、钢筋腐蚀速率等，其中混凝土电阻率和钢筋腐蚀电位通过交流阻抗技术获得。

8.4.4　基于光纤传感技术的腐蚀监测传感器

为实现光纤传感技术在钢筋腐蚀监测领域的工程应用，国内外学者反复探索，不断创新，将钢筋腐蚀过程中发生的物理变化和光纤传感技术有机结合，形成了多种可监测钢筋腐蚀的光纤传感器方案。

1. 基于腐蚀敏感膜的光纤腐蚀传感器

基于腐蚀敏感膜的光纤腐蚀传感器利用光波导理论。图 8-35 为这种传感器的典型结构示意图。该传感器通过 Fe-C 合金膜局部取代光纤介质包层，构成腐蚀敏感膜，获取钢筋腐蚀信息。Fe-C 合金膜在电化学腐蚀过程中，光功率变化速度最大处的电位与腐蚀电流峰电位对应，可见测量腐蚀过程中的光功率可以获取腐蚀信息。HNO_3 腐蚀实验、中性盐雾实验等不同腐蚀介质环境下的加速腐蚀实验也得到了上述结论。当传感器在混凝土中进行加速腐蚀实验时，光纤传感器的输出光功率变化与周围介质的 pH 变化（由钢筋腐蚀引起）呈对应关系。上述研究均表明该传感器可用于监测混凝土中钢筋的腐蚀。

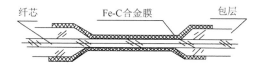

图 8-35　基于腐蚀敏感膜的光纤腐蚀传感器

2. 基于光纤布拉格光栅传感技术的钢筋腐蚀膨胀传感器

图 8-36 是以两根钢筋为腐蚀主体的光纤光栅传感器（双筋传感器）。双筋传感器将两根钢筋紧密排列后，将光纤与钢筋固定。当钢筋腐蚀时，体积膨胀，两根钢筋便互相推开，引起光栅波长变化，通过测定波长便可获得钢筋腐蚀程度和腐蚀速率。该传感器以双筋接触面腐蚀作为腐蚀信号源，但实际腐蚀不均匀，可能先从其他面腐蚀。由于砂浆和钢筋间有间隙，其他面早期腐蚀膨胀信号很难被光栅捕捉。

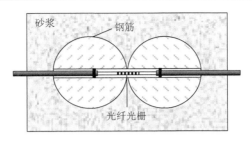

图 8-36　双筋光纤光栅腐蚀传感器

3. 基于长周期光纤光栅传感技术的钢筋腐蚀膨胀传感器

用长周期光纤光栅（LPFG）监测钢筋腐蚀，可避免环境温度、应变的交叉影响，因此无需用温度补偿传感器。这种方法测量钢筋腐蚀厚度的准确度可达 1.2 μm，测量范围达 3 mm，适用于混凝土中钢筋腐蚀的早期至中期监测。图 8-37 是两个典型 LPFG 传感器的结构示意图。基于 LPFG 折射率敏感特性，将混凝土内钢筋周围环境折射率与 LPFG 透射光谱相关联，获得钢筋腐蚀程度与 LPFG 谐振峰波长之间的关系。LPFG 传感器的准确度低于 FBG 传感器，但监测范围却远大于 FBG 传感器，两者适用于钢筋腐蚀的不同阶段。若将两者组合使用可能会达到更好的效果。

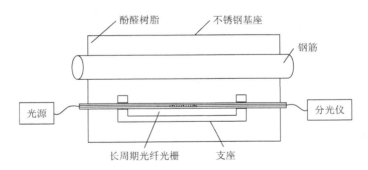

图 8-37　基于折射率敏感特性的 LPFG 传感器

4. 基于腐蚀敏感膜和光纤光栅技术的钢筋腐蚀膨胀传感器

这种传感器基于钢筋腐蚀膨胀这一基本原理，在光纤布拉格光栅表面镀覆 Fe-C 合金膜。当 Fe-C 合金膜锈蚀膨胀时，光纤受到应力，会导致布拉格波长漂移，据此可以监测钢筋腐蚀。其结构示意图如图 8-38 所示。传统腐蚀敏感膜传感器利用输出光功率的变化表征腐蚀状态，而这种传感器则利用敏感膜腐蚀膨胀所导致的布拉格波长漂移表征腐蚀状态。与传统腐蚀敏感膜传感器类似，该传感器也面临着光纤保护和封装等问题。

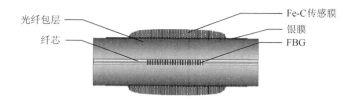

图 8-38　基于腐蚀敏感膜和光纤光栅技术的钢筋腐蚀膨胀传感器

8.4.5　无线腐蚀传感器

Corrodec2G 传感器是一款基于无线射频识别原理的腐蚀传感器，无需电缆或能源，外壳外侧缠绕着特种钢丝，外壳下部有绑扎钢丝，可直接绑扎在结构钢筋上。图 8-39 为 Corrodec2G 传感器。

图 8-39　Corrodec2G 传感器

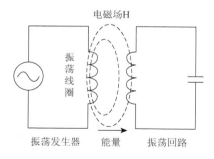

图 8-40　LC 振荡电路工作原理

无线射频识别技术是基于 LC 振荡电路工作的，其原理示意图见图 8-40。当振荡回路移入交变磁场附近时，可通过振荡回路的线圈感应出交变磁场能量。当交变磁场的频率 f_G 与振荡回路的谐振频率 f_R 相符合时，振荡回路就会激发出谐振频率。当产生谐振频率时，振荡线圈的电流会短时上升或者电压短时下降，称为"降落"（dip）。利用振荡器在最大和最小频率间连续扫频，当命中谐振频率时，振荡回路开始起振，并在振荡器线圈的电源电流中产生一个明显的 Dip。当腐蚀介质侵蚀至缠绕在传感器外的钢丝时，钢丝开始锈蚀，最终锈断。根据汤姆逊公式，传感器的谐振频率为

$$f = \frac{1}{2\pi\sqrt{LC}} \tag{8-54}$$

式中，L 为电路的线圈电感；C 为电路的电容。当传感器的钢丝锈断时，电路电容发生改变，此时电路谐振频率也会改变。当用读数器扫频时，产生 Dip 的频率也会改变。因此，通过产生 Dip 的频率便可获悉钢丝的通断，从而确定腐蚀介质是否到达传感器中细钢丝的位置。

8.5　海港工程钢结构阴极保护监测

阴极保护作为一种有效的防腐措施，被广泛地用于海港工程钢结构。然而，阴极保护并非一劳永逸，受施工因素、自然环境、人为因素、外力作用、系统自身性质等众多因素的影响，阴极保护系统也会出现故障或保护不足的情况。阴极保护监测实时掌握阴极保护的状况，以便及时采取措施，对于保障结构阴极保护系统的使用效果和寿命有着重要意义。阴极保护监测对象主要为保护电流和保护电位两个参数。保护电位可用于定性判断阴极保护的效果。牺牲阳极的发生电流可用于评估阳极性能和预测使用寿命。外加电流系统的输出电流可用于判断辅助阳极的工作状况，与保护电位结合，可判断阴极保护状况，以便及时调整电流大小。

8.5.1　保护电位监测

海港工程钢结构保护电位的监测采用半电池电位法，常用参比电极有饱和硫酸铜电极、海水氯化银电极、高纯锌电极等，采集设备使用高阻电压表。《海港工程钢结构防腐蚀技术规范》（JTS 153-3）规定了海港工程钢结构在不同环境、材质下的保护电位范围。测定钢结构电位，对比相应的保护电位范围，便可定性判断钢结构腐蚀或被保护状况。

8.5.2　电流检测技术

电流检测技术在腐蚀与防护监测中应用广泛，如宏电池电流的检测、牺牲阳极输出电流检测、外加电流系统输出电流检测、电偶电流检测等。目前，常用的电流检测技术有标准电阻法、零电阻电流表法、霍尔电流传感器法等。

1. 标准电阻法

在电流测量回路中串入一个标准电阻，再用高阻电压表测取标准电阻两端的电压，通过欧姆定律计算出电流：

$$I = \frac{\Delta V}{R} \tag{8-55}$$

式中，I 为电流，mA；ΔV 为标准电阻两端电压，mV；R 为标准电阻阻值，Ω。用该法检测电流时，要严格控制串入标准电阻的接触电阻及测量导线的长度，否则会影响测量结果的准确性。标准电阻法的响应速度快、精度较高、成本低，但测量电路与被测电流没有电隔离，一般适用于低频率小幅值的电流测量。

2. 零电阻电流表法

当测量较小电流时，电阻的串入会影响其准确性，此时可采用零电阻电流计。早期的零电阻电流表需要手动调节，影响了测试效率和效果。为实现电流的连续监测，开发出了基于运算放大器的零电阻电流表。当用零电阻电流表测量电偶电流时，电偶对的一个电极接地，另一个电极接高增益运算放大器的反相输入端，并使运算放大器的同相端接地（公共端）。图 8-41 为基于运算放大器的零电阻电流表的示意图。该方法测量精度高，但测量电路与被测电流没有电隔离。

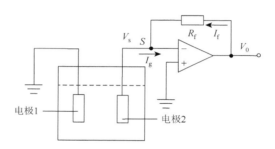

图 8-41　基于运算放大器的零电阻电流表的示意图

高输入阻抗高增益运算放大器有两个基本特性：①实质上放大器的两个输入端无电流通过，因此反相输入端 $I_s = 0$；②由于引入反馈电阻 R_f，使放大器的两个输入端之间的电位差接近于零；因同相端接地，那么反相输入端 S 点的电位 V_s 接近于零，因此仪器具有零电阻（内阻）特性。在这种情况下，S 点为加合点，电偶电流 I_g、反馈电流 I_f 和反相输入端电流 I_s 加合，由于 $I_s = 0$，那么 $I_s = I_g + I_f = 0$。另外，反馈电流 I_f 与放大器输出电压 V_0 之间的关系满足 $I_f = (V_s - V_0)/R_f$。由于放大器输出电压 $V_s = GV_s$，G 是开环增益（大于 10^6），故 $V_0 \gg V_s$，且 V_s 逼近于零，可知 $I_g = -I_f = V_0/R_f$。那么，电偶电流 I_g 与放大器输出电压 V_0 成正比。此时电偶对两电极间的电位差基本为零，就实现了零电阻电流表的功能。若在放大器反相输入端串入标准电阻，还可测量电偶对两极间的开路电位差。

3. 霍尔电流传感器法

霍尔电流传感器是一种基于霍尔效应原理的电流传感器，能在电隔离条件下测量直流、交流、脉冲及各种不同规则波形的电流。其具体工作原理是：当原边导线经过电流传感器时，原边电流 I_p 会产生磁力线，原边磁力线集中在磁芯气隙周围，内置在磁芯气隙中的霍尔元件可产生和原边磁力线成正比的、大小仅为几毫伏的感应电压，通过后续电子电路可把这个微小的信号转变成副边电流 I_s，I_s 可精确反映原边电流。两者之间存在以下关系式：

$$I_s \times N_s = I_p \times N_p \tag{8-56}$$

式中，I_s 为副边电流；I_p 为原边电流；N_p 为原边线圈匝数；N_s 为副边线圈匝数；N_p/N_s 为匝数比，一般取 $N_p = 1$。该方法可测直流和交流、精度高和隔离好，测量时无需断开电路，但响应速度不够快，小电流精度较低。

4. 磁通门电流传感器法

磁通门（磁调制）是利用被测磁场中高导磁率磁芯，在交变磁场的饱和激励下，磁感应强度与磁场强度的非线性关系来测量弱磁场的一种方法。磁通门电流传感器利用这种原理来测量电流所产生的磁场，从而达到间接测量电流的目的。磁通门电流传感器的分辨率高、测量弱磁场范围宽、可靠、能够直接测量磁场的分量，测量时无需断开电路，但不能测量交流电流。

8.5.3　牺牲阳极发生电流监测

外加电流系统的整流器或恒电位仪通常内置电流检测电路，基本可实现输出电流的监测。牺牲阳极系统采用焊接或连接件安装，一般需通过外加装置来监测发生电流。牺牲阳极发生电流监测的实质是电流监测，可采用上述电流检测技术。具体采用何种电流检测技术，需根据牺牲阳极系统的特点来确定：①当监测电路不允许断开时，可采用霍尔电流传感器或磁通门电流传感器；②当监测电路允许断开，且测试仪带有电流测试功能时，可直接测量电流；③当监测电路允许断开，但测试仪只能监测电压时，可采用标准电阻法。

牺牲阳极阴极保护的本质是电偶腐蚀。对于电偶腐蚀，在活化极化控制体系中，电偶电流 I_g 可表示为电偶电位 E_g 处电偶对阳极金属上局部阳极电流 I_g 与局部阴极电流 I_c 之差：

$$i_g = i_a - i_{corr} \exp\left[-\frac{2.303(E_g - E_{corr})}{b_c}\right] \tag{8-57}$$

式中，i_a 为电偶对中阳极金属的真实溶解电流；E_{corr} 和 i_{corr} 分别为电偶对阳极金属的自腐蚀电位和自腐蚀电流；b_c 为阳极金属的阴极 Tafel 常数。

对式（8-57）来说，如果 $E_g \gg E_{corr}$，即形成电偶对后阳极极化很大；$i_g \gg i_a$，此时电偶电流等于电偶对中阳极金属的溶解电流；如果 $E_g \approx E_{corr}$，即形成电偶对后阳极极化很小，则 $i_g = i_a - i_{corr}$，此时电偶电流等于电偶对中阳极金属溶解电流的增加量。在扩散控制体系中，电偶对中阳极金属的溶解电流 i_a 与电偶电流 i_g 及电偶对中阳极金属面积 S_a、阴极金属面积 S_c 的关系为

$$i_a = i_g \left(1 + \frac{S_a}{S_c}\right) \tag{8-58}$$

$$E_g = E_{corr} + b_a \lg \frac{S_a}{S_c} \tag{8-59}$$

对于大型钢结构阴极保护而言，$S_c \gg S_a$，因此 $i_a \approx i_g$，即牺牲阳极的发生电流等于两者之间的电偶电流，因此通过标准电阻法监测到的电流可认为牺牲阳极的发生电流。通过发生电流对时间的积分可得电量，然后根据阳极实际消耗率及电流效率便可得到牺牲阳极的消耗量 W_u，具体如下

$$W_u = E \times \int_0^t i_a \mathrm{d}t \tag{8-60}$$

式中，i_a 为牺牲阳极发生电流，A；E 为牺牲阳极消耗率，kg/(A·a)。牺牲阳极剩余使用寿命的计算公式如下

$$t_{re} = \frac{W_0 \mu - W_u}{E I_m} \tag{8-61}$$

式中，t_{re} 为牺牲阳极的剩余使用寿命，a；W_0 为牺牲阳极的初始净重，kg；μ 为牺牲阳极利用系数，取值可参考第 5.2.3 小节；I_m 为墩台钢管的维持保护电流，A。I_m 可以通过监测电流来确定，也可直接采用设计维护电流。使用过程中时，为使评估寿命更准确，可做适当修正。

通过牺牲阳极发生电流的变化还能判断海港工程钢结构所处环境、涂层状态或牺牲阳极工作状态有无改变，下面是几种典型的情况：①当钢结构附近海泥面由于回淤升高时，相应的发生电流会有所下降；②当钢结构涂层的破损面积增大时，发生电流也会有所提高；③当牺牲阳极被海泥掩埋后，保护电位正移，发生电流会下降；④当牺牲阳极、钢结构、海水组成的回路出现断路时，发生电流变为零，钢结构的保护电位正移；⑤当钢结构表面的 Ca^{2+}、Mg^{2+} 沉积层被破坏时，长期稳定的发生电流会突然变大。

8.5.4　阴极保护度

阴极保护度是指通过阴极保护使钢结构腐蚀速率减小的百分数，可用于直观判断阴极保护效果。在海港工程钢结构中，常通过对比腐蚀挂片在阴极保护状态下和非保护状态下的腐蚀速率来测定阴极保护度。图 8-42 为典型的腐蚀挂片。阴极保护度 P 可按式（8-62）计算：

$$P = \frac{V_0 - V_1}{V_0} \times 100\% = \left(\frac{W_0 - W_1}{S_0 t} - \frac{W_{p0} - W_{p1}}{S_1 t_p} \right) \bigg/ \frac{W_0 - W_1}{S_0 t} \qquad (8\text{-}62)$$

式中，V_0 为非阴极保护状态下挂片的腐蚀速率；V_1 为阴极保护状态下挂片的腐蚀速率；W_0、W_1、S_0、t 分别为非阴极保护状态下挂片的原始质量、腐蚀并经清除腐蚀产物后的质量、表面积和安装时间；W_{p0}、W_{p1}、S_1 和 t_p 分别为阴极保护状态下挂片的原始质量、腐蚀并经清除腐蚀产物后的质量、表面积和安装时间。阴极保护效率越大，说明阴极保护的效果越好。海港工程钢结构在水位变动区的保护度取 $20\% \leqslant P < 90\%$，在水下区的保护度取 $P \geqslant 90\%$。

图 8-42　腐蚀挂片

8.5.5　阴极保护电流密度监测

阴极保护电流密度是指被保护构筑物单位面积上所需的保护电流。阴极保护电流密度的大小对阴极保护效果有着重要影响，当保护电流密度过小时，海港工程钢结构的保护不足；当保护电流密度过大时，不仅造成经济损失，而且可能出现过保护。由于阴极保护系统自身的特点，其使用寿命通常小于结构寿命，因此阴极保护系统在服役过程中常需进行延寿设计。然而，由于实际海洋环境的复杂性，钢结构实际所需的保护电流密度往往有别于设计所选用的保护电流密度值。若在阴极保护系统服役过程中，对保护电流密度进行监测，并结合其保护电位的情况，则可为阴极保护延寿设计提供重要数据，从而使设计更合理。

阴极保护电流密度监测的基本思路：在施加阴极保护的钢结构与已知面积的集流板间安装电流传感器，实现两者电连接，此时监测到的流

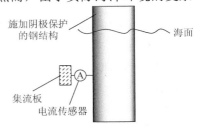

图 8-43　阴极保护电流密度监测的
原理示意图

向集流板的电流就是集流板所需的保护电流。由于集流板的面积已知，将监测到的保护电流除以面积便可得到相应的保护电流密度。另外，由于集流板与钢结构电连接，且所处环境相同，因此两者的保护电位相近。那么，通过集流板监测到的保护电流密度就是使钢结构达到相应保护电位所需的电流密度。图 8-43 为阴极保护电流密度监测的原理示意图。

8.6　海港工程构筑物腐蚀与防护监测系统

腐蚀与防护监测传感器实质是一种功能模块，其作用是将腐蚀与防护信息转换为电信号或数字信号。传感器只是腐蚀与防护系统的前端部分，必须配以相应的信号发生及控制装置，数据采集、储存及传输装置和计算机及相应软件才能构成完整的监测系统。图 8-44 为腐蚀与防护监测系统的示意图。腐蚀与防护监测系统由数据采集系统、数据传输系统、监控终端和辅助支持系统等部分构成。

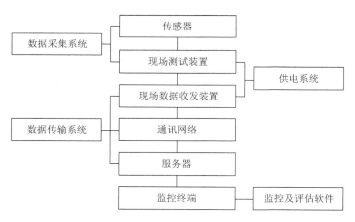

图 8-44　腐蚀与防护监测系统示意图

8.6.1　数据采集系统

数据采集系统由传感器及现场测试装置构成。传感器将结构的腐蚀和防护信息转变为电信号或数字信号。现场测试装置的功能是实现腐蚀与防护信号的数字化转换，并根据上位机指令进行信号激励和数据采集。某些现场监测装置还可根据电化学动力学方程进行腐蚀速率计算。

8.6.2　数据传输系统

数据传输系统的作用主要是数据传输，其包括现场数据收发装置、通信网络和服务器三个部分。现场数据收发装置的主要功能是实现现场采集数据的发射和控制终端指令的接收。通信网络，是数据传输的通道，常用的无线模式有蓝牙、无线电、GPRS、GSM、CDMA、3G 网和 4G 网等。其中，GPRS、GSM、CDMA、3G 网、4G 网由于依托无线网络运营商，覆盖范围广。服务器具有开放主机端口，直接通过无线传输网和因特网接受现场的数据并加以储存，然后根据监控终端的请求提供相应服务。目前，腐蚀与防护监测系统的采集信息量和采集频率一般，采集地点多在码头区域，因此数据传输多采用网络覆盖范围广、信号强，且信息量传输量适中的网络，如 GPRS、GSM、3G 网等。

8.6.3　监控终端

监控终端由装配监控和评估软件的计算机（或其他可运行软件的平台，如手机、平板电脑等）和相关辅助设备构成。其主要功能是基于终端计算机对数据采集系统进行自动巡检、指令操控、数据储存和实时显示。监控软件可实现多监测点动态数据库管理，集成评估分析软件，根据历史数据对未来发展趋势进行预测，评估腐蚀与防护状态。一个监控终端可监控多套腐蚀与防护监测系统，而一套腐蚀与防护监测系统也可有多个监控终端，这有助于管理部门和专业机构对阴极保护系统的协同维护管理。

8.6.4　辅助支持系统

辅助支持系统包括为现场监测装置提供电源的供电系统，以及支持系统正常安装运行所需的其他材料和构件，如护线管、电缆、接线箱、绑扎带等。辅助支持系统也是远程防腐监测系统的重要组成部分，一般需根据结构特征和监测系统的特点确定，是保障监测系统正常安装和运行的关键环节。

8.6.5　监测系统工作原理

腐蚀与防护监测系统的工作原理如下：通过监控终端对服务器设置指令，按照指令控制，数据采集系统定时读取电位值，再通过无线传输网络发送至服务器，并保存备份至数据库。用户通过监控终端及所配软件访问服务器，调取和分析所采集的腐蚀与防护信息。腐蚀与防护监测系统的主要功能有：定时采集腐蚀与防护数据并进行判断；定时或手动查询腐蚀与防护状况；对腐蚀与防护数据分析处理，预测腐蚀与防护状况；形成具有检索、查询等功能的腐蚀与防护数据库；输出腐蚀与防护数据；异常数据报警等。

参 考 文 献

曹楚南, 张鉴清. 2002. 电化学阻抗谱导论[M]. 北京: 科学出版社.

曹楚南. 2008. 腐蚀电化学原理[M]. 3 版. 北京: 化学工业出版社.

曹献龙. 2005. ACM 技术研究大气环境腐蚀严酷性[D]. 北京: 机械科学研究院硕士学位论文.

陈建设, 杨栋, 付东宇, 等. 2008. 耦合多电极矩阵传感器在局部腐蚀监/检测中的应用[J]. 材料与冶金学报, 7 (3): 233-238.

陈澜涛, 张三平, 邹国军, 等. 2007. 钢筋混凝土腐蚀监测技术及其应用[J]. 材料保护, 40 (5): 52-55.

丁元力. 2006. 基于护环技术的钢筋混凝土腐蚀监测研究[D]. 武汉: 华中科技大学硕士学位论文.

樊云昌, 曹兴国, 陈怀荣. 2001. 混凝土中钢筋腐蚀的防护与修复[M]. 北京: 中国铁道出版社.

侯守军, 张道平, 孔三喜, 等. 2010. 电子技术基础[M]. 北京: 国防工业出版社.

胡会利, 李宁. 2007. 电化学测量[M]. 北京: 国防工业出版社.

李果. 2011. 锈蚀混凝土结构的耐久性修复与保护[M]. 北京: 中国铁道出版社.

李久青, 杜翠薇. 2007. 腐蚀试验方法及监测技术[M]. 北京: 中国石化出版社.

卢爽. 2010. 基于内置多元传感器监测钢筋混凝土结构腐蚀状态研究[D]. 哈尔滨: 哈尔滨工业大学博士学位论文.

吕冰, 陈正想, 曹平军. 2013. 基于磁通门原理的高精度电流传感器的研制[J]. 电子世界, (13): 60-61.

乔国富. 2008. 混凝土结构钢筋腐蚀的电化学特征与监测传感器系统[D]. 哈尔滨: 哈尔滨工业大学博士学位论文.

施锦杰, 孙伟, 耿国庆. 2011. 恒电流脉冲法研究钢筋在模拟混凝土孔溶液中的腐蚀行为[J]. 北京科技大学学报, 33 (6): 727-733.

宋晓冰, 刘西拉. 2014-11-24. 钢筋混凝土构件中钢筋腐蚀的检测方法: 中国, 1438478A[P].

魏宝明. 1984. 金属腐蚀理论及应用[M]. 北京: 化学工业出版社.

吴建华, 赵永韬. 2003. 钢筋混凝土的腐蚀监测/检测[J]. 腐蚀与防护, 24 (10): 421-427.

吴荫顺, 方智, 曹备, 等. 1995. 腐蚀试验方法与防腐蚀检测技术[M]. 北京: 化学工业出版社.

徐建光, 赵铁军, 陈际洲, 等. 2010. 嵌入式钢筋腐蚀监测系统研究综述[J]. 工程建设, 42 (6): 1-4.

杨列太, 路民旭, 辛庆生, 等. 2012. 腐蚀监测技术[M]. 北京: 化学工业出版社.

杨尊壹. 2011. 基于电化学阻抗的快速腐蚀测试仪的研制[D]. 武汉: 华中科技大学硕士学位论文.

尹擎. 2013. 基于电化学噪声的腐蚀监测技术的研究[D]. 哈尔滨: 哈尔滨工程大学硕士学位论文.

张文锋, 马化雄, 赵立鹏. 2012. 基于光纤传感器的钢筋腐蚀监测技术研究进展[J]. 中国港湾建设, (2): 112-118.

张源, 王佳, 刘在健, 等. 2015. 陈列电极在腐蚀电化学中的应用[J]. 全面腐蚀控制, 29 (01): 81-86.

赵永韬, 吴建华, 赵常就. 2001. 评价混凝土中钢筋腐蚀的恒电量技术[J]. 电化学, 7 (3): 358-366.

朱巨发. 2014. 基于 ModBus 协议的可埋入式钢筋混凝土腐蚀监测仪的设计[D]. 武汉: 华中科技大学硕士学位论文.

BS2 Sicherheitssysteme GmbH. [2017-05-11]. Newest generation of the BS2 corrosion/warning and measurement system [EB/OL]. http://www.bs2-sicherheitssysteme.de/images/data/Corrodec_2G_Data_Sheet_ENG.pdf.

Force technology. [2017-05-05]. CorroRisk Probe[EB/OL]. http://www.forcetechnology.com/en/Menu/Products/Concrete-monitoring/Concrete-monitoring-probes/corrorisksonde.htm.

Force technology. [2017-05-05]. CorroWatch Multisensor [EB/OL]. http://www.forcetechnology.com/en/Menu/Products/Concrete-monitoring/Concrete-monitoring-probes/corrowatchmultisensor.htm.

GB/T 17949.1—2000. 接地系统的土壤电阻率、接地阻抗和地面电位测量导则 第 1 部分: 常规测量[S].

GB/T 50344—2004. 建筑结构检测技术标准[S].

Intertek. [2017-05-11]. Corrosion monitoring systems and sensors to track materials durability in concrete structures [EB/OL]. http://www.intertek.com/WorkArea/DownloadAsset.aspx? id = 43279.

JGJ/T 152—2008. 混凝土中钢筋检测技术规程[S].

JTJ 270—1998. 水运工程混凝土试验规程[S].

JTJ 275—2000. 海港工程混凝土结构防腐蚀技术规范[S].

JTJ 302—2006. 港口水工建筑物检测与评估技术规范[S].

JTS 153-3—2007. 海港工程钢结构防腐蚀技术规范[S].

JTS 239—2015. 水运工程混凝土结构实体检测技术规程[S].

JTS 257—2008. 水运工程质量检验标准[S].

JTS 310—2013. 港口设施维护技术规范[S].

Roctest Telemac Smartec. [2017-04-16]. Concrete corrosion sensor[EB/OL].http: //www.mesurex.com/wp-content/uploads/ 2012/01/SDS-16.1010-SensCore-Corrosion-Current-Sensor.pdf.

Rohrback Cosasco System Inc. [2017-05-05]. 900 Concrete Multi-Depth Sensor [EB/OL]. http: //www.tmag.com.cn/ tmag/cn/uploadfile/900_concrete.pdf.

Sensortec GmbH. [2017-05-05]. Specification of the anode ladder corrosion sensor [EB/OL]. http: //www.sensortec.de/images/pdf/Installation_manual_AL_eng.pdf.

Septopod. [2017-05-11]. Septopod sensor for profiling corrosion avtivity of concrete *in situ* [EB/OL]. http: //www.amphorandt.com/pdf/Septopod.pdf.

Shi X, Ye Z, Muthumani A, et al. [2017-05-11]. A corrosion monitoring system for existing reinforced concrete structures[EB/OL]. https: //ntl.bts.gov/lib/55000/55100/55105/SPR736_CorrosionMonitoring.pdf.

Song H W, Saraswathy V. 2007. Corrosion monitoring of reinforced concrete structures-A review[J]. International Journal of Electrochemical science, 2: 1-28.

Virginia Technologies Inc. [2017-05-11]. Embedded corrosion instrument model ECI-2 product manual[EB/OL]. http: // corrosioninstrument.com/wp-content/uploads/2014/05/ECI2-product-manual-rev-1-2.pdf.

第9章 海港工程构筑物防腐蚀工程案例

9.1 综合延寿技术在国外某沿海码头钢管桩上的应用

9.1.1 工程概况

某港口地处北非西海岸，面向大西洋开敞，海况恶劣，距赤道近，气候炎热、干燥，海水中含盐量高，钢材在海水中腐蚀严重。码头、引桥钢管桩采用日本产CR4B钢，设计高水位 1.69 m，设计低水位 0.25 m。引桥共 507 根钢管桩，直径为 $\Phi500$ mm，上部壁厚 16 mm，下部壁厚 14 mm；码头共 1007 根钢管桩，直径为 $\Phi700$ mm，上部壁厚 19 mm，下部壁厚 16 mm。自大气至水下−2 m 处的钢管桩外壁采用 300 μm 厚的环氧沥青漆进行防腐；−2 m 以下为裸钢，采取外加电流阴极保护方式进行防腐。原保护系统 1985 年投入使用，在 25 a 后达到保护年限，钢结构已出现了不同程度的腐蚀，防腐涂层有剥落现象，逐渐发展为大面积剥落并返锈。为确保码头的耐久性和使用安全，亟需对码头钢管桩防腐系统进行修复。现场照片及钢管桩锈蚀状况见图 9-1。

图 9-1 码头钢管桩锈蚀照片

9.1.2 防腐设计

港口码头防腐蚀普遍采用阴极保护与结构表面涂层联合的方法，或将两者分开单独使用，即采用涂层保护钢管桩最低潮位以上的部位。而阴极保护用于水下及泥面以下部分。为确保该码头钢管桩的安全使用和耐久性，在传统防腐保护方法的基础上，对腐蚀最严重的区域采用了 PTC 包覆防腐技术，并通过采取涂料、包覆和牺牲阳极阴极保护三种防腐方法的有效结合，保证钢管桩具有更长久、更全面、更有效的保护效果，同时也大大减少了工程成本，达到了技术和经济上的统一，最大程度上符合了第三世界国家的经济状况和技术要求。

1. 涂层设计

目前用于海工钢结构防腐蚀的涂料有很多种，根据成膜物质的不同，防腐涂层可分为有机涂层和无机涂层两种。尽管这两种类型的涂料皆有众多的品种和成熟涂装配套，但要选择适合该工程的涂料，需同时考虑产品性能与经济性。海港钢结构防腐涂装的保护效果和使用寿命在很大程度上取决于所选用的涂装配套、表面清理质量和施工环境条件。本工程技术规格书要求涂层的保护年限为 10a。

经过对比分析并结合涂层保护年限要求，引桥钢梁及钢管桩桩帽以下设计高水位 + 1.69 m 以上的部位采用环氧沥青漆进行修复，环氧沥青漆具有优异的耐海水、耐原油及良好的耐化学药品性和防锈性能，且价格低廉，适合第三世界国家经济状况。钢管桩设计高水位 + 1.69 m 以下中潮位 + 0.69 m 以上的部位采用无溶剂环氧涂料进行修复，该部位在低潮时每天均有一定时间的暴露，低潮时属于浪溅区，钢管桩表面潮湿，无溶剂环氧涂料是一种高性能的耐水、耐腐蚀、耐化学品性的长效涂料，不含挥发性溶剂，不污染环境，可在潮湿金属表面固化，具有良好的耐蚀性，与钢结构表面的附着力强，可达 10 MPa 以上，同时还具有良好的抗阴极剥离性能，可与阴极保护技术联合使用。

2. 包覆设计

本工程钢管桩位于中潮位以下至 0 m 水位以上区域属于水位变动区，无溶剂环氧涂料修复难以保证涂层的质量，因此考虑使用包覆防腐蚀技术对该区域进行修复。通过对多种包覆技术的经济性及保护效果的对比，选用 PTC 矿脂包覆防腐蚀技术对该区域进行修复。

3. 阴极保护设计

本工程属于修复工程，设计要求的保护年限为 15 a。从适用性、安全性和经济性等方面综合考虑，采用牺牲阳极阴极保护对钢管桩水中及泥下部位进行保护。表 9-1 为引桥和码头钢管桩的保护面积和保护电流。根据码头环境及各类牺牲阳极的特点，选用铝合金牺牲阳极，表 9-2 为所采用铝合金牺牲阳极的成分。本工程选用钢管桩牺牲阳极的规格尺寸为（850 + 800）mm×（210 + 180）mm×180 mm，每块阳极的合金净重为 76.7 kg/块，毛重为 85.0 kg/块，共 1841 块阳极。为明确阴极保护状态下钢管桩的腐蚀状况，本工程设置了 10 套钢质腐蚀试片组，材质为 Q345B，尺寸为 200 mm×100 mm，厚度为 10 mm。每套腐蚀试片组有 6 块试片，其中 3 块处于阴极保护状态，另 3 块处于自然腐蚀状态。为便于掌握钢管桩阴极保护效果，工程还设置了 10 个阴极保护电位检测点，分布于引桥和码头，每个检测点安装 1 个 AgCl 参比电极。

表 9-1　引桥和码头钢管桩的保护面积和保护电流

	保护面积/m²	初期电流/A	维护电流/A	末期电流/A
引桥	1091.58	454.43	312.58	343.51
码头	4597.26	2745.63	1583.70	1858.06
合计	5688.84	3200.06	1896.28	2201.57

表 9-2　牺牲阳极的成分

化学成分	Zn	In	Cd	Si	Fe	Cu	Pb	Al
含量/%	2.7～5.75	0.015～0.040	≤0.002	≤0.12	≤0.09	≤0.003	无	余量

9.1.3　施工过程

1. 搭建作业平台

该码头引桥每排架有 4 根钢管桩，且墩台距离海平面较高，施工高度达到 6 m，对修复施工十分不利。根据这一特殊条件，对引桥的施工采用可手动升降式浮筏搭建作业平台，浮筏可以在水中频繁移位更换作业排架，且通过手动葫芦上下升降以便于不同高度的施工，现场工作平台如图 9-2 所示。在进行码头钢管桩施工时，由于施工高度为 2 m 左右，可根据潮汐情况进行调整，在低潮时将浮筏驶入码头下部即可进行施工，无需上下升降。

图 9-2　施工现场作业平台照片

2. 钢管桩表面处理

采用喷砂的方式，利用压缩空气的压力，连续不断地用石英砂或铁砂冲击钢构件的表面，把钢材表面的铁锈、油污等杂物清理干净，露出金属钢材本色。钢材表面无可见的油脂、污垢、氧化皮、铁锈和油漆涂层等附着物，任何残留的痕迹应仅是点状或条纹状的轻微色斑。用干燥、洁净的压缩空气清除浮尘和碎屑，清理后的表面不得用手触摸。

表面处理后使用除锈等级样板进行比照，达到 Sa2.5 级（ISO 8501-2）。清理后的钢结构表面及时喷涂底漆，涂装前如发现表面被污染或返锈，应重新清理至原要求的表面处理等级。图 9-3 为钢管桩现场喷砂除锈施工。

图 9-3　钢管桩现场喷砂除锈施工

3. 涂刷涂料

涂料的涂装方式采用滚涂工艺进行，使用电动搅拌枪将涂料充分搅拌均匀，将涂料倒入托盘，用涂料滚筒蘸料涂刷第一道，滚筒轨迹相互重叠，使漆膜厚度均匀，注意将蚀坑部位填满，以保证漆膜光滑平整、颜色均匀一致。无气泡、流挂、开裂及剥落等缺陷。待上层漆膜已经干燥时进行下一道涂层施工。钢管桩涂装照片及涂装后钢管桩的表面状况见图 9-4。

4. 安装包覆防腐系统

用铲刀除去钢管桩表面附着的海生物、浮锈和其他异物，表面处理等级达到 St2 标准即可。在保护罩下端安装支撑卡箍，将两个半圆卡箍用螺栓紧固，再在卡箍相应固定孔上安装固定螺栓。在钢管桩表面涂抹防蚀膏，凹坑和缝隙处应用防蚀膏填满，使防蚀膏在钢结构表面均匀分布为一层完整的保护膜。涂抹完防蚀膏后，立即进行缠绕防蚀带作业，起始处首先缠绕两层，然后依次搭接 1/2。用手用

图 9-4　涂层施工及施工后状况

力拉紧、铺平防蚀带，将里面的空气压出，保证被缠绕处无气泡出现，钢桩各处均有两层以上防蚀带覆盖。在防蚀带外安装两块保护罩，用不锈钢螺栓紧固。保护罩的两个端部用水中固化型环氧树脂密封。图 9-5 为钢管桩经 PTC 包覆修复完成后的照片。

图 9-5　钢管桩经 PTC 包覆修复完成后的照片

5. 安装牺牲阳极

由潜水员佩带好潜水器具，将需要焊接的位置在水下用刮铲将生长在钢管桩上的海生物铲除干净。然后，通过绑扎绳将牺牲阳极吊装定位，并使阳极的两焊脚紧贴在钢桩上，随后采用水下焊接工艺对牺牲阳极进行水下焊接。水下焊接采用 TS 208 水下专用焊条，要求每条焊缝有效长度大于 80 mm，有效截面高度大于 5 mm，焊缝饱满、连续、平整、无虚焊，焊接牢固。图 9-6 为牺牲阳极的安装情况。

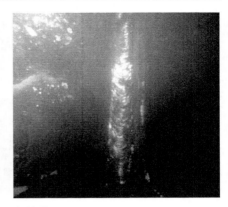

图 9-6　牺牲阳极安装的安装情况

9.1.4　钢管桩防腐修复后效果

本工程将防腐保护分成四个区域,大气区及浪溅区采用环氧煤焦油沥青漆保护,高潮位区采用无溶剂环氧涂料保护,中、低潮位采用包覆防腐蚀技术保护,水下区和泥下区采用牺牲阳极阴极保护。每个区域均采用了经济、适宜的技术,在满足性能、工艺和质量要求的同时,也解决了在役钢结构水位变动区、浪溅区涂料难修复的难题,实现了经济和技术的统一,满足了业主对工程高质量、低造价的严格要求。检测表明,涂层和包覆系统结构完好,未出现缺陷,保护电位处于 $-1014 \sim -910 \, mV$ 之间,满足设计要求,预期可为码头钢管桩提供良好的防腐保护。图 9-7 为引桥及码头钢管桩防腐修复后的效果。

图 9-7　引桥及码头钢管桩防腐修复后的效果

9.2　涂层和外加电流阴极保护联合保护北方某码头钢管桩

9.2.1　工程概况

北方某码头为 30 万 t 级原油码头工程,由 1 座工作平台、2 座靠船墩、6 座系缆墩和 4 个栈桥墩组成。码头共有 204 根钢管桩，其中直径 1200 mm 的桩 154 根、直径 1400 mm 的桩 50 根，钢管桩材质为 Q345B，设计使用年限为 50 a，为确保码头在设计年限内安全运行，首先在结构设计上采取措施，将混凝土桩帽的底标高设定在平均中潮位以下，大大减少了钢管桩暴露在空气中的表面积，避开了腐蚀最严重、防腐蚀措施的有效性和耐久性都受到质疑的浪溅区。根据结构设计，设计低水位为 + 0.50 m，设计高水位为 + 4.30 m，因此码头钢管桩处在水位变动区、水下区和泥下区三个区域。另外，该码头是原油码头，在设计阴极保护时，还需充分考虑到防爆安全要求。表 9-3 为码头的自然条件统计表。

表 9-3　码头自然条件统计表

海洋大气		海水	
平均相对湿度	65%	pH	8.1±0.2
最大相对湿度	100%	含盐量	2.8%～3.3%
最小相对湿度	3%	溶解氧量	3～8 mg/L
		电阻率	20～30 Ω·cm
		海水流速	约 1.5 m/s

9.2.2　钢管桩防腐设计要求和技术指标

1. 设计要求

针对码头钢管桩自身和所处环境的实际情况，通过技术论证和经济比较，对码头部分钢管桩水位变动区和部分水下区采用阴极保护与长寿命防腐涂层联合保护，对钢管桩其余水下区和泥下区（裸露部分）采用阴极保护单独保护。

2. 技术指标

（1）码头上浸入海水中的钢管桩采用外加电流阴极保护，保护年限为 50 a；输油管道引桥主固定墩的钢管桩采用牺牲阳极保护，保护年限为 30 a，30 a 后重新安装牺牲阳极使寿命达到 50 a。

（2）涂层的设计使用寿命为 20 a。工程交付后，应根据涂层的缺陷情况以及钢管桩的保护效果，重新修复防腐涂层，使其保护寿命达到 50 a。

（3）根据所选涂料产品的性能指标和规范的要求，本工程对保护电位实施严格监控措施，使阴极保护最大负电位控制在 −1.10 V（相对于 Ag/AgCl 参比电极，下同）以下，避免防腐涂层因析氢而导致电剥离损坏；有效保护期限内，钢管桩水位变动区、水下区的最小负电位确定为 −0.80 V。

（4）在有效保护期内，钢管桩的腐蚀得到有效抑制，表面上基本无锈蚀，壁厚无明显减薄，码头基本维持现状且安全运行（其他因素造成的损坏除外）；

（5）本工程的外加电流阴极保护系统可以对钢管桩的保护电位进行实时监控。

9.2.3　涂层方案

（1）钢管桩涂层保护范围。根据码头的结构特点和工况，并为避免截桩的影响，涂层保护范围如下：栈桥钢管桩桩顶以下 0.1～10.0 m 涂装，靠船墩钢管桩桩顶以下 1.4～10.0 m 涂装，工作平台和系缆墩钢管桩桩顶以下 1.2～10.0 m 涂装。

（2）表面处理等级要求。本工程钢管桩采用喷砂除锈，其清洁度等级为 Sa2.5 级，表面粗糙度为 Rz40～70 μm。

（3）防腐涂料要求。本工程使用海工结构水下专用重防腐涂料，喷涂工艺采用高压无气喷涂，涂装道数不少于 3 道，涂装总厚度 800 μm。

9.2.4　阴极保护方案

通过从技术工艺、工程施工、维护管理和工程成本等方面进行比选，本工程的码头部分采用外加电流阴极保护，而输油管道引桥主固定墩的钢管桩采用牺牲阳极阴极保护。下文主要介绍外加电流阴极保护系统的情况，主要包括辅助阳极的选定、直流电源、参比电极、监控系统、电缆、电连接、材料及设备的安全选型等内容。牺牲阳极阴极保护系统在此不展开介绍。

1. 辅助阳极的选定

本工程所用辅助阳极应满足 GB/T 7388—1999 的要求，具有良好的水密性，接头绝缘电阻应大于 1 MΩ，耐用年限应与阳极体设计使用年限一致（≥50 a）。在辅助阳极使用过程中，阳极表面会有氯气生成，可能对绝缘座、绝缘密封材料、靠近阳极的支架或阳极保护套管产生破坏作用，因此辅助阳极应采用耐海水、耐碱、耐氯气腐蚀的材料制成。辅助阳极的材料及几何形状应根据设计使用年限、使用条件、被保护钢结构的形式、阳极材料的性能和适用性综合确定。

根据技术经济分析，本工程选用进口混合金属氧化物涂敷钛阳极，规格为 $\Phi 25$ mm×1000 mm，额定输出 50 A 以上，具有质量轻、易安装、输出电流密度高等优点，而且一次使用寿命长，达到 50 a 以上。本工程需安装辅助阳极 44 个，安装方向、角度及标高应符合施工图的要求。同时，应采取适当防护措施，以免阳极在搬运和安装过程中受损，确保阳极接头和连接电缆的绝缘密封性能。

2. 直流电源设备

根据码头所处的环境和码头设计要求，直流电源应具有如下性能：①技术性能稳定可靠，环境适应性强；②设有防腐蚀和防干扰的金属外壳；③性能指标、适应环境的能力满足 CB 3220 的规定；④根据使用条件、辅助阳极的类型、被保护结构所需电流和保护系统回路电阻计算确定整流器的输出电流、输出电压；⑤整流器应符合 IEC 60529 中的防护等级要求；⑥满足 50 a 的使用要求。

根据上述原则，本工程选用硅整流器作为直流电源，其性能指标如下：①交流电输入：400 V，三相，50 Hz；②直流电输出：450 A，20 V；③油冷式、钢外壳，涂料和聚合物防腐，防暴等级达 EEx od Ⅱ B T5，防护等级 IP65，并安装门式联锁保险盒；④可通过参比电极和监控设备进行自动控制；⑤硅整流器的使用寿命要求超过 25 a，同时应当配备设计使用寿命内的易损备件，以便整流器出现故障时及时维修。

综合考虑码头结构型式、平面布置条件、维护管理和经济因素等因素，本工程共设置 5 台硅整流器，分散布置于工作平台，其交流输入端应安装外部切断开关，且设置有通风、防腐蚀和防飞溅的金属外壳，该金属外壳应妥善接地，接地电阻小于 4 Ω。硅整流器的安装施工按照 GB 50254 的有关规定执行。

3. 参比电极

外加电流阴极保护系统的参比电极应具有如下性能和特点：①极化小、稳定性好、不易损坏，并适用于所处的海水介质；②在干燥状态下，其电极体或导电杆与电极水密罩或填料函间的绝缘电阻应大于 1 MΩ；③水密性能优异，其在 196 kPa 水压、历时 15 mim 的水压试验时应不渗水；④使用寿命长，安装后其使用寿命不少于 20 a，20 a 后通过更换新的参比电极以达到设计使用年限；⑤参比电极规格、型号、技术质量指标应满足 GB/T 7387—1999 的规定。

根据对比分析，本工程选用长效 Ag/AgCl 参比电极作为检测、监控用电极，共安装参比电极 17 个。在安装过程中，参比电极测量电缆与接地电缆不存在水中接头，水上接头应采取严格的绝缘密封措施。电缆在敷设时，留有适当的长度余量。参比电极电缆接线盒也采取了绝缘密封措施。

4. 监控系统

监控系统的工作流程为：通过安装于整流器中的信号采集模块，收集钢管桩保护电位数据及整流器的工作参数，由控制电缆将收集到的信息传输到集中发射装置，通过终端计算机接收模块收集并处理各发射装置输出的数据，控制人员可以通过监控软件，监测系统工作情况，并可根据情况，发出相应的调整指令，构成远程控制系统。

信号采集模块安装于整流器中，其防护条件与整流器相同，无需增加特殊防护措施。集中发射装置安装于整流器之外，其钢质外壳的防护措施如下：表面清理清洁度 Sa2.5 级，表面粗糙度 Rz50～80 μm，冷镀锌或有机富锌底漆（50 μm），环氧底、中漆（各 60 μm），聚氨酯面漆（50 μm）；防护等级：IP65。

5. 电缆

阴极保护用电缆包括电源电缆、阳极电缆、阴极电缆和监控系统测试电缆。阳极电缆和阴极电缆通常采用多股铜芯电缆，电缆护套具有连好的绝缘、抗老化、耐海洋环境和海水腐蚀性能。参比电极测量电缆应选用耐海水腐蚀和耐老化的屏蔽电缆。参比电极电缆应与动力、电源电缆保持适当距离，不得与动力电缆、阴极电缆和阳极电缆使用同一个电缆套管，其屏蔽层必须接地。电缆应采用钢管或聚氯乙烯管加以保护，或敷设于加盖的电缆管沟中，不应暴露于日光暴晒和腐蚀性较强的环境中。电缆套管或管沟中的电缆分类固定于电缆支架上，当采用钢质电缆支架时，应根据所处环境采取相应的防腐措施。

6. 电连接

由于每根钢管桩的状态不尽相同，为保证阴极保护电位的均匀性，整体得到一致的良好保护，各墩台钢管桩用钢筋电连接形成一个保护整体，电连接是在混凝土浇注前通过桩芯混凝土中钢筋与钢管桩焊接，桩芯混凝土中钢筋再与底层结构钢筋焊接连接而成，码头各结构段之间的电连接采用 U 形柔性材料。

7. 设备及材料的安全选型

该原油码头属于易燃易爆环境，外加电流阴极保护设计和施工必须严格按照 GB 50058 的规定执行。阴极保护系统安装时要求尽量远离危险区域，消除安全隐患，并遵守以下两个原则：①降低点燃源周围出现爆炸性气体环境的可能性；②消除点燃源。设备及材料的安全选型情况如下所示。

（1）整流器。整流器安装的位置与工作码头输油臂之间的最小间距不小于 30 m，且处于露天环境中，处于非爆炸危险区域。本码头所装卸货物危险等级最高为 II B T3，而本工程选用的整流器安全级别为 EEx od II B T5 级，属于隔爆型防爆结构，适用爆炸危险 2 区、II B 类爆炸性物质、T5 级安全防爆要求，满足防爆要求。

（2）接线盒。在阴极保护设计中，可能有部分接线盒处于危险 1 区，其他各处的接线盒均处于危险 2 区。本工程选用沈阳北方防爆电器有限公司的 BJX52 系列防爆，其防爆等级为 Exd II B T6 的，能够满足爆炸危险 1 区、II B 类爆炸性物质、T6 温度组别的防爆要求。同时为了进一步提高接线盒的安全防爆能力，将在接线盒里浇注环氧树脂，使之具有浇封型防爆结构的防爆能力，进一步提高了安全性。

（3）辅助阳极和参比电极防爆措施。由于辅助阳极及参比电极均安装在水中，处于非爆炸危险区，本工程使用的阳极和参比电极水下接头部分采用环氧树脂浇注密封，属于浇封型防爆式。其安全效能要远优于隔爆型和增安型。同时阳极尾线和参比电极尾线为通长电缆，严禁电缆有中间接头。

（4）阴极连接板的防爆措施。阴极连接板在布置时，要求尽量远离高危险区。连接钢板与钢结构焊接时采用双面焊接，焊缝应连续饱满，使其具有较大的连接面积。连接板的电缆接头部分使用环氧树脂浇注填充，并尽可能浇注在混凝土中。

（5）电缆的安全使用。本工程所使用电缆将全部使用通长电缆，严禁有中间接头，选用电缆额定电压为 0.6/1 kV 远大于设计工作电压，导线截面 10～120 mm²，具有较大的载流能力。整流器具有较高的额定工作电流和工作电压，在正常使用时，电缆上实际通过的电流远小于电缆的最大允许通过电流。同时具有短路保护和过载保护，不会出现意外的大荷载情况。为避免电缆受外力断裂，产生点燃源的风险。本工程所用电缆在墩台下穿入导管中，并牢固定位；在墩台上全部安装入电缆桥架中，并要求敷设时应留有适当的长度余量。

（6）系统的接地。各仪器设备及其外壳按照 GB 50058—2014 的相关要求接地。

9.2.5　钢管桩的防腐检测

该工程从 2006 年投入至今，每年都有专业检测单位进行常规检测。通过检测发现，涂料目前状态良好，未发现明显鼓泡、锈蚀、剥离等破损现象。外加电流阴极保护系统的整体平均保护电位在规范及原设计要求范围内，保护系统目前运行状态良好。图 9-8 和图 9-9 分别为 2014 年涂层外观检测和外加电流阴极保护系统的检测照片。

图 9-8　钢管桩涂层的外观状况　　　图 9-9　钢管桩外加电流阴极保护系统的
　　　　　　　　　　　　　　　　　　　　　　　　　电缆敷设状况

9.3　某码头钢管桩的腐蚀防护及效果调查

9.3.1　工程概况

某码头的桩台采用高桩梁板结构，水工建筑物包括码头、引桥及接岸结构。码头总长度为 310 m，顶标高为 6.0 m，前沿水深为−16.0 m。码头基础为 Φ800 mm 和 Φ1000 mm 的钢管桩，材质 Q345B，分别为 130 根和 178 根。

9.3.2　防腐方案

为减缓钢管桩在海洋环境中的腐蚀，延长钢管桩的使用寿命，需对钢管桩进行腐蚀防护。本工程根据现行行业标准 JTS 153-3 的要求和码头实际特点提出了相应的防腐方案，具体如下所示。

（1）材料的选择及腐蚀裕量。选用耐海水腐蚀能力较强、强度较高的低合金钢 Q345B 钢材，并预留适当的腐蚀裕量。

（2）不同区域防腐措施的选择。综合考虑施工的便利性、成本及本港区钢管桩的防腐传统及实际效果，采用涂层与阴极保护联合保护的方式对码头钢管桩进行腐蚀防护。其中，大气区和浪溅区采用涂层保护；水位变动区采用涂层和阴极保护联合保护；其余部位采用阴极保护。考虑到打桩至竣工总体时间较短，无需另外增设施工期的防腐措施。为保障裸钢始终处于水下，防腐涂层的范围确定为从桩顶至极端低水位减 1 m。

（3）阴极保护技术的选择。从总体上看，牺牲阳极和外加电流两种阴极保护方式，如果设计合理、施工规范、维护得当，那么选择两者中的任何一种都能达到满意的保护效果。本工程综合考虑码头运行管理的实际特点，以及牺牲阳极运行维护费用低、不会产生过保护、施工技术简单，平时无需专人管理等优点，选择牺牲阳极阴极保护的方式保护钢管桩。

（4）阴极保护远程监测系统。尽管牺牲阳极阴极保护系统具有众多优点，但也存在一些不足之处，如驱动电位低、电流调节范围窄、污损等。为实时掌握钢管桩的阴极保护状况，本工程还在部分钢管桩上安装了远程监测系统，实时监测钢管桩的保护效果，以便及早发现隐患，并及时采取预防措施。

9.3.3　防腐涂层

海洋腐蚀环境复杂多变，风浪影响大、盐度高、干湿交替严重，且涂层的设计保护年限需达 30 a。因此，需选择耐盐雾性强、耐老化性能好、使用寿命长、耐候性良好，且具有适当强度的涂料。综合比较涂料的性能、经济性和实际使用效果，本工程选择在该港区常用的环氧重防腐涂料。基本要求如下：钢管桩表面处理至少应达到表面清洁度为 Sa2.5 级和表面粗糙度 60～100 μm。环氧厚浆型重防腐涂料，涂装道数不少于 3 道，涂层总干膜厚度不少于 1000 μm。为保证涂料的施工质量，对涂装过程进行了定期跟踪检查，严格控制表面清洁度、表面粗糙度、涂层厚度和涂层外观等关键指标。总体来看，由于施工条件较好（在预制场中）、质量控制严格、施工队伍涂装技术熟练，涂层质量达到了预期效果。

9.3.4　牺牲阳极阴极保护

1. 设计使用年限

本工程码头设计使用年限为 50 a，考虑到牺牲阳极阴极保护初期投入较大，本工程采用分阶段设计的方式。第一阶段设计使用 30 a，第二阶段根据对牺牲阳极的消耗状况、钢管桩的保护状态、涂层的破损情况等参数的评估结果，重新设计牺牲阳极系统，最终达到钢管桩使用寿命 50 a 的技术要求。分阶段设计有如下优点：①适当降低了初期投资成本，将其余成本归入后期维护，体现了资金的时间价值；②某些牺牲阳极系统在达到使用年限时仍有裕量，还可使用若干年，因此采用分阶段设计可充分利用剩余的阳极，降低总体阴极保护成本。

2. 保护电位

保护电位是表征钢管桩防腐状况和牺牲阳极防腐效果的重要指标。按照现行行业标准 JTS 153-3 的要求，在有效保护期内，钢管桩水位变动区、水下区的保护电位处于−1.10～−0.85 V（相对 Cu/饱和 CuSO$_4$ 参比电极）的范围。

3. 牺牲阳极的选择和用量

由于密度小、实际电容量大、在氯离子介质中性能良好、成本低等优点，铝基牺牲阳极在海洋环境防腐中得到了广泛应用。铝基牺牲阳极有多个体系，本工程选择在天津港广泛应用且实际电容量较高的 Al-Zn-In-Mg-Ti 合金。该合金实际电容量≥2600 (A·h)/kg，电流效率≥90%，是当今国内电容量最大、电流效率最高的铝合金牺牲阳极。根据钢管桩所需的保护电流、牺牲阳极的发生电流等参数，确定了牺牲阳极用量和规格。阳极用量：546 块；规格：净重 136.20 kg，毛重 142.3 kg，尺寸（260 + 220）mm×950 mm×225 mm。

4. 阳极施工过程中的质量控制

牺牲阳极施工过程质量控制的重要指标包括：电连接状况，阳极尺寸、质量和表面状态，阳极成分，焊缝的长度、高度及连续性，安装标高、竣工后的保护电位等。在整个过程中，指标检测结果和验收情况都得到了质量监督员和监理工程师的签字确认，并进行了备案。

1）电连接状况

电连接是保证钢管桩保护电位均匀分布的重要措施。在施工过程中，全程观察钢管桩电连接系统的安装情况，定期用万用表抽检钢管桩之间的接触电阻。

2）阳极尺寸、质量和表面状态

阳极尺寸、质量和表面状态对阳极的溶解性能有着重要影响，需严格控制。本工程对于每批次牺牲阳极都进行了抽样检测，数量大于该批次总量的 5%。在抽检过程中，曾发现如下问题：①某批次的阳极焊脚脆性大、极易折断，分析表明这是由于焊脚未进行热处理造成的；②对阳极进行剖开检查，曾发现有个别阳极内部存在孔洞；③阳极焊脚在运输或搬运过程中，因碰撞造成倾斜、错位或角度改变等。对于这些问题，及时要求施工单位和供货单位进行整改或处理。

3）阳极成分

阳极成分决定着阳极的质量和溶解性能，杂质含量超标会严重影响阳极的使用寿命。对于该指标，也进行了严格监控，对每批次阳极都选取了大于总量 1.5%的阳极进行取样成分分析。结果表明，阳极成分控制较好，都达到了规范要求。

4）焊缝的长度、高度及连续性

采用水下录像系统对阳极的水下焊缝进行了检查，数量大于总数的 10%，发现阳极基本都能达到长度大于 100 mm、高度为 5～7 mm、连续的基本要求，对于极少数不符合要求的焊脚，要求施工单位进行了补焊。

5）安装标高和角度

在阳极安装过程中，定期定量对固定阳极块时的标高和角度进行核准，并严格要求阳极焊脚避开钢管桩焊缝焊脚。对于少量因泥面高度改变而需调整标高的阳极，严格按照要求向设计确认并在竣工图中进行了标明。

6）保护电位检测

在牺牲阳极保护工程竣工一周后，对钢管桩保护电位进行了抽样检查，要求每根桩采集上、中、下三个点的电位值。结果表明：抽检钢管桩的电位在-1023～-980 mV（相对于饱和硫酸铜电极）之间，处于-1.10～-0.85 V 的设计要求保护范围内，且上、中、下三个点的电位差值不超过 5 mV，可见保护电位符合设计要求且分布均匀，说明牺牲阳极防腐工程达到了设计要求，竣工验收合格。

9.3.5　阴极保护远程监测系统的安装

阴极保护远程监测系统由电源、长效参比电极、GPRS 智能远程电位采集仪（包括 GPRS 通讯）、GPRS 中心无线通讯终端、中心控制计算机、钢管桩保护电位在线监测软件等组成。GPRS 模块与数据采集模块采用直接连接的方式，组成 GPRS 智能远程电位采集仪。该系统可实时、远距离将钢管桩保护电位自动传送到中心控制计算机,通过钢管桩保护电位在线监测软件实现数据记录、查询、打印。

为全面及时了解和掌握钢管桩在不同期间的保护效果,本码头阴极保护系统设置了 5 个监测点,分布在 5 个结构段中。每个监测点安装两个参比电极(1 个使用,1 个备用),并在每个监测点配备一个固定电位测点,以便对监测系统的工作状态进行核查。

参比电极的安装位置及高程应能分别显示整个保护系统中泥面附近及距阳极最远点的钢管桩保护电位。据此,确定本工程参比电极的安装高程为-3.5 m。为确保参比电极测量线路的持久、耐用,参比电极采用陆上组装水下安装的方式,标高 2.5 m 以上的测量电缆采用 UPVC 套管保护,以下部分采用钢套管进行保护,测量用屏蔽线不允许存在接头,法兰和套管连接处进行了绝缘密封。

9.3.6　码头防腐系统运行两年后的调查情况

该码头始建于 2010 年,并于 2011 年初投入使用,至 2012 年防腐系统已运行两年左右。为充分了解码头防腐系统的实际效果,进一步指导今后对码头的维护管理,两年后对码头的防腐系统进行了详细检测。

1. 钢管桩防腐涂层的检查

检测人员对钢管桩水位变动区及以上部位的涂层进行了详细检查,发现仅有一根钢管桩的涂层发生了小面积破损。小面积破坏可能是由施工期间的接触性破坏所致,加之后期的局部修复效果并不理想,随着时间的推移而逐渐显露出来。

涂层厚度检测结果显示,涂层的平均厚度达到了 1338 μm,其中涂层最厚处厚度达 1730 μm,涂层厚度最小处为 898 μm,占设计厚度的 89.8%。厚度平均值达到 1000 μm 以上的测点,有 277 个,占总测点数的 90.0%。上述结果表明,涂层在使用一段时间后,仍能达到验收时合格涂层的标准,即测点值达到设计厚度的测点数不应少于总测点数的 85%,且最小测值不得低于设计厚度的 85%。

附着力即漆膜与底材之间的结合能力,是表征涂层性能的重要指标。检测结果显示,抽检测点的附着力平均值在 10.2 MPa,所测点的附着力皆大于 8.0 MPa 的设计要求。可见,涂层在使用数年后仍能达到设计要求。

综上所述,钢管桩防腐涂层在使用两年后,各项检测指标仍能达到设计要求,说明钢管桩的防腐涂料选择合理,使用效果良好。

2. 钢管桩的保护电位

检测人员对所有钢管桩的保护电位进行了调查,每根桩采集上、中、下三个点的电位值。结果表明,电位值在-963～-916 mV 之间,平均保护电位为-940 mV,

单桩上、中、下的电位值差值最大为 10 mV，可见牺牲阳极阴极保护系统电连接良好，提供的保护电流充足、分布均匀，能为钢管桩提供良好的保护。另外，阴极保护远程监测系统的监测电位值处在检测结果的范围内，可见阴极保护远程监测系统运行正常，可用于日常保护电位实时监测和预警。上述结果说明，钢管桩牺牲阳极阴极保护系统及阴极保护远程监测系统的设计合理，施工过程也达到了预期效果，防腐工程的整体质量控制发挥了积极作用。

9.3.7　结论

（1）钢管桩防腐涂层使用两年后仍能达到设计要求，使用效果良好，为大气区、浪溅区和水位变动区的钢管桩提供了良好的保护。

（2）牺牲阳极阴极保护系统的电连接系统良好，提供的保护电流充足、分布均匀，为钢管桩提供了良好的保护。

（3）通过科学经济的防腐方案决策，合理的设计，严格的施工过程控制，该码头钢管桩的防腐工程达到了预期的效果。

9.4　阴极保护技术在钢筋混凝土结构中的应用

外加电流阴极保护技术作为有效的防腐措施，已在欧美、日本等发达国家和地区得到广泛的应用。在国内桥梁工程中也有较广泛的应用，如河北省廊涿高速公路桥梁、辽河大桥、泉州湾跨海大桥、杭州湾跨海大桥、厦漳跨海大桥、鸭绿江大桥、香港青马大桥、大连长山大桥等。目前，外加电流阴极保护在国内海港工程混凝土结构中也有一些应用，如湛江港码头梁板结构、天津滚装码头预制梁等。与外加电流阴极保护相比，牺牲阳极阴极保护在混凝土结构中的应用相对较少。目前，在国内牺牲阳极阴极保护在混凝土中的应用还处于起步阶段，只有较少的案例，如永定河特大桥等。关于钢筋混凝土结构的阴极保护，以往主要参考国外标准 EN 12696 和 DNV-RP-B401。目前，海港工程领域也制定了相应的技术标准《海港工程钢筋混凝土结构电化学防腐蚀技术规范》（JTS153-2），对外加电流阴极保护和牺牲阳极阴极保护的设计和施工给出了明确的规定，可用于指导同类工程。下文将以沙特阿拉伯的两个典型工程为例，分别介绍牺牲阳极阴极保护和外加电流阴极保护在混凝土中的应用情况。

9.4.1　牺牲阳极阴极保护的工程应用

1. 工程概况

沙特阿拉伯延布工业港某泊位，位于沙特阿拉伯西岸，濒临红海。码头为顺岸式布置高桩码头，码头长 300 m，宽 31.1 m，码头顶面标高为 + 6.5 m，码头前沿水深−20 m。采用钢管桩基础及钢筋混凝土梁板式结构。码头部分钢管桩基础材质为 Q235b，直径 1.2 m、壁厚 22 mm（设计预留 5 mm 的腐蚀裕量），共计 525 根，分 7 排 75 列。码头上部钢筋混凝土结构横梁预制安装、纵梁和面板现场浇注。码头面层涂刷 5 mm 厚二氧化硅改性的煤焦油涂层，混凝土梁板其他外露面涂刷 700 μm 厚的聚氨酯涂层。对现场浇筑的混凝土梁板结构中的钢筋采用英国 FOSROC 公司提供的 GalvashiedTM XP4 型埋入式锌合金牺牲阳极（简称 XP4）进行阴极保护。

2. 牺牲阳极阴极保护设计

XP4 型牺牲阳极外形尺寸为 120 mm×65 mm×30 mm，内置锌合金质量 165 g，外面包裹一层活性高碱胶凝材料，其 pH 大于 14，通过内部预埋的铁丝与钢筋绑扎连接，连接后可对周围的钢筋优先提供阴极保护。其具有 10 a 以上的现场使用记录，与普通产品相比具有更高的保护作用，且安装简单方便。

钢筋混凝土阴极保护电流需求量计算：

$$I_{req} = i_{req} \times S_{steel} \tag{9-1}$$

式中，I_{req} 为每平方米混凝土钢筋所需的保护电流，A；i_{req} 为每平方米钢筋表面积所需的保护电流，mA/m^2；S_{steel} 为每平方米混凝土所需保护的钢筋表面积，m^2。

一般而言，在无氯离子污染的钢筋混凝土结构中，钝化钢筋的保护电流密度要求在 0.2～2 mA/m^2 之间，该工程属于海洋环境下新建的钢筋混凝土结构，每块锌合金牺牲阳极需要提供 1.0 mA/m^2 的平均输出电流密度，用于对新结构中的钝化钢筋进行阴极极化，即每平方米钢筋表面积所需的保护电流为 1.0 mA/m^2。通过计算每平方米混凝土内钢筋的表面积 S_{steel}，可以计算得每平方米混凝土钢筋所需的保护电流 I_{req}。

钢筋混凝土阴极保护牺牲阳极用量计算：

$$W = (I_{cp} \times L_d) / (0.0935 \times E_g \times f) \tag{9-2}$$

式中，0.0935 为锌合金牺牲阳极的理论电容量，(A·a)/kg；W 为每平方米混凝土表面积所需锌阳极的质量，kg；I_{cp} 为设计输出电流，A；L_d 为设计寿命，a；E_g 为牺牲阳极电流效率，取 0.90；f 为利用系数，取 0.85。

设计平均输出电流 I_{cp} 等于每平方米混凝土钢筋所需的保护电流 I_{req}。设计寿命为 20 a，按上述公式计算每平方米混凝土需用锌阳极的质量。工程设计保护的现浇混凝土结构单元计算结果如表 9-4 所示。每种混凝土结构单元每平方米需要安装 XP4 锌合金牺牲阳极 3 块，阳极安装间隔为 600 mm，按工程现浇混凝土结构设计保护面积计算，共需要 XP4 锌合金牺牲阳极 19502 块。

表 9-4　现浇混凝土结构单元阴极保护计算结果

保护结构单元	钢筋密度/m²	设计输出电流/A	每平方米砼所需阳极质量/kg	每平方米砼所需阳极数量/块	砼表面积/m²	设计安装阳极总数量/块
交叉梁	1.668	1.668×10⁻³	0.467	3	1761.89	5339
桩帽	1.182	1.182×10⁻³	0.331	3	1602.22	4855
前排梁	1.517	1.517×10⁻³	0.425	3	1293.74	3921
中排梁	1.397	1.397×10⁻³	0.391	3	825.28	2501
后排梁	1.135	1.135×10⁻³	0.318	3	952.22	2886

注：（1）保护电流密度取 1.0 mA/m²。

（2）钢筋密度为每平方米砼中钢筋的表面积，钢筋搭接处及箍筋的表面积的增加量按钢筋表面积的 25%计算。

（3）设计安装锌合金牺牲阳极的质量为 3×165 g = 0.495 kg，均大于所需阳极质量。

3. 牺牲阳极阴极保护现场安装

首先测试钢筋的连通性，如果钢筋连接电阻稳定而且小于 1 Ω，钢筋的电通性即满足要求。在安装 XP4 型埋入式牺牲阳极时，先将其在淡水中浸泡 10～20 min 以使阳极活化，然后清理阳极安装位置处钢筋表面的锈斑，按设计要求将 XP4 两端预留的绑扎铁丝与钢筋连接，安装于现浇构件的外层钢筋上（图 9-10），安装间隔为 600 mm（3 块/m²），如砼垫块，可水平、垂直或倾斜放置，阳极布置及绑扎方式的示意图如图 9-11 所示。阳极安装完毕后需检测其与钢筋的电通性。

图 9-10　现浇钢筋混凝土结构埋入式牺牲阳极安装照片

9.4.2　外加电流阴极保护的工程应用

1. 工程概况

沙特阿拉伯延海岸开发工程的长海墙结构由承台和墙体组成，底部为灌注桩基础，分段长度不等，标准段为 30 m，承台宽度为 4.6 m 和 5.0 m，高度为 1 m。海墙

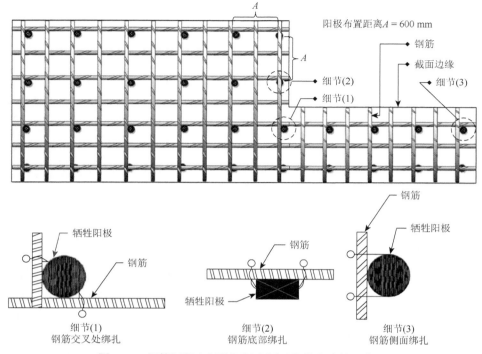

图 9-11　钢筋混凝土牺牲阳极布置及绑扎方式的示意图

墙体顶宽为 0.3 m，底宽 1.0～1.1 m 不等，高度 7.3～8.3 m 不等。钢筋混凝土结构中防腐采用外加电流阴极保护方式，设计参考沙特阿拉伯皇家委员会和 NACE 的相关标准规范。

2. 外加电流阴极保护系统的设计和功能

（1）外加电流阴极保护的技术要求如下：在系统正常运行条件下，结构钢筋始终处于阴极保护状态，且不发生锈蚀，确保满足结构最少 100 a 的使用寿命。针对不同腐蚀环境进行设计，采用全自动监控系统自动调节直流控制电流量，以确保电流均匀分布，并避免过度保护。采用适宜的参比电极，使系统能够长期监测。

（2）外加电流阴极保护系统可分为阳极系统、阴极系统、控制系统三部分。其中，阳极系统包括阳极钛网、导电钛带、阳极电缆等，阴极系统包括负极电缆、被保护钢筋等，监控系统包括整流模块、控制模块、参比电极、接线箱、配件等。

（3）按照结构特征和所处的腐蚀区带进行分区。首先按照腐蚀区带可将结构分为大气区、浪溅区及水位变动区、水下区等，然后按照施工缝及结构组成形式，再将不同腐蚀区带的结构继续分区。图 9-12 为阴极保护系统的典型分区情况。

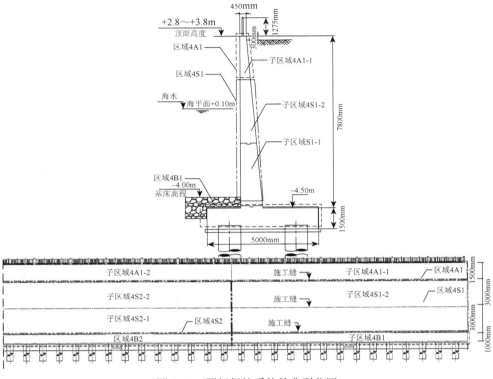

图 9-12　阴极保护系统的典型分区

（4）监控系统起到供电、监测、控制三方面的作用。第一，控制系统作为供电装置，将外部交流电转化为低压直流电，再通过由钛网阳极、导电钛带、电缆、被保护钢筋等组成的回路为被保护钢筋提供稳定的阴极保护电流；第二，通过参比电极可采集钢筋的实际电位值，从而用于监测被保护钢筋所处的状态；第三，系统装有控制模块，当钢筋实际电位未达预设保护电位时，系统会自动增加或减少电流的输出，直至钢筋达到预设的保护电位。

（5）监测系统采集到保护电位后可通过数据线传送至现场管理办公室的监控计算机上。监控计算机装有控制软件，管理人员可在现场管理办公室定期调整参数。另外，也可通过无线形式将数据传送到远程监控室，由监控人员通过远端监控系统实现现场设备的远程操作控制。

3. 外加电流阴极保护系统的现场安装

1）现场施工工艺

评估被保护钢筋间的电连接状况→安装阴极电缆及连接→安装导电钛带→安装阳极电缆及连接→安装钛网阳极→安装参比电极及连接→浇注混凝土前、中、后短路测试→安装监控系统→调试维护。

2）评估被保护钢筋间的电连接性能

安装阳极之前，应当使用能测量 0.1 Ω 及以下电阻的欧姆表对钢筋间的电连接状况进行评估，每 100 m² 混凝土表面至少进行两个位置的检查。对于电连接状况不满足要求的，应当采取焊接等措施进行处理，以确保钢筋间有良好的电连接。

3）阴极电缆及连接件的安装

首先将 10 mm² 电缆剥皮露出 30 mm 的铜芯，插入钻有 Φ4.5 mm×20 mm 孔的规格为 Φ10 mm×150 mm 的铜棒中，然后用铜焊焊接，并用热缩保护管将接头部分封装，接着将密封后剩余的 100 mm 部位与螺纹钢筋焊接，最终形成阴极连接。系统的阴极电缆及连接安装完毕后，应当对所有分区进行检测，要求每个分区的电阻小于 1 Ω，若电阻大于 1 Ω 应重新检查并采取措施。图 9-13 为阴极保护电缆及连接。

4）导电钛带的安装

首先在钛带与钢筋的每个交点处安装塑料夹，然后将导电钛带张紧，并使用绑扎带将其固定在塑料夹上。安装时，必须确保导电钛带有足够张力，以使导电钛带在混凝土浇筑时不发生移位，从而保证阳极系统与被保护钢筋的绝缘。导电钛带端头的搭接长度为 20 mm，每隔 2～3 mm 有个点焊。图 9-14 为导电钛带的安装情况。

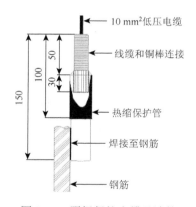

图 9-13　阴极保护电缆及连接

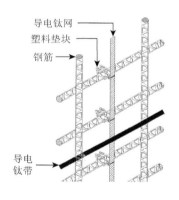

图 9-14　导电钛带的安装

5）阳极电缆及连接件的安装

首先将 Φ3.175 mm×150 mm 钛丝或其他规格钛条点焊在长为 150 mm 的导电钛带上，要求搭接长度为 75 mm，至少 6 个焊点，然后将钛丝另一端与 10 mm² 的电缆芯电连接，并用热缩套管封装，最终形成阳极连接。

6）钛网阳极的安装

钛网阳极安装时，将阳极用塑料夹固定在钢筋上，使用尼龙扎带固定，严禁钛网阳极与钢筋接触而发生短路。钛网阳极与导电钛带的每个交点都应点焊，焊点数量为四五个。钛网阳极安装在外层钢筋和混凝土表面之间。厚度在 400~850 mm 之间的混凝土分段，钛网阳极最大间距 400 mm。图 9-15 和图 9-16 为钛网阳极及导电钛带的点焊和安装情况。

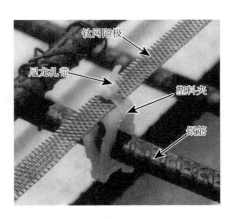

图 9-15　钛网阳极及导电钛带点焊　　　　　图 9-16　导电钛带的安装

7）参比电极及阴极连接件的安装

在现场安装前，将银/氯化银参比电极封装在经过处理的砂浆之中，待强度达到使用要求后在现场进行安装。图 9-17 为参比电极的安装情况。

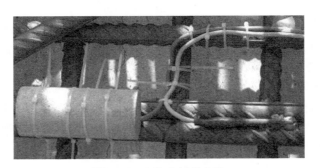

图 9-17　参比电极的安装

上述工序中所用电缆应沿钢筋下沿敷设，并用绑扎带固定在钢筋上，最后通过电缆管引入接线箱中。电缆在跨越施工缝、伸缩缝时，敷设于 $\Phi50 \text{ mm} \times 500 \text{ mm}$ 的刚性 PVC 管内，要求保持松弛。电缆两端应按图纸要求，贴上标签或标记。

8）混凝土浇筑前、浇筑时、浇筑后的短路检测

混凝土浇筑前、混凝土浇筑过程中、混凝土浇筑完成后应检测钛网阳极和被保护钢筋之间绝缘状况。若出现短路应立即暂停混凝土浇筑，并及时对钛网阳极进行处理，直至钛网阳极和被保护钢筋绝缘后再进行混凝土浇筑。

9）监控系统的安装

待整个结构混凝土浇筑及回填完成后，按照设计要求安装监控系统。具体过程如下：①制作混凝土基础，将各部分的敷线 PVC 管预埋其中；②制作监控系统支架及遮阳棚；③安装相关设备，包括断路开关、接线箱、整流箱、系统控制箱、接线箱等；④连接电缆：按设计图连接各部分电缆。图 9-18 为安装完毕的监控系统。

图 9-18　安装完毕后的监控系统

4. 外加电流阴极保护系统的检测和调试

1）被保护钢筋间、钛网阳极间的电连接状况测试

外加电流阴极保护系统必须确保每个区被保护钢筋间和钛网阳极间分别处于良好的电连接状态。电连接状况的测试采用直流电阻法，电连接状态良好的标准为电阻值稳定在 0～1 Ω 之间。

2）被保护钢筋与钛网阳极之间的短路测试

外加电流阴极保护系统必须保证每个区的钛网阳极与被保护钢筋、预埋钢构件间未发生短路。短路测试采用直流电阻法，未发生短路的标准为电阻值大于 1 MΩ。

3）连接件之间的电连接状况测试

检测被保护钢筋的电缆连接件之间、参比电极回路阴极连接件之间，以及被保护钢筋的电缆连接件与参比电极回路阴极连接件之间的电连接状况。电连接状态测试采用直流电阻法，当阻值稳定在 0～1 Ω 时，表明电连接状态良好。

4）参比电极现场测试

检测参比电极是否正确安装，并用数字电位表测量参比电极所在处钢筋的基础电位。检测时，参比电极电缆连仪表 COM 端，将参比电极回路阴极连接电缆接到欧姆端。参比电极安装正确的判定标准为电位示值保持 20 s 以上的基本稳定。

5）混凝土浇筑现场测试

混凝土浇筑过程中，需要全程监测阴阳极之间的短路情况。当阴阳极之间的直流电阻值大于 1 MΩ 时，说明阴阳极所处状态良好；当阴阳极之间的直流电阻值小于 50 Ω 时，说明阴阳极之间可能发生了短路，应立即暂停混凝土浇筑。待问题处理完毕且阻值恢复正常后，再继续浇筑混凝土。

　　6）试运行测试及通电测试

　　待监控系统安装完毕后，按照技术规格书要求对系统进行试运行测试及通电测试。试运行测试包括现场监控系统器件的外观检查及安装测试，阴阳极之间电缆的短路测试，以及阳极电缆间、阴极电缆间的导通性测试。通电测试是在试运行测试完成的基础上，给系统施加恒定的交流电源，测试系统软件及各项功能的运行情况。测试以参比电极测取的钢筋电位为基准值，对系统的直流电大小进行调节，使混凝土内部钢筋的保护电位达到相应要求。

9.5　复层矿脂包覆防腐蚀技术在钢管桩涂层修复中的应用

9.5.1　玻璃钢护甲复层矿脂包覆防腐蚀技术的工程应用

1. 工程概况

　　渤海湾某油品码头以钢管桩为基础，共使用钢管桩 156 根，其中直径为 700 mm 的桩 100 根，直径为 800 mm 的桩 54 根。直径为 1300 mm 的桩 2 根，钢管桩材质为 16 Mn，钢管桩外壁自桩顶至标高−2.0 m 采用重防腐涂料进行防腐保护，设计涂层厚度≥1000 μm；水中部位采用牺牲阳极阴极保护，设计保护年限 15 a。

　　在对码头钢管桩结构进行例行检查时发现，绝大多数钢管桩的防腐涂层都存在不同程度的破损且有局部锈蚀的情况，这些破损多集中在靠近桩帽约 1.5 m 范围内，其具体表现形式为局部锈蚀起鼓，起鼓部位及周边的一定范围内的涂层已失去附着力，且内部存在一定厚度的黑褐色锈层，在这其中尤以工作平台钢管桩的涂层破损较为严重，几乎每根钢管桩在此范围内均有少则 1 处、多则 3～5 处类似不同程度的涂层破损且存在锈蚀的情况，同时还发现有极个别钢管桩的焊缝位置、涂层破损修复后的位置出现返锈的现象，如图 9-19 所示。

　　综上所述，经过仔细调研和多方论证，同时考虑到码头所处的易燃易爆环境这一特殊因素，最终选定采用目前国内外先进的包覆防腐蚀技术尽快对钢管桩组织进行试验性修复，恢复钢管桩的整体防腐性能，以满足钢管桩整体的使用性和耐久性。

2. 施工过程

　　1）施工前准备

　　包括人员、材料、设备、船机等，详见图 9-20。

图 9-19　钢管桩涂层破损腐蚀情况

图 9-20　施工前对人员、材料、设备、船机等做好准备

2）施工过程

根据现场情况，施工过程采用单桩固定式可移动脚手架进行施工，施工过程包括钢管桩表面处理、涂抹防蚀膏、缠绕防蚀带、安装护甲及顶部密封，见图 9-21。

图 9-21　钢管桩包覆防腐技术修复施工照片

3）包覆效果检查

包覆完毕后对包覆效果进行检查，检查项目包括护甲安装位置、螺栓数量、螺栓紧固程度及顶部密封情况等。图 9-22 为采用包覆防腐蚀技术修复后的钢管桩照片。该项工程的成功完成，充分体现了矿脂胶带包覆防腐蚀技术在易燃易爆环境条件下施工作业的能力，也为解决易燃易爆环境中的钢管桩水上区防腐蚀系统修复提出了一种更为可行、有效的方法。

9.5.2　高密度聚乙烯护甲包覆防腐蚀技术的工程应用

1. 工程概况

东海某电厂有专用煤码头一座，沿海堤纵向深入大海 3.4 km，码头与电厂厂区正堤之间设有一座输煤引桥。码头由码头平台、集水井 A 和集水井 B 组成。码

图 9-22　采用包覆防腐技术修复后的钢管桩

头桩基采用钢管桩（斜桩）和 PHC 管桩（直桩），共有 51 个排架，排架间距为 10 m。码头共有 303 根直径为 1200 mm 的钢管桩。其中，码头平台为 289 根；集水井 A 为 6 根，集水井 B 为 8 根。钢管桩材质均为 Q345B。

引桥总长度为 3405 m，桥面总宽为 12.5 m。引桥分浅水区段和深水区段两部分。引桥上部结构采用预应力混凝土箱梁，为先简支后连续的结构形式。引桥桩基采用不同桩型与桩径的灌注桩、PHC 桩和钢管桩。引桥的 91#～129#排架为钢管桩，共计 134 根，均为斜桩。其中，普通墩有 25 排，每排钢管桩数量为 2 根，共 50 根。抗推墩有 14 排，每排钢管桩数量为 6 根，共 84 根。引桥钢管桩直径为 1000 mm。

码头钢管桩例行检查时发现，码头和引桥钢管桩的防腐涂层都存在不同程度的破损且有局部锈蚀的情况，这些破损均位于浪溅区和潮差区范围内，其具体表现形式为原涂层大面积脱落，其表面覆盖一层较厚的黑褐色锈层，锈蚀部位周边的一定范围内的涂层已失去附着力，且内部存在一定厚度的黑褐色锈层，见图 9-23。

图 9-23　钢管桩涂层破损腐蚀情况

2. 施工过程级修复效果

　　施工过程包含施工前准备、钢管桩表面处理、涂抹防蚀膏、缠绕防蚀带、安装护甲、顶部密封及包覆效果检查，具体过程与上述案例相同，不同之处是根据现场情况，采用可移动的悬挂吊篮进行施工，此处仅附施工过程照片，见图 9-24，不再赘述。钢管桩包覆后的照片如图 9-25 所示。

图 9-24　采用包覆防腐技术对钢管桩破损涂层进行修复

图 9-25　钢管桩经包覆防腐技术修复后的照片

本工程地处外海，受潮汐、台风等自然条件的影响较大，为此现场技术人员及时根据各种不利因素做好相应调整，合理安排施工进度、严格控制施工质量，确保了工程的顺利完成。这一工程的顺利完工，充分印证了矿脂胶带包覆技术在恶劣环境条件下极强的施工作业能力。同时本工程实施过程中移动悬挂吊篮的搭设、液压紧固装置的合理配置及使用等相关施工技术为类似工程的实施积累了经验。

9.6　阴极保护远程监测系统在海港工程构筑物中的应用

9.6.1　引言

阴极保护作为有效的防腐措施在海港工程钢结构防腐中得到了广泛使用。然而，实施了阴极保护措施也并非一劳永逸，在使用过程受环境因素、人为因素等影响，阴极保护系统会发生劣化或破坏，从而导致阴极保护不足。因此，在海港工程钢结构的维护管理中，常会定期检测阴极保护电位来判断钢结构的阴极保护状况。但是，海洋腐蚀是一个渐进的过程，常规检测由于在时间上的不连续性，会带来报警不及时的问题。海港工程钢结构阴极保护远程监测系统，实时掌握钢结构的实际阴极保护状态，不仅可以避免因阴极保护不足而造成的腐蚀危害，而且可以为结构维护和管理提供重要依据，对保障海港工程正常作业、消除安全隐患具有重要的意义。鉴于上述原因，开发了基于 GPRS/SMS 的阴极保护远程监测系统，对海港工程钢结构阴极保护电位进行实时远程监测。针对随后使用过程中遇到的实际问题，对阴极保护监测系统进行了相应改进，实现了更可靠的数据传输及监测点的集中管理。本案例将结合实际工程介绍阴极保护监测系统及其使用效果。

9.6.2　阴极保护远程监测系统

阴极保护远程监测系统由数据采集终端、无线传输网络、监控终端、辅助支持系统四部分组成。图 9-26 为数据采集终端的结构示意图。数据采集终端由腐蚀信息采集系统（参比电极和电位测量装置）、单片微机、模数转换器、无线通信模块等单元构成，主要负责现场钢结构电位的采集与数据发送。电位测量装置的主要作用是实现阴极保护状态电信号的数字化转换，然后根据上位机指令进行信号激励和数据采集。通过钢结构电位的采集，并对比现行行业标准 JTS 153-3 中保护电位的评价指标，便可定性判断钢结构被保护状况。

无线传输网络是数据传输的通道，常用的无线模式有蓝牙、无线电、GPRS、GSM、CDMA 和 3G 网等。其中，GPRS、GSM、CDMA 和 3G 网由于依托无线

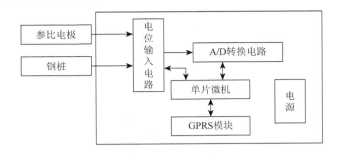

图 9-26　数据采集终端结构示意图

网络运营商，覆盖范围广。阴极保护远程监测系统的采集信号主要是电位，信息量和采集频率一般，采集地点多在码头区域，因此数据传输多采用网络覆盖范围广、信号强，且信息量传输量适中的网络。该系统无线传输网络采用 GPRS 或 SMS，负责数据的传输。

　　监控终端由装配监控及评估软件的计算机（或其他可运行软件的平台，如手机等）和相关辅助设备构成。监控计算机及软件负责执行向数据采集终端发号指令、索要数据，并对各层协议进行转换，把正确的现场数据显示给用户。监控终端其主要功能是基于终端计算机对数据采集系统进行自动巡检、指令操控、数据储存和实时显示。监控软件可实现多监测点动态数据库管理，集成评估分析软件，根据历史数据对未来发展趋势进行预测，评估阴极保护状态。一个监控终端可监控多套远程阴极保护远程监测系统，而一套远程阴极保护远程监测系统也可有多个监控终端，这有助于维护管理部门和专业机构对阴极保护系统的协同维护管理。

　　辅助支持系统包括为现场监测装置提供电源的供电系统，以及支持系统正常安装运行所需的其他材料和构件，如护线管、电缆、接线箱、绑扎带等。辅助支持系统也是远程阴极保护远程监测系统的重要组成部分，一般需根据结构特征和监测系统的特点确定，是保障监测系统正常安装和运行的关键环节。

　　阴极保护远程监测系统的工作原理是：监控计算机通过无线通信模块，借助无线传输网络向数据采集终端的无线通信模块下达读数指令。按照监控计算机的指令，终端的无线通信模块指示智能电位测量模块进行即时电位测量，并将结果再通过无线传输网络传回监控中心。该系统的主要功能归纳起来有以下几点。

　　（1）数据接收处理：实时接收遥测点钢管桩的保护电位并进行合理判断。

　　（2）应答查询：定时或手动查询钢管桩的阴极保护情况。

　　（3）数据库管理：原始、历史数据库的形成、检索、查询等。

　　（4）数据输出：可通过显示器、打印机、绘图仪等设备输出电位统计图。

　　（5）联网通讯：可实现多计算机通讯。

9.6.3　第一代产品的工程应用及改进

1. 工程概况

某码头由 13 个结构段、2 个系缆墩、4 个抗冰墩和引桥组成,码头全长 735 m,宽 31 m。码头结构为钢管桩和预应力混凝土梁板结构, 整个码头由 788 根 1200 mm、64 根 1400 mm 和 74 根 1800 mm 的钢管桩支承。钢管桩材质为 Q345B。该工程的钢管桩水下及潮差区采用牺牲阳极防腐保护技术。为全面了解和掌握钢管桩在不同时期的保护效果,除了竣工时对保护效果进行检验外,工程交付使用后, 必须对钢管桩防腐效果进行定期全面检测。在 40 a 有效保护期间内, 钢管桩电位必须自始至终控制在标准规定的保护电位范围 0.78~1.05 V (相对于海水氯化银电极),发现问题及时给予解决,确保钢管桩的保护效果。钢管桩牺牲阳极保护效果的好坏可以通过电位测量数值进行直观有效的评定。

鉴于上述要求, 开发了第一代 SMS 阴极保护远程监测系统。考虑到码头整体结构与保护方式等因素,该码头共设置 7 个监测点,其中码头主体设置四处监测点,引桥、系缆墩、抗冰墩上各设置一个监测点。前期还需对港口的水文情况进行勘察,以确定参比电极的安装位置和方式。图 9-27 为监测点的分布情况。

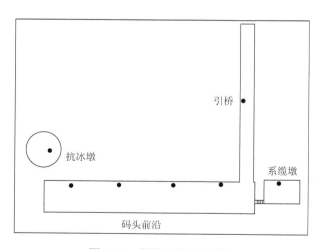

图 9-27　监测点的分布情况

2. 系统安装的注意事项

(1)系统安装前,须掌握码头结构特点、附近水文情况和阴极保护系统特征等相关信息。根据上述信息,确定安装位置和方式,合理布置监测点及现场设备。

（2）参比电极电缆须采用钢套管进行保护，安装前套管需进行密封和涂装，以满足电缆安全性及耐久性的要求。

（3）为减少因现场作业导致的系统破坏或干扰，现场设备应尽量布设于码头隐蔽部位或不易受现场作业影响的位置。此外，还应当对其作相应保护（图 9-28）。

图 9-28　现场设备

3. 工程应用中存在的问题及改进措施

1）系统抗干扰能力

工程初期，保护电位采集频率较低，因此传输方式采用 SMS 模式。阴极保护远程监测系统使用初期，经常出现数据无法上报的情况。经反复分析与检查，发现这是由于模块受到外界环境的强烈干扰所致。主要干扰源是现场大型门式装卸机，该机在工作时电磁干扰非常严重；而且，功率较大，常导致供电电源出现波动。无线通信模块内部程序在受到外界强干扰后会出现跑飞情况，以至于产生锁死，对数据采集命令不能做出及时处理。

针对上述问题，对模块本身及其内部程序进行了升级，并加强了模块在受干扰后的自动重启功能。此外，还在系统供电线路中加装了微电脑数控开关，用于定时刷新模块运行状态。通过上述改进，系统能够在受到强烈干扰时，自动恢复正常工作，减少了维护的工作量。多年的监测效果显示，该系统能及时准确地检测并发送数据，可见改进措施取得了良好的效果。

2）参比电极

在例行检查中发现，阴极保护远程监测系统运行几年后，部分监测点参比电极的电缆钢质保护套管发生了锈蚀现象，其中较严重者出现了穿孔、断裂等现象，导致参比电极无法受到正常保护，大大降低了系统的使用寿命。上述现象主要是由于保护套管防腐保护不足所引起的。针对上述问题，对阴极保护远程监测系统进行了相应改造。

原系统的参比电极电缆保护套管为码头面层施工时预埋的独立结构（图9-29），其防腐措施主要是涂层保护。从使用效果来看，仅采用涂装保护无法满足套管的防腐要求，还须对套管加强防腐保护。参比电极电缆保护套管为无缝钢管，若与钢管桩进行电连接，也能受到牺牲阳极阴极保护系统的保护。基于上述思路，对保护套管的结构进行了相应改进，即将具有支架的保护套管焊接于钢管桩上（图9-29）。改进后的结构具有以下优点：①由于进行了电连接，保护套管也能受到阴极保护系统的保护，加强了防腐效果，提高了结构的耐久性；②由于保护套管紧贴钢管桩，缩短了参比电极与钢管桩的距离，有助于提高参比电极读数的准确性；③由于保护套管焊接在钢管桩上，增强了浮冰等大型漂浮物撞击的抗力，提高了系统的安全性和稳定性。此外，参比电极也进行了升级，将原国产永久参比电极更新为国外进口的长效参比电极。

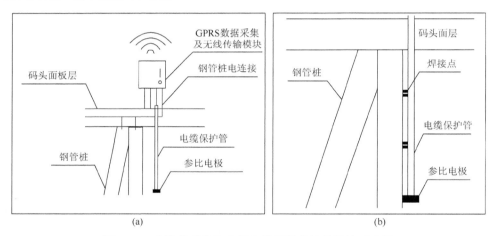

图9-29　改进前后参比电极电缆保护套管的结构示意图

（a）改进前；（b）改进后

3）无线传输及相关设备

随着后期工程的陆续实施，监测点数量不断增加，原阴极保护远程监测系统的监控中心负担越来越重，无线接收模块的安装数量也越来越多，不利于系统硬件维护及多个码头监测系统的同时管理。针对该问题，进行了系统升级，将原SMS短信远程读取方式改为GPRS在线实时传输方式，并弃用监控中心的无线接收模块，而改用开放主机端口，直接通过因特网接收数据采集终端传送的数据。这样大大改善了数据的传输速度，并提高了管理的便利性，实现了多个码头监测系统的同时管理。数据采集终端还进行了高度集成，使得运行更加稳定流畅。

通过系统抗干扰能力、参比电极安装方式、无线传输及相关设备的改进升级，阴极保护远程监测系统的使用效果得到显著提升，将其定义为第二代产品。

9.6.4　第二代产品的应用实例

1. 工程概况

某码头为高桩梁板式结构，水工建筑物包括码头、引桥及接岸结构。码头总长度为 310 m，顶标高为 6.0 m，前沿水深为−16.0 m。码头基础为钢管桩，材质 Q345B，共 308 根。码头采用牺牲阳极阴极保护和涂层联合保护钢管桩。水位变动区和水下区的保护电位在有效保护期内控制在−1.10～−0.85 V（*vs.* Cu/饱和 $CuSO_4$ 参比电极）。为全面及时掌握钢管桩在不同期间的保护状况设置了 5 套第二代阴极保护远程监测系统，分布在 5 个结构段中。

2. 阴极保护远程监测系统的实施

（1）数据采集模块。为保证电位测试的可靠性，使用双参比电极系统。参比电极采用进口船用高性能参比电极，可以提高数据采集系统的稳定性。为监测每天昼夜钢管桩的保护状况，每 12 h 采集 1 次阴极保护电位，并上传至服务器。电位采集模块分辨率为 1 mV，内阻大于 10 MΩ。

（2）无线传输网络。考虑到数据采集的频率较高且多个监测系统同时运行，数据量较大，传统的 SMS 短信模式已无法满足数据传输要求。因此，在通过现场实地测试后，选用数据传输量较大、在码头区域信号较强且资费合理的 GPRS 网络。服务器采用固定 IP，客户端可随时随地访问。

（3）监控中心。阴极保护监测软件可对电位采集频率进行调节，控制系统的定时重启和刷新，实时显示电位的变化，当电位不在正常范围时，会做出相应的预警。一套监侧软件可控制多套阴极保护远程监测系统的运行。分析软件通过阴极保护电位的历史数据，分析和预测阴极保护状态。

（4）辅助支持系统。码头上安装电源相对简单，因此选用普通的 220 V 电源。参比电极采用防海水电缆，用钢质护线管保护，并在护线管两端用发泡材料进行密封，防止浸入海水。钢质护线管焊接于钢管桩上，既提高了强度和抗冲击能力，也可获得阴极保护提升了耐腐蚀性。现场仪器箱采用 IP65 的防护等级。电路中安装微电脑开关，实现定时重启和刷新功能。

3. 阴极保护远程监测系统在阴极保护维护管理中的应用

码头维护管理部门提出的阴极保护维护管理是一个系统工程，包括资料归档、日常巡查、常规检查、详细检查、补救修复措施、管理制度等内容。其中，日常巡查、常规检查和详细检查是发现阴极保护系统隐患，及时采取补救措施的先决条件。

　　该码头的维护管理部门采用阴极保护远程监测系统与专业检测联合监测阴极保护状态的检查方式。具体来说，利用阴极保护远程监测系统来实现日常巡查功能，并结合每年专业常规检测全面掌握钢管桩的阴极保护状态。在监测过程中，若阴极保护远程监测系统发出预警或常规检测发现保护电位不正常，及时对阴极保护系统进行详细检查，确认保护电位不正常的原因，并提出相应的修复处理措施。

　　对于阴极保护远程监测系统的数据管理，维护管理部门每天都会观察当日电位是否正常，每月会对系统的电位趋势进行分析，每个季度会递交一份电位监测分析报告，每年度会结合常规检测报告结果，提交一份年度阴极保护状态报告，阐述阴极保护效果，预测腐蚀风险，确认监测系统自身的运行情况。在上述过程中，要定期备份数据，遇到电位异常，要及时与专业机构沟通，采取相应措施。此外，系统的监测数据与专业单位是共享的，专业机构也会定期对阴极保护状况和监测系统自身运行情况进行评估，并反馈至维护管理部门。这种联动式的维护管理模式，对提高阴极保护系统维护管理水平有着积极意义。

　　4. 阴极保护远程监测系统和常规检查的保护电位值

　　该码头在 2012 年 7～9 月对码头进行了常规检查，其中电位的范围在 $-963\sim-916$ mV 之间，处在正常范围内。在常规检测过程中，检测单位利用便携式参比电极和万用表对监测系统的电位测试情况进行了确认，结果表明监测系统检测结果与现场实测结果吻合，监测系统处于正常运行状态。阴极保护远程监测系统的监测结果表明，全年电位范围在 $-981\sim-908$ mV 之间，平均值为 -958 mV。由于温度、海浪、下雨等自然因素的影响，电位处于波动状态，但都处于正常范围内，这说明钢管桩全年处于正常的阴极保护状态下。

9.6.5　阴极保护远程监测系统自身的维护管理

　　阴极保护远程监测系统在运行过程中，也需要合理的维护管理，以下是一些注意事项。

　　（1）定期查询或定时提醒监测系统 SIM 卡资费的使用情况，余额不足时要及时交费，以免影响正常运行。

　　（2）每年对监测系统的运行状态进行确认，包括对测试仪表和参比电极进行校验、检查参比电极有无污染及是否运行正常、检查监测电缆有无破损、测量回路中电阻、检查护线管有无被破坏等。

（3）定期根据测量和预警结果，分析监测系统的运行状况，发现异常及时与专业机构沟通，采取相应措施处理。

（4）在阴极保护远程监测系统控制箱、监测电缆和护线管等附近做好安全警示标志，避免人为因素对其破坏。

（5）对维护管理人员进行专业培训，使之具备必要的监测系统维护和数据管理的能力。

（6）对服务器进行定期维护管理，如定期重启和维护服务器、定期确认服务器工作状况、定期备份服务器中采集数据等。

9.6.6　远程阴极保护监测系统在阴极保护维护管理中的作用和意义

现行行业标准 JTS 153-3 推荐的阴极保护检测频率为 1 次/a。通常情况下，各码头使用单位或港口设施维护管理部门为确保码头阴极保护系统的正常运行，在每年专业检测的基础上，还会结合自身的实际情况，安排日常巡查，有的一年两次，有的每个季度一次，有的巡查密度更高。传统的日常巡查受到码头结构和人为因素的影响，巡查工作量和难度都较大，耗费人力物力。此外，受人工巡查的限制，监测的频率有限，存在时间上的不连续性。阴极保护远程监测系统具有定量的监测功能，可在线实时监测阴极保护系统的状态，在室内即可了解阴极保护的工作状态。阴极保护远程监测系统的应用，具有如下作用和意义。

（1）克服了人工巡查在时间上的不连续性，避免了人工巡查导致的实效性不足，为码头阴极保护系统的精细化管理提供了必要条件。

（2）管理人员在办公室内即可了解阴极保护状况，使巡查工作量大大下降，不仅方便了管理，提高了工作效率，而且对降低人力物力的投入有着积极作用。

（3）通过计算机采集、接收和备份阴极保护监测数据，不仅方便数据的处理、管理和历史信息查询，有利于掌握阴极保护系统的运行规律，还避免了人为因素导致的数据丢失或数据记录错误等情况。

（4）通过对阴极保护状况的监测，为及早发现阴极保护系统的隐患，并及时采取预防和应急维护措施提供参考和依据，从而避免因不及时处理导致的隐患加剧，降低后期维护成本。

综上所述，通过阴极保护远程监测系统，检测人员可实时、方便地测量钢管桩保护电位，并准确地评定钢管桩保护效果。这有助于管理部门及时准确地了解和积累钢管桩的保护信息，同时减少阴极保护系统管理人员的工作量，降低各种因素对阴极保护系统正常工作的影响。另外，阴极保护远程监测系统可很好地发挥原来日常巡查的功能，然后结合每年度的全面专业检测，可大大提高阴极保护系统的维护管理水平，对系统寿命延长和使用效果提升有着积极作用。

9.6.7　结论

基于无线遥测和信息技术的阴极保护远程监测系统用于阴极保护的维护管理，在线实时监测阴极保护的状态，可以克服人工检测的不连续性、减少日常巡查的人力物力、提升数据管理能力，对及时掌握和处理阴极保护系统隐患有着积极作用，是提高阴极保护维护管理水平的有效举措，具有广阔的市场前景。

9.7　某码头腐蚀与防护状况的调查与分析

9.7.1　引言

近年来，随着港口吞吐量的迅速提升，钢管桩在港口码头上得到了广泛应用，但与此同时也带来了钢管桩维护管理问题。尽管钢管桩具有良好的施工和使用性能，然而由于钢管桩在海洋环境中易腐蚀的特性，必须依靠防腐系统来抑制钢管桩的腐蚀。钢管桩作为码头的基础直接关系到码头的安全性和耐久性，而防腐系统又是保障钢管桩在海洋环境中安全长效使用的关键措施。因此，开展码头钢管桩及其防腐系统的调查与分析，不仅可以为制定维护管理措施提高依据，而且关系到码头的安全性和耐久性，具有重要的意义。

9.7.2　工程概况

某码头为高桩梁板式结构，基础采用直径为 $\Phi1000\ m$ 的钢管桩，材质为 Q345B，设计壁厚为 20 mm（16 mm）。该码头钢管桩浪溅区和大气区采用涂层保护，水下区及泥下区部位采用外加电流阴极保护，水位变动区采用涂层和外加电流阴极保护联合保护。防腐涂层采用环氧重防腐涂料，涂层设计厚度为 1600 μm，设计使用年限 30 a。该码头于 2008 年竣工并交付使用，2010 年对码头的腐蚀与防护状况进行了调查与分析。

9.7.3　腐蚀与防护状况的调查与分析

1. 钢管桩外观状况

通过目视外观检查法和水下摄像方法全面检查钢管桩涂层破损和腐蚀状况，重点调查已出现局部破损的区域。

1）钢管桩涂层的破损状况

调查结果表明，绝大部分钢管桩的涂层基本完好，未发现鼓泡、脱落和锈蚀等现象。但部分钢管桩的大气区和浪溅区（主要是大气区）存在局部破损，破损形式以小面积或连续小面积破损为主，大面积剥落现象所占比例不大。小面积破损呈不规则分布，大面积破损则多集中于系缆墩位置钢管桩，其中迎海侧系缆墩的钢管桩涂层破损最严重。防腐涂层的有效使用寿命有多种影响因素，包括涂装前钢材表面预处理质量、涂层厚度、涂层种类、施工环境条件及涂装工艺等。表 3-8 列出各种因素对涂层寿命影响的统计结果。根据表 3-8 所列因素，分析涂层破损可能的原因有以下几个方面。

（1）表面预处理质量和涂料施工。涂料施工时，现场的温度、湿度、粉尘含量或涂料的配置、搅拌、熟化、涂装间隔时间等工序对涂层的质量都有重大影响。本工程涂料施工和表面处理均在厂区完成，采用成熟工艺涂装，而且检查后发现未破损处涂层质量都较好，因此涂料施工应当是合格的。

（2）涂料种类。本工程选用环氧重防腐涂料，具有良好的耐候性、耐腐蚀性和附着力，而且在工程上得到了较广泛的应用的。因此，本工程涂料选择应当是合理的，不存在问题。

（3）涂膜厚度。涂膜厚度也是影响涂层有效使用寿命的重要因素，为进一步明确涂膜厚度的影响作用，本次调查对涂层进行相关检查。结果表明，涂层在使用数年后平均厚度仍符合设计要求。而且，本工程的涂层在厂区采用成熟工艺涂装，有严格的质量控制程序，应当是符合要求的。因此，涂膜厚度也应当是合格的。

（4）钢管桩运输及施工。在钢管桩运输和施工过程中，涂层难免会受到严重的外力作用，导致涂层局部破损。然而，由于海洋环境的影响，这些破损涂层依靠普通刷涂或喷涂无法达到修复的效果。一般情况下，破损处刷涂或喷涂的涂层在使用数年或更短时间后就会重新发生破损。因此，涂层破损的主要来源可能是已涂装钢管桩在运输、施工过程中产生了不可预见性破损。此外，迎海侧系缆墩的钢管桩涂层破损最严重，这可能是由于迎海侧风浪大于邻岸侧，对钢管桩冲刷更剧烈，加速原有破损处的扩展，导致更大面积的破损产生。

综上所述，涂层破损是由于已涂钢管桩运输、施工过程中产生的不可预见性破坏造成的。迎海侧风浪大、无遮蔽，处于该区域的系缆墩钢管桩受到较严重的海洋环境侵蚀，加速了破损涂层的扩展，导致该区域钢管桩涂层破损最严重。图 9-30 为钢管桩涂层小面积破损和大面积破损的状况。

2）钢管桩表面的腐蚀状况

图 9-31 是钢管桩涂层破损区域处理前后的状况。可以看出，涂层破损部位的钢管桩表面已返锈，局部有麻面，除去表层的红褐色浮锈后，发现钢管桩表面凹凸不平，存在大量黑色和红褐色铁锈，但未见明显的蚀坑。在破损处周围一定范围内，涂层已基本丧失附着力，清除失效涂层后发现，随着与破损处距离的增加，钢管桩表面的铁锈量递减，直至表面呈现出金属光泽。上述现象说明，涂层的真实破损面积（失效涂层所占面积）应大于可直接观察和测量到的破损面积。涂层完好处钢管桩表面呈现出金属光泽，这说明涂层完好处钢管桩未腐蚀。

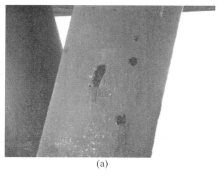

(a)　　　　　　　　　　　　　　　　(b)

图 9-30　钢管桩涂层小面积（a）破损和大面积（b）破损的状况

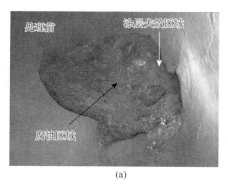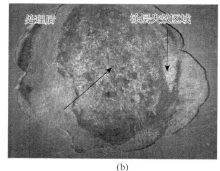

(a)　　　　　　　　　　　　　　　　(b)

图 9-31　钢管桩涂层破损区域处理前（a）后（b）的状况

当涂层完好时，由于涂层耐蚀性好、透气性和渗水性小及涂膜具有一定厚度，水、离子和氧等腐蚀介质渗入钢管桩/涂层界面需要很长的时间，因此涂层完好处钢管桩保护得较好。然而，一旦涂层发生破损，破损区域与海洋环境直接接触，为水、离子和氧等腐蚀介质渗入钢管桩/涂层界面提供了快捷通道，加速了腐蚀介质的渗入，导致涂层破损处周围一定范围内钢管桩表面的腐蚀。

3）钢管桩水位变动区和水下区的状况

通过水下摄像和潜水员目视检查对钢管桩的水位变动区和水下区进行了调查。结果表明，钢管桩表面包覆着一层海生物（如牡蛎、藤壶等），其厚度最大处达 20 cm 左右。局部清除钢管桩表面的海生物后，有一定厚度的锈蚀产物，未发现明显的涂层破损和局部腐蚀，也未发现腐蚀穿孔等严重腐蚀。锈蚀产物的产生可能是因为在打桩完毕至阴极保护运行有一段保护的缺失期，这段时间内钢管桩水下无涂层保护区域发生了锈蚀。

2. 钢管桩的涂层厚度

涂膜厚度是影响涂层有效使用寿命的重要因素，为了明确该因素的作用进行了涂层厚度调查。本次调查中，涂层厚度调查采用的电磁性测厚仪（测量范围为 0～3000 μm），检测范围为钢管桩水上部分。

结果表明，涂层平均厚度为 1664 μm，涂层厚度读数值范围为 735～2340 μm，其中读数值大于设计值 1600 μm 的占总读数数量的 66.5%，图 9-32 为涂层厚度读数值的具体分布情况。由图 9-32 可见，实测涂层厚度读数分布较广，读数跨度范围较大，且分布不均匀，绝大部分读数值处于 1500～1900 μm，可见钢管桩涂层厚度不均匀。这可能是由于涂装施工时人为操作或其他客观因素造成的误差所引起的。总体来看，涂层厚度在使用数年后平均厚度和大部分读数仍能达到设计要求，可见该码头所用重防腐涂料在海洋环境中具有良好的耐候性和耐腐蚀性。

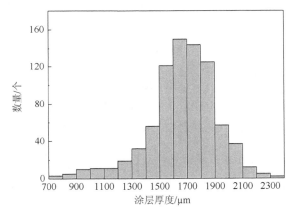

图 9-32　涂层厚度读数的详细分布情况

3. 钢管桩剩余厚度和腐蚀速率

通过水下超声波测厚仪（可带涂层测量）对选定的钢管桩进行厚度测量。本次调查是该码头的第一次腐蚀调查，调查过程中发现钢管桩的厚度与设计厚度存在制作因素导致的偏差。因此，不应将本次调查结果（包括水下测量的厚度）与设计值对比来计算腐蚀速率，但可以将此次调查数据作为今后检测评估腐蚀速率的原始参考数据。也可通过对比涂层破损处和完好处（距离较近）实测钢管桩壁厚，获得涂层破损部位钢管桩的腐蚀速率。表 9-5 为涂层大面积破损区域涂层破损处与完好处钢管桩的平均厚度。

表 9-5　涂层破损处与涂层完好处钢管桩的平均厚度（mm）

区域 1	测区一	测区二	测区三	测区四
涂层完好处钢管桩的平均厚度	19.75	19.50	19.55	19.45
涂层破损处钢管桩的平均厚度	19.70	19.40	19.40	19.30

根据表9-5和钢管桩投入使用年限可知,钢管桩破损处的腐蚀速率为0.056 mm/a,与现行行业标准 JTS 153-3 所列大气区的最低腐蚀速率（0.05 mm/a）相近。但需指出的是,所选择区域的涂层破损可能是由破损处扩展所造成的,因此腐蚀发生时间可能少于钢管桩投入使用年限,那么实际腐蚀速率将大于 0.056 mm/a。本次调查部位处于潮差区之上,阴极保护对其基本不发挥作用,而且涂层已破损对钢管桩无保护作用,所以该区域的腐蚀较为明显。

4. 钢管桩的保护电位

保护电位是评价阴极保护系统对钢管桩保护效果的重要指标。本次调查采用 Ag/AgCl 海水参比电极和高内阻数字万用表对钢管桩的保护电位进行检测。测量时将参比电极放置到被测钢结构的表面附近读取测试数据。具体过程是：把参比电极放入水中,让其靠近待测钢桩表面,并用导线使参比电极、万用表和所测钢管桩形成回路,直接由万用表读数。

调查结果表明,部分钢管桩的保护电位值未能达到现行行业标准 JTS 153-3 要求的–1050～–780 mV,可见部分钢管桩未受到阴极保护系统的保护。为进一步明确出现上述现象的原因,对阴极保护系统进行了相关调查。

5. 钢管桩外加电流阴极保护系统

该码头采用外加电流阴极保护系统,系统由辅助阳极、直流电源、参比电极、检测设备和电缆构成。本次调查对外加电流阴极保护各部分的使用状态进行了检查,具体如下：对 8 套防爆型整流器的工作状态和供电状况,水上、水下电缆的敷设状况,辅助阳极及参比电极的表观及使用状态进行了抽检。

现场检查发现,有 3 台整流器出现了故障,其中 1#整流器控制电位的显示功能存在问题；4#整流器的电位控制旋钮已经损坏；5#整流器无法正常开机,需进行维修或更换。其余整流器工作状态正常,但与上述 3 台整流器相同,目前处于恒电流控制状态,此时控制电位不能实现调节输出电流的功能。部分钢管桩保护电位的不足与整流器输出的恒电流偏低和整流器损坏有关。

本次调查通过便携式参比电极,对固定参比电极的使用状态进行了检测。结果表明,抽检的参比电极中有 6 个参比电极显示不正常,与便携式参比电极所测得的电位差距较大。水下探摸抽检发现,抽检阳极和参比电极的表观状况基本良好,未发现脱落、损坏等现象。

电缆敷设状况的抽检结果表明,电缆及其接头未发现脱落、断裂等情况,但部分电缆的敷设存在一定缺陷,如少数电缆缺乏保护套管、个别电缆未预留伸缩余量。此外,调查过程中还发现,少数用于固定阳极和参比电极穿线钢管的卡箍及紧固螺栓已锈蚀。

9.7.4　结论

（1）大部分钢管桩涂层保持完好，但少部分钢管桩涂层存在局部破损，破损形式以小面积或连续小面积破损为主，大面积剥落现象所占比例不大。上述涂层真实破损面积大于可直接观察和测量到的破损面积。

（2）钢管桩涂层在使用数年后，厚度仍能满足设计要求。涂层破损部位钢管桩表面已返锈，但尚未发生严重的局部腐蚀，该区域钢管桩壁厚尚无明显损失。钢管桩水下区和水位变动区被海生物覆盖，清除海生物后，发现有一定厚度的锈蚀产物。

（3）部分整流器损坏或整流器输出电流偏低，使得部分钢管桩的保护电位未达到要求。8 台整流器中有 3 台需要进行维修或更换；整流器的控制系统目前处于恒电流控制状态，控制电位不能起到调节输出电流的作用；抽检参比电极中有6 个数据显示异常，占参比电极总数的 25%。

（4）针对上述结论需对钢管桩涂层破损处及外加电流阴极保护系统的损坏部分进行修复或更换，以保证钢管桩的使用寿命。

9.8　铝基牺牲阳极在海泥环境中的应用

9.8.1　引言

近年来，随着天津港向深水大港的方向大步迈进，钢结构已成为天津港不可或缺的建筑材料。为了有效保护这些钢结构，牺牲阳极阴极保护系统已被天津港广泛应用。据不完全统计，天津港共施打钢管桩 20000 余根，使用钢材近 40 万 t，其中采用牺牲阳极保护的面积 150 余万 m^2，牺牲阳极普遍采用 Al-Zn-In-Mg-Ti系合金。目前，天津港钢结构的牺牲阳极阴极保护系统运行状态基本良好。然而，天津港属于回淤港，这使得一些码头尤其是老码头的牺牲阳极被海泥不同程度掩埋，导致牺牲阳极阴极保护系统的使用寿命和效果降低，从而影响整个码头结构的安全和使用寿命。这是目前天津港牺牲阳极阴极保护系统使用过程中亟待解决的问题。

9.8.2　天津港牺牲阳极阴极保护系统的状况及问题的提出

2004 年天津港的调查报告显示，港埠一公司码头的抽检阳极块体已全部被埋入泥中，只有阳极的焊脚仍露于泥面之上；南疆石化码头也有部分牺牲阳极被不同程度掩埋。在 2004 年的调查中，对这些码头钢结构周围泥面标高和钢结构的保护电位进行了检测。表 9-6～表 9-8 为 2004 年调查中各码头抽检钢管桩周围的泥面标高及其保护电位。

表 9-6 港埠一公司码头钢板桩附近的泥面标高及其保护电位

测点	电位/mV	泥面标高/m	测点	电位/mV	泥面标高/m
1	−760	−0.2	6	−720	−0.3
2	−750	−0.2	7	−710	0.0
3	−750	−0.1	8	−780	−0.4
4	−740	−0.3	9	−780	−0.4
5	−720	−0.2	10	−760	−0.5

表 9-7 南疆石化码头 100000 t 级码头 2# 靠船墩钢管桩周围的泥面标高及其保护电位

桩号	电位/mV	泥面标高/m	桩号	电位/mV	泥面标高/m
1	−950	−9.4	6	−970	−7.2
2	−950	−9.8	7	−970	−7.4
3	−960	−7.5	8	−990	−6.2
4	−1000	−7.2	9	−1000	−6.3
5	−970	−7.1			

表 9-8 南疆石化码头 150000t 级码头 1# 系船墩钢管桩周围的泥面标高及其保护电位

桩号	电位/mV	泥面标高/m	桩号	电位/mV	泥面标高/m
1	−890	−4.2	5	−880	−1.3
2	−890	−4.2	6	−900	−0.7
3	−900	−1.7	7	−870	−0.2
4	−880	−1.2	8	−870	−0.2

从表 9-6～表 9-8 中可以看出,随着钢结构附近整体泥面标高的提高,阴极保护电位整体正移,即阴极保护效果下降。一方面,泥面提高使得钢结构所处电解质环境的淤泥增加,电阻率变大;另一方面,牺牲阳极被掩埋后,表面活性溶解点减少。上述两个原因将导致牺牲阳极工作效率下降,使阴极保护整体效果下降。

对于泥面较低的钢结构,阴极保护系统的保护效果较好。如 100000 t 级码头 2# 靠船墩钢管桩的保护电位均处在−1000～−900 mV 的最佳保护电位范围内,可见目前天津港普遍使用的 Al-Zn-In 系牺牲阳极具有良好的使用性能。

然而,对于部分泥面较高的钢结构,阴极保护系统的保护效果有所下降。如 150000 t 级码头 1# 系船墩钢管桩的保护电位大部分未处在最佳保护电位范围内,但都负于阻止钢铁腐蚀的安全电位−850～−800 mV。可见,尽管部分牺牲阳极因淤泥的掩埋工作效率下降,但是,由于结构的电连接性较好,其他工作效率较高的牺牲阳极仍能较好地补充上述损失,使整体结构仍处在阴极保护系统的保护之中，但这将加速未被掩埋阳极的消耗，使牺牲阳极难以达到设计使用年限。

由于钢结构的牺牲阳极几乎完全被掩埋，在相同的使用年限下，港埠一公司码头钢结构保护电位都已正于保护电位，即阴极保护系统已完全失效；而另外两个与其同期设计施工、保护指标相同的码头（南疆石化码头）却仍处于阴极保护状态中。

综上可知，牺牲阳极被掩埋将导致牺牲阳极阴极保护系统使用寿命和效果降低，这是由于海泥不像海水介质化学成分均一且流动性好，在海水中使用良好的牺牲阳极在海泥中使用时的性能严重下降。而天津港现有疏浚方式多以传统的耙吸、绞吸及新研究的抓吸疏浚方式为主，很难对码头结构下部的淤泥予以有效治理，因此亟须采用其他方法解决上述问题。研究表明，Al-Zn-In-Si 系牺牲阳极在海泥中具有较好的使用性能。鉴于上述原因，以牺牲阳极被掩埋最严重的天津港港埠一码头为研究对象，在海泥中采用 Al-Zn-In-Si 系牺牲阳极，并为阳极配置填包料，以期解决上述问题，为在天津港海泥区中实施牺牲阳极阴极保护提供依据。

9.8.3　Al-Zn-In-Si 系牺牲阳极在天津港海泥中的应用

1. 工程概况

天津港港埠一公司码头全长 760 m，其阴极保护分别于 1992 年和 1993 年分两期完成，设计使用年限为 15 a。2004 年对港埠一公司码头钢板桩阴极保护系统的调查结果表明，阳极已全部被埋入泥中，只有阳极的焊脚仍露于泥面之上，阳极已达到保护年限末期，发生电流小于设计维持电流，大部分钢板桩的保护电位已经正于–850 mV，也就是说，港埠一公司码头大多数钢板桩处于保护不足状态。因此，需要重新设计和安装牺牲阳极，恢复系统的保护功能。2005 年年底开始，天津港对港埠一公司码头钢结构牺牲阳极阴极保护系统进行了更换，并于 2007 年年底竣工。本次更换工程中，在天津港首次采用了上述的 Al-Zn-In-Si 系牺牲阳极。

2. 实施方案的确定与主要材料的选择

阴极保护有两种形式：牺牲阳极阴极保护和外加电流阴极保护。本工程的码头岸线较长，若采用外加电流阴极保护，需沿岸线配置多台整流器及相关设备和材料。然而，因淤积钢结构水中区的保护面积较小，并不需要如此多的整流器来供给保护电流，显然采用外加电流阴极保护并不经济。此外，由于淤积及该码头结构的复杂性，实施外加电流阴极保护难度较大。而牺牲阳极阴极保护由于其结构灵活、适应性强，可以较好地解决上述问题，不仅经济，而且实施简单。因此，选择牺牲阳极阴极保护作为钢结构的阴极保护方式。

由于泥面淤积严重，钢结构在水中区的长度很小，无法直接安装牺牲阳极，只能将牺牲阳极安装于海泥之中。天津港属于典型的淤泥质港口，滩面泥沙颗粒较细，中值粒径约为 0.005 mm，会发生絮凝作用，形成含水量高、密度低、具有高度蜂窝状结构的淤积物。这种结构的淤泥具有较低的电阻率，为使用铝基牺牲阳极提供了一定条件。鉴于上述实际情况和 Al-Zn-In-Si 在海泥中的良好使用效果及合理的成本（Mg 基、Zn 基牺牲阳极成本较高），选择 Al-Zn-In-Si 系合金作为本次更换工程使用的牺牲阳极。

为减少牺牲阳极与海泥之间的电阻，并使牺牲阳极均匀溶解，还借鉴了在土壤中埋设镁基牺牲阳极时常用的方法，即在牺牲阳极外包覆填包料。用于海水中的牺牲阳极一般直接焊接在钢结构上，未外包填包料。在被淤泥掩埋的情况下，阳极的溶解产物难以流动和扩散，会与淤泥结合紧密包裹在阳极表面，阻断剩余阳极与海水的反应，导致阳极失效。本工程使用的 Al-Zn-In-Si 系阳极系统外包了填包料。一方面，填包料的存在有助于阳极腐蚀产物的扩散和分散，阻止表面生成高电阻腐蚀产物沉积层，促进阳极材料的均匀溶解消耗，从而保证阳极在淤泥环境中连续发挥作用，并推迟牺牲阳极可能发生逆转的时间；另一方面，外包填包料可以降低阳极所处环境的电阻率，增大阳极发生电流的有效面积，以提高阳极的使用效率。

随着时间的推移，淤泥淤积程度将会加深，淤泥密实度也随之增大，这使得铝基阳极周围环境发生变化，若牺牲阳极的使用年限超过了其发生逆转现象所需的时间，可能会导致阳极发生逆转现象而过早失效。因此，应尽量避免牺牲阳极使用年限过长。本次更换设计采用较短的使用寿命（5 a）。

综合考虑工程的经济性、科学性和可实施性，采用短设计使用年限＋Al-Zn-In-Si 系合金＋外包填包料的方式是适宜的。

3. 施工工艺

阳极安装时，一般需采用 9 m³ 空气压缩机在安装阳极的位置吹出一个阳极坑，阳极坑的大小应足以容纳阳极，并使阳极上焊脚标高处于−1 m 以下。然后将阳极埋入阳极坑，再采用水下焊接工艺固定安装阳极。阳极布置应尽量均匀，并利用原有的电连接系统使阳极电流分布均匀，使钢结构各部分都得到应有的保护。

4. 阴极保护系统的保护效果

保护电位是评价钢结构保护状态和保护效果的重要参数。竣工检测的结果显示，钢结构的阴极保护电位均负于−800 mV，达到设计要求，可见该牺牲阳极阴极保护系统具有良好的保护效果。

9.8.4　结论

天津的回淤特质使一些码头（尤其是老码头）钢结构的牺牲阳极被不同程度地掩埋。现有码头钢结构的牺牲阳极阴极保护系统，存在被海泥掩埋而无法有效发挥作用的风险。本案例所采用的牺牲阳极阴极保护系统采用 Al-Zn-In-Si ＋短寿命＋填包料的特殊方式，在天津港海泥区中初步使用效果显著。这为解决天津港被海泥严重掩埋钢结构的阴极保护提出了一种新方法，对保障天津港老码头安全及使用寿命具有积极的意义，也有着示范性作用。

9.9　环氧涂层钢筋在钢筋混凝土结构防腐中的应用

9.9.1　引言

环氧涂层钢筋以其良好的防腐性能在钢筋混凝土结构中得到越来越广泛的使用。然而，由于环氧涂层相对钢筋本体较脆弱，在施工过程中难免遭受破坏。GB/T 25826—2010、JTJ 275、JG/T 502、JT/T 945 等现行行业标准规范对环氧涂层钢筋的制作加工工艺、试验、检测及质量控制等方面做出了明确规定。但是，由于在施工能力和管理水平上的参差不齐，目前大多数工程仍无法确保钢筋表面涂层的完整性，涂层钢筋在弯曲、绑扎、焊接等施工过程难免形成涂层缺陷，一旦缺陷部位没得到修复，就会导致涂层缺陷处在混凝土结构服役过程中的加速腐蚀。因此，使用环氧涂层钢筋的关键问题是在生产、运输和使用过程中最大限度地消除涂层缺陷。

环氧涂层钢筋的施工工艺往往先按规定尺寸将钢筋加工成型，再喷涂环氧粉末的先预制加工工法，但这种加工方法需要设计单位与施工单位完美配合，且增加了钢筋的施工工序，严重降低施工效率。某钢筋混凝土工程中，为解决复杂构件内多种形状、规格环氧涂层钢筋的现场加工问题，施工单位将传统施工工艺进行了调整。

调整后的工艺将环氧涂层钢筋的加工工序进行了调整，将钢筋原材先进行环氧涂层喷涂后，再加工成复杂构件内多种形状规格的钢筋。加工精度高、效率快，表面涂层柔韧性好，增加了现场钢筋绑扎操作空间，最终达到既能适应复杂构件内多种形状规格钢筋的加工，又能很好地保护涂层，保证涂层连续性的目的，从而大大地提高了现场施工效率。具体而言，该工艺分为钢筋环氧粉末喷涂加工及检测、钢筋后预制加工过程对环氧涂层钢筋的保护、环氧涂层钢筋质量控制措施三部分。下文将对该环氧涂层钢筋施工工艺及相应的保护措施进行详细阐述。

9.9.2 钢筋环氧粉末喷涂加工及检测

钢筋原材在环氧粉末喷涂厂家进行喷涂加工,通过对钢筋原材进行抛光除锈、钢筋预热、环氧喷涂、冷却处理四道工序进行加工。图9-33为钢筋环氧粉末喷涂施工流程图。同时,对喷涂完毕的环氧涂层钢筋现场进行涂层厚度、涂层连续性等性能检测,确保环氧涂层钢筋能够满足要求。待检测完毕后,再运至现场进行后预制施工,加工成型后用于现场钢筋绑扎。

图 9-33　钢筋环氧粉末喷涂施工流程图

9.9.3 钢筋后预制加工过程对环氧涂层钢筋的保护

由于环氧涂层钢筋的最主要的使用参数为涂层的厚度和涂层的连续性,涂层厚度在喷涂厂家控制,涂层连续性在钢筋后预制加工过程中进行控制。控制涂层的连续性主要从三方面着手:一是环氧涂层钢筋原材的保护要求;二是环氧涂层钢筋加工设备及设施保护要求;三是环氧涂层钢筋加工工艺保护要求。

1. 环氧涂层钢筋原材的保护要求

环氧涂层钢筋在厂家加工完毕后,为防止运输过程中涂层破损及紫外线照射引起涂层老化等，环氧涂层钢筋采用不透光的黑色塑料布或膜进行包裹。吊装环氧涂层钢筋时，为防止在吊装过程中因强力挤压、撞击和滑动对涂层产生破损，现场采用高强度的尼龙带进行吊装。同时，环氧涂层钢筋原材均存放在现场钢筋储存架上，下部铺垫木方并保证与地面高度不小于 30 cm，以避免环氧涂层钢筋与地面直接接触；钢筋与地面之间、涂层钢筋捆与捆之间用垫木隔开并不超过五层，下部合理布设支点以防止钢筋下垂。图 9-34 和图 9-35 分别为尼龙吊装带和环氧涂层钢筋现场存放。

图 9-34　尼龙吊装带　　　　　　　图 9-35　环氧涂层钢筋原材存放

2. 环氧涂层钢筋加工设备及设施保护要求

对环氧涂层钢筋加工设备及设施具有保护要求的主要有环氧涂层钢筋切断设备、弯曲设备及存放设施。环氧涂层钢筋切断设备主要有意大利进口的施耐尔钢筋生产联动线及国产环氧涂层钢筋锯切机，如图 9-36 和图 9-37 所示。钢筋生产联动线主要在与环氧涂层钢筋接触部位增加涂层保护构件，包括在传动滚轮增加保护套及夹具部位加垫高强度缓冲尼龙等，如图 9-38 和图 9-39 所示；锯切机主要在送料平台上垫柔软材料，在刀具下方垫缓冲材料，以减少刚性接触对涂层造成破损。该联动线及锯切机既能够最大程度地减少涂层的破损，又能够保证钢筋的加工精度。

环氧涂层构件弯曲设备的保护主要是通过对钢筋弯曲机进行局部改造实现的，即在弯曲芯轴外增加尼龙保护套，并在整个弯曲平台上用缓冲材料铺垫，如图 9-40 和图 9-41 所示。

图 9-36　意大利施耐尔钢筋生产联动线

图 9-37　国产环氧涂层钢筋锯切机

图 9-38　传动滚轮保护套

图 9-39　夹具加垫高强度缓冲尼龙

图 9-40　弯曲芯轴尼龙保护套

图 9-41　弯曲平台尼龙缓冲垫

环氧涂层钢筋在加工完半成品时，现场钢筋集料架及存放架等存放设施皆通过增加缓冲橡胶垫及尼龙垫块等防护措施。

3. 环氧涂层钢筋后预制加工工艺保护要求

环氧涂层钢筋后预制加工形式主要有：环氧涂层钢筋切断、环氧涂层钢筋弯折及墩粗套丝。因此，需要针对上述加工工艺的加工特点对环氧涂层钢筋进行保护，并在完成上述加工后，给环氧涂层钢筋表面的环氧涂层进行必要的修补。

1）环氧涂层钢筋切断

现场所有钢筋切断皆采用锯切机完成，且为环氧涂层钢筋加工的首个步骤，对钢筋后续的加工精度有直接影响，因此钢筋在切断过程中，应按照图纸精确放样，并且在施工过程中，严格按照放样尺寸下料，保证钢筋长度偏差在允许范围内，如果超出允许偏差，应重新对钢筋尺寸进行调整。同时，现场操作人员须经过培训后方可上岗，钢筋加工过程中须按操作规程进行施工。

钢筋自检及验收需逐根进行，尤其是对钢筋加工精度要求较高的部位，坚决杜绝不合格产品，以防对后续施工造成困难。需要墩粗套丝的钢筋接头，应保证钢筋切断面的平整，不允许出现斜面或出现钢筋墩粗偏心，从而导致连接丝扣不满足要求。钢筋原材如弯曲不顺直，但其弯曲段为弹性可恢复变形时，应先将其调直后再进行切断。如果出现不可恢复的弯折变形时，应将弯折部分切除后使用，不再进行调直，以防止大面积破坏环氧涂层。

2）环氧涂层钢筋弯折

环氧涂层钢筋根据设计图纸要求有大量钢筋需要进行弯折，而弯折形式主要分为：环氧涂层钢筋弯曲、环氧涂层钢筋弯圆。如果按常规设计的弯曲半径进行弯曲，极易对钢筋表面涂层的连续性造成破坏。为解决此问题，该工法提出了根据实际情况增大环氧涂层钢筋的弯曲半径的解决方法，具体弯曲要求如表 9-9 所示。

表 9-9　环氧涂层钢筋弯曲要求

钢筋公称直径/mm	芯轴直径/mm	弯曲角度/(°)	完成时间/s
10	75	180	15
12	100	180	15
16	125	180	15
20	150	180	15
22	175	180	45
25	200	180	45

钢筋公称直径/mm	芯轴直径/mm	弯曲角度/(°)	完成时间/s
28	220	180	45
30	240	180	45
32	250	180	45
36	280	180	45
40	430	90	45

注：弯曲温度为 20~30℃。

（1）环氧涂层钢筋的弯曲。

为避免钢筋弯折过程中破坏涂层，所有钢筋弯折设备的芯轴外侧皆套有高强度尼龙套，用于缓冲钢筋与芯轴间刚性接触的挤压力。现场钢筋弯折须按照有关技术规范中规定的各型号钢筋弯折芯轴直径进行加工，在保证弯折部位环氧涂层完好的前提下，满足钢筋弯折的精度要求。钢筋弯折主要控制影响钢筋保护层的边线精度，对加工完的半成品钢筋按各编号钢筋实际放样的验收工具逐根进行验收，以确保每根钢筋皆能满足使用要求。使用进口的全自动和半自动钢筋弯曲机的操作人员必须经过培训合格后方可上岗，操作人员必须能够熟练地使用设备的各种指令，并能够完成设备的基本调试。同时，每加工一定数量的弯曲钢筋后，现场需对钢筋的弯曲芯轴进行检查和调试，如果发现尼龙芯轴出现破损或变形，影响钢筋加工精度或不能起到保护环氧涂层的作用后应及时更换，以确保设备正常运行。

（2）环氧涂层钢筋的弯圆。

钢筋弯圆主要是针对混凝土构件后浇孔周围的加强筋，弯圆直径较大，钢筋较粗，弯弧机的芯轴外侧也须套有高强度尼龙保护套。钢筋现场弯圆时，应先通过试验调整设备参数，确保弯圆后的钢筋圆弧尺寸可满足要求。现场按实际圆筋的直径进行放样，逐根检查验收，考虑到后浇孔部位的圆钢直径较大，且不允许焊接，需采取非焊接措施保证加工好的钢筋不会出现弹性变形。如果为搭接绑扎的形式，需根据现场试验在钢筋加工过程中预留一定的回弹量，确保钢筋的加工精度。

3）环氧涂层钢筋镦粗及套丝

由于本工程对环氧涂层钢筋质量要求十分严格，不仅需保证钢筋表面涂层的完整性，而且环氧涂层钢筋之间不允许焊接，这为钢筋绑扎带来了极大的难度，为解决钢筋绑扎对接的难题，该工法采用镦粗直螺纹套筒来连接环氧涂层钢筋，这对环氧涂层钢筋镦粗及套丝加工工艺及质量要求提出了严格的要求。图 9-42 为环氧涂层钢筋镦粗及套丝加工工艺流程图。

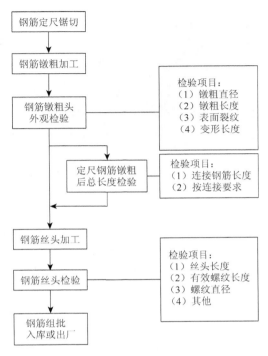

图 9-42 环氧涂层钢筋镦粗及套丝加工流程图

（1）环氧涂层钢筋镦粗加工。

钢筋镦粗主要用于钢筋的接长套丝，重点应控制镦粗接头的同心度及钢筋镦粗后的缩减量对钢筋下料长度的影响。为消除此类偏差，不同型号的钢筋镦粗前首先进行试验，确定镦粗力的大小及镦粗后缩减长度的规律。对于仅有一头需镦粗的钢筋，需先进行镦粗后再进行弯折或其他操作，从而消除镦粗带来的偏差影响。如果钢筋镦粗后同心度偏差过大应将镦粗头按报废处理，钢筋重新切除端头用于其他部位钢筋的加工。如果因镦粗力不够等导致镦粗接头直径达不到套丝的满牙要求时，需调试镦粗机的镦粗压力直至满足要求方可批量生产。在进行墩粗加工前，必须将墩粗设备固定涂层钢筋的固定夹钳清理干净，以免环氧树脂涂层受损后，被涂层保护的钢筋表面受到污染。在进行墩粗加工时，摆放涂层钢筋的支撑承台垫以软橡胶作为缓冲材料，以避免环氧树脂涂层钢筋因拖拉、摩擦而对环氧树脂涂层造成伤害。墩粗头加工完成后，严格按照现行行业标准《墩粗直螺纹钢筋接头》（JG 171）进行检验，验收合格后将环氧涂层钢筋墩粗接头进行套丝加工。图 9-43 为环氧涂层钢筋镦粗加工。

图 9-43　环氧涂层钢筋镦粗加工照片

（2）环氧涂层钢筋套丝加工、检测及保护。

环氧涂层钢筋套丝在镦粗接头的基础上进行加工，将镦粗合格后的钢筋利用套丝机按图纸要求进行丝扣加工，主要有半扣正丝、全扣正丝、半扣反丝、全扣反丝 4 种加工形式。钢筋套丝加工首先满足钢筋接长工艺的要求，丝扣加工质量满足规范规定，可达到Ⅰ级接头的使用要求。需要提前利用套筒接长的钢筋，套筒连接严格按照现行行业标准《钢筋机械连接技术规程》（JGJ 107）进行验收，拧紧力矩按照规范要求使用力矩扳手进行检验。套筒拧紧后，两端接头丝扣的外露长度应满足规范要求，外露丝扣不应过长，防止削弱受力断面尺寸。图 9-44 为环氧涂层钢筋套丝加工照片。此外，环氧涂层钢筋经过墩粗直螺纹套丝工艺加工成半丝扣、全丝扣后，须利用指环规逐根对已套丝钢筋进行检测，保证丝扣的加工质量，以防止设备车床松动等导致丝扣与套筒无法匹配，影响钢筋的现场绑扎对接。对于已检测合格的钢筋丝头，要及时采用保护帽进行保护。

图 9-44　环氧涂层钢筋套丝加工

4）环氧涂层钢筋加工破损处修补

在环氧涂层钢筋切断、弯折、镦粗及套丝加工过程中不可避免地会对钢筋的表面涂层造成一定的破损，为保证钢筋涂层的连续性及完整性，应及时对破损部位的环氧涂层进行修补，如图 9-45 所示。涂层修补材料为双组分的环氧钢筋专用修补涂料。修补前，应对钢筋表面生锈部位进行彻底清理；按配比配好修补涂料后，使用刷涂的方式均匀地涂刷在钢筋表面涂层破损的部位，修补涂层厚度应不小于规范要求的单双层环氧涂层钢筋涂层最小厚度（单≥220 μm，双层≥250 μm），且保证修复涂层应与原环氧涂层完全搭接，避免局部漏涂，补涂完成后应静置至涂层完全固化后方可使用。环氧修补涂料在干燥环境下常温固化时间为 2 h 左右，在 50℃下固化需 20 min。

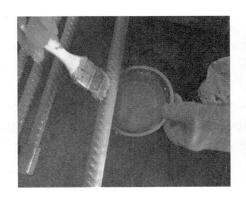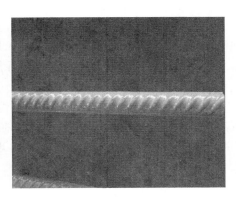

图 9-45　环氧涂层钢筋表面涂层修补照片

9.9.4　环氧涂层钢筋质量控制措施

1. 环氧涂层钢筋原材质量控制要点

（1）原材料需严格遵守 ISO 体系有关质量方面的要求，控制好原材料验收、堆放标示、质量检验等过程的检查跟踪，并形成过程记录以备查询。

（2）钢筋原材质量必须符合现行国家标准 GB 13788—2008、GB 1499.1—2008、GB 1499.2—2013、GB/T 1499.3—2010、GB/T 20065—2006 或需方提出的其他产品规范要求。其表面不得有尖角、毛刺、结疤、折叠、裂纹或其他影响涂层质量的缺陷，并应无油、脂或漆等的污染。

（3）每批入场的熔结环氧粉末涂料必须附有其生产厂家提供的合格证、质量保证书、质量测试证书。同时对粉末的外观质量进行检查，粉末必须色泽均匀，无结块。

（4）每批入场的钢砂或者钢丸等磨砂介质必须附有其生产厂家提供的合格证、

质量保证书。并按国家标准对每批入场的钢砂或者钢丸进行氯化物含量检测。

2. 环氧涂层钢筋涂层质量控制

（1）涂层应采用环氧树脂粉末以静电喷涂方法在钢筋表面制作，并根据涂层材料生产厂家提供的涂层胶化时间、固化时间对涂层给予充分的养护时间后方可进行水冷却处理。

（2）固化的环氧干膜厚度值不应小于设计厚度值。环氧涂层钢筋涂层厚度的检验，要按照现行行业标准 GB/T 13452.2—2008 中的方法 7 对涂层的厚度进行测量。每个厚度记录值为 3 个相邻肋间厚度测量值的平均值。应在钢筋相对的两侧进行测量，且沿钢筋的每一侧至少应取得 5 个间隔大致均匀的涂层厚度记录值（每个试样最少 10 个记录值）。

（3）固化后的涂层应连接，不应有孔洞、空隙、裂纹或其他目视可见的涂层缺陷。承台高性能环氧涂层钢筋在每米长度上的微孔（肉眼不可见之针孔）数目平均不应超过 3 个；桥墩高性能双层涂层钢筋在每米长度上的微孔（肉眼不可见之针孔）数目平均不应超过 0.2 个。

（4）涂层钢筋必须具有良好的可弯性。在弯曲试验后，试样弯曲外表面上不应有肉眼可见的裂纹或剥离现象。如果弯曲试验中，涂层钢筋表面因可见缺陷所引起的断裂或部分断裂、裂缝或涂层剥离，现场要对该批次双倍取样再次进行试验。

3. 环氧涂层修补质量控制

（1）当涂层有空洞、空隙、裂纹及肉眼可见的其他缺陷时，必须进行修补。允许修补的涂层缺陷的面积最大不超过每 0.3 m 长钢筋表面积的 1%。

（2）在生产和搬运过程中造成的钢筋涂层破损，要予以修补。当涂层钢筋在加工过程中受到剪切、锯割或工具切断、固定钳挤压时应及时予以修补。当存在环氧涂层脱落时，应将脱落或附着不牢固的涂层完全去除并清理后，使用环氧修补涂料进行修补。

（3）用尼龙吊带把需要修补的涂层钢筋吊装至修补区，将涂层钢筋整齐放置在垫木上。在修补前，应先用干净的钢丝刷将待修补处的破损涂层清理干净。然后将甲乙两组的液体环氧树脂涂料按照生产厂家提供的配比参数进行合理配比，充分搅拌均匀。再用干净的毛刷将液体环氧树脂涂料涂刷在修补处，等待涂料固化即可。

4. 环氧涂层钢筋后预制加工质量控制

（1）钢筋机械连接器的品种、规格及技术性能必须符合相关文件技术规范规定和设计施工图要求。

（2）普通钢筋及环氧涂层钢筋的加工必须符合相关文件技术规范的相关要求实施。钢筋的级别、直径、数量、间距及几何尺寸必须符合设计施工图纸要求。

（3）受力钢筋在同一截面的接头数量、绑扎搭接或机械接头的施工及质量控制必须符合相关文件技术规范规定和设计施工图要求。

（4）环氧涂层钢筋的各种加工检测指标应符合相关技术规范的规定。

（5）钢筋加工的形状、尺寸应符合工程中《钢筋下料表》的要求。

（6）钢筋应平直无局部弯折，钢筋表面涂层应无破损或开裂。

（7）钢筋的弯折和末端弯钩需满足规范要求，环氧涂层钢筋弯曲温度应在20～30℃之间。

（8）环氧涂层钢筋涂层无损坏，钢筋表面无锈蚀、油污及焊渣。

（9）为保证现场钢筋绑扎时保护层能满足设计要求，对钢筋加工下料的精度要求较高，对不同的加工工序允许的偏差如下：①钢筋锯切下料长度允许偏差：±2 mm；②钢筋弯折点位置允许偏差：2 mm；③钢筋弯圆直径允许偏差：±2 mm；④钢筋弯折角度允许偏差：0.2°；⑤成型后钢筋外轮廓与设计轮廓间的偏差允许值：2 mm。

5．环氧涂层钢筋原材、半成品保护

（1）环氧涂层钢筋产品应采用具有抗紫外线照射性能的塑料布或膜进行包装。涂层钢筋包装应分捆进行，其分捆应与原材料进厂时一致。

（2）涂层钢筋在搬运过程中要小心谨慎。吊索与涂层钢筋之间应设置垫层，不得直接接触。捆绑材料与钢筋间应有垫层或采用适当的方法防止涂层损伤。吊装时采用多吊点以防止钢筋捆过度下垂。严禁拖、拉、抛、拽涂层钢筋。

（3）涂层钢筋在储存堆放时，应离开地面，在接触区域设置垫片；当成捆堆放时，涂层钢筋与地面之间、涂层钢筋与捆之间应用垫木隔开，且成捆堆放的层数不得超过五层。

（4）涂层钢筋在现场的储存期尽量根据工期安排，不宜超过两个月堆放。堆放期间涂层钢筋应采用不透光黑色塑料布或膜包裹，以避免应紫外线照射引起涂层褪色或老化。

（5）涂层钢筋安装定位后，施工人员不宜在其上行走，应尽量避免施工工具跌落造成涂层损坏。

（6）加工完的钢筋码放要求与原材基本相同，钢筋必须按顺序和部位进行编号后在指定区域规矩码放。现场钢筋要尽可能放置在存放架上（存放架采取保护措施避免涂层破坏），不能放置在存放架上的钢筋用木方将钢筋垫离地面至少 30 cm。

9.10　某港口钢结构防腐蚀体系的维护管理

9.10.1　引言

某港口基础采用钢管桩的泊位有 18 个，已施打钢管桩 2800 余根，钢材总重量为 6 万 t 左右。根据该港口的近期和远景发展规划来看，钢结构的使用量还将大幅增加。此外，该港口码头设备如栈桥及护栏（2000 余米）、门机（110 台）、卸船机（6 台）、岸桥（23 座）等也采用了大量钢材。由于钢结构在海水和腐蚀性大气中将受到腐蚀，会导致其物理、机械性能下降，严重影响结构的安全性、外观、使用功能和使用寿命，甚至危及人身和财产安全。因此，对钢结构采取经济适用的防腐蚀措施，制定切实有效、科学严谨的维护管理制度，是保障钢结构安全、正常使用的必然要求，对该港口的可持续发展具有重要意义。

9.10.2　钢结构的防腐蚀现状

钢结构防腐蚀体系不仅包括相关的防腐蚀技术和修复加固技术，还应包括钢结构的维护管理制度和管理队伍。根据不同钢结构的实际状况，该港口采取了有针对性的防腐蚀措施。目前，采用的防腐蚀措施主要有牺牲阳极阴极保护、外加电流阴极保护、涂层保护及包覆防腐蚀技术等。

1. 钢管桩的防腐蚀

钢管桩处于复杂的海洋腐蚀环境中，因此钢管桩的防腐蚀是一个复杂的系统工程。根据腐蚀破坏的规律，海洋腐蚀环境可分为大气区、浪溅区、水位变动区、水下区和泥下区五个不同区域。其中，浪溅区的腐蚀破坏性最严重。针对钢管桩所处的不同腐蚀区域，采用了不同的防腐蚀措施。

大气区和浪溅区主要采用涂层保护，使用的涂料为改性聚氨酯涂料或无溶剂环氧重防腐涂料，设计厚度为 1000 μm 和 1600 μm 两种规格。水位变动区主要采用阴极保护（外加电流法和牺牲阳极法）或重防腐涂层加阴极保护联合等措施防腐。水下区和泥下区一般单独采用阴极保护，个别码头实施了涂层和阴极保护联合防腐。

从近几年的常规和专业检测结果来看，大部分钢管桩都处于良好的保护状态，但仍有部分钢管桩存在较为严重的问题，具体如下所示。

（1）某码头钢管桩采用了改性聚氨酯涂料，在使用一段时间后，发现存在严重的破损状况。经过多方比较论证，采用复层矿脂包覆技术对其修复。

（2）某油码头外加电流阴极保护系统运行与码头作业需相互协调，增加了维护管理的工作量。易燃易爆气体环境中使用外加电流阴极系统应通过严格的安全论证和安全设计，并慎重使用。

2. 相关码头设备的防腐蚀

码头设备处于海洋大气环境中，其腐蚀破坏性强于内陆大气环境。栈桥和护栏一般采用丙烯酸或氯化橡胶系列油漆喷涂防腐。对于门机、卸船机、岸桥等重要设备，则采用丙烯酸和聚氨酯系列配套涂料。从例行检查结果来看，重要设备的涂层保护状况基本良好，但形状复杂的钢构件、移动结构的连接件及易受外力作用构件等易发生局部破损，需要定期维护。

9.10.3　钢结构的维护管理

港口设施维护管理是一个庞大的系统工程，作为设施维护管理部门需针对各类港口设施制定全面、有效的维护管理制度。该港口现行港口设施维护管理制度所涉及设施包括：码头、防波堤、护岸、港池、航道及锚地、港区道路与堆场、港区铁路与装卸设备轨道和防护设施等。下文仅就该港口区陆上、水中及延伸入海泥中的各种钢结构的维护管理展开讨论。

1. 钢结构维护管理的一般要求

（1）按照不同腐蚀区域的腐蚀破坏规律，采取相应钢结构维护管理措施。
（2）适用范围：下文所述钢结构维护管理主要针对港区陆上、水中及延伸入海泥中的各种钢结构，不包括陆上埋地钢质管道和钢筋混凝土结构的维护管理。
（3）钢结构防腐蚀设计和施工应满足现行行业标准《海港工程钢结构防腐蚀技术规范》（JTS 153-3）的有关规定，并符合使用环境条件。
（4）钢结构维护管理制度应满足现行行业标准《港口设施维护技术规范》（JTS 310）的有关规定，并应符合本企业的管理制度和相关规定。

2. 钢结构维护管理流程图

按照是否新建将钢结构的维护管理分为两类：新建钢结构的维护管理和既有钢结构的维护管理。图 9-46 和图 9-47 分别为新建和既有钢结构的维护管理流程图。

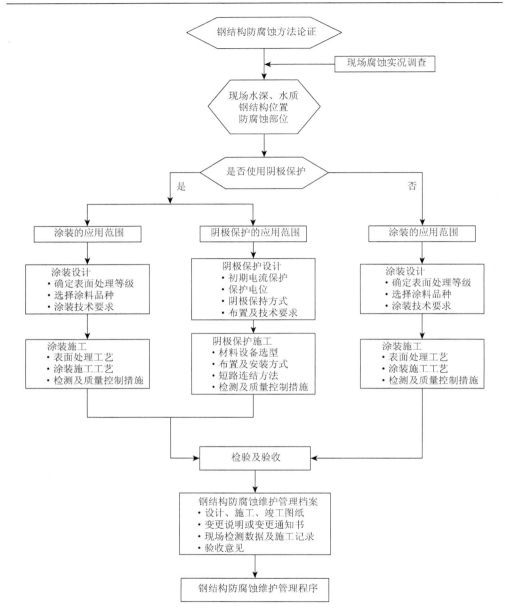

图 9-46　新建钢结构的维护管理流程图

3. 钢结构的调查与检测

钢结构的检查分为定期检查和临时检查。临时检查是指因台风、地震、特大海潮等自然灾害或其他原因引起的异常情况所组织的检查。检查项目和内容可根

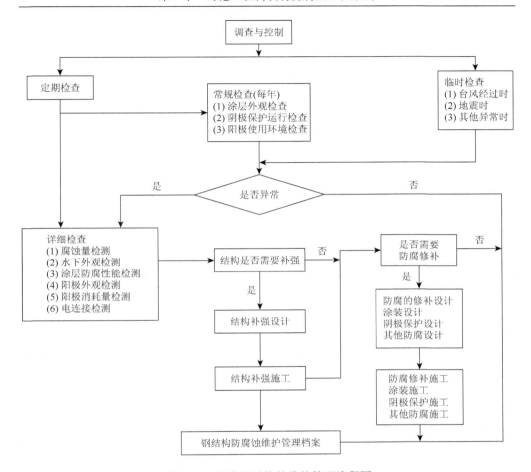

图 9-47　既有钢结构的维护管理流程图

据具体情况确定，或选择定期检查项目中的一项或几项。定期检查分为常规检查和详细检查。常规检查包括涂层外观检查、阴极保护运行检测和阳极使用环境检查。详细检查包括腐蚀量检测、水下外观检测、涂层防腐性能检测、阳极外观检测、阳极消耗量检测和电连接检测等。

4. 维护管理和维修

1）钢结构的防腐蚀维护管理流程

（1）根据常规检查、临时检查情况，判断钢结构、涂层和阴极保护系统是否处于正常状态。若未发现异常，应将检查记录作为结构物管理档案的一部分保存；若发现异常情况，应根据异常情况性质和程度决定是否进行有针对性的详细检查。

（2）根据详细检查的结果对钢结构的防腐蚀效果做出判断，决定是否需要对保护系统进行修复或更新，并确定修复的范围和程度。

（3）根据详细检查的结果对钢结构的安全和使用寿命进行判断分析，必要时采取补强措施。

（4）对易燃易爆环境中钢结构拟采用的防腐蚀技术及其施工工艺的安全性须进行论证，同时制定相应的施工安全保障方案，执行使用单位的安全管理规定。

2）建立钢结构防腐蚀维护管理档案

钢结构的维护管理档案应包括：①钢结构的设计、施工资料，包括竣工日期和竣工图纸；②涂料、包覆系统、阴极保护的设计、施工资料和竣工图纸；③临时检查、常规检查和详细检查的检查记录，检查记录应包括工程名称、检查方式、日期、环境条件、发现异常的部位和程度；④各项检查所提出的建议、结论和处理意见；⑤涂层、包覆系统、阴极保护系统修复的设计和施工方案；⑥涂层、包覆系统、阴极保护系统修复的详细施工记录、检测记录和验收结论。

3）行政维护管理制度

制定详细的钢结构行政维护管理制度，明确码头使用单位和各相关部门的责任与权限，做到责任到人，使钢结构的维护管理制定落到实处。各码头使用单位针对码头运行的实际情况，制定相应的钢结构维护管理规定。定期组织港口设施维护管理人员学习交流钢结构防腐蚀领域的相关知识和工作体会，提高业务水平，形成一支钢结构维护管理的专业队伍。

9.10.4　结论与展望

随着海洋经济飞速发展和"一带一路"倡议的进一步落实，钢结构的使用量还将大幅增加，这给防腐蚀技术提出了更高的要求，并给维护与管理带来了新的挑战。未来钢结构防腐蚀体系至少应具备：①高效、安全、可靠的防腐技术；②准确、实时、可控的腐蚀与防护状况监测技术；③全面、系统、适用的腐蚀与防护状况评估技术；④严谨、科学、有效的管理制度；⑤业务水平较高的钢结构维护管理队伍。

参 考 文 献

陈韬, 杨太年, 李云飞. 2012. 天津港 30 万吨级原油码头外加电流阴极保护设计[J]. 中国港湾建设, (2): 123-126.

管学鹏, 张文锋, 杨太年. 2012. 铝基牺牲阳极在天津港海泥中的应用[J]. 中国港湾建设, (2): 87-89.

李勇, 赵金山, 张文锋. 2012. 无线遥测系统在海港工程钢结构防腐监测中的应用[J]. 中国港湾建设, (2): 94-96.

李云飞, 马化雄, 唐聪. 2012. 毛里塔尼亚友谊港阴极保护翻新工程[J]. 中国港湾建设, (2): 130-134.

栾桂涛, 唐聪. 2012. 牺牲阳极和包覆材料联合保护在友谊港的防腐应用[J]. 中国港湾建设, (2): 106-109.

邵成, 张文锋, 陈韬. 2012. 营口港某码头腐蚀与防护状况调查与分析[J]. 中国港湾建设, (2): 81-83.

孙铸, 张文锋, 赵金山. 2013. 天津临港佳悦粮油码头钢管桩腐蚀防护及效果调查[J]. 中国港湾建设, (6): 15-17, 25.

王玉兴. 2012. 营口港钢结构防腐蚀体系的现状与展望[J]. 中国港湾建设, (2): 73-75.

杨俊甲, 朱明春, 曾光, 等. 2011. 钢筋混凝土结构外加电流阴极防护技术及其应用[C]//中国交通建设股份有限公司 2011 年现场技术交流会论文集. 上海: 中国交通建设股份有限公司, 236-243.

赵艳霞, 李云飞, 张文锋. 2013. 远程防腐监测系统在港工结构阴极保护维护管理中的应用[J]. 中国港湾建设, (4): 45-48.